Heibonsha Library

［完訳］ビーグル号航海記　下

The Voyage of the Beagle

平凡社ライブラリー

JOURNAL OF RESEARCHES INTO THE NATURAL HISTORY AND GEOLOGY OF THE COUNTRIES VISITED DURING THE VOYAGE OF H.M.S. BEAGLE ROUND THE WORLD, UNDER THE Command of Capt. Fitz Roy, R.N.
By Charles R. Darwin, M.A., F.R.S.
Second Edition, corrected, with additions. London: John Murray, Albemarle Street. 1845.

C. R. ダーウィン著『海軍大佐フィッツロイ艦長指揮、英国海軍軍艦ビーグル号による世界周航中に訪れた諸国の自然誌ならびに地質学に関する調査紀要』第2版。ロンドン、ジョン・マレー社刊、1845年

Heibonsha Library

[完訳]ビーグル号航海記 下

The Voyage of the Beagle

チャールズ・R.ダーウィン著
荒俣 宏訳

平凡社

本書は、月刊『太陽』に連載（一九九二年一月～九三年一二月）され、二〇一三年八月に平凡社より単行本として刊行された『新訳 ビーグル号航海記 下』の改訂増補版です。

目次

第12章 中央チリ ……15

バルパライソ……アンデス山麓への旅行……この地方の地質構造……キヨタのベル山へ登る……閃緑岩の破砕塊……深遠な谷……鉱山……鉱夫の情況……サンチアゴ……カウケネスの温泉……金鉱……砕粉場……穴があいた岩……ピューマの習性……エル・トゥルコとタパコロ……ハチドリ

第13章 チロエおよびチョノス群島 ……53

チロエ島——概論……ボート旅行……現地のインディオ……カストロ……人馴れしたキツネ……サンペドロ登山……チョノス群島……トレス・モンテス岬……花崗岩の山脈——ボートで遭難した水夫たち……ロウ港……野生のポテト……泥炭の形成……ヌートリア、カワウソ、ネズミ……ムナフオタテドリと吼え鳥……パタゴニアカワカマドドリ——鳥類学上のめだつ特徴……ミズナギドリ類

第14章 チロエ島とコンセプシオン、大地震 ……87

サン・カルロス湾（チロエ島）……アコンカグア山およびコセギナ山と同時に噴火したオソルノ火山……馬に乗ってクカオへ——分け入りがたい密林……バルディビア……インディオたち……地震……コンセプシオン——大地震……亀裂がある岩石……旧市街の外観……黒くて沸騰する海……震動の方向——捻じ曲げられた石……津波……大地の恒久的な隆起……火山現

象がある地域——隆起する力と噴出する力の関連……地震の原因——山脈のゆるやかな隆起

第15章　コルディエラの峠道 …… 127

バルパライソ……ポルティーヨ峠……ラバの賢さ……山脈の急流……鉱山はいかに発見されたか……コルディエラの緩慢な隆起の証拠……岩に降った雪の影響……二つの主脈の地質構造、その明白な起源と隆起……大沈降……赤い雪……風……雪の尖塔……乾燥した清澄な大気……電気……パンパス——アンデス両がわの動物学……バッタ……大きなナンキンムシ……メンドーサ……ウスパヤータ峠……生長途中に埋没した珪化樹木……インカの橋——峠道の悪さが誇張された……分水嶺——避難小屋……バルパライソ

第16章　北部チリとペルー …… 169

コキンボへ通じる海岸道……鉱夫がかつぐ大荷物……コキンボ——地震……階段状の台地……現生代の堆積の欠落……第三紀層の同年代性……谷間を登る旅……ウアスコへの道——砂漠……コピアポの谷……雨と地震……恐水病……デスポブラード（無人の谷）……インディオの廃墟——気候変化の可能性……地震によってもちあがった川床……激しい寒風——丘からの騒音……イキケ……塩の沖積層——硝酸ソーダ……リマ……不健康な国……地震で倒壊したカヤオの廃墟……近世の沈下——サン・ロレンソの隆起した貝殻と、その分解……貝殻と陶器の破片が埋もれている平原——インディオ種の古い起源

第17章　ガラパゴス諸島 …… 227

全島が火山……火口の数……葉のない灌木……チャールズ島の開拓地……ジェームズ島……火口内の塩湖……諸島の自然誌……鳥類学、興味深いフィンチ類……爬虫類……巨大陸ガメ

の習性……海藻を食べる海生トカゲ……陸生トカゲ、穴を掘る習性と草食性……諸島内の爬虫類の重要性……魚類、貝類、昆虫類……生命体に見られるアメリカの型《タイプ》……各島における種ないし属の相違……人馴れしている鳥類……人間への恐怖心、獲得した本能

第18章　タヒチとニュージーランド……283

ロウ諸島の中を通過する……タヒチ……地勢……山岳の植物……エイメオ島の眺望……奥地への旅行……深々とした峡谷……滝また滝……野生の有用植物の数……島人たちの禁酒島人の道徳観……議会の招集……ニュージーランド……アイランズ湾……ヒパーと呼ばれる丘……ワイマテへの旅行……伝道施設……イギリス産の雑草が野生化する……ワイオミオ——ニュージーランド女性の葬儀……オーストラリアへ向けて出航

第19章　オーストラリア……337

シドニー……バサーストへの旅行……森林の外観……現地民の群れ……アボリジニのゆるやかな絶滅……健康な人びととの接触で発生する病気……ブルーマウンテンズ……巨大な湾を思わせる峡谷の眺め……その峡谷の起源と形成……バサースト、下層階級の一般的な文明度……社会の現状……ファン・ディーメンズ・ランド——ホバートタウン……全滅したアボリジニ……ウェリントン山……キング・ジョージ湾——この国の陰鬱な側面……ボールドヘッド、石灰化した樹木の枝の圧痕……現地民の群れ……オーストラリアを去る

第20章　キーリング島——サンゴ礁の形成……375

キーリング島……いっぷう変わった眺め……貧弱な植物相……種の移送……鳥類と昆虫……干満をおこす井戸……死んだサンゴの原……木の根とともに運ばれる石……大型のカニ……

刺胞をもつサンゴ……サンゴを食べる魚……サンゴ礁群……礁湖島あるいはアトール……礁を形成するサンゴが生息できる深さ……低いサンゴ島が点在する広大な区域……その基底の沈下……バリアリーフ……フリンジングリーフ……フリンジングリーフからバリアリーフへ、さらにアトールへの移行……レベルが変化した証拠……バリアリーフの裂け目……モルディヴ・アトール、その特異な構造……死んで沈んだサンゴ礁……沈下と隆起の区域……火山の分布……徐々にだが膨大な規模に達した沈降

第21章　モーリシャス島からイングランドへ……431
モーリシャス島、その美観……ヒンドゥーの人びと……クレーター状の山々がつくる大きな環……セント・ヘレナ島……植物の変化史……陸生貝が絶滅する原因……アセンション島……持ちこまれたネズミ類の変異……火山弾……インフソリアの地層……バイア――ブラジル……熱帯景観の美……ペルナンブコ……独特な隆起岩礁……奴隷制度……イングランドに帰る……われわれの航海の回顧

原注……475
ダーウィン関連略年譜……487
図版出典……492
あとがき――ダーウィン初期の出版事情について……493
平凡社ライブラリー版　あとがき――「死の進化論」だったかもしれない……ビーグル号航海……504
地名索引……523　人名索引……529　生物名索引……541

上巻目次

第1章　サンチャゴ島――ベルデ岬諸島
第2章　リオ・デ・ジャネイロ
第3章　マルドナド
第4章　ネグロ川からバイア・ブランカへ
第5章　バイア・ブランカ
第6章　バイア・ブランカからブエノス・アイレスへ
第7章　ブエノス・アイレスからサンタ・フェへ
第8章　バンダ・オリエンタルとパタゴニア
第9章　サンタ・クルス川、パタゴニア、フォークランド諸島
第10章　フエゴ島
第11章　マゼラン海峡――南海岸の気候

凡例

・本書の原注は★印を付して、巻末に記した。
・訳注の多くは*印を付して各章末に記したが、本文中に［　］で記した場合もある。
・地名、人名の表記は訳者の判断で一般的なものを採用した。生物名で和名のあるものは標準和名を採用するように努め、学名の多くはイタリック体にしてある。

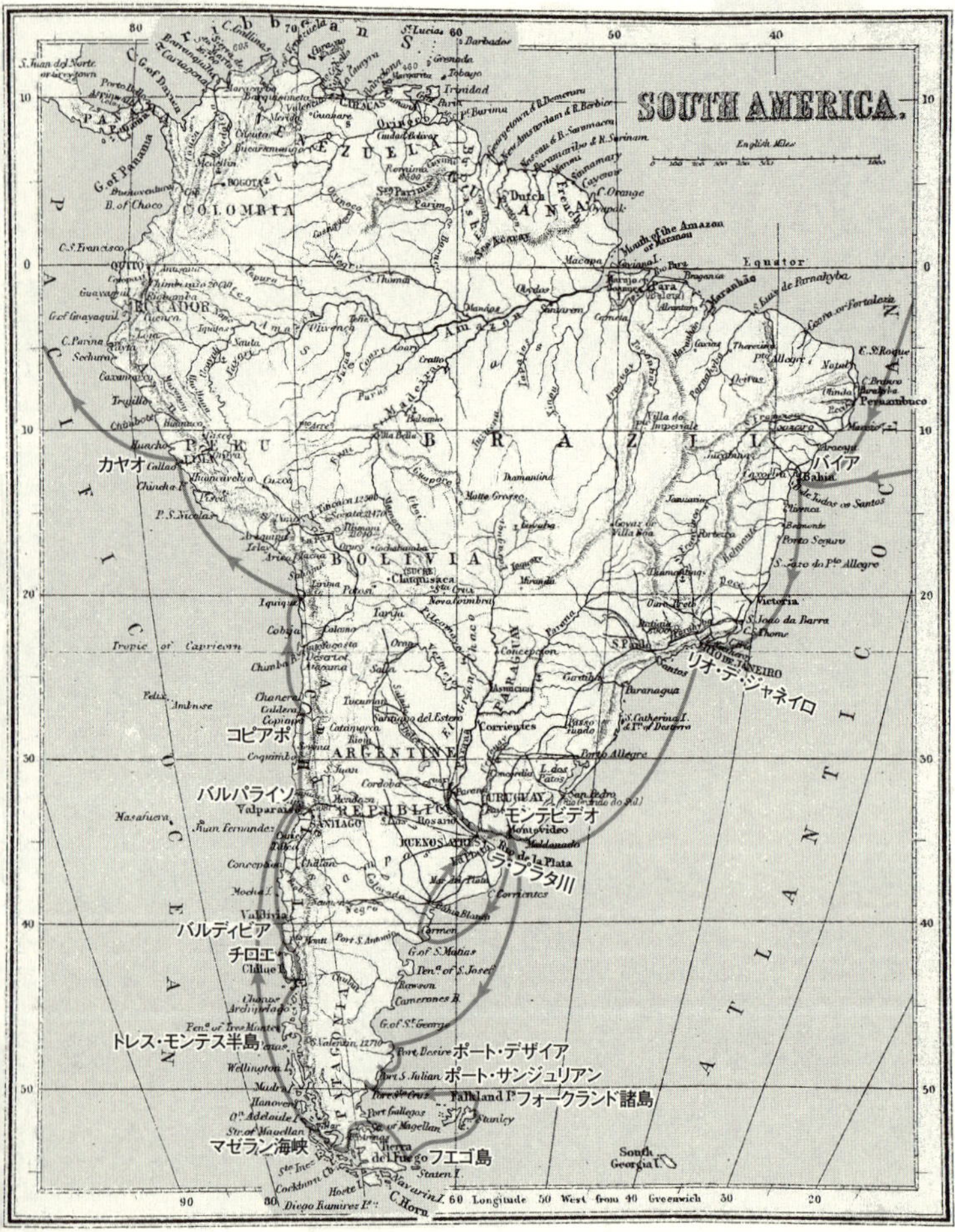
SOUTH AMERICA.
カヤオ
バイア
リオ・デ・ジャネイロ
コピアポ
バルパライソ
モンテビデオ
ラ・プラタ川
バルディビア
チロエ
トレス・モンテス半島
ポート・デザイア
ポート・サンジュリアン
フォークランド諸島
マゼラン海峡
フエゴ島

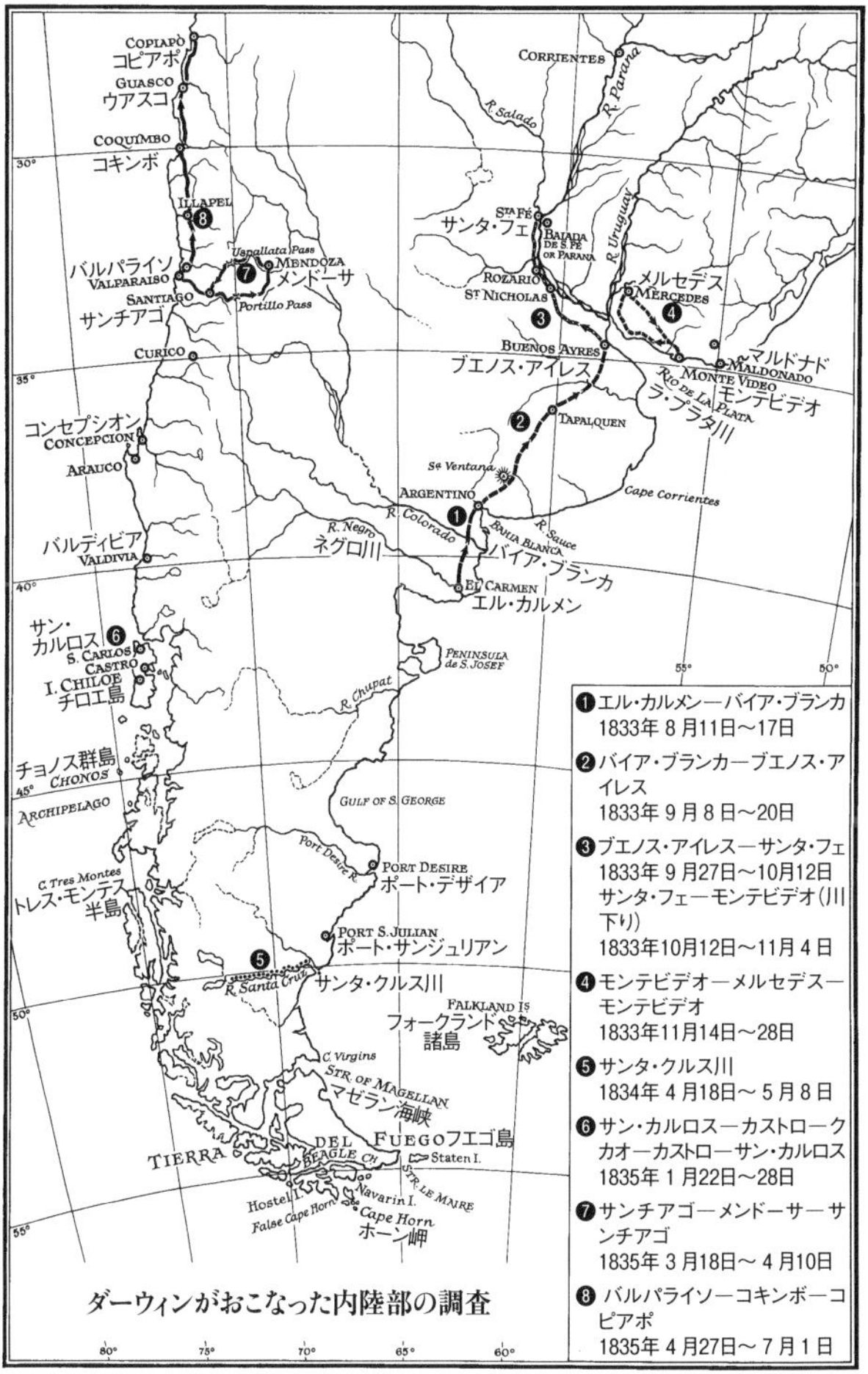

ダーウィンがおこなった内陸部の調査

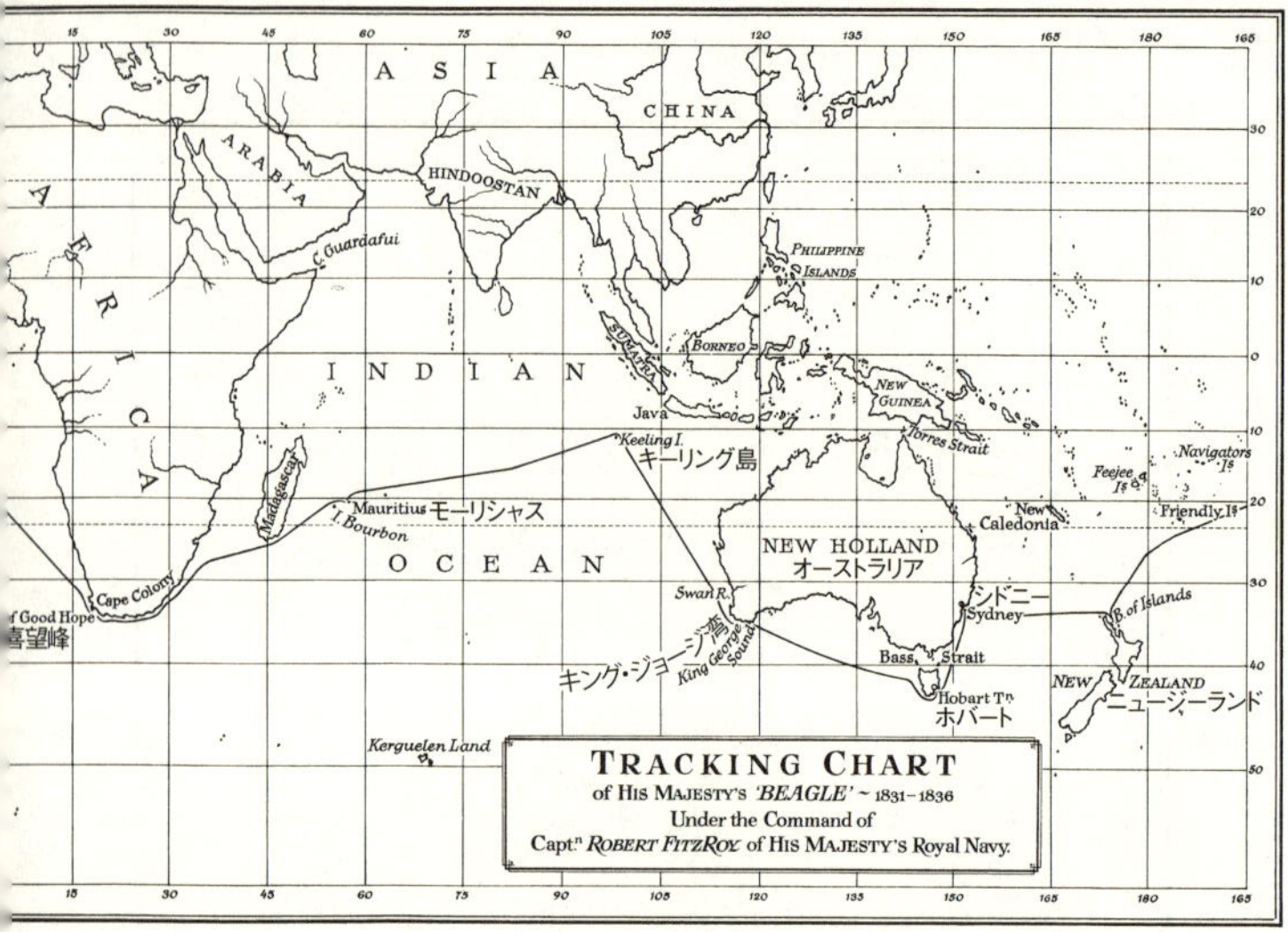

出	着	出	着
バルディビア 2月22日	コンセプシオン 3月4日	キング・ジョージ湾 3月14日	キーリング島 4月2日
コンセプシオン 3月7日	バルパライソ 3月11日	キーリング島 4月12日	モーリシャス 4月29日
コピアポ 7月5日	イキケ 7月12日	モーリシャス 5月9日	喜望峰 5月31日
イキケ 7月15日	カヤオ 7月19日	喜望峰 6月18日	セント・ヘレナ島 7月8日
カヤオ 9月7日	ガラパゴス諸島 9月15日	セント・ヘレナ島 7月14日	アセンション島 7月19日
ガラパゴス諸島 10月20日	タヒチ 11月15日	アセンション島 7月23日	バイア（ブラジル） 8月1日
タヒチ 11月26日	ニュージーランド 12月21日	バイア（ブラジル） 8月6日	ペルナンブコ 8月12日
ニュージーランド 12月30日	シドニー **1836年**1月12日	ペルナンブコ 8月19日	ベルデ岬諸島 8月末日
シドニー 1月30日	ホバート（タスマニア島） 2月5日	アゾレス諸島 9月上旬	ファルマス（イギリス） 10月2日
ホバート（タスマニア島） 2月7日	キング・ジョージ湾 3月6日		

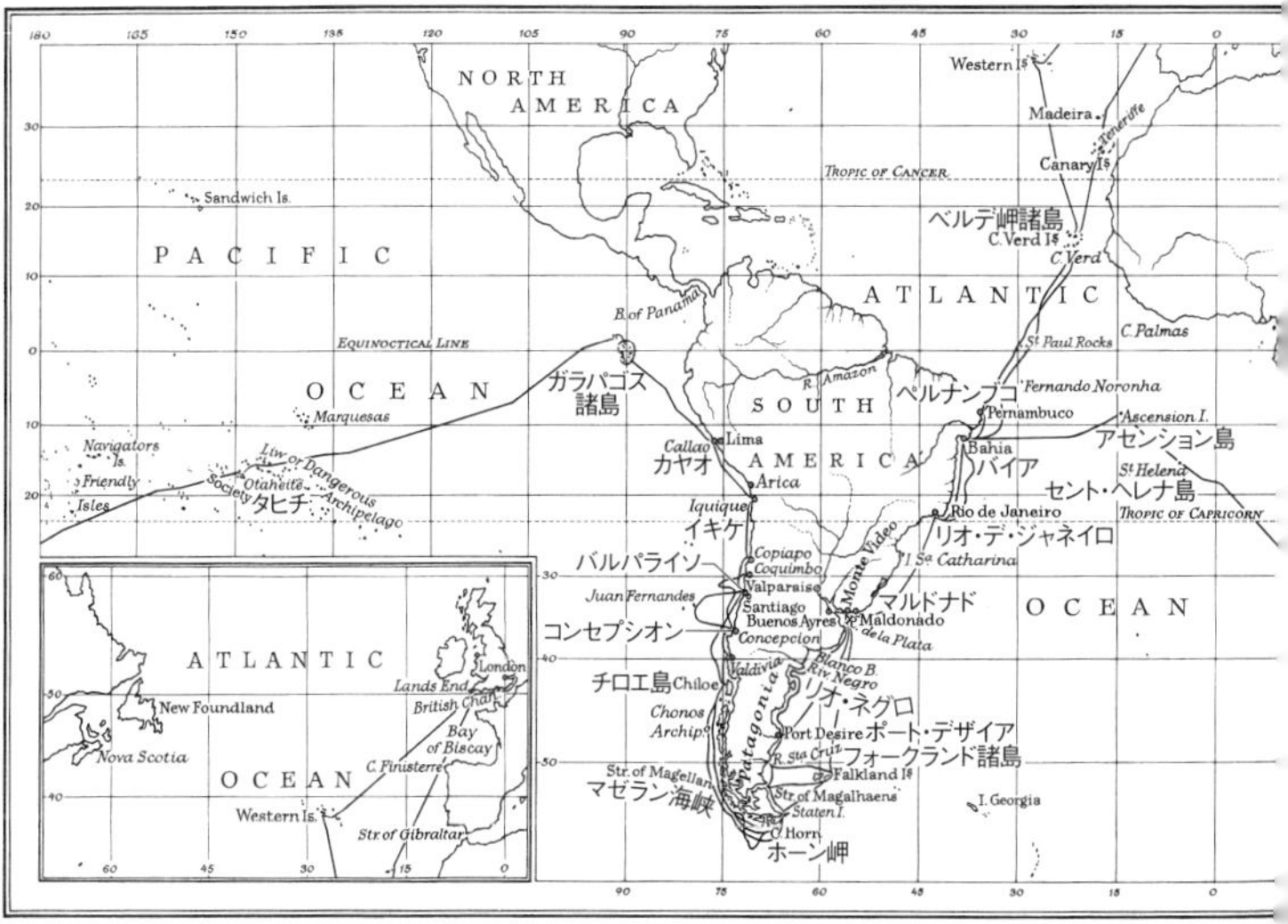

ビーグル号の航路（1831年〜1836年）

出	着
プリマス（イギリス）**1831年**12月27日	ベルデ岬諸島 **1832年**1月16日
ベルデ岬諸島 2月8日	バイア（ブラジル）2月29日
バイア（ブラジル）3月18日	リオ・デ・ジャネイロ 4月4日
リオ・デ・ジャネイロ 7月5日	モンテビデオ 7月26日
モンテビデオ 8月19日	バイア・ブランカ 9月7日
バイア・ブランカ 10月17日	モンテビデオ 11月2日
モンテビデオ 11月26日	フエゴ島 12月17日
フエゴ島 **1833年**2月26日	フォークランド諸島 3月1日
フォークランド諸島 4月6日	マルドナド 4月28日

出	着
マルドナド 7月24日	リオ・ネグロ 8月3日
モンテビデオ 12月6日	ポート・デザイア 12月23日
ポート・デザイア **1834年**1月4日	ポート・サンジュリアン 1月9日
ポート・サンジュリアン 1月19日	マゼラン海峡 1月29日
マゼラン海峡 3月7日	フォークランド諸島 3月10日
フォークランド諸島 4月7日	サンタ・クルス川 4月13日
サンタ・クルス川 5月12日	チロエ島 6月28日
チロエ島 7月13日	バルパライソ 7月23日
バルパライソ 11月10日	チロエ島 11月21日
チロエ島 **1835年**2月4日	バルディビア 2月8日

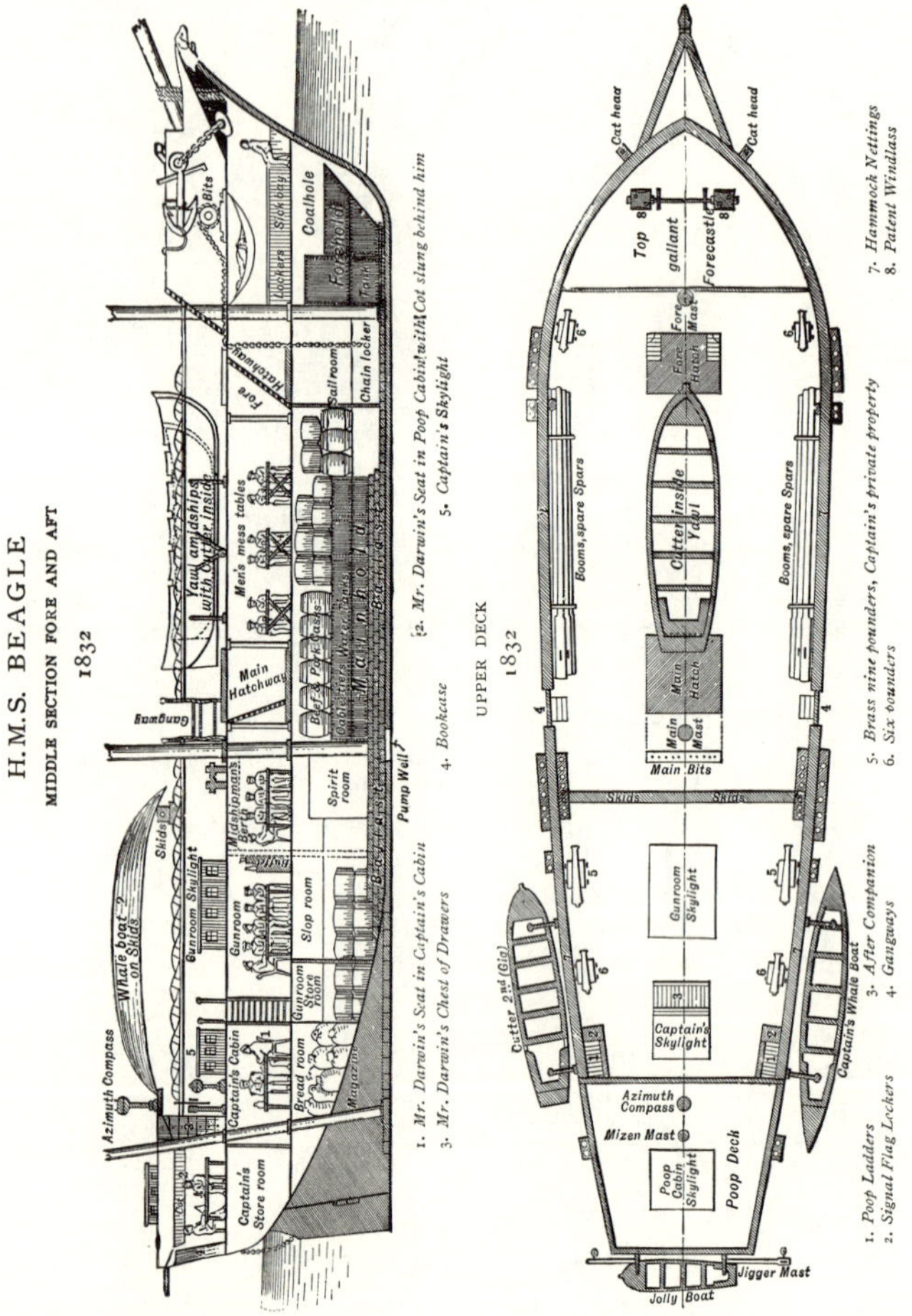
H.M.S. BEAGLE
MIDDLE SECTION FORE AND AFT
1832
Azimuth Compass
Whale boat 2 on Skids
Skids
Gunroom Skylight
Gangway
Main Hatchway
Yawl amidships with Cutter inside
Men's mess tables
Fore Hatchway
Bits
Captain's Store room
Captain's Cabin
Gunroom
Midshipman's Berth
Bread room
Gunroom Store room
Slop room
Spirit room
Magazine
Pump Well
Beef & Pork Casks
Cable tiers Water Tanks
Main hold
Ballast
Sail room
Chain locker
Lockers
Sick bay
Coalhole
Forehold
Tank
1. Mr. Darwin's Seat in Captain's Cabin
2. Mr. Darwin's Seat in Poop Cabin with Cot slung behind him
3. Mr. Darwin's Chest of Drawers
4. Bookcase
5. Captain's Skylight
UPPER DECK
1832
Jolly Boat
Jigger Mast
Poop Deck
Poop Cabin Skylight
Mizen Mast
Azimuth Compass
Captain's Skylight
Gunroom Skylight
Cutter 2nd (Gig)
Captain's Whale Boat
Skids
Main Bits
Main Mast
Main Hatch
Cutter inside Yawl
Booms, spare Spars
Fore Hatch
Fore Mast
Top gallant Forecastle
Cat head
1. Poop Ladders
2. Signal Flag Lockers
3. After Companion
4. Gangways
5. Brass nine pounders, Captain's private property
6. Six pounders
7. Hammock Nettings
8. Patent Windlass

ビーグル号の内部

第12章　中央チリ

バルパライソ……アンデス山麓への旅行……この地方の地質構造……キヨタのベル山へ登る……閃緑岩の破砕塊……深遠な谷……鉱山……鉱夫の情況……サンチアゴ……カウケネスの温泉……金鉱……砕粉場……穴があいた岩……ピューマの習性……エル・トゥルコとタパコロ……ハチドリ

バルパライソ

七月二三日――ビーグル号はチリの首港バルパライソの港内に、夜ふけて投錨した。朝がくると、なにもかもが楽しげに見えた。フエゴ島を回ったあとだから、ここの気候がとてもすばらしく感じられた――空気は乾いて、空は青く晴れわたり、太陽が燦々《さんさん》とかがやき、自然すべてが弾けんばかりの生命にあふれて見えた。投錨した地点から眺める風景は、とてもきれいだ。町は、低い山脈のちょうどふもとに建っている。高度一六〇〇フィートほどで、いくらかきつい斜面の上だ。その地形にあわせて、町には一本の長くて起伏の多い街路が海岸と並行に走っている。谷間が下まできているところは、かならず、道の両がわに民家がひしめきあっている。丸い形をした丘は、ごくわずかな植物を点々と散らしているだけで、小さな溝が無数に刻まれた特徴あるあざやかな赤土をあらわにしている。この土質と、それから瓦屋根に白漆喰の低い家々とが、テネリフェ島のサンタ・クルスを思いださせた。北東の方向に、すばらしいアンデス山脈の眺望がうかがえる。ただしこの山々は、付近の丘に登って見たほうがさらにみごとだ。そうしたほうが、山脈までの遠い距離が十分に知覚できるからだ。アコンカグア火山はことに壮麗だ。巨大で、でこぼこのあるこの円錐形をした山は、チンボラソ山[*1]よりもさらに高度がある。ビーグル号の士官が測量したところでは、高度二万三〇〇〇フィートを下らなかった。しかしながら、ここから見るコルディエラの眺めも、大気が澄んでいるおかげで、えもいわれぬ美観を誇っている。日が太平洋に沈む時間は、凹凸《おうとつ》あるその山並がほんとうにくっきりと浮かびあがり、そのくせ山を覆う蔭《かげ》がじつにデリケートかつ多様な色あいをあらわし、それはそれはすばらしい見ものであった。

アンデス山脈の高峰チンボラソ山

アンデス山麓への旅行

わたしは運よく、当地に暮らしている古い級友のリチャード・コーフィールド氏[*2]に再会し、同氏の心よりなるもてなしにより、ビーグル号がチリに碇泊中はまことに快適な住居を与えられた。感謝にたえないことである。バルパライソのすぐ近くは、博物学者にとってみると、あまり実り多い場所ではない。長い夏のあいだ、風が南からやや沖あいに吹きつけるので、決して雨が降らない。しかし冬の三か月間はたっぷり降る。したがって植物はひどく貧弱だ。深い谷間を除くと、樹が見あたらない。ただ、わずかな草や低い灌木が丘のややゆるい斜面をまばらに覆っている。同じアンデス山脈のこちらがわでも南へ三五〇マイルへだたったところは、人跡未踏の森にそっくり覆われていたのを思い返すと、この対照がじつにめざましい。博物標本を集めるあいだに、なんども遠出

「背骨」（コルディエラ）と呼ばれたアンデス山脈

をくりかえした。この国は、歩きまわるにはいいところだ。美麗な花がたくさんある。乾いた風土の例にもれず、ここの草や灌木は独特の強い香りをもつ――ほんとうに、擦れただけで服に香りがついてしまうほどだ。くる日もくる日も、前日と同じような晴天になるので、違和感を抱きつづけた。気候の変化が、なんと人生を楽しいものにしてくれることか！　なかば雲に隠れた黒い山を眺めるのと、晴天の薄青い霞《かすみ》を通してもう一つの尾根を見るのとでは、なんと感性が逆向きに働くことか！　一方は一瞬、きわめて崇高な気分にさせるけれど、もう一方はいつだって華やかで幸福な気持にさせてくれる。

この地方の地質構造

八月一四日――一年のこの時期だけ冬の雪が地表から消えるので、アンデス山脈の基層部分を地質学的に調査するため、遠騎《の》りに出た。第一日めは海岸にそって北へ馬を進めた。日が暮れたあとに、キンテロの農園《アシェンダ》についた。以前はコックレーン卿[*3]の所領だったところだ。ここへきた目的、それは貝殻を含んだ大地層を見物することだ。その地層は海抜数ヤードのところにあって、焼いて石灰を作る原料にされていた。この海岸線すべてが隆起したという証拠が、歴然と存在していた。数百フィートの高さに、古そうな貝殻がいくらでもあり、高度一三〇〇フィートの地点ですら多少の貝殻をみつけることができた。その貝殻だが、あるものは地表に散在し、あるものは赤黒い植物の腐植土に埋もれていた。顕微鏡を覗いてみて驚いたことには、この腐植土はたしかに、こまかい有機物の粒子をいっぱいに孕《はら》んだ海の泥なのである。

キヨタのベル山へ登る

八月一五日――われわれはキヨタ[*4]の峡谷に向かって帰路についた。そこはほんとうに快適で、詩人ならば牧歌的と呼ぶような土地だった。ひろびろとした緑の芝生は、小川の流路をつくる小さな谷間にところどころ切りさかれ、おそらく羊飼いのものであろう小屋が丘の斜面に点在している。われわれはチリカウケンの尾根を越さねばならなかった。この山のふもとには、すばらしい常緑樹がたくさんあるが、繁っている場所は流水のある谷間に限られていた。バルパライソのまわりだけしか見ない人には、チリにこれほど絵になる風景があるなんて想像もつかないだろう。われわれが尾根のふちまでたどりついたとたん、足の真下にキヨタの谷間が口を開けていた。その展望は驚くほど人工的な、手のこんだ眺めだった。谷間はとても広くて、みごとに平坦なのだ。

コルディィエラ越え

したがって、あらゆる場所が簡単に灌漑できる。小さな四角の園に、オレンジとオリーブの樹が密生し、ありとあらゆる植物が認められた。四方のどこからも、地表をむきだしにしたはげ山がそびえたち、このコントラストがまた、パッチワーク状の谷間をいやがうえにも心地よげに見せている。だれが「バルパライソ」つまり「パラダイスの谷」と呼んだか知らないが、このキヨタを念頭においてのことだったに違いない。われわれはそこを横ぎって、ベル山[*5]の真下にあるサン・イシドロ農園へ向かった。

地図で見ればわかるように、チリはコルディエラの山脈と太平洋とのあいだにある細長い土地からなっている。この長い地形には、コルディィエラと並行にのびるいくつかの山脈線が走っている。これら外がわの山脈線とコルディィエラの主線とのあいだに、水平な盆地が点々と連なっている。どの盆地も、おおむね狭い切り通しに通じており、その径は、はるか南へひろがっている。サン・フェリペ、サンチアゴ、サン・フェルナンドといった主要都市は、この盆地群に位置している。このような盆地あるいは平地は、(キヨタの場合のように)横をつらぬいて海岸で一つにつながっている平坦な谷間の群れを含めて、現在フエゴ島ぜんたいと西海岸とを分けているのと同様な、古い小島や深い湾の底部であったことが、疑いようもない。チリははるか古代、陸と海との構成がフエゴ島に似かよっていたと思われる。うそだと思うなら、平らな雲の塊が外套をかぶせるように、周辺の低地帯を覆ってしまうときに眺めてみよう。その類似が驚くほどはっきりわかるはずだ。白い蒸気がうずまいて谷間へ流れこむと、そこがちょうど、小さな入江や湾に美しく変化したようになる。あちこちに雲のあいだからツンと顔をだしているさびしい丘の眺めは、ずっと昔にそれが小島として浮かんでいた当時のおもかげを再現してくれる。でこぼこした山脈と、これら平たい谷間と盆地とのコントラストは、なんとも目新しくて興味のつきないおもしろみを、この光景に添えていた。

　天然の傾斜面から平地の海がわにかけては、灌漑がじつに容易におこなえるせいで、地味《ちみ》が異様に肥えている。この灌漑工事がなかったら、ここはほとんど何の穀物も実らせないだろう。なぜなら夏期には雲が一つもなくなるからだ。山や丘には灌木や低い樹林が点在する。この緑を除くと、あとは植物らしい植物を見かけない。谷間に根をおろした地主たちは丘陵地帯にそれぞれ自分の土地を持っており、この地主たちが所有する半野生の牛も、かなりの数がそこで草を食《は》んでなんとか暮らしている。年に一度、全部の牛を下へ追いこみ、数をかぞえて焼きごてを押し、一定の群れに分けて灌漑地で肥《ふと》らせるついでに、大々的な「ロデオ[*6]」をおこなう。小麦は広範囲に耕作され

コンドルやサボテンの見える農園の風景

ており、トウモロコシもかなりの生産量にのぼる。けれども、ある種の豆がふつうの労働者の口にはいる主食になっている。果樹園では、あふれんばかりに多量のナシ、サボテンの実、ブドウを産する。こうした利点を考えれば、この土地の住民は現状よりもずっと裕福な暮らしをしていてもふしぎはないのだが。

八月一六日――農園の執事はとても親切で、案内人一人と新しい馬を数頭、わたしに提供してくれた。そして翌朝、六四〇〇フィートあるカンパーニャ、つまりベル山の山頂をめざす旅にでた。とにかくひどい悪路だったが、地質がおもしろいのと眺めがいいのとで、苦労は十分に報われた。暮れがたにグアナコの水と呼ばれるかなり高地の泉に到着した。グアナコがここを水飲み場にしていたのはずいぶん昔のことなので、名前の由来はすさまじく古いに違いなかった。登攀の途中で、北がわの斜面にはちょっとした灌木以外に植物がまるで見あたらないことに気がついた。そのかわり、南斜面では高度一五フィートあたりにバンブーが一本あった。あちこちにヤシが生えていた。少なくとも四五〇〇フィートの高度はあろうかという場所でもヤシを一本みつけて、驚いた。このヤシは、この科に含まれる樹としては見てくれが悪い。幹がとても大きく、上方や根もとよりも中間がぷっくりとふくれていて、形がおかしいのだ。このヤシはチリの一部で異様なほど群生しており、液汁から一種の糖蜜がとれるので有用だった。ペトルカ近在の某地所で、この樹を数えようとしたところ、数十万本まで数えて挫折したものだった。毎年早春、すなわち八月に、ずいぶんたくさんの樹が伐採される。幹を地上に寝かせて、冠《かんむり》状の葉を切り落とす。すると上方の切り口から樹液がすぐにしたたりはじめ、数か月も途切れない。ただ、切り口を新しくするために毎朝そこを切る必要はある。生長しきった木で九〇ガロンの樹液を出す。外見上は、乾ききった幹ではあるが、これだけの量がすべて導管に納められているに違いなかった。太陽が高く登る日は樹液の出も早い。同様に、樹を切り倒すときは、先端が丘の上のほうへ倒れていくように気をつけてやる必要がある。もしも逆に斜面の下へ向けて倒してしまうと、樹液が少しも出なくなる。この場合、樹液が出るのを重力が阻害するのでなく、むしろ助けるのではないかと考えたくなる。とにかく樹液は煮つめられて凝縮し、糖蜜と呼べる状態になる。たしかに味はそっくりそのままだ。

われわれは泉の端で馬をおり、野営の準備にかかった。すばらしい夕方だった。大気はとても澄んでいて、バルパライソ湾に投錨した船のマストが、どうみても二六地理学マイルは離れているというのに、黒くて細い縞になって、はっきり見えた。帆を張り岬をめぐろうとする船は、白い光の斑になって見える。博物学者ジョージ・アンソン[*8]はかつて、航海記の中で驚きをまじえながら、海岸から自船が途方もなく遠くにいても識別されたようすを報告した。しかしかれは島の高さと空気の異様な澄みかたとに、十分には気づいていなかったのだ。

夕日がすばらしかった。アンデスの雪をいただく峰がまだルビー色を残すのに、谷間という谷間は暗かった。闇が訪れたとき、バンブーの小さな茂みの下で火をたき、チャルキ（牛肉の細裂きを干したもの）をフライにし、マテ茶を飲んだ。これがまたうまかった。こうして野外で暮らすことには、筆舌につくせない愉しみがある。夜はおだやかで、しかも静かだった——山ビスカーチャのかんだかい鳴き声、ヨタカのかすかな叫びが、ときおり耳に届いた。ほかには夜鳥も、昆虫さえも、乾き焼けこげた山々にはほとんど姿が見られなかった。

閃緑岩の破砕塊

八月一七日——朝、頂上に転がっていた閃緑石のごつごつした岩場に登った。この岩は、よくあることだが、割れ目があちこちにあって、大きな角ばった断片に分かれていた。けれどもよく見ると、注目すべき現象が一つ認められた。すなわち、表面のあちこちが、新鮮なものから順を追って古くなっていくその度合を示していたのだ——ある個所は前日壊れたかのように新鮮だし、別の個所は地衣類がつきかけていたり、またそれが十分に繁茂している岩があったりと。きっとこれは、うちつづく地震のせいに違いない。その確信が固かったから、ゆるんだ岩山の下を通るときは急ぎたい気分にもなった。人はともすればこの種の事実にやすやすとだまされるので、わたしも自分の確信がほんとうに正しいかどうかいつも疑ってかかっていた。だが、地震がおこらないタスマニアのウェリントン山に登ったとき、ようやくこの疑いを解いた。その山頂でもほぼここと同様の構造をもち、ほぼ同様の崩壊をおこしているのを見たからだ。だが、岩の断片はどれも何千年か前に現在の位置に放りだされたままになっているように見えた。

深遠な谷

われわれは一日を頂上ですごした。その日以上に喜びを満喫した日もなかった。アンデスと太平洋に挟まれたチリの地形が、地図でも眺めるかのように見渡せた。それ自体がすでに十分うつくしい風景だったが、その喜びを絶頂にまで押しあげる要素が、まだあった。規模の小さい並行した山並をもつカンパーニャと、それを直接分断するキヨタの幅広い峡谷とを、ただ眺めるだけで浮かんでくる、さまざまな感慨が、それだった。このような山脈を天へ押しあげた自然の力のすごさ、さらにまたこれらの山ぜんたいを壊し、運び、平らにならしおえるまでに要した途方もない時間の長さに、思いをめぐらさずにいられるだろうか。このときは、パタゴニアの膨大な小石と水成岩とからなる地層とを思いをめぐらせずにはいられなかった。この地層がコルディエラの上に積み重なっていると想像したら、大山脈の高さはいったい何千フィート高くなるであろうか。パタゴニアにいたときにわたしは、ほかのどんな山脈がこれほどすごい堆積を生みだし、しかもなお自らの痕跡が消滅してしまわない嵩《かさ》をつねに供給できるものだろうかと、想像をたくましくしたことがあった。われわれはいまそうした驚異への感動を失ってはならない。万能の時《とき》という力をもってすれば山々を——あの巨大なコルディエラさえも——小砂利や泥にまで摺《す》りつぶしてしまえるということも、疑ってはならない。

アンデス山脈の外観は、わたしが想像していたものと違っていた。下の雪線はもちろん水平だが、山脈の平たい頂上までがこの線にぴったり並行しているようだった。ただ、長い間隔をおいて、単独あるいは群れになった円錐形の構造があり、かつての火口ないし現在の火口を示していた。そんなわけで、山並は、あちこちに塔を立てた巨大な分厚い壁のようだった。この地域にとって、これ以上はない完璧な防壁をつくっていたのだ。

丘は、ほぼいたるところ、金の露床をみつけようとして穿《うが》たれた穴だらけだった。ゴールドラッシュの波がチリをあまさず穴だらけにしてしまった。その夜もあいかわらず二人の連れを相手に火をかこんで四方山話をしながらすごした。チリのグアソ[*9]は、パンパス地帯のガウチョに相当する人たちだが、じつはまったく性格が異なる。双方のうち文明化が進んでいるほうのチリでは、その結果として住民が本来の個性をかなり失ってしまっている。身分階級による色分けのほうが強調されているのだ。だがグアソは決して、他人のことを自分と同等だとは考えない。連れたちがわたしと同席では食事をしたがらないので、驚いてしまった。この差別感覚は、富裕な特権階級が存在することの必然的な結果だろう。大地主の何人かは、年収が五〇〇〇から一万ポンドにもなるのだそうだ。こういう貧富の差別は、アンデス山脈より東の放牧地帯では決して見られない。旅行者もここでは、お礼の金銭を一切受けとらないといった底抜けに手厚いもてなしに出会うことがない。しかし親切であるのはたしかなので、相手は礼金を受けとることにそれほどの抵抗感がない。チリではたいていどの家も旅人に一夜の宿を提供してくれる。ただし翌朝、宿主たちはいくばくかの心づけを楽しみにしている。いや、大富豪ですら、二、三シリングのはした金《がね》を受けとる。ガウチョはたとえ人殺しでも郷紳《ジェントルマン》であった。いっぽうグアソはいくつかの点で、ましなところがあっても、身分は平凡な俗人だ。この双方は同じ条件で雇われたにしても、習慣や姿勢がまったく異なる。しかも、かれらの住む国々では、双方がもつ特別な性格がどこでも判で捺《お》したように同じなのだ。ガウチョはまるで人馬一体のようで、馬に騎《の》っているとき以外は汗を流して重労働することをいやしむけれども、グアソのほうは畑の手伝いとしても雇うことができる。前者は完全に肉食だけれど、後者はほぼ菜食だけで暮らしている。ここでは白いブーツ、幅ひろいズボン、赤いチリパ［おむつのように腰に巻いた装飾的なガウチョの衣裳］といったパンパスの絵になる身仕度を見かけない。ここで見かけるのは、黒と緑の毛糸で編んだ脚絆《レギンス》で脚の部分を保護したふつうのズボンだ。ただ、貫頭衣《ポンチョ》は共通だ。グアソの誇りは拍車に集中している。これがばかばかしく大きいのだ。測ったら、小車の直径が六インチあるものがあり、これに歯が三〇以上もついていた。あぶみもまた同じ調子で、両がわとも四角い、彫刻した木材でできていた。中がくりぬいてあるけれども、重さは三、四ポンドを下らない。グアソはおそらく、ガウチョよりも投げ索《ラソ》の使いかたに熟達しているのだろう。しかし国土の性格からみて、投げ球《ボラス》の使いかたは知らないだろう。

鉱山

八月一八日――われわれは下山し、小川やみごとな林のある風光明媚な土地を進んだ。そして、来たときと同じ農園で一夜をすごし、二日間を谷渡りについやしてキョタの町を抜けた。ここは町というよりも、植物の苗を育てる庭の集まりといった感じであった。果樹園は美しく、モモの花が一か所にまとまって咲いていた。また、一、二か所でナツメヤシも見かけた。じつに堂々とした樹だ。この感じだと、原産地であるアジアやアフリカの砂漠に茂るナツメヤシの林は、さぞかし見ごたえがあるに違いない。われわれは同じようにしてサン・フェリペ[*10]を通り抜けた。キョタ同様にきれいな、こせこせしていない町だ。このあたりの谷間は、ひろがりながら大きな湾や平原に合流し、コルディエラのふもとに達している。以前にも書いたとおり、これがチリの風景のとても風変わりな要素になっているのだ。夕暮れにハフエルの鉱山へ到着。この大山脈のどてっ腹にある谷間につくられた鉱山だ。わたしはここに五日間滞在した。世話をやいてくれたのは鉱山の監督だった。ずるがしこいけれど、いささか無知なコーンウォール出の鉱夫だ。この男はスペイン女を女房にしており、故郷へ帰るつもりがなかった。ただし、故郷コーンウォールの鉱山を自慢しだすと、話にとめどがなくなる。いろいろ雑多な質問を受けたなかで、「ジョージ・レックス[*11]は死んじまったが、さて、係累はあとどのぐらい生き残ってるんでしょうな?」と訊かれた。このレックス某は、なんでもかでも書いた偉大な作家フィニス[*12]の親戚にあたる男のことに違いなかろう!

これらの鉱山では銅が出る。鉱石はぜんぶイギリスのスウォンジー[*13]に運んで、そこで溶かす。そのせいで鉱山は、イギリスのそれにくらべると気味わるいくらいに静まりかえっていた。煙も出なければ、溶鉱炉もなく、巨大な蒸気エンジンが周辺の山々の静寂を破ることもない。

チリ政府、というよりは古いスペイン支配時代の法律は、あらゆる手立てを使って、鉱山探しを奨励する。発見者は五シリング払うだけで、操業を開始できる。支払い以前に、たとえ他人の庭先であろうと、二〇日間の試掘もできるのだ。

鉱夫の情況

チリの採石方法がいちばん安あがりだという話は、今ではよく知られている。わたしの世話やきがいうには、外国人がもちこんだ二つの主要な改善策が効を奏したらしい。第一の策は、黄銅鉱——こいつはコーンウォールにふつうにある鉱石だったから、イギリスの鉱夫がここへきた当時、無用の石として投げすてられているのを見て愕然としたという——とにかく、この黄銅鉱をあらかじめ焼いて還元しておくことだ。第二の策は、古い溶鉱炉の中から鉱滓をつぶして洗いだすこと——この方法を使うと、金属粒子がたくさん回収できる。わたしも実際に、こうした焼き殻の荷をイギリスへ積みだすために海岸まで運んでいくラバたちを見かけた。それにしても、最初の改善策とやらが最高に奇妙だった。チリの鉱夫は黄銅鉱なんかに銅が一粒だってあるものかと思いこんでいたから、最初はイギリス人を、大ばか者と笑いとばしたそうだ。ところがイギリス人も笑いかえして、いちばん豊かな鉱脈を片っぱしからわずか数ドルで買いまくった。しかし考えてみれば、ずいぶん昔から鉱山業を手びろく営んできた国で、鉱石を溶かす前にゆっくりと焼いて硫黄を取り除くといった単純な工程がみつけだされなかったことは、なんとも不可解だ。しかし同じように、素朴な機械類に対しても、いくつもの改善がおこなわれた。しかし現在までのとこ

チリ人の鉱夫

ろ、坑内から水を汲みだす仕事は、人間が革袋をもって竪穴の上へ運びあげる方法でまかなわれている！

鉱夫たちは重労働だ。食事する時間もろくに与えられていない。夏も冬も、日が出れば仕事をはじめ、暮れるまで働く。これで賃金はひと月にイギリス貨幣で一ポンドだ。食糧は支給されるけれど、朝食のメニューは赤いウチワサボテンの実[*14]が一六個に小ぶりのパン二切れ。昼食のほうは煮豆、夕食になっても焼いてくだいた小麦だ。肉にありつけることなど滅多にない。年収わずか一二ポンドだから、着るものはもちろん自分たちでこしらえ、一家を支える。実際に鉱山で石を掘る鉱夫なら、一か月に二五シリングもらえ、わずかな乾燥肉《チャルキ》を与えられる。けれどもかれらは、二週間か三週間にたった一回、わびしい飯場から下山できるだけだ。

わたしは滞在中に、この巨大な山脈を心ゆくまで歩きまわった。予想したとおり、地質がおもしろかった。くだけ、焼けた岩には、閃緑岩の筋がいくつも走り、以前どのような地殻変動がおきたかを教えていた。風景はおおむねキヨタのベル山と同じだ――乾燥した不毛の山に、ところどころ、みすぼらしい葉をつけた灌木が点在するといった具合だ。サボテンよりもむしろオプンティア［食用になる赤い実をつけるウチワサボテン］のほうが無数に生えていた。球状のものを一つ測ったら、棘《とげ》も含めて周囲が六フィート四インチあった。よくある円筒形で枝分かれするタイプのサボテンは、高さが一二から一五フィート、枝の太さは棘をいれて三、四フィートだった。

山に降った豪雪で、最後の二日間はおもしろい遠足に出られなかった。そこで、湖に行ってみようとした。どういうわけか知らないが、住民は湖が海の入江だと信じこんでいる。とても乾燥する季節に、水を引くため湖の一部に水路を切ってはどうかという案がでたが、ある神父《パードレ》は熟考のすえ、その案を危険きわまるものと宣言した。一般にいわれるように湖が太平洋につながっていれば、チリ中が水びたしになる危険性がある、というのだ。われわれはずいぶん高い地点まで登ったが、雪の吹きだまりにはまって、このふしぎな湖へは到達できなかった。それで苦闘しながら戻ってきた。一時は馬を失ったかとも思った。吹きだまりの深さを推測するすべがなかったうえに、馬たちはいくらわれわれに曳《ひ》かれても、跳ねあがるだけで前進してくれなかったからだ。空が暗くなって、また吹雪がきそうな雲行きになったので、吹きだまりから脱出したときは少なからず歓喜した。吹雪がく

ウチワサボテンなど

ることろ、危うくふもとに戻りついた。その日、嵐が三時間早く襲ってこなかったのは、幸運というほかない。

八月二六日――ハフエルを出立、ふたたびサン・フェリペ盆地を横断した。その日はいかにもチリ日和《びより》だった。ぎらぎらと照りつけられるし、大気が澄みわたっていた。新雪が厚く、一様に積もったので、アコンカグア火山とコルディエラ主山脈の眺めはまことに豪華なものとなった。いよいよチリの首都サンチアゴへ通じる道に出た。われわれはセルロ・デル・タルグエンを越え、小さな小屋《ランチョ》に宿をとった。宿の主《ぬし》は、チリの現状をさまざまな他国と比較しながら語る、とても控えめな人物だった。いわく、「ある国は両目で、ある国は片目で自国の現状を眺めるんでしょうが、わたしに言わせれば、チリは現状を見る目をまるで持っていませんねぇ」。

八月二七日――低い丘をいくつも越えたのち、ギトロンという、小さくて山に囲まれた平原に降りた。このような盆地は海抜一〇〇〇から二〇〇〇フィートもあって、二種のアカシアが生えていた。どちらもひねた姿で、互いにひろくあいだをおいて、かなりの数が密生していた。この類は海岸近くでは見かけない。だから、盆地の風景に一つの特色を与える要素になる。われわれはギトロンと、サンチアゴのある大平原とを分断する低い尾根を越えた。このあたりの光景はまことにめずらしい。ところどころアカシアの茂みに覆われた真《ま》っ平《たい》らの地表が、はるか遠くに町を置いて、夕日の雪の峰をかがやかせる大アンデスのふもとを水平に切りとっているのだ。眺めをひとめ見て、この平原が以前は内陸海だったところの延長にあるのがわかった。われわれは平らな道に出るやいなや、馬を早足で走らせ、闇が落ちる前に町へはいった。

サンチアゴ

サンチアゴには一週間滞在し、十二分に楽しんだ。朝がくると、平原のあちこちを馬で見てまわり、夕方に数人のイギリス商人と会食した。この土地の商人たちは、人も知るもてなし上手だった。汲んでもつきぬ楽しみの種《たね》は、町のど真ん中に突きでた小さな岩の丘（サンタ・ルシア）へ登ることだった。その光景はたしかにめずらしく、前にもいったように、図抜けて奇妙だった。聞くところによれば、こうした特徴は、あの広大なメキシコ高原にある町々と共通するのだそうだ。町の細部については省略する。ブエノス・アイレスにくらべれば、壮麗でもないし大きくもない。ただ、町の構造は同じモデルに準じていた。わたしは北へずいぶん回り道してここへ到着した。そこからバルパライソへ帰るにはかなりの長旅になるわけだが、直進路の南がわを回って行こうと決心した。

九月五日――正午までに、サンチアゴの南数リーグにある巨大な急流マイプ川にかかる、牛革でできた吊り橋の一つへたどりついた。この橋はとても心もとない状態にある。吊り索《なわ》の描く曲線どおりに弧を描いた通り道は、木の棒をぎっしり並べて置いただけの代物《しろもの》だった。とにかく穴だらけで、馬を曳く人間一人分の重みだけで、こわくなるくらいに揺れた。夕方に、くつろげそ

チリのサンチアゴからコルディエラを望む

コルディエラ山中の吊り橋

うな農家につき、何人ものとても愛らしいセニョリータと会った。このお嬢さんがたは、わたしが好奇心のおもむくまま教会の一つに足を踏みいれたところ、パニックにおちいった。そしてわたしに、こう問いつめてきた。「あなたはなぜクリスチャンになりませんの――われわれの宗派はありがたいものですわよ」。いや、わたしだってクリスチャンの一派なんですがね、と説得したが、聞く耳をもたなかった――逆に、わたしの言葉に反論する始末だった。「それでは、あなたがたの神父《パードレ》は、いいえ司教さまでさえ、妻をもたれるというんですの？」と。わが宗派の監督が妻をめとるという愚かしい行為が、なによりも彼女たちを驚かせたのだ。それほどの悪業に対し、彼女たちは大笑いしてよいのか、それとも身をすくませたらよいのか、途方にくれるありさまであった。

カウケネスの温泉

九月六日――われわれは南を指して進み、ランカグア*15に一泊した。道は平坦だけれど、幅の狭い平原の上を走っていた。この平原は片がわが低い丘陵、もう片がわがコルディエラに挟まれていた。次の朝、カチャプアル川の谷間をさかのぼった。そこには、ずいぶん昔から薬効があるのでよく知られたカウケネスの温泉がある。あまり人が通らない吊り橋は、川の水位が低くなる冬期に、ふつう取りはずされる。この谷の場合も同じで、結果的にわれわれは馬に騎《の》って川渡りをさせられた。できれば回避したい仕事だった。なぜなら、泡だつ急流は深くなかったけれど、大きな丸石の積み重なった川床をあまりに激しく流れるので、頭がひどく混乱してしまい、馬が進んでいるのか立往生しているのか判断さえつかなくなったからだ。雪が解ける夏だと、この急流は完全に渡れなくなる。夏場の激流がいかにものすごく、いかに手のつけられない状態になるものか、それはあちこちに残された痕《あと》を見ればすぐに想像がつく。われわれは夕方に温泉につき、五日間逗留したが、最後の二日は大雨にたたられた。湯治客の宿は、みじめで小さな掘っ立て小屋が四角に並んだもので、中にはテーブルとベンチがあるだけだった。そこは中央コルディエラと接した狭くて深い谷間に位置していた。野生の美が楽しめる、静かで隔絶した場所だった。

カウケネスの鉱水温泉は、層をなした岩盤を縦に走っている断層線にそって湧きだしており、岩場ぜんたいに熱の作用が認められた。鉱水を出す開口部からは、すさまじい量のガスがいっしょにほとばしりでている。温泉のほうは、ほんの数ヤードの間隔を置いただけでも熱さがまるっきり違っている。たぶん、そこに混じりこんでくる冷水の割合が異なるせいだろう。その証拠に、いちばん冷たい水では、鉱泉味がほとんどないのだ。ここにあった噴きあげの温泉は、一八二二年の大地震で止まってしまい、約一年間も水量がもとに戻らなかった。さらに一八三五年の地震に追い討ちをかけられて、水温が一一八度から九二度までガクンと下がった。★1 地球の内奥からあがってくる鉱泉であるから、地下変動によってこうむる影響の度合が、地表近くとはくらべものにならぬくらい大きくなるのは確実だろう。温泉の管理をしている人物の請けあうところでは、この温泉は夏に温度が上昇し、水量も冬よりは増えるそうだ。水温上昇に関していえば、夏は乾季なので冷水があまり混じらないことが原因として考えられるが、それだと後者の、水量が増えるというほうの話が少し矛盾してくる。夏はカラカラの気候なのに、決まって水量が増えるとすれば、わずかに考えられる他の原因は、山の雪が解けることだけだ。しかし夏期にも雪をいただいている高山は、温泉地から少なくとも三、四リーグへだたっている。といって、ここに長年住んでいる情報提供者の話に、いちいち正確さを疑ってみるいわれもない。当然のことながら、かれはここの事情に精通しているはずなのだから。ただ、話がそのとおりだとすると、まさに奇怪というしかなくなる。雪が解けて水になり、その水が多孔質の地層を伝って高熱の作用のある場所まで流れこみ、カウケネスで断層となり岩石が食いこんだところにみちびかれてふたたび表面に湧きだす、と考えなければならないからだ。しかもこの現象が毎シーズンあるということは、この地域にある高熱の岩盤がそれほど地下深くないところにあることを意味している。

ある日わたしは馬で谷をのぼり、人家果つるところまで行った。カチャプアル川はそこから少し上流地点で、大山脈に直接食いこんでいく二つの深くておそろしい峡谷に枝分かれしていた。わたしは、とある山の頂きまで登ったが、おそらく高度六〇〇〇フィートはあったろう。ここは――といっても、どこだってそうだが――最高に興味のある風景を見せてくれた。かつてピンチェイラ[*16]という男は、このような峡谷の一つを伝ってチリに侵入し、近隣を略奪してまわったという。この男は、以前わたしが述べたネグロ川の牧場《エスタンシア》攻撃のくだりで、主役を演じたあの人物である。スペインの血を半分もらった背教徒で、インディオを大勢集めて、パンパスを流れるさる川のかたわらに住みついた。このすみかは、あとを追ってきた軍隊もついに発見できなかったそうだ。そこから遠征に出ては、人が通ったことすらない峠をたどってコルディエラを越え、農家を襲って家畜を秘密の隠れ家に連れ帰った。ピンチェイラは馬の名手で、周囲の部下たちも一人

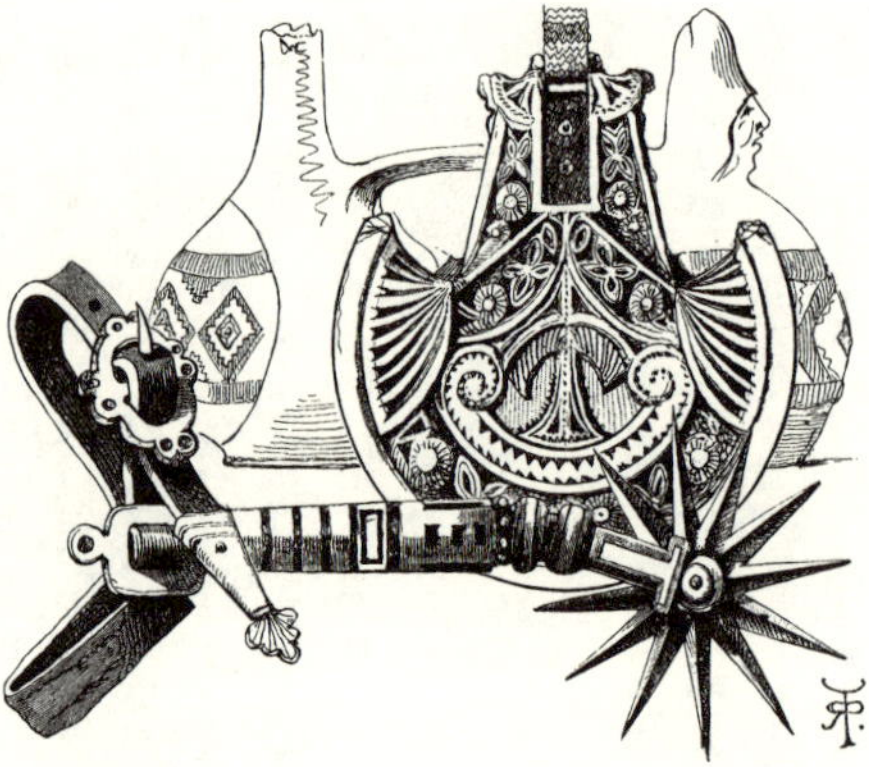

チリ人の拍車とあぶみ

残らずみごとな馬騎《の》りに仕こまれていた。なにしろ、ついてくるのをためらう者は容赦なく射殺してしまうのだから、たまったものではなかったろう。ロサス将軍は、この人物をはじめとする放浪インディオに対し、一大掃討作戦を展開したのである。

金鉱

九月一三日――われわれはカウケネス温泉を去り、主要路に戻ってリオ・クラロに一夜を送った。ここから馬でサン・フェルナンド[*17]の町へ行った。そこへ着く前に、山にとり囲まれた盆地の最後が一つの大平野となって、南のはるかかなたへひろがっていた。そのさらに先には大アンデスの雪をいただく尖峰が、さながら海の水平線上からそびえたつかのように望まれた。サン・フェルナンドはサンチアゴから四〇リーグ離れている。わたしが足をのばしたいちばん南がここである。というのも、われわれはここで九〇度向きを変え、海岸方向をめざしたからだ。アメリカ人紳士ニクスン氏の開発したヤキール金山に逗留したが、四日間同家に滞在中、氏にはなにくれとなくお世話になった。翌朝、数リーグ離れたところにある、高い丘の頂上近くに位置した金鉱まで馬をとばした。途中、ゲイ氏[★2]が述べた浮島[*18]で有名なタガ－タガ湖[*19]をちらりと眺めた。浮島というのは、さまざまな枯れ木の枝が絡まりあってできていて、表面には新しい植物が根を張っている。形はおおむね円形、厚みにして四～六フィート、大部分が水中に没している。浮島は風のまにまに湖の中を漂流し、ときには家畜や馬を乗せて運ぶこともある。

鉱山についたとき、血の気の失せた顔をした人が多いのにびっくりし、さっそくニクスン氏をつかまえて労働者の健康面を質問した。話によれば、竪坑は深さ四五〇フィートあり、おのおの二〇〇ポンドの石を運んでいた。木の幹に交互に刻みめがはいった階段《きざはし》が、竪坑の上からジグザグに降りているが、人びとはその荷をかついでよじ登らねばならないのだ。まだひげも生えない、体の筋肉も十分に発達していない一八から二〇歳の若者（ズボンしかはいていない裸んぼうだ）が、ほぼ同じ深みから重荷を負って登ってくる。この仕事に慣れないと、屈強の男ですら、自分の身一つを上へ押し上げるだけで息を切らせていた。これだけ過酷な仕事をしているのに、かれらは煮豆とパンだけで生きぬいている。パンだけのほうがいい、とさえ言いたげだった。ところが雇い主たちは、パンだけではとてもこの重労働に耐えられぬとみて、人びとを馬のようにとり扱って煮豆を食わせる。ここの賃金はハフエル鉱山よりも多少はいい。二四から二八シリングの月給である。かれらが坑道から出るのは三週間に一度だ。家族とともにいられるのが二日間である。こう書くと、鉱山の規則の一つはじつに過酷に聞こえるが、雇い主にとっての効果は絶大なものである。金を盗みだす唯一の方法は、鉱石の粒をくすねておいて、機会をみつけては外に持ちだすことだ。もしも監督がこれを発見すれば、そのたびに金の価格を全員の賃金から差し引くのである。だから鉱夫たちは、ごく自然にお互いに警戒しあうようになる。

砕粉場

鉱石が砕粉場に運ばれると、ほとんど実体のない微細な粉にすりつぶされる。洗って軽い物質を取り除き、アマルガム[*20]にして最終的に微量の金を手にいれる。洗うことは、述べるだけならひどく原始的な方法に聞こえるけれど、流水が金の比重にうまくマッチしており、ごく簡単に母岩の滓《かす》と金とを分離するので、すばらしい見ものといえる。砕粉場を通過した泥はプールに集められ、そこに沈殿する。それがときおり汲みとられ、ひと山にして置いておかれる。ここから相当な化学変化がおこり、さまざまな種類の塩類が表面へ噴きでてきて、山が固くなる。これを一、二年放置したあとで、ふたたび洗ってやると金が出てくる。この方法は六、七回は繰り返せるけれど、当然一回ごとに金の出かたが悪くなり、必要な放置期間（住民たちはこのあいだに金が生じるというのだが）もどんどん長くなる。以上に述べた化学作用が、その都度《つど》、一つの化合物から新たに金を分離させることは確実だ。はじめに粉々にくだく手順を省略して金を分離できる方法がみつかれば、まちがいなく金鉱石の値打ちも飛躍的に増大することだろう。てんでんばらばらに存在し腐蝕も見せない金の微粒子が、いかにして最終的に一定の量に集結するか、そこを知れば知るほどおもしろい。少し前のこと、何人かの鉱夫が非番のときに、家や砕粉場のまわりの地面を掻きとる許可を得て、土を洗い化学処理をほどこしたところ、三〇ドル相当の金を産出した。これはまさしく、自然界でおこなわれていることの模倣だろう。山が風化されて擦り減っていくと、内部に含まれる鉱脈も同じ運命をたどる。どんなに硬い岩も、それとわからぬほど微細な粉にまで磨きこまれ、通常の鉱物なら酸化されて石粒とともに取り除かれる運命をたどる。ところが金や白金などごく少数の鉱物は、ほとんど破壊作用を受けず、重いので水底に沈んでそこに残る。山がそっくり砕粉機にかかったようなもので、自然がそれを洗うのである。沈殿した泥には金が含まれているから、人びとは分離して金を得る最後の作業をほどこす価値をみいだすというわけだ。

すでに述べた鉱夫の待遇は、まことに劣悪のように見えるが、人びとは嬉々としてこれを受けいれている。なぜなら、農業に従事するときの労働条件のほうがもっと厳しいからである。農作の賃金は低いし、食べものはほんとうに豆だけなのだ。ここまで貧困におちいっている原因は、耕作地がすべて封建制度のようなシステムに組みこまれているためだ。地主が小作人にちっぽけな耕地を貸し与える。小作人は家を建て、土地を耕し、かわりに労働を提供して日々の糧《かて》を得る。もちろん賃金などはない。父親は、息子が働いて小作賃を支払えるようになるまでは、ごく偶然に暇でもできないかぎり、自分の土地を開墾して世話を焼くなどということもない。したがって、この国の労働者階級は赤貧状態があたり前になる。

近くには古いインディオの遺構がいくつかある。わたしは、穴の開いた石を見せてもらった。博物学者モリナが報告しているように、あちこちにかなりの量が出る。丸くて平たい形をしており、直径五、六インチだ。その真ん中を穴がみごとに貫いている。その形がかならずしも目的にかなっているとはいえないけれど、とにかくインディオたちは棍棒の先につけて利用した、というのが定説だ。南アフリカの部族では、先がとがった杖を使って根を掘りだす習慣があり、その杖の重さを調節するのに穴の開いた丸い石を加えていく、とバーチェル[★3]が述べている。チリのインディオもかつてはそのような原始的な耕作用具を使っていたのだろう。

ある日、レノウスと称するドイツ人博物収集家が、スペイン人の老法律家とほとんど時を同じくして訪ねてきた。この二人のあいだに交わされた会話を、わたしは楽しんで聞かせてもらった。レノウスはスペイン語も堪能だったから、老法律家もうっかりかれをチリ人だと思い違えたほどだった。レノウスはわたしを指して、トカゲや甲虫を拾い集めたり、石を割ったりする収集家を、イギリス王がこの国へ派遣してきたことをあなたはどう思いますか、と尋ねた。すると老法律家はしばらく黙考したあと、こう答えた。「いいことではありませんな――きっと裏の理由がありますよ。だって、あなた、そんなガラクタを拾わせに人を遣《や》るだなんて、そんな余裕のある人間が世の中にいるもんですかね。気にいりませんな。もしもわれわれのほうからイギリスに人を遣って同じことをさせたら、イギリス王は早晩われわれを国外追放にするとは思いませんか?」。もちろんこの老紳士は、仕事柄、諸般の事情にも通じ教養もある階級に属する! レノウスのほうも二、三年前に、こんな体験をしている。サン・フェルナンドの自宅をあけようとしたとき、たまたま何匹かの芋虫を飼っていたのだが、この虫を蝶にしたいので女の子に給餌係りをまかせて外出した。ところがそれが町の噂になり、とうとう神父《パードレ》と知事が相談しあって、これは異端の魔法に違いないと断を下したという。おかげでレノウスは帰宅したとたん捕縛されてしまったのだそうだ。

穴があいた岩

九月一九日——われわれはヤキールをたち、平たい谷間を下った。その谷間はキョタのそれと構造が似ており、ティンデリディカ川[*21]が流れている。サンチアゴから数マイル南に来ただけで、気候はずいぶん湿ってきた。その湿気で、みごとな牧草地ができ、もちろん灌漑もいらない。（二〇日）われわれはさらに谷を下って、ひろびろとした平野に達した。この平野は海からランカグアの西にある山々にまでのびているものだ。やがて樹々が姿を消し、小さな灌木も見あたらなくなった。そのせいでここの住民は、パンパスの人びとと同様に、焚木《たきぎ》を探すのが至難の業《わざ》となる。わたしはこのような平野があるとは聞いていなかったから、チリでこの風景に出くわして胆《きも》をつぶした。平野は数段階の高度をもつ台地の重なりあったもので、そこへ底が平らで幅の広い谷間が何本も食いこんでいる。どちらの状況もパタゴニアの場合と同じだ。海の作用と、緩慢な陸地上昇とを暗示しているのだ。谷間をふちどる険しい崖に、いくつか巨大な穴が開いている。これはまちがいなく波が開けた穴だ。その一つには、司教の洞窟《クエバデルオビスポ》という立派な名がつけられていた。以前は神聖な場所だった証拠だろう。その日わたしは気分がとても悪く、そのあと一〇月末まで元気が戻らなかった。

九月二二日——樹が一本もない緑の平野を進みつづけた。次の日にナベダド[*22]に近い海岸の家に着いた。そこの富裕な農園でわれわれは宿を提供された。ここでは二日間をすごした。身動きできぬ体調だったが、なんとか第三紀地層から海産の化石貝を採取した。

九月二四日――われわれはいま、バルパライソへ向かう道にはいったのだが、目的地までは悪戦苦闘して、二七日にようやくたどりついた。そこについたとたん、わたしは一〇月末まで病床につくはめになった。[*23] この間《かん》、コーフィールド氏の家で養生させてもらったが、同氏の厚情には感謝の言葉もない。

ピューマの習性

ちなみにここで、チリの哺乳類と鳥類にかかわるいくつかの観察報告をつけ加えたい。南アメリカのライオンといわれるピューマは、めずらしいというほどでもなく生息する。この獣の地理的分布は広く、赤道直下の森林から、パタゴニアの砂漠を通って、フエゴ島の湿った冷たい地域(南緯五三度から五四度)にまで南下している。中央チリのコルディエラでも、少なくとも高度一万フィートでピューマの足跡を見かけている。ラ・プラタでは、ピューマは主にシカ、アメリカダチョウ、ビスカーチャ、そのほか小型哺乳類を餌食にしている。牛や馬は滅多に襲わないし、人間に攻撃をしかけてくることはさらに少ない。けれどもチリでは、おそらくほかに哺乳類がいないせいで、牛や馬の若い個体がたくさん食われる。また、二人の男と一人の女が餌食にされたとも聞いた。ピューマが襲いかかるときは、いつも獲物の肩にとびつき、片方の肢で頭を後ろに引っぱり、背骨をへし折るのだそうだ。パタゴニアでグアナコの死体を何頭か見たことがあるが、たしかに首が折られていた。

ピューマは食べて腹がくちくなると、死骸に大きな灌木をうんと重ね、横になって番をする。この習性が仇《あだ》となり、せっかくの貯蔵品がしばしば暴《あば》かれる。空中を飛びまわるコンドルが、このご馳走の分け前にあずかろうと降りてきては、獣を怒らせて追いはらわれ、また上空へ飛びあがっていくからだ。そしてこんどはこの光景をチリのグアソが見て、ライオンが獲物の番をしている――かれらの言葉をそのまま書いているのだが――と知ると、人と犬とで急ぎ追跡をはじめる。F・ヘッド卿がいうには、パンパスのガウチョは、コンドルが空で輪を描いているのを見ただけで、「あ、ライオンだ!」と叫んだそうだ。ただしわたし自身は、このような眼力があると称する人に会ったためしがない。そして一説によれば、死骸の番をしたためにかえって獲物がばれてしまい、狩人に追われる体験をもったピューマは、二度とこの習性にしたがわないという。腹いっぱい食べたら、あとはぷいとどこかへ行ってしまうのだ。ピューマを殺すのに手間はかからない。広びろとしたところでは、最初にボラスで絡め、次にラソを打ちこみ、動かなくなるまで馬で地面を引きずりまわす。タンデール（ラ・プラタの南部）で聞いたが、この方法で三か月内に一〇〇頭狩った例もある。チリでは、ふつうピューマを灌木や樹木の上に追いあげ、そのあとで射殺したり、犬に噛み殺させる。この狩りに駆りだす犬は特別な品種で、レオネロスと呼ばれる。長脚のテリアのように、きゃしゃで貧弱な犬だが、生まれつきこの狩りの本能だけは強力にそなえている。ピューマはとてもずるがしこい獣とされている。追われると、前に通った道に戻ってくることがあり、そこでふいに片がわへ跳びのくと、すぐに身を伏せて犬どもをやりすごす。じつに静かな動物で、傷ついても叫び声をあげない。ただ、繁殖期にはごくたまに吼える。

エル・トゥルコとタパコロ

さて鳥類だが、オタテドリ類[*24]の二種（鳥類学者キトリッツ[*25]の命名によるシラヒゲオタテドリとアカバネオタテドリ）がおそらくいちばん目につくものだろう。前者はチリ人が「トゥルコ」と呼んでおり、いくらか近縁のノハラツグミと同じ大きさをもつ。しかしこの種のほうがはるかに脚が長く、尾は短くてくちばしががっしりしている。色は赤褐色だ。トゥルコはふつうに見られる。地上性で、乾燥した不毛の丘に散在している藪《やぶ》を隠れ家にする。尾を立て、竹馬みたいな脚をして、ときおり藪から藪へと信じられぬ速さで跳ねていく姿を見かける。まるで鳥が自分を恥じているのではないか、自分の道化じみた姿をよく承知しているのではないか、といった思いがすぐに浮かんでくるやつだ。これをはじめて見ると、「へたくそに作った剝製がどこかの博物館から逃げだし、生きかえっちまったのか！」と叫びたくなる。この鳥は飛びたつのにほんとうに苦労するし、走ることもしない。ただ跳ねるだけだ。藪に隠れて出すかん高い多彩な鳴き声が、また、その姿に負けないくらい奇妙である。地面にあいた深い穴に巣をつくるといわれる。何羽かを解剖してみた。相当に筋肉質の嗉嚢《そのう》には、甲虫、植物繊維、それに小石があった。この性質と脚の長さ、引っかく足、鼻孔についた膜状の覆い、短くて曲がった翼などから察するに、この鳥はツグミとキジ目とをある程度までつなぐ位置にあるようだ。

第二の種（つまりアカバネオタテドリ）はぜんたいの形が最初の種に似ている。地元で「タパコ

[*26]ロ」、すなわち「尻かくせ鳥」と呼ばれている。たしかにこの小さくて恥知らずな鳥の特徴をいいあてた名である。なぜなら、この鳥は尾を立てるどころではなく、尾を頭につくほど反りかえらせているからだ。どこにでもいて、生け垣の下や、むきだしの丘に点々と見える藪などに出入りする。こういうところは、ほかの鳥にはぜんぜん住めないのだけれど。一般的な餌のとりかたもそうだが、藪からすばやく跳びだし、すぐにまた戻る動き、隠れたがる性質、飛びたがらないこと、それから巣のつくりかたまで、いらいちトゥルコにそっくりだ。しかし外見はそれほど道化てはいない。タパコロはとても賢い。だれかにおどかされると藪の下でじっとしている。しばらくしてから十分に用心して反対がわへ這って逃げようとする。これも活発な鳥で、いつもうるさく声を出している。声はいろいろだが、ずいぶん奇妙に聞こえる。ハトのクークーという声に似ているときもあれば、水が泡だつ音に似るときもある。たとえて語れないような音も多い。土地の人びとは、この鳥が年に五回も鳴きかたを変えるといっている——これはどうも季節の変化に応じているらしい。[★4]

シラヒゲオタテドリ（トゥルコ）

アカバネオタテドリ（タパコロ）

ベニイタダキハチドリの雄（右）と雌（左）

ハチドリ

ハチドリは二種がふつうに見かけられる。ベニイタダキハチドリ[*27]は、西海岸にそって二五〇〇マイルにもわたり分布している。すなわち、暑くて乾燥しているリマからはじまって、フエゴ島の森林まで――そこではこの鳥が吹雪に翻弄されながら飛ぶ姿が見られる。森林のあるチロエ島では、極端に多湿な気候だが、じっとり濡れた緑のあいだをあちらこちらと飛びまわるこの小鳥が、他のどんな種よりもたくさんすみついているようだ。大陸のあちこちで射殺した何羽かの胃を開いたら、そこに残っていた昆虫の種類はキバシリの胃に匹敵するほど数が多かった。この種は夏に南へ渡り、北からやってくるいくつかの別種と交替する。つづいて第二の種だが、オオハチドリ[*28]は、繊細さで知られるこの科の鳥にしてはとても大きい。飛んでいる姿は一種独特だ。この属に含まれた他種と同じく、じつにすばやくあちらからこちらへと飛び移る姿は、ハエの類でいえばヒラタアブ、ガでいえばスズメガのそれに比較できるだろう。けれども花のまわりをホバリングするときは、翼をとてもゆっくり

オオハチドリ

と、しかも力強く振る。この仲間のほとんどが翼をブンブン振動させ、鼻歌でもうたうような音をたてるのとは、まるっきり違うのだ。翼の力が体重にくらべてこれだけ強力に（まるでチョウのように）見える鳥を、わたしは他に見たことがない。花のそばでホバリングする際、尾はいつも扇のように開いたり閉じたりする。体はほぼ垂直姿勢を保っている。この動作が、翼をゆっくりと動かすときの鳥を安定させ、支えるようだ。餌をもとめて花から花へと飛びまわっているのに、胃の内容物は一般に昆虫の死骸が圧倒的だ。どうもこの鳥の狙う餌は、蜜よりも昆虫であるらしい。この種の鳴き声は、科ぜんたいにほぼいえることだが、なんともかん高いものである。

【訳注】第12章

*1――チンボラソ山 Volcán Chimborazo　エクアドル中部にある火山。標高は六三一〇メートルで、長くアンデス山脈の最高峰とされていた。一八〇二年にA・フンボルトが科学的調査と登山を試みた。一八八〇年にイギリスのE・ウィンパーが初登頂。

*2――リチャード・コーフィールド氏 Corfield, Richard Henry（1804-97）　シュルーズベリ・スクールでともに学んだダーウィンの旧友で、当時バルパライソ郊外に居を構えていた。

＊3――コックレーン卿 Cochrane, Thomas, 10th Earl of Dundonald（1775-1860） イギリスの海軍軍人、技術者。スペインやフランスの船舶捕獲に活躍した後、一八〇七年には下院議員となった。ナポレオン戦争でも武勲をたてたがライバルとの確執がもとで軍を追われた時代もある。そのあいだに圧縮空気を利用したケーソン工法で特許を獲得し、鋼材による橋梁建設に飛躍的な発達をもたらした。軍艦に蒸気機関を用いるための研究もおこなった。

＊4――キヨタ Quillota チリ中部、バルパライソの東に位置する谷で、アコンカグア川が流れる。バルパライソから六〇キロメートル離れたキヨタがこの地域の中心都市。

＊5――ベル山 Bell Mountain スペイン語ではセルロ（岩山）・ラ・カンパナ（鐘）という。キヨタの東にそびえる、標高一八八〇メートルの鐘のような形をした岩山。

＊6――ロデオ 牛の選別や焼き印のため、特定の場所に「駆り集めること」を意味し、スペイン語で「取り巻く」という意味の動詞が語源。チリでは独特のルールをもつ一種の農村スポーツとなった。北アメリカ大陸では牧童（カウボーイ）が自分の腕前を見せる曲芸披露の意味に転じたが、チリとはルールも異なる。

＊7――ペトルカ Petorca キヨタの北に位置する内陸の小さな鉱山街。首都サンチアゴから二二〇キロメートルほど離れている。

＊8――ジョージ・アンソン Anson, George（1697-1762） イギリスの海軍軍人、航海家。一七四〇年から四四年にかけて、六隻の小艦隊を従えて太平洋探検と、毎年アカプルコからマニラへ渡航するスペイン財宝船の拿捕を目的として世界周航をおこなった。

＊9――グアソ ウアッソ、ワソともいう。ラ・プラタ諸国のガウチョ、北アメリカのカウボーイに相当する「牧童」。チリ中部の渓谷地帯に多く見られ、ロデオをはじめ、チリの民衆文化を象徴する存在でもある。

＊10――サン・フェリペ San Felipe チリ中部のアコンカグア川にのぞむ都市。首都サンチアゴの北約八〇キロメートル。太平洋岸からは約七〇キロメートル内陸にある。ハフエル鉱山はその東に位置する。

＊11――ジョージ・レックス　イギリス王ジョージ三世（在位一七六〇～一八二〇年）のこと。郵便ポストや貨幣だけでなく、さまざまなイギリス製品にジョージ三世を表すGRのイニシャルが刻まれていることを言っているらしい。
＊12――作家フィニス　「フィニス」は小説や映画の最後に記される「完」と同じ。
＊13――スウォンジー　Swansea　イギリスのウェールズ地方にある都市。ブリストル海峡の北岸、スウォンジー湾に面する。かつては内陸にある炭田の積出港として繁栄し、銅の製錬やブリキ生産もおこなわれる鉱業の街であった。
＊14――ウチワサボテンの実　ウチワサボテンは、茎がうちわ状に平たい楕円形の茎節になるサボテンの総称。そのなかで実が食用されるオプンティア属の一種は、スペイン語でツナ、英語ではインディアン・フィグ（インドのイチジク）と呼ばれる。
＊15――ランカグア　Rancagua　チリ中部の都市。首都サンチアゴからは南へ七〇キロメートルほど離れており、カチャプアル川にのぞむ。カウケネスの温泉はこの川の上流にある。
＊16――ピンチェイラ　第4章にも登場したインディオ、アラウカノ族の首長。
＊17――サン・フェルナンド　San Fernando　チリ中部の都市で、首都サンチアゴの南南西へ約一三〇キロメートルほど離れる。ランカグアと同様、海岸山脈とアンデス山脈に挟まれた中央低地帯にある。
＊18――浮島　湖などで、植物や植物の腐ったものが固まって浮き、島のようになったものを指す。
＊19――タガ－タガ湖　Laguna de Tagua-Tagua　かつてサン・フェルナンドの北西にあった湖で、十九世紀半ばに干拓されて姿を消した。先史時代の遺構や哺乳類の化石が発掘されたことでも知られる。
＊20――アマルガム　水銀と他の金属、とくに金や銀、銅、鉛、亜鉛などとの合金。これらの金属片や粉を水銀中に投ずるだけでも簡単に形成される。
＊21――ティンデリディカ川　Rio Tinderidica　ティンギリリカ　Tinguiririca　川のことか。ナビダド付近で太平洋に注ぐラペル川の南がわ支流。

＊22――ナベダド　現在の呼び名はナビダド（Navidad）あるいはナビダッド。バルパライソの南、約一〇〇キロメートル離れた太平洋岸の街。ラペル川の河口の南にある。

＊23――病の床　ダーウィンはバルパライソへの帰路、新大陸の風土病であるシャガス病に罹ったと考えられる。シャガス病は、ベンチュカという昆虫やダニが運ぶ鞭毛虫という小さな生物によって引き起こされる。風邪に似た症状でやたらに眠くなるともいわれ、ダーウィンも一か月寝こんだという。病名はこの病気を報告したブラジルの医師シャガスにちなむ。

＊24――オタテドリ類　中南米にのみ分布するスズメ目オタテドリ科の鳥の総称で、名前の通り尾羽をぴんと立てる性質をもつ種が多い。ここに登場するシラヒゲオタテドリとアカバネオタテドリは、どちらもチリの固有種である。

＊25――キトリッツ Kittlitz, Friedrich Heinrich Freiherr von（1799-1874）　ドイツの博物学者、航海者。ロシアによる世界周航に参加し、南アメリカ大陸や小笠原諸島を含む太平洋の島々で多くの鳥を採集した。

＊26――タパコロ　タパクロともいう。現在、オタテドリ類の総称としてもこの名が使われる。

＊27――ベニイタダキハチドリ　翡翠のように輝く背中が特徴のハチドリ。チリ、アルゼンチンの広大な範囲に生息する。チリの沖、約六五〇キロメートルの太平洋上のファン・フェルナンデス諸島にのみ生息する近縁のフェルナンデスベニイタダキハチドリもよく知られている。

＊28――オオハチドリ　ハチドリのなかでは最大種であり、体重は一八～二四グラム、全長が二〇センチメートルを超えるものもいる。暗褐色の背中にオレンジ色の腹部をもつ。コロンビアからチリ、アルゼンチンまで、標高二〇〇〇メートル以上のアンデス山脈に生息する。

第13章　チロエおよびチョノス群島

チロエ島――概論……ボート旅行……現地のインディオ……カストロ……人馴れしたキツネ……サンペドロ登山……チョノス群島……トレス・モンテス岬……花崗岩の山脈――ボートで遭難した水夫たち……ロウ港……野生のポテト……泥炭の形成……ヌートリア、カワウソ、ネズミ……ムナフオタテドリと吼え鳥……パタゴニアカワカマドドリ――鳥類学上のめだつ特徴……ミズナギドリ類

チロエ島にあるサン・カルロスの町

チロエ島――概論

一一月一〇日――ビーグル号はバルパライソを発《た》ち、チリの南部を測量するために南下、チロエ島、荒涼の島チョノス群島、そしてトレス・モンテス半島まで南へすすんだ。二一日にはチロエ島の主都サン・カルロス[*1]の港に投錨した。

この島は長さ約九〇マイル、幅が三〇マイルある。起伏に富んでいるが、山岳帯というわけではなく、一つづきの大きな緑の林に覆われている。ただ、草葺き屋根のある小屋のまわりを囲んだ緑地はところどころきれいに切りひらかれてはいたけれども。遠くから見るかぎり、ここの眺めはいくらかフエゴ島に似ている。しかし森を近くで見ると、ここのほうが比較にならぬほど美しい。みごとな常緑樹の幾種類、また熱帯系の植物などが、南岸の陰気なブナ林にとってかわっているからだ。冬の気候は厳しい。夏も多少はよくなる程度だ。温帯地域でここぐらい大雨が降る場所は、世界にあまり類をみないだろう。風は吹きすさぶし、空はいつも曇っている。晴天が一週間もつづいたら、ほとんど奇跡だ。コルディエラをこれっぽっちも眺められなかった。この最初の訪問で、一度だけ、オソルノ火山[*2]があざやかに浮きたって見えたことがあるけれども、日の出よりも前のことだった。日がのぼりだすと、東の空が輝いて山の輪郭を少しずつ消していくありさまは、なんともめずらしい見ものだった。

サン・カルロスの町並

住民は、その容貌と低い背とからすると、四分の三はインディオの血を引く人びとであるらしい。つましく、おだやかで、勤勉な人びとだ。土壌は火山岩が分解したためにすっかり肥沃になっていて、下等な植物を繁茂させていた。ただし、実るのに日光を必要とする植物にとっては好都合な気候ではなかった。大型哺乳類用の広い牧草地はほとんど見あたらない。だから安定した食糧というと、ブタ、ポテト、そして魚である。だれもが丈夫なウールの服を身につけている。一家でそれを織り、藍《インディゴ》で暗青色に染めるのだ。しかし技術のほうは素朴もいいところだ――この点はかれらの見なれない畑の耕しかた、糸まきの方法、そしてボートの作りかたからもわかる。森林は足が踏みこめないほど深く、海岸と近隣の島々を除けば、土地のどこにも鍬がはいったためしがない。小径があっても、土壌がやわらかくてジクジクしているから、まったく歩けたものではない。フエゴ島の人びとと同じく、ここの住民も移動は主にボートを使う。食べるものにはこと欠かないが、みんなとても貧しい。仕事はまるでない。したがって使い走り程度では、ちょっとした文明の利器を買えるほどの小遣いにもならない。また、経済流通の媒体というものが十分に存在しない。わたしは背中に炭の袋をかついだ男を見たが、これで日用品を買いにいくのだった。また、一枚の板を持っていって、ワイン一瓶と交換する人もいた。だから、物々交換をする人はみんな商人でもあるに違いない。交換した品物を、ふたたび別の品物と引き替えに転売する。

ボート旅行

一一月二四日――サリヴァン氏（現在は大佐だ）指揮のもと、チロエ島の東すなわち内陸がわの海岸を調査するために艦載艇と捕鯨ボート各一隻が出発した。ビーグル号とは島の南端で落ちあう手筈がとられた。ビーグル号のほうは島の外がわの航路をとるので、二船あわせて島の周囲ぜんぶを一周することになるわけだ。わたしは内陸部の探検に随行したが、第一日めはボートに乗るのでなく馬を借り、島の北端にあるチャカオ[*3]まで陸行した。道は海岸にそっていた。ときおり、みごとな森に覆われた岬を横断した。この翳《かげ》った道すじでは、森の丸太を四角く切って道の面《おもて》ぜんたいに木を並べて敷きつめることが、ぜったいに必要だった。太陽光線が常緑樹の葉かげを透けて射しこんでこないから、地面はぬかるんで、ぐちゃぐちゃになっていた。だから丸太を敷きつめでもしないかぎり、人も馬も通れやしないのだ。ボートに用意してあるテントが野営のためにたてられたすぐあと、わたしもチャカオ村に到着した。

周辺の地表はずいぶんひろく切りひらかれていた。森には静かなたたずまいで、ほんとうに絵になるような秘めた場所がたくさんあった。チャカオは以前には島の主要港であった。ところが危険な潮流や海峡の暗礁のために船が多数沈められたので、スペイン政府は教会を燃やし、ほとんどの住民を勝手にサン・カルロスへ移住させた。夜営をはじめてほどなくすると、知事の息子が裸足でわれわれのようすを見にやってきた。小艇のマストに英国旗がひるがえっているのを見て、この息子はまったくの仏頂面《づら》を決めこみながら、チャカオではいつもこの旗を掲げるのか、と尋ねた。というのも、いくつかの場所では住民が軍艦のボートの出現を目撃して胆をつぶし、これをてっきりスペイン艦隊のお先棒と思いちがえ、チリの愛国政府から島を奪いかえしにきたのだと信じこんだからだった。しかしながら島の有力者のほうはみんな、われわれの訪問の意図を知らされていたから、とても慇懃《いんぎん》だった。われわれが夜食をとっているあいだに、知事が表敬にやってきた。この人はスペイン軍に加わって陸軍中佐を務めていたが、いまはどうしようもなく貧乏だった。かれはわれわれに二頭の羊をくれて、かわりに綿のハンカチを二枚、真鍮の装身具、そしてタバコを少々受けとった。

一一月二五日――どしゃ降りであったが、それでも海岸ぞいに馬を飛ばし、ファピ＝レノウまで行った。チロエの東がわはすべて同じ眺めだ。一つの平原があって、そこに谷がくいこみ、たくさんの小島に分裂し、その上を暗緑色の処女森が厚く覆っている。そのふちに、高屋根の小屋に囲まれた更地がいくつかあった。
一一月二六日——この日はすばらしい晴天で明けた。オソルノ火山が煙をもくもくと吐きだしていた。かぎりなく美しいこの山は、完璧な円錐形をしており、雪の帽子をいただき、コルディエラの前面にそびえたった。頂上が鞍の形をした大火山がもう一つあって、途方もなく大きなクレーターから蒸気の柱をいくつか吹きあげていた。つづいてわれわれは、はるかに高い峰をもつコルコバード山[*4]を見た——天下の名山《エル・ファモソ》コルコバードの名を辱しめない。それぞれ七〇〇〇フィートの高さをほこる巨大な活火山を三つも、こうして一点から仰ぎ見ることになったのだった。これに加えて、はるか南には、活火山かどうか定かでないがあきらかに元来は火山だったはずの円錐形をした高い雪山が、まだいくつもあった。アンデスの山脈線は、この近郊ではチリで見るほどそびえたつ感じではない。また、地球を二地域に分ける完璧な要害をつくっているというほどでもない。この大きな尾根は南北にほぼ一直線に走っているが、錯覚が働いて、多少とも歪《ゆが》んでいるように見えるのが常だ。なぜなら、一つ一つの山頂から観察者の目へと引いた線は、当然ながら半円形の半径となって収斂するからだ。しかも（大気が澄みわたり、中間にも対比する物がぜんぜんないのだから）、いちばん遠くにある峰がどの程度の距離にあるかわからず、峰々がすべて平面的な半円形の中にあるように見えるのだ。

現地のインディオ

正午に上陸し、純血インディオの家族に会った。父親は、不思議なことにヨーク・ミンスターそっくりだった。小さな子のなかには、顔が赤くてパンパス・インディオに見まちがえるのもいた。見るものがいちいち、インディオ部族間の深い関連を確信させるのだが、それでも言葉は各民族で独自のものだった。この家族は片言のスペイン語しか話せず、かれらの母語で語りあっていた。しかし、先住民たちがいかに低劣とはいえ白人征服者の到達したのと同じ文明度にまで達している事実を知るのは、うれしいことだった。もっと南へ行くと、純血インディオにたくさん出会えた。実際、小島によっては住民すべてが古いインディオの名字をいまだに使っているのだ。一八三二年の人口調査では、チロエ島とその付属島の人口は四万二〇〇〇人だった。その半数以上は混血らしい。一万一〇〇〇人がインディオ名を使っていたが、その全部が純血系のインディオというわけではなさそうだ。生活ぶりはほかの貧民たちと似たようなもので、全員がクリスチャンである。ただし、かれらは奇妙な迷信的儀式を多少とも守っており、ある洞窟の中で悪魔と交渉を結んでいるとも噂される。以前はそういう罪が確定すると、罪人はリマの審問所に送られたものだ。インディオ名を使っている一万一〇〇〇人に含まれない住民の多くも、外見からするとインディオと区別がつかない。レムイ島[*5]の知事ゴメスは父方も母方もスペイン貴族の血を引いていたが、度重なる現地民との近親結婚により、すっかりインディオになりきっていた。その点、キンチャオの知事はスペインの純血をかなり守ってきていた。

［フィッツロイ艦長がイギリスに連れ帰って教育し、故郷に送り返したフエゴ島人の一人。第10章参照］

夜になって、カウカウエ島[*6]の北にある美しい小さな入江にはいった。ここの住民は土地がないと不満をいった。その原因の一部は、かれらが怠惰で林を切りひらかなかったことにあるのだが、政府の禁止政策にも原因の一半はある。というのは、どんなわずかな土地を買うにも、測量官がつける土地の値段のほかに、一クアドラ（一五〇平方ヤード）測るごとに測量官に二シリング支払わなければいけない決まりになっていたからだ。この評価づけのあと、土地を三度も競売にかけなければならず、これ以上ほかに上値《うわね》をつける者がいなくなったところで、購買者はようやくその価格で土地を取得することができる。こうした高値強制は、住民が赤貧洗うがごとき状態の場所では、土地開拓の深刻な障害になる。たいていのところなら、火の助けを借りれば林を切りひらくことなどなんでもない。だがチロエ島は気候が多湿で木の種類にも問題があって、はじめに切り倒さねばならない。これがチロエ島を繁栄させない重い足かせなのだ。スペイン統治時代にはインディオは土地をもてなかった。一家は、せっかく幾ばくかの土地を開墾してもそこから追いはらわれ、土地を政府に没収された。チリ当局はいま、こうした貧しいインディオたちに、その暮らしぶりに応じてなにがしかの土地を分配することで、つぐないを実行している。切りひらかれていない土地は無価値に等しい。政府はダグラス氏（現職の測量官で、この話題をわたしに提供してくれた）に負債の代わりとしてサン・カルロス付近の森八・五平方マイルを供与した。そうしたらかれはこれを三五〇ドル、つまり七〇ポンドで売りとばした。

つづく二日は上天気だった。夜にはわれわれもキンチャオ島についた。ここ一帯は諸島中もっとも開墾が進んだ場所だ。本島の海岸にそう幅ひろい土地は、近隣の小島でも多くがそうであるように、ほぼ完全に切りひらかれているからだ。農場のなかには、いかにも快適に見えるところもあった。こういう農場の主人はどのくらい裕福なのか、ぜひ確かめたかったが、ダグラス氏にいわせると定期収入があるといえる者はだれもいないのだそうだ。いちばん裕福な地主のなかには、長年こつこつとたくわえた資産がやっと一〇〇〇ポンドに届いている者もいるらしかった。しかしそうだとしても、その金はどこか秘密の場所にしまわれているらしい。ここではどこの家庭も宝の壺や箱を地中に埋める習慣があったからだ。

カストロの古い教会

カストロ

一一月三〇日――日曜の朝早く、チロエ島の古い主都カストロ[*7]に到着した。といっても、現在はこれ以上ないほどに荒《すさ》みきった、およそ人気《ひとけ》のないところだ。スペイン様式の都市につきものの四角い街並をたどれた。けれども街路や広場はすばらしい緑地の芝に覆われ、羊たちが草を食《は》んでいる。中央に建つ教会は全部木造だ。とても絵になる神々《こうごう》しい眺めだった。この地の貧しさについては、次の事実から察しがつくと思う。そこには数百人もの住人がいたのに、わが隊の一人が一ポンドの砂糖とふつうのナイフを一本買おうとしたところ、ついに買う場所がみつからなかったのである。懐中時計とか柱時計をもっている者など一人もいなかった。時間の観念がかなりしっかりしているようすの老人が、当てずっぽうに教会の鐘を鳴らす仕事をしていた。この静まりかえった世界の片隅では、われわれのボートが到着したことが、滅多にない事件だった。住人のほとんど全員が浜にやってきて、テントを張るわれわれを見物した。かれらはとても友好的で、家を一軒提供してくれた。プレゼント代わりにシードルを一樽送ってよこす者までいた。午後には知事のところへ表敬訪問にでかけた――知事はもの静かな老人で、外見と暮らしぶりはイギリスの田舎者を上まわるものではなかった。夜にどしゃ降りがあったけれど、テントをとりまいた人垣を散りぢりにさせるだけの威力はなかった。ケイレン[*8]からカヌーに乗り商売にやってきたインディオ一家が、われわれのそばに野営した。雨のあいだも、身を隠すものがなかった。朝になって、ずぶ濡れの若いインディオに、どうやって一夜をすごしたのか尋ねてみた。かれはまるでへっちゃらのようで、こう答えた。「平気だよ、だんな」。

一二月一日――われわれはレムイ島を指してボートを進めた。報告がきていた炭鉱を調べたいと熱望していたのだが、いざ調べてみると、ここら一帯の島をつくっている砂岩（たぶん古代の第三紀層）に含まれた価値のない褐炭と判明した。レムイ島についた際、テントを張る場所がみつからなくて往生した。なぜなら大潮どきで、陸地の木が茂っているあたりまで水が押し寄せていたからだ。ほどなくすると、ほぼ純粋なインディオの人垣に取り囲まれた。かれらは、われわれの到来に度胆をぬかれ、口ぐちに、「最近インコどもをたくさん見かけたが、こいつが原因だったのか。チェウカウ[*9]（胸の赤い奇妙な小鳥で、森林の奥にすみ、とても耳なれない鳴き声をたてる）だって、理由がなかったら『気をつけろ！』と警告なんてしないものな」としゃべりあった。かれらはすぐに物々交換を要求しだした。金銭など何の価値もないのだが、かれらが見せたタバコのほしがりかたは尋常でなかった。タバコの次は藍の価値が高かった。それからトウガラシの実、着古した服、そして火薬の順だ。最後の品物は、きわめて無邪気な目的のために要求された。どの教区にも共用のムスケット銃があって、聖人の祝日や祭の日に騒音を出すのに火薬が入用だったのだ。

ここの人びとは主に貝とポテトを食べて暮らしている。季節によっては囲い垣《コルラレ》あるいは水中の石垣で、潮が引いたあとの泥洲にとり残された魚をたくさん捕る。かれらはときおり、鶏や羊や山羊、ブタに馬、そして牛を飼っている。ここに並べた順序は、家畜たちの頭数の多い順をあらわしている。この人びとが見せたふるまいの親しさと謙虚さは比類がなかった。かれらは話しかけるときにいつも、こう語りはじめる――わしらはここにすむ貧しい住民で、スペイン人じゃありません、タバコやそのほかのおいしい品物が死ぬほど必要なのです、と。最南端の島ケイレンでは、水夫たちが半ペンス貨三枚の価値しかないタバコの棒《スティック》を持参して、二羽の鶏（このうちの一羽はインディオによると趾《あし》のあいだに皮があったといい、あとで上等のカモだとわかった）と交換した。また三シリングの値がつく程度の綿のハンカチ数枚で、三頭の羊とタマネギの大束とを交換した。この場所では小艇を岸から少しだけ沖に碇泊させた。夜間に盗賊にやられはせぬかと心配だったからだ。それからわが方の水先案内人ダグラス氏がこの地方の警官に語ったのは、「こちらとしても武装した見張り番を置くが、スペイン語がわからないから暗闇でだれか見かけたら、確実に射殺するぞ」という警告だった。警官はとてもへりくだり、この処置をまったく妥当なことと認めたうえで、夜はだれも家から外へ出ませんと、われわれに約束した。

　つづく四日のあいだ、南を指して航海が継続した。土地の概要は変わらないが、住民の数は減っていた。タンキ[*10]という大きな島には、切りひらかれた場所はまず一つもない。どこを見ても樹々がその枝で海浜を覆っている。ある日ふと気づいたのだが、ダイオウを巨大にした感じのあるパンケ[*11]というきわめてすばらしい植

巨大なパンケの葉

物（学名グンネラ・スカブラ）［和名はコウモリガサソウ］が、砂岩の崖にのびていた。住民は弱酸性の茎を食べ、根を使って皮をなめし、黒い塗料をそこからとる。葉は円形に近く、へりに深く刻みめがはいる。一枚を測ったら、直径がほぼ八フィートもあった。ということはつまり、円周にして二四フィートもあるわけだ！　茎は一ヤードちょっとの高さで、一株が四つか五つの大きな葉をだし、全体になんとも気品のある姿をみせている。
　一二月六日――われわれはキリスト教団の終着点《エル・フィン・デル・クリスティアンダド》と呼ばれるケイレンにたどりついた。朝がた、南アメリカのキリスト教圏の最涯《さいはて》であるライレクの北端で、一軒の家に数分ほど立ち寄ったが、

まことにみじめな掘っ立て小屋であった。緯度は四三度一〇分、大西洋岸のリオ・ネグロよりさらに二度も南にくだっていた。これら最南端のキリスト教徒はとてつもなく貧しく、窮状を訴えつつわれわれにタバコをせがんだ。かれらインディオの貧しさをあらわす証拠として、次のことを述べておこう。この立ち寄りの直前、われわれは三日半歩いて旅をしてきたという男に出会った。かれは同じ道のりを帰るのだが、これが小さな手斧《ちょうな》と数尾の魚を手にいれる代償となる骨折りだった。そんなちっぽけな借りを返すのにこれほど大汗をかかねばならぬとしたら、どんなにささいなものを買うにもとんでもない困難があるに違いないだろう！

チコハイイロギツネ

人馴れしたキツネ

夕方になり、サンペドロ島[*12]に到着。先にビーグル号が錨を降ろしていた。岬を回航するとき、二人の将校が上陸して、経緯儀を用い角度を測った。この島に固有といわれるキツネの新種チコハイイロギツネ[*13]が一頭、岩場に座っていた。将校たちのすることを一心不乱に見つめていた。後ろからそっと近づいていき、地理学用ハンマーで頭を殴りつけることができた。このキツネは好奇心旺盛というか、知能にすぐれているが、しかし他の同類一般ほど野生の賢さはない。現在この一頭はロンドン動物学協会の博物館で剝製になっている。

サンペドロ登山

われわれはこの港に三日滞在した。その一日をついやして、フィッツロイ艦長が隊をひきい、サンペドロ山への登頂に挑んだ。ここの森は島の北がわにくらべて趣きが少し異なっていた。岩のほうも雲母片岩で、砂浜が一つもなかった。断崖の垂直壁が直接海中に落ちている。したがってその概観はチロエ島よりもフエゴ島のそれに似ていた。われわれは頂上にたどりつこうと努力したが、むなしかった。森があまりにも深く、枯れかけたり腐りきったりした幹の群れが複雑きわまりなく絡みあうさまは、見た者でないと想像がつかないであろう。都合一〇分間にもわたって、足が地面に届かない状態がつづくこともしばしばだった。ときには地上から一〇ないし一五フィートも上にいることがあって、水夫たちは冗談に、測鉛[*14]をもってこいと叫んだりした。また別の場面では、四つん這いになって、腐った幹の下を這いすすんだ。山の低いところにはウィンターズバーク[*15]の気品ある樹々、サッサフラスに似てかぐわしい葉をまとったゲッケイジュの一種、また名も知らぬ樹々が、蔓を伸ばすバンブーやトウ（籐）の類を這わせて群生していた。ここでは、われわれはほかのどんな動物にもまして、網にかかってもがく魚に似ていた。さらに高地へ登ると、大型の樹々に代わって灌木が、あちらこちらにエンピツビャクシン[*16]やチリヒノキ[*17]を交じえて優勢になる。高度一〇〇〇フィートあたりで、なつかしい南方ブナが見られたのがうれしかった。しかしブナは、いじけて貧弱だった。おそらくここがこの種類の北限に違いない。われわれは結局お手上げになり、山登りをあきらめた。

チョノス群島の開口部

チョノス群島

一二月一〇日——小艇と捕鯨ボートはサリヴァン氏のもとで測量を継続したが、わたしはビーグル号に残り、翌日サンペドロを出発して南をめざした。一三日にグアヤテカス[*18]という群島の南部、すなわちチョノス群島にあいた開口部へはいりこんだ。そうしたのがわれわれの幸運だった。というのは、次の日にフエゴ島級の大嵐がすさまじいばかりに荒れ狂ったからだ。白い雲塊が暗い青空に積み重なった。そこを横ぎって、黒くてギザギザした蒸気の膜が急速に通り抜けていった。うち連なる山並が、暗い影のように見えた。そして落日が、ワインの酒精に点《とも》された炎が発する火焔に似た黄色い閃きを、森林地帯に発生させた。海面は飛沫《しぶき》をほとばしらせて白濁し、風が索具を鳴らしながら、凪《な》いだり荒れ狂ったりした。それは不吉な、荘厳な光景であった。明るい虹が数分間あらわれた。海表面にそって飛びちる飛沫の力が、ふつう半円形にあらわれる虹を円形に変化させる情景を観察するのは、おもしろかった――プリズムで分光された色彩の帯が通常の虹のアーチの両脚から出て、舷側のすぐそばを通り湾を横ぎっている。こうして、歪《ゆが》んではいるがきわめて完璧に近い環ができあがるのだ。

われわれはここに三日逗留した。天気は悪いままだった。だが、この点は大した意味がなかった。なぜなら諸島すべての陸面はどのみち歩行不能だったからだ。海岸はガレ場つづきで、これを歩き通そうものなら、雲母片岩の鋭い岩場を這って登り降りしつづける覚悟が必要だった。それに、森林についていえば、この禁断の秘境に侵入しようとしただけでわれわれがこうむった逆襲のすごさを、この顔や手や脛骨すべてで思い知らされた。

トレス・モンテス岬

一二月一八日――われわれは洋上に出た。二〇日には南に別れを告げた。順風が船の舳先を北へ転じた。トレス・モンテス岬[*19]からは、風雨にさらされた高い断崖ぞいに順調な航海をつづけた。断崖の大胆な輪郭にはめざましいものがあった。ほとんど直壁に近い側壁にさえ、深い森が覆っているのだ。翌日、港がみつかった。この危険な海岸線にあっては、苦悶する船にとって大きな救いとなる港だ。リオ・デ・ジャネイロの有名な摺鉢山[*20]よりももっと完璧な円錐形をした、高さ一六〇〇フィートもある丘が、絶好の目じるしとなる。次の日、錨を降ろしたあとでわたしはこの丘の登頂に成功した。骨の折れる仕事だった。なにしろ斜面の勾配がきつすぎて、ところどころで樹々を梯子《はしご》がわりに使わなければいけなかったほどだ。また、フクシア[*21]の群落がかなり広範囲にわたって点在していた。下を向いた美しい花に覆われているが、このあいだを這いのぼるのに往生した。この野生の国では、どんな山でも頂上をきわめると大きな喜びが得られた。まことにふしぎな景物がみつかることを、なんとはなしに期待できるのだ。ときには裏切られることもあるが、次つぎに登山をこころみるごとに、わたしは同じ期待を抱くことができた。山頂からの壮大な眺めが心に運んでくる勝利感や誇りの情を、どんな人も味わわねばならないと思う。こうした人跡まれな国でこの頂上をきわめ、この絶景を称賛したのは自分が最初だ、といったような虚栄心もくすぐられる。

人が来ない地点では、以前にだれもそこを訪れていなかったかどうか確かめたい欲求が、いつも強く湧きでるものだ。釘の打ってある木片を拾うと、まるでそこに聖刻文字がいっぱい書かれているかのように調べまわした。こんな感情にとりつかれていたから、海岸の処女地で草の床《とこ》を岩棚の下にみつけたときは、まさに興味津々となった。そのすぐそばに火を焚いたあとがあった。だれかが斧を使ったあともだ。火、寝床、そして周囲の状況がインディオの手わざを示していた。しかし、どう考えてもインディオであるわけがない。なぜなら、この民族はここらあたりでは絶滅してしまっているからだった。かれらは、クリスチャンと奴隷の両方で使えるという一石二鳥の成果を狙ったカトリック教徒たちの欲望のせいで、絶滅したのである。だとすれば、この野生の地に寝床をこしらえた孤独な男は、きっとかわいそうな難破船の生き残り水夫でもあったのだろう。海岸線ぞいに旅していく途中、ここでわびしい一夜の夢を結んだのではないか、とわたしはふと疑いを抱いたのだった。

花崗岩の山脈——ボートで遭難した水夫たち

一二月二八日——天気はあいもかわらず最悪であった。しかしようやく測量ができる程度には回復した。くる日もくる日も大風が吹いて足どめを食わされるときはいつもそうだが、時間をやりくりするのがわれわれの大問題だった。夕方に別の港を発見、そこに錨を降ろした。その直後、男が一人、シャツを振っているのが目撃された。ボートを出すと、水夫を二人連れ戻ってきた。アメリカの捕鯨船から六人の乗組員が逃走し、ここよりもう少し南にボートで上陸したとのことだった。そのボートは、上陸後いくばくもなく波に打ちくだかれた。六人は五か月もこのあたりを放浪しつづけてきたが、どこへ行ったらいいのか、ここがどこなのか、かいもく見当がつかないでいた。この港がいまわれわれに発見されていなければ、このように幸運な巡りあわせは起きなかったろう！　この唯一の機会がなければ、かれらは老いさらばえるまで放浪しつづけたあげく、この野生の海岸に骨をさらすことになったはずなのだ。かれらの苦難はとても大きかったので、六人のうち一人は崖から落ちて命を失ってしまった。また、食料を探すためにばらばらに行動しなければいけないときもあった。あの孤独な男の寝床は、そういうわけで作られたのだった。かれらが味わった苦難の大きさを考慮にいれると、逃亡水夫たちはとても几帳面に日数を数えてきたものだと感心する。なにしろ、飛んでしまった日数はわずか四日しかなかったのだから。

一二月三〇日——トレス・モンテスの北端にほど近い、高い丘陵の連なるふもとにある、小さいがおだやかな入江に碇泊した。翌朝は朝食のあとで隊を組み、二四〇〇フィートの高度があるこの丘の一つに登った。景色は目をみはるものだった。尾根の主要部分は、巨大な、がっちりした、急に突きだした花崗岩の塊からできており、まるでこの世の創生時からあるような感じだった。花崗岩は石墨片岩*22を被《かぶ》っており、これが時を閲《けみ》して奇妙な指の形に磨きあげられていた。これら二つの構造物は、互いに外観を異《こと》にしながらも、ほとんど植物を生《は》わせていない点で共通していた。この不毛な山は、どこもかしこも暗緑色の樹々に覆われた光景ばかりを長いこと見慣れてきたわれわれの目には、なんとも奇妙に映った。こうした山々の構造を調べることは、じつにおもしろかった。複雑に入りくんだ高い尾根は、風雨に耐えて持続したという神々しい様相をあらわにしていた――だが同時に、人にも動物にも、なに一つ利益をもたらさないという事実をも示していた。地質学者にとって花崗岩は昔からおなじみの興味対象だ。その広汎な分布、その美しく簡潔な肌理《きめ》、これよりも由来の古い岩石は、そうそう見あたらない。花崗岩はその起源に関して、ほかの岩石よりもはるかに多く議論の対象になってきたようだ。われわれは一般に、これをいちばん基本的な岩石とみなしている。どのように形成されたにせよ、地球の地殻にあって人間が到達し得たいちばん古い層にこれがあることを、われわれは知っている。どんな問題につけても、人知の限界にあるものは、空想の領域にごく接近しているせいで、ひときわ大きな関心を誘うものだ。

一八三五年一月一日――新年は、この地域にしかない特別な式典によって祝われた。甘い期待を抱かせない年明けだった。強い北西の風が、間断のない雨をともなって、新しい年の先ぶれ役を務めた。われわれはこの新年を最後まで見とどけねばならない巡り合わせにならないだろうことを、神に感謝した。年の暮れまでには、われわれは太平洋にはいっているはずだったからで、そこの青空がわれわれに天国の存在を——いや、頭上の雲のはるか上にある何物かの存在を教えてくれるであろう。

次の四日間も吹きつづけた北西の風のせいで、われわれは大きな湾を一つ過ぎるだけで終わった。そのあとに別の安全な港へはいって碇泊した。わたしは艦長とともにボートで、深く切れこんだ水路の端《はな》先へ出向いた。途中に眺めたアザラシの群れの数の多さに度胆をぬかれた。平たい岩はどこも、それから砂浜のあらゆる場所も、アザラシに埋めつくされていた。かれらはどうやら愛情深い性質《たち》らしく、まるでブタの大群のように互いに身を寄せあい、ぐっすり眠っていた。ただし、そのブタたちですら、この連中のきたならしさ、もわもわと発散する悪臭のすさまじさには、ただただ恐れいったに違いあるまい。どの群れに対しても、ヒメコンドルの忍耐づよく邪《まが》まがしい目が光っていた。赤らんだ禿頭をもつこのいやらしい鳥は、腐敗物にまみれて生きるように創《つく》られており、西海岸ならどこにでも見かけられた。かれらがアザラシを監視していること自体、どんなものを食べてくらしているかを教える鑑《かがみ》といえた。あたりの水の質（たぶん表層だけだと思うが）は、ほぼ淡水だった。丸裸の花崗岩の山から、滝となって海へ流れこんでくるたくさんの激流のせいだ。淡水は魚たちをひきよせる。そしてこの魚につられて、たくさんのアジサシやカモメ、それに二種のウまで呼びよせる。われわれはまた、きれいなクロエリハクチョウのつがいも目撃した。それから小型のカワウソ、こいつの毛皮はたいへんな値打ちがある。帰り道でも、老若いりみだれたアザラシの大群がボートの通過に驚いて海中におどりこむ光景がおもしろかった。かれらは海中に長く潜っておらず、すぐに浮かんできて頸をのばし、大きな驚きと好奇心をあらわしながら、われわれを追ってきた。

ロウ港

一月七日——海岸をのぼって、チョノス群島の北端に近いロウ港に錨を投じた。われわれはそこに一週間滞在した。この島々もチロエ島と同様に、層をなしたやわらかい海性の堆積物からできていた。そのおかげで植物はすばらしく繁茂していた。森が海辺まで迫っている様《さま》は、常緑の灌木が砂利道のふちを覆う様によく似ている。またわれわれは碇泊地から、例の名山《エル・ファモソ》コルコバードも含めて、雪を被ったコルディエラの四つの摺鉢山がつくる絶景を楽しんだ。尾根そのものはこの緯度としてはそんなに高くなく、付近の島々の頂上よりも上に出る峰もそれほど多くなかった。ここでキリスト教団の終着点ことケイレンからきた五人の男に出会った。かれらは蛮勇をふるい、おそまつきわまりないボートカヌーを漕いで、チロエ島からチョノス群島をへだてている広い海を渡ってきた。おそらくこの島々も、チロエ島沿岸に近接する島々と同じように、ほどなくすると人が住むようになることだろう。

野生のポテト

野生のポテトが、この諸島にはものすごくたくさん育つ。海浜のそばの、貝殻がくだけて砂になった洲がその場所だ。いちばんのっぽの草は四フィートの高さがある。根茎類はふつう小型だが、楕円形のもので直径二インチのものをみつけた。どの点からみてもイギリス産のポテトに似ているし、香りも同じだ。ただ、煮るとずいぶん縮んでしまい、水っぽくて味も悪いが、苦味《にがみ》はない。疑いなくここの固有種だ。ロウ氏[*23]によると、南緯五〇度までの南部に育つらしい。この地域で自然生活をするインディオにはアキナスと呼ばれていた。チロエ・インディオはまた別の名で呼ぶ。わたしが持ち帰った腊葉《さくよう》標本を調査したヘンズロー教授[*24]は、サビン氏[*25]がバルパライソから報告した種[★1]と同一だが、植物学者によっては明瞭な独立した種とみなしている変種もある、と教えてくれた。六か月にわたり一滴の雨も降らないようなチロエ島中心部の不毛な山々と、ここらの南島の湿った森林とで、同じ植物がみつかるとは、じつに興味深い。

泥炭の形成

チョノス群島（南緯四五度）の中央部は、森林が西海岸すべて、すなわちホーン岬まで南に六〇〇マイルにわたって、ほぼ似たような特徴をそなえている。チロエ島で出会った木のような草は、ここではみつからない。いっぽう、フエゴ島のブナは立派な大きさに育ち、森のかなりの部分を占めるが、もっと南で見るように圧倒的な割合を占めるわけではない。隠花植物はここで最適の風土に恵まれている。前にも書いたが、マゼラン海峡では土地が冷たく湿潤にすぎて、ポテトを完熟させてくれない。けれどもここの島々では、森の中にある蘚苔類、地衣類、そして小型のシダ類の種類と量の多さは、まったく異常なものだった。[★2]フエゴ島では丘の斜面だけに樹が育つ。平らな土地はどこも、厚い泥炭層に埋めつくされる。ところがチロエ島の平坦な土地はもっとも豊かな森林を養っている。チョノス群島に位置するこの一帯は、気候の性質は北チロエのそれよりもむしろフエゴ島のほうに近かった。というのも、平地にはたいてい二種の植物（ユリ科のアステリア・ピミラ[26]とキキョウ科のドナティア・マゲラニカ[27]）が覆っているからである。これがともども腐蝕し、分厚くて柔《やわ》な泥炭層をつくるわけなのだ。

フエゴ島の場合、森林帯の上では、これら周知の群生植物のうちアステリアのほうが泥炭をつくりだす主原料である。新鮮な葉が、中心の直根のまわりに一枚ずつ次つぎに生えてくる。下にきた葉はすぐ枯れ、泥炭層に降りている根をたどると、まだ落ちてはいない葉が、あらゆる段階の腐りかたを見せてくれる。そしていちばん下の葉は腐敗して一つの塊に溶けあっていた。アステリアのほかにも、たくさんの植物が泥炭づくりに手を貸している――イギリスのクランベリーによく似た木性の茎をもち、甘い漿果をつける小型の匍匐植物ギンバイカの仲間[28]（ミルトゥス・ヌンムラリア）――イギリスのヒースによく似たガンコウランの仲間[29]（エムペトルム・ルブルム）――そしてトウシンソウの仲間[30]（イユンクス・グランデフロルス）が、ぬかるんだ表面に生える植物のほぼすべてだ。こうした植物は、イギリスに産する同じ属のそれと全般的によく似ているが、もちろん別種である。この土地のもっと平坦な地域では、泥炭の表面はたくさんの小さな水たまりに分かれている。水たまりのある高度はそれぞれに異なるが、まるで人工的に掘りあげたような印象がある。地下を流れる水のかすかな流れが、植物質を分解しつくし、ぜんたいをかたく固めるのだ。

アメリカの南の気候は、とりわけ泥炭の産出に適しているようだ。フォークランド諸島では、ほぼすべての植物が——それこそ地表をべったりと覆う粗い草類でさえ、この泥炭に変化する。この繁茂は、まずどうやっても阻止できない。ある泥炭床は一二フィートもの厚みがある。下のほうは乾くとものすごく硬くなり、ほとんど燃えない。もちろん植物はみんな泥炭に変わるけれど、たいていの場所ではアステリアがいちばん役に立っている。南アメリカでは地衣類が腐って泥炭の一部になるところを見かけないが、これはヨーロッパの事情と大きく異なる特異な現象といえよう。泥炭に変化するのに必要な遅々とした分解作用を気候が許す北限についていえば、チロエ島（南緯四一度から四二度）が注目される。その地では泥地が多いにもかかわらず、典型的な泥炭をつくっていないのだ。しかしさらに三度南へ下ったチョノス群島では、泥炭が豊富にみつかる。ラ・プラタ（南緯三五度）の東海岸で、自分はかつてアイルランドにいたことがあるというスペイン人の話を聞いた。その人はラ・プラタで泥炭を折にふれて探したが、ぜんぜん発見できなかったそうだ。かれがみつけたうちでいちばん泥炭に近いものを見せられたが、黒い泥炭まがいの土だった。なかにのびた根が多すぎて、火をつけてもごくゆっくりとした不完全燃焼が見られるだけだった。

ヌートリア、カワウソ、ネズミ

チョノス群島の断続的な小島群に見られる動物相であるが、予想されるようにきわめて貧弱である。哺乳類は水生のものが二種類、ふつうに見かけられる。ヌートリア[*31]（ビーバーに似るが尾

チョノス群島で捕えた小型ネズミ（ムス・ブラキオティス）(左)

は丸い）は、毛皮がいいので有名だ。ラ・プラタ川の流域どこでも売買の対象になっている。だが当地のヌートリアは海水だけに出入りする。これと同じ情況が、大型齧歯類のカピバラにもあるとされている。小型のカワウソ（ミナミウミカワウソ）はとても数が多い。この動物は魚食だけに偏らないで、アザラシと同じように、浅瀬の水面下を泳ぐ小さな赤いカニをたくさん餌にしている。バイノー氏はフエゴ島で、この動物がイカを食べているのを目撃した。またロウ港では別の人が、大きなヒタチオビガイの貝殻を巣穴に運ぼうとしていた一匹を殺している。ある場所でわたしは特異な形をした小型のネズミ（ムス・ブラキオティス）を罠で捕えた。どうやらいくつかの島に共通して生息する種らしかったが、ロウ港のチロエ人たちは、これをまるで見かけたことがない、と教えてくれた。どのような偶然の連鎖[★3]が、いや、どのような変化の段階が作用して、このとびとびの小島群にこんなちっぽけな動物をすまわせることになったのだろうか！

ムナフオタテドリと吼え鳥

チロエ島とチョノス群島のいたるところで、きわめてめずらしい鳥が二種、目につく。それらは中央チリのトゥルコとタパコロ（前章参照）に近縁で、それらにとってかわる鳥たちなのである。一種は住民にチェウカウと呼ばれているムナフオタテドリという鳥だ。多湿な森林のうちでもいちばん暗く奥まった場所にすむ。鳴き声は近くで聞こえるのに、いくら目を凝らしても姿がみつからないことがままある。だが、たまにはじっと立っていると、赤い胸をした小鳥が親しげな調子で数フィート先にまで近づいてくることがある。この鳥はまた、小さな尾をぴんと立てて、腐りかけた蔓や枝の絡まりあうところをいそがしく跳ねまわる。チロエ島の人びとは、その不思議な変化の多い鳴き声のせいで、チェウカウに対して迷信じみた恐怖を抱いてきた。鳴き声には、はっきりとわかるパターンが三種類ある。一つはチドゥコという鳴き声で、吉兆。次がウィトレウで、とてもよくないしるし。だが三番めは、うっかり失念してしまった。こうした言葉は鳴き声を擬したものである。現地民は、あるいくつかの問題の判断を、この鳥にすっかりゆだねている。チロエ人はこれ以上ないほど楽しい小動物を、自分たちの予言者に選んだといえよう。近縁の別種はもう少し大きく、現地語でギド-ギドと呼ばれるクロアカオタテドリである。[*32]英名は「吼え鳥《バーキングバード》」という。あとのほうの名前は、まさにぴったりだ。なぜなら、はじめてこの声を聞くと、どこか森で子犬でも吠えているのか、と思ってしまうほどだから。チェウカウの場合と同様に、ときにはその吼え声を耳もとで聞くことがあるけれど、いくら探しても姿を発見できないことが多い。鳥をみつけようとして茂みを叩いたりすれば、もっと発見がむずかしくなる。ところがたまにギド-ギドはおそれるふうもなく近づいてくることもある。餌のとりかたや一般的な習性は、チェウカウのそれにほぼ等しい。

パタゴニアカワカマドドリ――鳥類学上のめだつ特徴

海岸地帯[★4]では、褐色をした小型の鳥パタゴニアカワカマドドリ[*33]がきわめて多い。とてもおとなしい性格は注目すべきで、イソシギ同様まったく海浜だけを生息域にしている。この鳥を除くと、ごく少ない別種がこの岩だらけの島にいる程度だ。とにかくかれらの耳慣れない鳴き声を、ごくかいつまんで紹介しよう。いずれもここの暗い森ではよく耳にする声なのだが、あたりの静けさをちっとも乱さないのが不思議だ。まずギド‐ギドの吼え声と、ふいに聞こえるチェウカウのひゅうひゅうという声とは、ときにはるか遠方から響いたり、ごく間近から聞こえたりする。フエゴ島の小さな黒いミソサザイ[*34]がときに応じて鳴きあわせをはじめる。またキバシリ[*35]はキャーキャー、キィキィと叫びながら、森に侵入した人間を追いかける。ハチドリはときおり、あっちからこっちと矢のように飛んで、昆虫のような金切り声をはなつ光景が見られる。最後に、高い樹々のてっぺんから、個性的ではないがはっきりした声を響かせるキゴシハエトリ[*36]の仲間にも、気づくかもしれない。ほとんどの国では、たとえばヒワ類のように、ある共通した属の鳥たちが生息種の大多数を占めているものだが、ある地域でまったく普通種なのにそういう共通の属とは違う特異な鳥に出くわすと、はじめは驚きを味わったりする。中央

パタゴニアカワカマドドリ

チリでは、そうした例として次の二属、すなわちキバシリ属とタンビオタテドリ属[37]とが、ごくたまにではあるけれども、姿を見せる。この場合のように、自然の偉大な運行においてまるっきり用をなさないように見える動物に遭遇すると、われわれはすぐに、なんでこんなものが創造されたのか、と首をひねりたくなる。しかしつねづね胆に銘じておくべきは、ところ変わればそれが社会の欠くべからざる成員であるか、あるいは過去の一時期そうであったものだろう、とみなす心がまえをおこたるな、ということだ。もしもアメリカ大陸の南緯三七度以南が大海の下に沈んでしまっても、この二種の鳥は長期間にわたって中央チリに生き残りつづけるだろう。だが、かれらの数が増える可能性は、まずありえない。とすれば、きわめてたくさんの動物たちにとって不可避に発生したに違いないできごとの一例が、これなのではあるまいか。

ミズナギドリ類

これら南の海には何種類ものミズナギドリ[38]たちが姿を見せる。最大種はネリー（スペイン人によれば骨くだき《クエブランタウエソス》）と呼ばれるオオフルマカモメ[39]で、内陸の水路と沖のどちらでも、ふつうに見られる。習性と飛びかただが、アホウドリにそっくりなのだ。アホウドリの場合と同様に、この鳥を何時間眺めていても、餌らしいものをとる光景にはぶつからないだろう。だが、この「骨くだき」は肉食なのだ。その証拠に、将校の何人かがポート・サン・アントニオ[40]で、アビ類を追いまわすこの鳥を目撃している。アビは潜水したり飛びあがったりして追跡を逃れようとしたのだが、絶え間なくつつき落とされ、とうとう頭部にとどめの一撃を受けて殺された。ポート・サンジュリアンでは、大型のミズナギドリがカモメの若鳥を殺して食べる光景が目撃されている。第二の種はヨーロッパ、ホーン岬、ペルー沿岸にふつうに見かけるが、前者よりもはるかに小さい。ただ、色彩は同じようにくすんだ暗灰色である。大群をつくり、内陸に切れこんだ入江によく姿を見せる。チロエ島の奥に群れていたこの鳥以外に、一種類でこれほどたくさん寄り集まっているものを見た記憶はない。数十万羽の群れが不規則な列をつくり、一方向に数時間も飛びつづける。群れの一部が水辺に降りると、水面がまっ黒になった。まるで遠くで人びとが話をしているようなざわめきが鳥たちから聞こえてきた。

ミズナギドリにはほかに数種見かけたものがある。しかし、もう一種述べるだけにしておこう。モグリウミツバメ[*41]がそれだ。よく知られた大きな科に属するのに、習性や構造がほかとはまったく異なる一族を形成する鳥であって、じつに途方もない実例の一つといえよう。この鳥は静かな内陸の入江にすみついている。危険を感じるとかなりの距離を潜行し、水面に出てくると同時に、連続した動作で空へ飛びあがる。短い翼を激しく動かし、しばらく一直線に飛んだのち、まるで死んだように落下し、ふたたび水中に潜りこむ。くちばしの鼻孔の形、脚の長さ、それに羽の色も、この鳥がミズナギドリに近い仲間であることを示している。だがいっぽう、短い翼と、それに応じた飛翔力の弱さ、体形、尾の形、足の後趾がないこと、潜水する習性、そしてすみかのえり好みなどをかんがみれば、この鳥が北極圏のウミガラス類とも同様に深い類縁があるのではないかと、はじめは疑ってしまう。たしかに遠くから見るかぎり、フエゴ島の奥まった水路あたりでこの鳥が飛ぶ姿、潜る姿、そして静かに泳ぐ姿は、ウミガラス[*42]と見まちがえる。

【訳注】第13章

*1――サン・カルロス San Carlos　現在のアンクド。チロエ島の北がわにある港町で、一九八二年にカストロへ移るまでは、長く島の行政府が置かれていた。

*2――オソルノ火山 Osorno　チリ南部にそびえる標高二六六〇メートルの活火山。チロエ島への入口であるプエルト・モントの北東に位置する円錐形の成層火山であり、夏でも山頂に白雪を頂く姿は富士山を思わせる。十八〜十九世紀に活発な噴火が記録されている。

*3――チャカオ Chacao　チロエ島の北、大陸と隔てるチャカオ海峡に突き出た岬にある小さな村。サン・カルロス（アンクド）の東に位置する。

*4――コルコバード山 Corcovado　チロエ島の東、コルコバード湾の対岸にそびえる標高二三〇〇メートルの成層火山。とがった山頂の形が印象的。オソルノとコルコバードの両火山のあいだには、他にもいくつかの火山が並んでいる。

*5――レムイ島 Isla Lemuy　後述のキンチャオとともに、コルコバード湾に浮かぶ小さな島。チロエ島東の大きな街、カストロに近い。

*6――カウカウエ島 Isla Caucahue　チロエ島北東部にある島。

*7――カストロ Castro　チロエ島東にある街。十六世紀後半にいち早く建設されたが、十八世紀にアンクドへ中心が移ってからは一時荒廃した。チリでも三番目に古い街とされ、教会をはじめとする貴重な木造建築が残る。一九八二年以来、現在はこの地方の行政中心地。

*8――ケイレン　この地方にある島の名か？「ケイレン Caylen」という地名が何度も出てくるが、島としてある場合と、島ではなさそうな場合とがあって、二つの地名が混じっているかもしれない。すなわち、カストロのすぐ南にあるケイレン Queilen と、島南端のケリョン Quellon とである。

＊9――チェウカウ　前章にも登場したオタテドリ類の一種で、チリやアルゼンチンに生息するムナフオタテドリ（チュカオ・タパクロ）のこと。

＊10――タンキという大きな島　チロエ島の東にあるトランキ島のことか。

＊11――パンケ　アリノトウグサ科グンネラ属の多年草で、こうもり傘を思わせる大きな葉をつける。高さ二メートルにもなる大型種であり、チリ南部とアルゼンチンのごく一部で見られる。茎と葉が食用とされるほか、屋根ふき材にも使われる。

＊12――サンペドロ島 Isla San Pedro　チロエ島の南東端に浮かぶ小さな島だが、チロエ諸島でもっとも標高の高い地点（サンペドロ山、九八〇メートル）はここにある。

＊13――チコハイイロギツネ　アンデス山脈の両がわ、チリやアルゼンチンに生息するクルペオギツネの一種。体長は大きいものでも七〇センチメートルほど。

＊14――測鉛　海の深さを測るため、船上から目盛りのついた綱の先につけておろす鉛製のおもり。底に海底の砂土を採取するための凹みがついていることが多い。

＊15――サッサフラス　北アメリカ大陸東部が原産のクスノキ科の落葉高木。木材の成分であるサノロールはタバコの香りづけなど芳香原料に用いられる。

＊16――エンピツビャクシン　北アメリカ大陸東部が原産の常緑針葉樹。材はやわらかくよい香りがあり、鉛筆の材料とされた。材からとる油（シダーオイル）も利用される。

＊17――チリヒノキ　パタゴニアヒノキとも呼ばれる。南アメリカ南部原産のヒノキ科フィッツロヤ属の常緑高木。英語ではアラースと呼ばれる。

＊18――グアヤテカス Guayatecas　グアイテカス諸島ともいう。チョノス群島のもっとも北がわにある島々のことであり、チロエ島の南に対面する。

＊19――トレス・モンテス岬 Cabo Tres Montes　チョノス群島の南にあるタイタオ半島南端の岬。南のペナス湾への入口にあたる。

＊20――有名な摺鉢山　パン・デ・アスカルを示す。

＊21――フクシア　アカバナ科フクシア属の常緑低木は約一〇〇種が知られるが、その大部分が中南米の原産。ここに登場するのは、南アメリカ大陸の南部に自生し、多くの栽培品種の原種ともなったフクシア・マゲラニカであろう。

＊22――石墨片岩↓第10章　石墨粘板岩として前出した岩石で、原文は mica-slate。変成岩の一種とされ、多量の石墨を含み、黒色片状をなす。

＊23――ロウ氏　フォークランドでフィッツロイにアドベンチャー号を売却したアザラシ漁業者のウィリアム・ロウのことか。

＊24――ヘンズロー教授 Henslow, John Stevens（1796-1861）　イギリスの聖職者、博物学者。ケンブリッジ時代のダーウィンに地質学や植物学を教え、大きな影響を与えた。

＊25――サビン氏 Sabine, Sir Edward（1788-1883）　アイルランドの物理学者、天文学者、探検家のことと思われる。

＊26――アステリア　ユリ科に分類されてきたが、リュウゼツランに近い系統。

＊27――ドナティア　地表性の団塊植物で、キク科もしくはキキョウ科に分類されてきた。南半球の高緯度地域にのみ分布する。

＊28――ギンバイカの仲間　フトモモ科ギンバイカ属 *Myrtus* の植物。このうちギンバイカは、ヨーロッパやアラビアでミルテ、マートルなどと呼ばれ、古くから知られている常緑低木。

＊29――ガンコウランの仲間　ガンコウラン科ガンコウラン属 *Empetrum* の植物。北半球で見られるガンコウランは、ハイマツの下などにマット状に生える小低木で、果実は黒く熟しジャムなどにされる。南半球で見られるルブルム *rubrum* はレッド・クロウベリーと呼ばれ、実は赤く熟す。

＊30――トウシンソウの仲間　イグサ科イグサ属 *Juncus* の草本。トウシンソウはイグサの別名。

＊31――ヌートリア　ヌマダヌキ、カイリネズミとも呼ばれる、ヌートリア科に属する齧歯類。体長は約五〇

センチメートル。南アメリカ大陸の原産だが、日本をはじめ世界各地で野生化している。夜行性で、川の土手などに穴を掘ってくらしている。

＊32――クロアカオタテドリ　オタテドリ類の一種で、チリやアルゼンチンに生息する。喉や背、尾は黒っぽく、やや赤みがかった頭頂と腹部をもつ。なお、鳴き声に基づく現地名はウェトウェト Huet-Huet なので、ダーウィンの聞きまちがいか。

＊33――パタゴニアカワカマドドリ　中南米に広く生息するカマドドリの一種で、チリ南部とアルゼンチンの一部に生息する。

＊34――黒いミソサザイ　ミソサザイ科の鳥ではなく、カマドドリの一種、セッカカマドドリのことか。

＊35――キバシリ　第5章にもキバシリ類として登場する種か、あるいはキバシリに似た習性をもつカマドドリの一種かもしれない。

＊36――キゴシハエトリ　タイランチョウに近いハグロドリ科の鳥で、南アメリカ大陸に四種が生息する。

＊37――タンビオタテドリ属　オタテドリ科のなかで比較的小さな体をもつ鳥でアマゾンを除く中南米に広く分布する。

＊38――ミズナギドリ　ミズナギドリ科の鳥の総称で、南極海を含む全世界の海洋に多くの種類がいる。外洋性の海鳥で、全長三〇～五〇センチメートルほどのものが多い。

＊39――オオフルマカモメ　ミズナギドリ科の海鳥で、南極とその周辺の島に生息する。翼開長約二メートルと非常に大きい。頑丈な嘴をもち、他の鳥やその卵、死骸なども食べる。

＊40――ポート・サン・アントニオ Port San Antonio　チリ中部の太平洋にのぞみ、首都サンチアゴから西へ約九〇キロメートルのところにある。首都にもっとも近い港として重要な都市である。保養地としても知られる。

＊41――モグリウミツバメ　ミズナギドリ目モグリウミツバメ科の海鳥で南半球に四種が生息する。飛行よりも潜水を得意とする。

*42――ウミガラス　チドリ目ウミスズメ科の鳥。北半球の鳥でオロロンチョウともいう。

第14章　チロエ島とコンセプシオン、大地震

サン・カルロス湾（チロエ島）……アコンカグア山およびコセギナ山と同時に噴火したオソルノ火山……馬に乗ってクカオへ——分け入りがたい密林……バルディビア……インディオたち……地震……コンセプシオン——大地震……亀裂がある岩石……旧市街の外観……黒くて沸騰する海……震動の方向——捻じ曲げられた石……津波……大地の恒久的な隆起……火山現象がある地域——隆起する力と噴出する力の関連……地震の原因——山脈のゆるやかな隆起

サン・カルロスの港

サン・カルロス湾（チロエ島）

一月一五日にロウ港を出帆、三日後、チロエ島のサン・カルロス湾に二度めの錨を降ろした。一九日の夜、オソルノ火山が活動した。真夜中、当直が大きな星のようなものを観察した。それは徐々に大きくなっていき、三時ごろにはなんともものすごい光景を呈するようになった。望遠鏡の助けを借りると、大きな赤光《しゃっこう》の火《ほ》むらの真ん中に、黒い物体が間断なくあらわれ、噴きあげられては落下していくようすが見えた。その光は、海面に、長くて明るい照りかえしを写しだせるほど強力だった。大量の溶岩が噴きでる光景は、コルディエラのこの一角にあるクレーターでは日常茶飯事のようだった。人伝てに聞いたが、コルコバード火山が噴火した際も、大量の溶岩が噴きあがり、空気中で爆発し、たとえば木のような幻想的な形をたくさん作りだしたそうだ。それらの大きさは途方もない規模だったに違いない。なにしろコルコバード山と九三マイルも離れているサン・カルロスの裏の高地からでも、その噴出物の形がちゃんと見分けられたのだから。朝になって火山は静かに

オソルノ火山とタヤイホ山

なった。

アコンカグア山およびコセギナ山と同時に噴火したオソルノ火山

あとで教えられて驚いたのだが、四八〇マイル北にあるチリのアコンカグア山が同夜、同時に噴火した。いや、もっと驚かされたのは、（アコンカグア山の北二七〇〇マイルにある）コセギナ山[*1]が、同じ夜に六時間にわたって、周囲一〇〇〇マイル内で体感できた地震をともないながら、大爆発をひきおこしたというニュースだった。この一致は、コセギナ山が二六年間休止していたうえに、アコンカグア山もほぼ完全に活動のきざしをみせていなかったことから、いっそう注目すべきものだ。はたしてこの一致が単に偶然によるものか、それとも微妙に関連しているものか、推測することさえむずかしい。ヴェスヴィオ、エトナ、そしてアイスランドのヘクラ山（この三山は、南アメリカで対応するこれら火山と比較すれば、お互いが相対的に近距離にある）が、突然同じ夜に火を噴きあげたとしたら、その一致はもっと注目されるだろう。しかし、ほんとうをいえば、南アメリカの現象のほうがさらにめざましいことなのだ。なぜかといえば、三つの火口が同じ大山脈の軸上にならんでいるし、また東海岸のほうは端から端まで広大な平原がひろがっており、いっぽう西海岸では二〇〇〇マイルにわたって現生貝類を含む地層が隆起しているからだ。これは、作用した隆起力がいかに均等で、しかも互いに関連の深いものであったかを暗示している。

馬に乗ってクカオへ——分け入りがたい密林

フィッツロイ艦長は、チロエ島の外縁をつくる海岸に調査の足をのばしたいと熱望していたので、キング氏〔ビーグル号の士官候補生〕*2とわたしとでカストロまで馬で行って、そこから島を横断して西海岸にあるカペラ・デ・クカオまで行ってみよう、という話になった。馬と案内人をやとい、二二日の朝に出発した。しかし、いくらも進まぬうちに、同じ方向へ旅するという婦人と二人の子どもの道づれを得た。この道すじで出あう人びとは、「一〇年来の顔なじみ」のようにふるまう。それにここでは、南アメリカにしては非常にめずらしいことに、銃をもたずに旅をする特権が味わえる。この地方は、まず、丘と谷の連続からなりたっている。が、カストロに近づくと、これがとても平坦になる。また、道自体がなかなかにおもしろく、ごく一部を除いてほとんどの路面に大きな板が敷いてある。太い丸太は縦に、細い棒は横に敷きつめてある。夏は道がそう悪くない。だが冬になると、雨に濡れて滑りやすくなり、まったく歩けなくなるのだ。一年のこの時期は、道の両がわの地面が沼に変わり、ときには水が道の上まであふれる。そこで、幅が広い丸太を縦

チロエ島サン・カルロス付近

方向に置き、横方向に置かれた細い棒に縛りつけ、棒の両端を木釘で地面に打ちつけておく必要が出てくる。この木釘があるので、馬から落ちると、どちらかの木釘の上に落ちてしまう可能性が高く、たいへんに危険である。ところがここらの習慣は馬の扱いが荒っぽいときている。丸太がなくなった悪路の部分を越えるときなど、ほとんど犬並みのすばやさと確実さをもって、丸太から丸太へと跳んでいくのだ。道は両がわが高い樹林にふちどられ、その根もとにはトウ類が密生していた。ときおりこの道が前方まで見通しの利くときなど、そのふしぎに一様な眺望が見られる。遠近法にしたがって狭くなる丸太の白い線は、とつじょ暗い森にさえぎられるか、あるいは険しい丘へ登るジグザグ道になって終わってしまうのだ。

サン・カルロスからカストロまでは直線でわずか一二リーグしかないが、道づくりは大骨が折れたに違いなかった。以前はこの森を通過しようとして何人もの人が命を失ったそうだ。通過できた最初の人間はインディオだった。八日間かかってトゥの原を切りひらきながら進み、サン・カルロスに到着した。この男はスペイン政府から褒美に土地を与えられた。夏のあいだは、たくさんのインディオが森の中（ただし、樹があまり密生していない高地部分が主だが）を放浪する。トゥと特定の樹木の葉を食べてくらす半野生の牛が目当てなのだ。数年前にたまたま、この外の浜で難破した英国船をみつけたのも、そういう猟師の一人だった。船乗りたちはすでに食糧欠乏にあえぎだしていたので、この猟師の助けがなかったら、足を踏みいれることもできない密林を脱けだせる可能性はまるでなかったろう。ところが運よく、この脱出行で命を落としたのは一人の船乗りだけだった。放浪するインディオたちは太陽を頼りに方角を知る。だから曇天が何日もつづくと、放浪できなくなる。

その日は晴天で、満開の花樹が香をふりまいていた。けれどもこの香ですら、森のうっとうしい湿気の効力を追いはらえてはいなかった。そのうえ、白骨体のように立つたくさんの枯れ木が、文明化して久しい地域には見られない厳粛な雰囲気を太古の森にふりまいていた。日没後すぐに夜営の準備をした。器量が十人並み以上という道づれの女性は、カストロ市でも屈指の名家の一つに属していたが、それでも馬にまたがり、靴もストッキングもはいていなかった。彼女とその兄弟が、誇りというものをまるでもっていない事実には、驚かされた。この道づれは食糧を携行しているのに食事のあいだじゅう、キング氏とわたしが食事をする情景を、座って見つめているので、われわれは恥ずかしくなって連れを食事に招いた。夜は雲一つなかった。寝ながら森の暗闇を照らす無数の星々がつくる景色を楽しんだ（これはすばらしく楽しい）。

カストロの古い教会

一月二三日——翌朝は早起きだった。二時に、静まりかえったカストロの町についた。年老いた知事は、この前われわれが訪問したあとに亡くなっていて、一人のチリ人があとを継いでいた。こちらは、ドン・ペドロという人物に宛てた紹介状を持参していた。きわめて親切で世話好きのうえに、大陸のこちらがわでは例外的に計算高くない人物であった。このドン・ペドロが翌日われわれのために活きのいい馬を用意してくれ、みずから道案内を買ってでてもくれた。われわれは——おおむね海岸ぞいに南へ進み、いくつかの小村を通り抜けた。どの村にも、木でこしらえた大型の納屋みたいな教会があった。ビリピイ村で、ドン・ペドロは、クカオまで行く案内人を出してくれと、司令官に要請した。するとその老司令官が、自分で案内すると答えた。しかし、二人のイギリス人がクカオのような辺鄙なところへほんとうに行きたがっているということを信じさせるのに、ずいぶん手間がかかった。かくてわれわれはこの一角でいちばん偉い長老二人に道案内をさせることとなった。この二人がどんなに偉いかは、かれらに接する貧乏なインディオの態度を見れば、はっきりとわかった。チョンチという場所では、複雑なつづら折りの道をたどって、島を横断した。ときに、感動的な大森林を抜け、またときにはトウモロコシやポテトが群生する林間の空き地を通って。この起伏のある森林地帯は、一部分に鍬もはいっていて、イングランドの未開地をふと思いださせた。だから、わたしの目にはまったく魅惑的な光景に見えた。クカオ湖のへりに位置するビリンコでは、ほんのわずかな畑が開墾されているだけだった。住民は残らずインディオであるらしい。この湖は長さが一二マイル、東西の方向にのびている。この地方の立地条件のせいで、日中は海風がほぼ休みなく吹きつけ、夜には凪いでしまう。このことが妙に誇張されて伝わっており、サン・カルロスで説明を受けたときはとてつもなく異様な気象現象だと聞かされたものだ。

クカオへ通じる道はとても悪かったから、ペリアガ[*3]に乗船する決心をした。司令官は、いかにも権威あるそぶりで、六人のインディオに向かい、自分たちを向こうに渡す準備をせよ、と命じた。しかも、いくら支払うのかといったことはわざと語らずに。ペリアガというのは、変な恰好をした粗末なボートだったが、その乗り手はもっと変であった。この小柄な六人の男たちほど醜い人びとと、われわれは同じボートに乗りあわせたことがあったろうかと疑われるような、奇妙さであった。ところが、かれらはとても上手に、しかも陽気にボートを漕いだのである。手漕ぎの男はインディオの言葉をしゃべり、ブタ追いがブタを誘導するときの声に似た耳慣れない叫び声を発した。われわれは軽い向かい風の中を船出した。それでも夜になる前には、カペラ・デ・クカオにたどりついた。湖の両岸にひろがる地域は、切れめのない森林になっていた。われわれ

チロエ島内部で耕作するインディオ

のペリアガに、牛が乗りあわせた。小さなボートに大きな動物を乗せるのは、最初のうち無理だろうと思ったが、インディオはあっという間に乗せてしまった。かれらはボートのそばに牛を立たせ、ボートを牛のほうに傾かせた。それから二本のオールを牛の腹の下にいれ、その端を舷にかけた。それから梃《てこ》を応用して、なにもわからない牛を頭からボートの底に落として移し、ロープで縛りつけた。クカオにつくと、一軒のボロの空き家があった（神父がこのカペラを訪れたときに泊まる家だ）。ここで火をおこし、夕食を料理した。とても快適であった。

クカオ地区は、チロエ西海岸ぜんたいから見ても、唯一、人が住みついている地区である。三〇から四〇のインディオ家族がおり、岸ぞいに四ないし五マイルにわたって点々と居をかまえていた。アザラシの脂肪から取ったわずかな油をたまに交易品とする以外、ほとんどいかなる交易も存在しなかった。かれらは手づくりの布でこしらえた服を、かなりきちんとまとっていた。また、食糧もたっぷり用意があった。それでも、かれらは満足そうでなく、見るも気の毒なほどみすぼらしかった。こうした満足感の欠如は、主に、支配者たちが見せる厳しく権威的な扱いに起因している。われわれの道づれは、われわれに対してはとても慇懃だが、貧しいインディオに対すると、自由民ではなく奴隷に対するようなふるまいを見せた。食糧を要求したり馬を貸せという場合、いくら支払うかとか、持ち主に金を渡さなければいけないかどうか、といった話題は一切口にしないのだ。その朝、われわれは貧乏な人びとと残されたので、すぐに葉巻やマテ茶を贈りものにして、かれらに取りいってみた。白砂糖の塊は、そこにいた全員に分けられた。人びとはたいへんな興味をもってそれを味見した。インディオたちはぐちをこぼす場合、かならず次の言葉で締めくくった。「でもそれは、おれたちが貧しいインディオで無知だから、というだけの話よ。王さまがいた時分には、そんなことはなかったさ」と。

次の日の朝食後、北へ数マイル馬を進め、プンタ・ウアンタモについた。道は、とても広い砂浜ぞいにあり、これだけ長く好天がつづいたあとなのに、すさまじい波が堂々と打ち寄せていた。大風のあとには、丘と森の一帯を越えて二一海里も遠くにあるカストロでも、夜間にこの海鳴りは聞こえるそうだ。その地点へ行くのはちょっと難儀だったが、原因はまるで歩けない悪路にあった。日陰になったところは、例外なく地面がすぐに完全な泥沼になってしまうのだ。その地点自体は、禿げた岩場の丘だった。ブロメリア*4に近い種で地元民がチェポネス*5と呼ぶ植物に覆われていた。植物の生えている地面をかき分けていたら、手が切り傷だらけになった。インディオのガイドがズボンをまくりあげるときに、自分の皮膚よりもズボンのほうがデリケートそうだからと考えて用心するさまを、おもしろく観察した。この植物はアーティチョークに似た形で、たくさんの蒴果《さくか》が集まっていた。ここにおいしくて甘い果肉があって、地元で大のご馳走になっていた。ロウ港でチロエ島の人びとがこの果実でチチすなわち果実酒《シードル》をこしらえるのを見た。フンボルトが指摘したとおり、ほぼどこでも人は植物から飲料をつくりだす方法をみつけるものだ。けれどもフエゴ島の未開人とオーストラリアの人たちだけは、この技術を進歩させなかった。

プンタ・ウアンタモの北をふちどる海岸は、おぞましい起伏と悪路の連続で、前面は寄せては返す大波に洗われ、その向こうには永遠に啼き騒ぐ海があった。キング氏もわたしも、できることなら帰りはこの海岸ぞいを歩いて戻れたらいい、と望んだ。しかしそんなことはインディオでも無理だ、とあっさり退けられた。森林を直進してクカオからサン・カルロスにたどりついた例はあるけれど、海岸を歩いて帰れたものは一人もいないのだそうだ。この探検のあいだ、インディオの食糧はトウモロコシの煮たのだけであった。かれらは一日に二度、それをつましく食べた。

一月二六日――ペリアガで湖をもう一度渡って帰り、あとは馬で旅をした。この一週間、天気はチロエ島のどこでも異様に晴れわたっており、原を焼いて開墾するのにうってつけだった。どこを見ても、煙が渦をまいて空へ這いのぼっていく。住民がせっせと森のあちこちに火をつけていく。それでも火の手は大きくひろがっていかないのだ。われわれは連れの司令官と会食し、カストロには日没後に到着した。翌朝はきわめて早発《はやだ》ちになった。馬で少し進んで、険しい丘の頂上近くへ達して、そこから大森林のだだっぴろい眺望（この道すじではこういう眺望は滅多に望めないのだが）を味わった。樹がつくりだす地平線のかなたに、コルコバード火山と、そのやや北にあって平たい峰をもつ山とが、断然他を圧してそびえていた。長いながい山脈を見渡しても、雪をいただく峰というのは、他にちょっと見あたらなかった。チロエ島に面したこの荘厳な分水嶺コルディエラ大山脈の最後の光景が、いつまでも記憶に残ればいいと思った。夜になると、晴れわたった空の下で野営、その翌朝にサン・カルロスへ到着した。まさしくタイミングがぴったりで、到着した日の夕方を待たずに大雨が降りだした。

バルディビア

二月四日――チロエ島を出帆。前の一週間はあちこちへの小旅行に時をついやした。その一つは、現生の貝類の殻を出す地層の調査旅行だったが、海面から三五〇フィートも隆起した大地層だった。この貝殻を混じえた地層の上には、大きな森が生じている。それからまた、別の小旅行として、ウエチュククイ岬[*6]へ馬ででかけたりもした。案内人を一人連れていったが、この男は土地勘がありすぎるために、見かけた岬の端や、小川、入江に対し、片っぱしからインディオはこれこれこう呼ぶんですと、飽きあきするくらいに説明してくれた。フエゴ島でも感じたことだが、インディオの言葉は、ちょっとした土地の特徴にぴたりと名をつける役割を、ふしぎによく果たすようだ。だがそれでも、ビーグル号の全員がチロエ島に別れを告げることを悲しいとは思わなかったろう。これでもしも、冬のうんざりする暗さと、いつまでも降りやまない長雨さえ忘れることができたら、チロエ島は魅力ある島という評価も残せただろうが。貧乏な島の人びとの純朴な生きざま、謙虚で丁寧な対応、そういうものもまた強く心に残った。

船は海岸ぞいに北を指して航行したが、折からの悪天候で、八日の夜になるまでバルディビアに着けなかった。次の朝、ボートを出して、約一〇マイル先にある町まで行った。川の流れに方向をまかせて航行した。たまに小屋の群れや、未開の森の一部を切りひらいてつくったわずかな空き地を通りすぎ、ときにはインディオの家族が乗る丸木舟とも出会った。町は、この流れをふちどる低い堤の上にあって、リンゴ林に埋もれていた。街路は、さながら果樹園を抜ける通路の

川の対岸から見たバルディビアの町

バルディビア近郊

バルディビアの街並

ようだ。それにしても南アメリカでは、湿潤なこの地方以上にリンゴの木がみごとに育つ土地を、わたしはほかに見なかった。道路ぎわにも、あきらかに自然に根づいたと思われるリンゴの若木がたくさん生えている。チロエ島の住人は、ごくごく簡単な方法で果樹園をつくることができるのだ。どの枝も下がわに、皺の寄った小さな褐色の円錐形が尖端を突きだしている。ぐうぜん木に泥が跳ねかかったりすると、たまに観察されることだが、すぐに根に早変わりする態勢をととのえている。そこで春も早いころ、人間のふとももぐらいの枝を選び、そういう突起がたくさんあるすぐ下あたりを切りとって、小枝をはらい、地面から二フィートほどの深さに植えこんでやる。すると次の夏のあいだに、挿《さ》し木した枝は長い若枝をのばし、そこに実をつけたりもする。二三個もリンゴを実らせた枝を見せられたこともあるが、これはどうやら、きわだって異常な例だと思われた。かくて三年めのシーズンにはいると、ただの挿し木(わたしはそれを見ているのだが)が、みごとに根を張った樹になり、果実をたわわに実らせる。バルディビアの近くに住む、ある老人は、自分の敷地でできたリンゴを使ってこしらえたさまざまな有用品をあれこれ並べてることとで、「必要は発明の母」というモットーをみごとに説明してくれた。まず果実酒《シードル》をこしらえ、次いでワインと同じ要領でその滓から白くて上等の香をもつアルコールを抽出した。また別の方法を使って、とてもおいしい、老人が蜂蜜《ハニー》と名づけている飲みものをつくった。この老人の子どもとブタは、このシーズンになると四六時ちゅう果樹園で暮らすようになる。

二月一一日——案内人を一人同行させて、馬で小旅行に出た。ただ、このあたりの地質やら民俗やらには目を向けないように心がけた。バルディビア周辺には、開墾地があまり見あたらない。

町を出て二、三マイルすすむと、川があり、そこを越えると森林になった。あとは森の道で、夜の宿に着くまでは、一軒のみすぼらしい小屋の前を通過しただけだった。チロエ島とのへだたりは南北に一五〇マイルほどだけれど、森林のかたちに別の要素が加わった。種類の組みあわせが違ってきた結果だ。常緑樹がチロエ島よりも減少してくるので、森ぜんたいがパッと明るくなる感じだった。チロエ島と同様にトウの類が低地を這っているけれど、ここではさらに別種（ブラジルのバンブーに似て、約二〇フィートの高さ）が群れており、流れの岸辺をとてもきれいに飾っていた。インディオがチュソー、つまり長くて細い槍をつくる材料にするのが、この植物だ。泊まった宿が汚すぎたので、わたしは外で寝るのを選んだ。こういう旅で最初の夜は、一般に、ずいぶん不快な目にあうと相場が決まっている。理由は明白で、ノミに嚙まれてかゆくなることに慣れていないからだ。誓ってもいいが、朝になったらわたしの脚には、ノミに食われてできる一シリング銀貨ほどの紅い小斑が、隙間もないほどびっしりとならんでいるに違いない。

インディオたち

二月一二日――斧がはいったこともない森林の中を、馬ですすみつづけた。馬一騎にまたがった孤独なインディオか、あるいはアラースの板材とトウモロコシを南の平原から運んでくるラバの列かに、ときおり行き違うだけだった。午後になって、馬が一頭つぶれてしまった。ちょうどわれわれがリャノス［アマゾン川より北にひろがる大草原地帯で、南に位置するパンパスと対応する］のみごとな眺望を思うさま味わえる丘の頂上まで近づいたときのことだった。それまで荒々しい樹木の奈落の中で身を縛られ、視界をふさがれてきたあとでは、開けた光景は気分を新鮮にしてくれた。森林の単調さは、すぐにわれわれを退屈にさせるのだが、この西海岸にいると、見渡すかぎりさえぎるもののない広大なパタゴニア平原が、好ましく思いだされた。しかしなお、完全にぶつかりあう心情であるけれども、この森を占領した静けさが、どんなに崇高なものであったかも忘れることができない。リャノスは、この国でもいちばん豊かで住民も多い地域である。森林から外れているおかげで、とても有利な条件に恵まれている。森林を出るまでには、平坦で小さな芝生地帯を幾度か通りすぎたが、その周辺にはイギリスの公園で見かけるような、一本だけの木が生えていた。わたしは気づくたびに驚いたのだが、ゆるやかな起伏のある森林地帯でも平坦なところには木が少なかった。馬がくたびれていたので、クディコの伝道教会に泊まることに決めた。そこの修道士にあてた紹介状をもっていたからだ。クディコはリャノスと森とのちょうど中間地点にあたっていた。あちこちに快適そうな小屋があり、トウモロコシとポテトを植えている。これはたいていインディオの住まいだ。バルディビア教区に住む種族は「クリスチャンの帰属者」だ。もっと北へ行くとアラウコだとかインペリアルだとかいうインディオ部落があって、ここいらのインディオはまだきわめて野蛮であり、改宗もしていなかった。けれどもかれらはみなスペイン人とよく交流していた。神父がいうには、インディオのクリスチャンはミサに来たがらない傾向にあるけれど、それ以外の点ではキリスト教を崇敬しているそうだ。いちばん困難なことは、かれらを結婚式に出席させることだと聞いた。野生のインディオは養えるなら何人でも妻をもつことができ、首長のなかには一〇人もの妻をもっている例もある。そういう男の家に行くと、別々の炉がいくつあるかで妻の数も判断できる。妻はそれぞれ一週間ずつこの首長とともに暮らすのだ。けれども妻たちはすべてポンチョ織りに駆りだされていて、夫の収入のみなもとになっている。首長の妻になることは、インディオ女性がいちばんあこがれる栄誉なのだ。

どの部族の男も、粗末な毛織りのポンチョを着ている。バルディビアの南に住む人びとは短ズボンをはいており、北に住む人はガウチョのチリパによく似たペチコートを着けている。どこでも長髪を紅い紐で束ねているが、頭には他に飾りを着けない。インディオは体型のよい人びとだ。頬骨がよく目だち、全体的に外観はアメリカ先住民の大家族に属する人びとという感じである。けれどもかれらの人相は、わたしにいわせると、これまでに見てきたアメリカ先住民とは多少異なっている。表情はふつういかめしく、渋面にさえ見え、かなり個性的である。これは誠実な無骨ぶりか、あるいは荒くれた決断力のどちらかのせいだろう。黒い髪は長く、表情は角ばっていかめしく、また顔色が浅黒いので、昔のジェームズ一世の肖像を思いださせた。道を歩いていても、チロエ島ならどこでも行きあたった謙虚で丁寧な態度になどは、決して出会うこともなかった。ごく気軽に、かれらの朝の挨拶である「マリ、マリ」を口にする人もいるが、ほとんどの人は挨拶をしようともしない。他の種族から孤絶したかれらのふるまいは、おそらく、長年にわたる戦争のせいであろう。アメリカの全種族にあって、ただ一人スペイン人に連戦連勝を記録したゆえであろう。

その夜は神父と会話しながら、きわめて気分よくすごした。とても親切な人物から、下へも置かぬもてなしを受けた。かれはサンチアゴからきた人で、住みごこちのよくなるものをいくらか身のまわりに集めていた。多少の学問もある人物であるから、この地方に社交の場がまるでないと辛口の批判を口にした。信仰にかんしては、こちらにはさして熱意もなく、事業や研究のほうも熱をいれていないので、たぶんかれの一生は無駄に終わるのが関の山というものだろう。翌日、帰り道で、ずいぶん野性的な貌《かお》をした七人組のインディオに出会った。なかに、永年忠誠をつくしたとしてチリ政府から最近お涙金の年俸を贈られた首長が、何人かいた。だれ一人をとってもなかなかの人物といえるし、顔がまた妙に深刻だった。かれらは馬に乗り、一列になってやってきた。先頭を行く老人の首長は酔っぱらっていたようだ。まじめはまじめなのだが、なんともとっつきが悪く、盛んにどなりちらしていた。ところでわれわれだが、この少し前にインディオを二人道づれにしていた。遠い教区から、わざわざ訴訟のためにバルディビアにやってきた人びとである。一人はとても愉快で元気な老人だったが、ひげがないし顔が皺だらけで、老婆とまちがえそうだった。わたしはこの二人に、葉巻を何本もわたした。かれらはそれこそ大喜びで、すぐに葉巻を受けとるのだが、誇り高いので感謝の言葉はまず口にしなかった。チロエ島の住人なら、すぐにも帽子をとって、「神のご加護がありますように」と謝意を述べるだろうに。道路は悪いし、大木は倒れているしで、とにかく旅は難渋しがちだった。倒木の上をとび越えるか、それとも迂回するかしなければならないのだ。われわれは路ばたで野営し、翌日バルディビアに着いた。わたしはそこから艦に乗った。

二、三日経つと、わたしは将校連中とともに湾を横ぎり、ニエブラ[*7]という名の砦にほど近い地点に上陸した。砦の建てものは放りっぱなしのあばら家で、砲架もすっかり銹《さ》びついていた。ウィカム氏[*8]が当地の司令将校に、この大砲をぶっぱなしたら一発で粉《こな》ごなに自爆するよ、と語りかけた。すると、みじめな司令官は、極力動揺を隠すように重おもしい声で、答えた。「いや、二発はもつでしょう」と。スペイン人はここを破られないようにしたかったのだろう。中庭の真ん中に、たくさんの臼砲が山積みされていて、台座になっている岩石に劣らない硬い山をつくっていた。この兵器はチリから運んできたもので、七〇〇〇ドルも経費がかかった。ところが当地で革命がおきたため、兵器はまるっきり宙に浮いてしまった。いまは見る影もない、かつての偉大なスペインを偲ばせる記念碑となって、そこに残されている。

わたしは、ここから一マイル半離れたところにある一軒の家を訪ねる予定があった。ところが案内人がいうには、森を直進して通り抜けるのは無理な相談だとのこと。その代わりに、牛がつけた不明瞭な足あとをたどって、できるだけロスの少ない道を案内しよう、と申しでた。けれどもそのルートは、たどるのに三時間かかった。この案内人は、森に迷いこんだ牛を探すことを商売にしている。だから森の中のことをよく知っているのはたしかだが、つい先日も、迷って二日間うろつき、その間何も食べなかったのだそうだ。以上の事実は、この地方にある森が何の用にも使われていないことを、雄弁にものがたっている。わたしがしばしば疑問に思ったのは――倒れた木がどれだけ長く原形を保っているだろうか、という点だった。すると案内人は、一四年前に亡命した王党の一味が切り倒した木を、教えてくれた。これを標準とすれば、直径一フィート半の丸太が腐植土の山になるまで三〇年、というところだろうか。

地震

二月二〇日——この日はバルディビアの年代記にあっても記憶される日になった。いちばんの長老にすら、これが最高にすさまじかったと思わせるほどの大地震にぶつかったからだ。地震が発生したとき、わたしは海岸あたりの森の中で横になり、休息をとっている最中だった。だしぬけに地面が揺れて、二分間つづいた。実際につづいた時間よりもずっと長く感じられた。地盤が動くのがよくわかった。この動揺が真東から伝わってくるように思った。わたしだけではなく、同伴者もそう感じた。ところがほかの人は西南から伝わってきたと判断したそうだ。震動の方向を確認するにも、場所によってさまざまに困難が生じるものだ。立っていること自体はそれほどの難事でもなかったけれど、揺れのせいでめまいがした。小さい三角波を受けたときの船の揺れを思いださせるもので、薄氷の上を滑ると体重のせいで氷面がしなうときの感じによく似ていた。

激震というものは、われわれが昔から抱いてきた思いこみを、一時に壊してしまう。安定しているものの代表と信じてきた大地が、液体の表面を覆う薄い殻のように足もとで震動してしまうものだから——一瞬のうちに、何時間考えぬいても出てくるような感覚ではない異様な不安感が湧いてきた。微風が梢を揺らすのに、わたしは森の中で、ただ大地がふるえるのを感じ、ほかの体感をまったく知らなかった。フィッツロイ艦長と将校たちは地震のあいだ町にいた。そこでの光景はもっとすごかった。というのも、木造の家屋は倒壊しなかったけれど、激しく揺れ動き、板がキィキィ、バタバタ鳴ったからだった。人びとは天も地もないほど驚いて、ドアから跳びだした。森の中では、地震は興味津々ではあるけれども、決しておそろしい現象ではなかったのだ。

地震で崩壊したコンセプシオンの教会

潮汐への影響も奇妙なものだった。ちょうど干潮のときに地震がおきたのだが、浜辺にいた老婆から聞いたところによると、潮がすさまじい速度であがってきたのだそうだ。それも大波ではなく、ただ水位が満潮線まで上昇し、それから同じくらいの速さで本来の水位に戻った。この経緯は、砂の濡れあとからもあきらかだった。潮が急激に、しかし静かに急速に上昇した現象は、数年後にチロエ島でかすかな地震がおきた折にも発生し、根拠のない騒ぎをずいぶんひきおこした。夕暮れにかけて、たくさんの弱い余震があったが、そのために港にとても複雑な流れが生じたらしく、そのいくつかはずいぶん激しかったそうだ。

コンセプシオン——大地震

三月四日——われわれはコンセプシオン港にはいった。船を錨を降ろす場所にいれる作業中に、わたしはキリキナ島に上陸した。その領地の事務長が馬をとばしてやってきて、二〇日におきた大地震のおそろしい報せをもたらした――「コンセプシオンもタルカワノ[*9]（港）も、家は一軒だって立っちゃいません。七〇もの村がやられました。津波がタルカワノの廃墟をほぼ根こそぎもってっちまいました」と。最後のほうの報せについて、わたしはすぐに十分な証拠を目にした――沿岸のすべてに、木材やら家具やらが、まるで一時に一〇〇〇隻もの船が難破したかのように撒きちらされていたからだ。椅子、テーブル、本棚などが無数に転がっていたのに加えて、ほぼ無瑕《むきず》で運ばれてきた小屋の屋根がいくつもあった。タルカワノの倉庫は入口があいてしまい、綿、茶《イエルバ》［マテ茶］、そのほか値の張る商品の袋が大量に浜にぶちまけられていた。島をあちこち歩くあいだに、数知れない岩のかけらを目にした。そこに付着した海産生物の種類から見て、つい最近まで深海の底にあったのが、津波に運ばれて岸に打ちあげられたものだった。たとえば岩の一つは、高さ六フィート、幅が三フィート、厚さ二フィートもあった。

亀裂がある岩石

島そのものが、圧倒的な地震の爪跡をまざまざと見せていた。ちょうど、浜が津波のおそるべき威力の証拠を残しているように。あちこちで地面が南北方向に裂けていた。たぶん、細長い形になっているこの島の両がわに並行して走る険しい崖が、変形したときにできた裂けめだろう。断崖に近いあたりの亀裂は、幅一ヤードもあるものがあった。たくさんの大岩がすでに浜に落下していた。これで雨になったら、もっと大規模な地すべりがあると恐れる住民もいた。島の礎《いしずえ》になっている硬い原始の粘板岩におよぼした激震の影響は、それ以上に奇妙だった。狭い尾根の表層部分は、まるで火薬で吹きとばしたように、みごと粉微塵《みじん》に砕かれていた。この影響は、ま新しい破砕部分や、動いた地面によってそれとわかるのだが、表面だけにおおむねとどまっているに違いなかった。そうでなければ、チリ全体に、硬く切れめのない巨大な岩が一つもなくなってしまうはずだからだ。おまけに、揺れる地層の表面が、中心部とはまるで異なる影響を受けることがわかっているので、震動の波及効果が地表に集中するとしても決して不合理ではなかった。深い坑内だと、地震があっても想像するほどおそろしい大きな崩壊がおこらない事情も、おそらくは同じ理由によっているのだろう。この大地震は、十九世紀を通じて海や気候が日々この島を削りとってきたよりも強力に、キリキナ島[*10]の大きさを縮める役目を果たした、と信じていい。

旧市街の外観

翌日わたしはタルカワノに上陸し、そこから馬でコンセプシオンに向かった。両方の町は、わたしが見たこともないほど不気味で、しかも興味にあふれた光景を、あらわにしていた。これ以前の町のようすを見て知っている人びとには、もっと強烈な印象をもたらすだろう。破壊のあとは混乱のきわみで、全体にどう見ても人の住めそうな感じのない荒地と化していた。これでは破壊以前の町を想像することもむずかしい。地震がはじまったのは、午前一一時半。万が一夜中に発生していたら、住民（この地域だけで数万人以上いる）の犠牲者が一〇〇人足らずではすまなかったに違いない。まだ地面が揺れだしたばかりのうちに、家の外へ走りでることがいちばん確実な救命法なのだから。コンセプシオンでは、どの家も、どの家並も、いまや廃墟と廃墟の列と

地震前のコンセプシオン旧市街の人びと

なって、そのまま手つかずに残されていた。けれどタルカワノでは津波のために煉瓦、タイル、また木材がたった一つの層をなすゴミ山になって残っているだけだった。あちこちに壁の一部が見かけられる程度だ。両方を見くらべると、コンセプシオンの町は根こそぎ波にさらわれたわけでもないのに、かえって悲惨な印象が強いし、こう表現してもよいものなら、いっそ絵になる光景であった。最初の大揺れは、だしぬけにはじまった。キリキナ島の事務長によると、気がついたときは、本人も、乗っていた馬も、いっしょに地面に投げだされていたそうだ。起きあがればまた放りだされ、の繰り返しだったという。事務長はさらに、島の崖にいた牛たちが立てつづけに海に転がり落ちたことも、話してくれた。津波のために牛たちがたくさん殺されたわけだ。湾の奥に近い、海抜の高くない島では、牛が七〇頭も押し流されて水死した。この地震は、チリ史上もっとも大きなものだと一般に喧伝されている。だが、きわめて大きな地震は長い年月をおいて繰り返されるものだから、いつの地震がいちばん大きかったかを簡単に決められるものではない。それに、これ以上の大地震がおきたにしても、現状で破壊はすでに完璧なものになっているのだから、被害規模にそれほどのちがいは出ないだろう。大地震のあとも、多数の余震がいつ終わるともなくつづいた。最初の一二日間に、最低でも三〇〇回は記録された。

コンセプシオンを調査したが、住民はいったいどうやって脱出したのか、ちょっと見当がつかなかった。あちこちで家屋の外壁が倒れているのだ。街路の中央に煉瓦の塊やがらくたの山が高く積みあがった原因は、ここにある。イギリス領事ラウス氏が語ったのだが、最初の震動がきたと気づいたとき、かれは朝食の最中だった。中庭の真ん中に逃げこんだかどうかというところで、家の壁が一面、とどろきを発して崩れだした。だがかれはそこでハッとして、もうすでに倒れて山になっている部分の上に登れば、命は助かると判断するだけの余裕をもった。地面が揺れて立っていられなかったから、かれは手と膝で這って瓦礫の山の上へ逃げた。まさにその一瞬、家のもう一面の壁が倒れかかり、大きな梁が顔のすぐ前へ落下したという。空にたちこめた猛烈なほこりの雲に目をつぶしたが、口をふさいで、かろうじて道路へ逃げのびたのだった。二、三分の間隔をおいて震動が次つぎに襲いかかってくるため、崩れた家へ近づこうにも近づけなかった。友人や親戚が援助を受けられずに死にかけていても、それを知る手立てさえなかった。多少は財産をもちだせた人も、その荷物を絶えず守っていなければならなかった。盗人があちこちうろつきまわっており、地面がかすかに揺れるごとに、片手で胸をたたいて「ミゼリコルディア（神のあわれみを)」と祈りながら、もう一方の手で廃墟の中から金目のものをありったけ持っていってしまった。草葺きの屋根は火の海に呑まれ、火柱がいたるところで立ちのぼった。数百の人は、自分たちが財産を失ったことを知ったけれど、その日の空腹を満たせる人はごく少数だった。

地震は、それだけで国の資産をぶち壊しにする威力を十分にもつ。もしもイングランドの地下で、今は休止している新たな地中の力が全開状態になったら――太古の地質時代にはほぼまちがいなくそういう事態がおきたはずだが――国土の全情況は完全に変化してしまうだろう！　高楼も、雑踏の巷《ちまた》も、大工場も、美しい公共や私有の建築物も、いったいどうなるのだろう。新たな災害が、真夜中の大地震というかたちではじまったとしたら、いったいどれほどおそろしい悲劇が生まれるのだろう！　イングランドは即座に破産だ。あらゆる文書、記録、そして会計が、その瞬間に消滅してしまう。政府は徴税をおこなえず、その権威を維持することもできず、暴力や略奪の手を縛ることも不可能となるだろう。大都市には、例外なく、飢餓や疫病や死が列をなして押し寄せてくるだろう。

激震のすぐあと、津波がなめらかな外形をなして湾の中央へ押し寄せてくるのが、三、四マイル離れたところからもわかった。津波は抵抗を許さぬ力で陸を襲い、海岸にそって小屋や樹々をなぎ倒しながら過ぎていった。湾の入口で、大波は白い怒濤に変わって白い線をつくり、いちばん潮位のあがる春の大潮よりもさらに二三フィートも立ちあがって、襲いかかってきた。その力は途方もなかったに違いあるまい。というのも、砦の大砲と台座が、つごう四トンも重量がありそうだったにもかかわらず、一五フィートも内がわに動いたからだ。スクーナ船[*11]が、海岸から二

○○ヤード離れた廃墟にうち上がった。最初の津波に次いで、二度の大波が襲ってきた。引いていくときには、浮遊物の巨大な堆積を残していった。港のある場所では、一隻の船が放りあげられて陸に打ちあがり、また波につかまって海岸に引き戻され、また陸にあがり、それからまた海に引き戻された。別の場所では、二隻の巨船が寄りそうように投錨していたが、両方とも波に巻きこまれ、索が三重にもつれあってしまった。三六フィートの海底に投錨したはずなのに、数分のあいだに二隻とも座礁状態になった。タルカワノの住民が町の後ろにある丘へ退避する暇があったところをみると、津波はずいぶん遅い速度でやってきたに違いない。船員のなかには、大波が崩れないうちに自分たちのボートをうまく操って大波の上まで漕ぎつけられれば、なんとかそのうねりを乗り越せると確信して、海へ押しだした者さえいた。四、五歳の子を一人かかえた老女は、ボートの中に逃げこんだ。だが、それを漕いで沖へ出してくれる者がいない。そのためにボートが錨にぶつかって二つに割れた。老女は溺れたが、子どもは破片にしがみついているところを、数時間後に救出された。海水のプールが、廃墟のあいだにまだ残っていて、子どもたちが古テーブルやら椅子やらをボート代わりにして、悲しみに暮れている親とは対照的に、楽しく遊んでいるようだった。けれども、どの住人も想像したよりずっと活動的で、落ちこんでもいない事実が、とてもおもしろかった。破壊が国土ぜんたいにおよぶような場合、だれ一人として他人に気兼ねしたり友人に冷たい反応――これが富を失ったときのいちばん悲しむべき結末なのだが――をされる不安を抱かなかったのは、たしかに注目すべき事実といえた。ラウス氏は、かれが親切にも庇護の手をさしのべた人びとと大所帯をつくり、最初の一週間をリンゴ樹の下の庭で過

タルカワノから見たアンツコ火山

ごした。はじめはピクニックのようになごやかだったが、それからすぐに降りだした雨のせいで、たくさんの不快が生じた。身を避けるシェルターがまるでなかったためだ。

黒くて沸騰する海

フィッツロイ艦長が著した地震に関するすばらしい論述の中に、二つの爆発の話がでてくる。一つは、煙の柱を思わせるもの、もう一つは巨大なクジラの潮吹きに似たものが、湾内で認められたのだ。あたり一面の海水もまた、沸騰したような状態になった。「海は黒ずみ、また、とても耐えられぬほどの硫黄臭が噴出した」という。あとのほうの情況は、一八二二年の地震の最中にバルパライソ湾でも観察されている。おそらく、腐敗した有機物を含んだ泥が海底で攪拌されて発生した現象ではないだろうか。実際、カヤオ湾[*12]では、地震前の凪いだ一日に、船が索を底につけて引きずったときに、航跡に泡の筋ができることをわたし自身も観察していた。タルカワノの下層民は、この大地震をひきおこした犯人を、二年前にアンツコ火山[*13]に怒りを覚えてその火山活動を止めてしまったインディオの老婆たちだ、と信じこんでいた。このばかばかしい信仰はおもしろい。なぜなら、体験が教えた知恵なのだろうけれども、火山活動が止まっていることと地面の揺れとのあいだに因果関係を認める結果になっているからだ。かれらの因果律で解明できないところへは、魔術という因果関係をもってくることが必要だったのだ。この魔術とは火山活動を閉塞させることだ。この一件に照らし合わせると、上に述べた信仰がよりいっそう興味深くなる。なぜなら、フィッツロイ艦長によれば、アンツコ山は近年活動をしていなかったと信じられる理由があるからである。

震動の方向——捻じ曲げられた石

コンセプシオンは町のつくりがふつうのスペイン式で、街路が残らずお互いに直交しあうようになっていた。一組は南西微西、もう一組は北西微北に向いているところがあって、前者の方向に走る壁は、なるほど、後者のそれにくらべてちゃんと立っていた。煉瓦の塊は大量に、北東の方向に投げ落とされていた。この事態は、波動が南西の方向からやってきたという常識的な推測に、よく合致する。地下の音も、やはり同じ方向から響いてきた。南西と北東を結ぶ壁は、震動が押し寄せる方向に両端が向いていたけれども、北西から南東につながる壁が隅から隅まで直角の方向に激しく揺れて崩れているのと対照的に、ほとんど倒れにくかったことは納得がいく。南西方向からきた震動が、壁の礎《いしずえ》を通る際、北西から南東の方向に波となってひろがるからである。このことは、カーペットの上に本を何冊か立てて、そのあとでミッチェル[*14]が提唱した方法により、地震の揺れをまねて動かせば、よく理解できる。震動の線にほぼ一致する方向にある本は、まず確実に崩れていく。地面にある亀裂は、すべてが同一方向にはないにしても、一般には南東と北西の方向に走っている。したがって、震動の線というか、主だった褶曲の線に対応する撹乱の主たるみなもとが、はっきりと南西に集中しているという情況をすべて考えあわせると、まさしくその方向に位置したサンタマリア島[*15]でのできごとが、きわめて興味深くなる。この島は陸地ぜんたいが上昇しているあいだに、沿岸にあるどの部分にくらべても三倍以上は隆起したからである。

壁は、それが立っている方向により地震への抵抗力が違ってくるという事実は、大伽藍を見るとよく理解できる。北東に面している側は見るも無残に崩れ落ちており、その中に扉枠《とびらわく》や木材の列が、流れに浮かぶかのように突きたっていた。煉瓦の四角いブロックのうちには、大きな石もあった。その大石が、まるで高山のふもとにある岩のかけらのように、平たい広場の上をかなりの距離にわたって転がっていた。側壁（南西から北東へと走っている）は、手ひどく瑕を負わされたが、それでもなんとか立っていた。ところが大型の扶壁《バトレス》（壁に対し直角をなし、したがって倒れたほうの壁とは平行である）は、多くが鑿《のみ》ですっぱり断ち切られたように地面に落ちていた。同じ壁の頂層にある四角い装飾は、地震によって対角線の位置に動いていた。これと同様の現象が、バルパライソ、カラブリア[*16]、そして古代ギリシアの神殿をいくつか含む他の場所でも観察[★1]されている。このねじれた位置移動は、はじめのうち、力の影響を受けた点のどこでも発生した旋回運動をものがたるもののように思えた。しかしそういう可能性はほとんどないのだ。どの石も、震動の方向に即して特別な位置に移動する傾向をもつことが、この変位の原因ではないのだろうか？——紙の上にピンを置いて揺すったときにあらわれる現象によく似ているのだ。概していえば、アーチ形の戸口や窓は、建物の他の部分よりも安定して立っていた。にもかかわらず、身体に障害をもつある不幸な老人は、ふだんから多少ともグラリと来た場合に、決まった戸口へ這いでる習慣を身につけていたが、今回はその戸口に逃げたため木っ端微塵《こっぱみじん》につぶされてしまった。

コンセプシオンの惨状について、わたしはこれまでこまかに書きしるすことをしなかった。それは、わたしが味わった複雑な気持を文章で伝えることなどできないと思うからだ。何人かの士官がわたしよりも早くこの町を訪れたのだが、その人たちの発したいちばん強い言葉も、荒れはてた町の光景を正しく伝えたとは思えなかった。はかりしれない時間と労力とを傾けた仕事が、わずか一分間のうちにつぶれた光景を目のあたりにすることは、とても辛いし、また人間の力のたよりなさを痛感することになる。それでも、これまでは長い年代をかけた結果としてできあがると信じてきた廃墟の光景が、あっというまにできあがってしまったのを目撃させられたショックのせいで、住民に対する同情も即座に吹っとんでしまった。わたしが思うに、イギリスを出発して以来、これほど深く心をひきつけた光景には出会わなかった。

津波

ほとんどの大地震では、あたりの海水がきわめて大きく揺り動かされるといわれる。この動揺は、コンセプシオンの場合も例外でないが、二つの種類に分かれるようだ。第一に、地震と同時に海水はゆっくりと高くもりあがりながら海岸へ押し寄せ、次いで同じように静かに引いていく場合。第二に、しばらくしてから海ぜんたいが海岸から引いて、次に圧倒的な威力を秘めた大波となっておしもどってくる場合だ。第一の運動は次のような原因でおきる。すなわち、地震の直接の影響が、流体と固体とで異なる作用をおよぼしたために、海水面がかすかに乱されたことによるらしい。だが第二の運動は、もっと重要な現象だ。たいていの地震、ことにアメリカ西海岸でおきる地震の場合、最初にあらわれる大きな海水の運動は、たしかに海岸から引いていくほうなのだ。学者のなかには、海水が沖へ引いていってしまうのは、海面が低くなるのではなく、陸地が上方に浮きあがるからだ、と説明しようとした人もいる。しかし、陸地と接している海水は、海底がやや急に深くなっている海岸の場合でも、確実に海底の動きに応じて運動する。おまけに、ライエル氏が主張したとおり、動揺の中心線からずいぶん遠く離れた島でも、同じような運動が認められている。今回の地震ではファン・フェルナンデス諸島[*17]が、また有名なリスボン大地震ではマデイラ[*18]が、その実例である。わたしとしては（もちろん、ずいぶんあいまいだが）波がどんな方法でつくりだされたにせよ、まずは海水が海岸から引き、次に海岸に向かって大波で押し寄せ、くだけちるものだと思いたい。小さな蒸気船の外輪がつくりだす小波によっても、同じ現象が生じる事実を、わたしは自分の目で確認した。タルカワノとカヤオ（リマに近い）は、どちらも大きくて浅い湾の奥にあって、大地震のときはいつも津波の危険にさらされる。ところがバルパライソは深い海の端に接していて、同じように激しい地震に何度も遭うのだが、海水に呑みこまれることがない。これは注目すべき事実だ。大波が地震直後に連続して陸へ押し寄せてくるわけでもないし、また、はるか沖にある小島にも、震動のそばにある海岸で発生したのと同じ大波が押し寄せることもあるのだから、その大波はとりあえず沖で生まれると考えられる。これは一般に共通する地震の結果であるから、原因のほうも同じく普遍的なものでないといけない。わたしの意見を言うと、深い大洋にあってあまり攪乱されなかった海水と、陸地の震動に影響されて動いた海岸近くの水とが、互いにぶつかった線こそが、大波の生まれるところと見るべきではないだろうか。浅瀬の海水が、下にある海底とともに動揺させられたその規模の大小に応じて、津波の大小も決まってくるといえる。

大地の恒久的な隆起

今回の地震でいちばん目についた影響は、陸地が絶えることなく隆起していることだった。いや、影響というよりも、陸の隆起のほうこそが原因だったというべきかもしれない。コンセプシオン湾を取り囲んだ陸地が、二、三フィート隆起したのはまちがいない。ただし、ゆるい傾斜をもつ砂浜の上にこれまで潮汐作用が残してきた線は、大波が洗い去ったために不明瞭にされてしまっているので、隆起の証拠がみつからなくなった。それでも住民たちの証言を総合すると、いま岩石がたくさん露出している小さな磯が、以前は海面下にあったことが明らかになったことは、注目していい。サンタマリア島（約三〇マイル離れている）では隆起の程度がもっと大きかった。フィッツロイ艦長はある場所で、満潮線から一〇フィートも上のほうに、まだ岩についたままの腐敗したイガイ類の堆積層をみつけた。以前ここの住民は、春の大潮になるとこの貝を採りに海へ潜っていたのにだ。この地方がこれまでにもすさまじい地震にいくどか襲われた事実から見て、陸地の隆起が確認できたことはきわめて興味深い。また、陸上六〇〇から、おそらくは一〇〇〇フィートに達する高みにまで、莫大な数の海生貝類の殻がちらばっていた事情も、同様である。バルパライソで、これと同じような貝殻が一三〇〇フィートの高みでみつかることは、前に書いた。こうした大規模な隆起は、たとえばこの年の地震がひきおこした上昇や、またその原因をつくった小規模な上昇の堆積に加えて、いまもこの海岸の一部でまちがいなく進行している目に見えないほどかすかな陸地上昇をも原因としていることを、ほぼ疑いえない。

火山現象がある地域——隆起する力と噴出する力の関連

北東方向に三六〇マイルへだたったファン・フェルナンデス諸島は、二〇日の大地震のときに激しく揺れた。木々がぶつかりあい、火山が岸のそばの海底で爆発した。一七五一年の地震でもこの島がコンセプシオンから等距離にある場所のうちいちばん激しく揺れたので、今回も注目しなければいけない。たぶん、コンセプシオンとファン・フェルナンデス諸島とのあいだは、地下でなにかがつながっているのだろう。コンセプシオンの南約三四〇マイルにあるチロエ島は、その中間にあるバルディビア地方よりも、かえってひどく揺れた。バルディビアでは、そこにあるビヤリカ[*19]という火山も影響を受けなかったのに、チロエ島に面したコルディエラ山脈では、地震で激しく揺れたのと同時に二つの火山が噴火した。この二つの火山と、そばにあったいくつかの山は、ずいぶん長く噴火をつづけ、一〇か月たったのちふたたびコンセプシオンの地震に影響を受けている。二〇日の地震はまわりの地方をことごとくゆすったけれど、この噴火している火山の一つでは、ふもと近くで木を切っていた何人かの人たちが、激震にまったく気づかなかった。この場合は火山の噴火が地震の力を弱めるか、あるいは震動のかわりに灰を噴きあげたのだ。下層の人たちの信仰によると、アンツコ火山が魔術によって封じられなかったら、コンセプシオンでも地震がおこらなかったというのだが、ちょうどそれと同じ因果関係があったことになる。二年九か月後、バルディビアとチロエ島とは、二〇日のそれよりもさらに激しい地震にふたたび襲われ、チョノス群島のうち一島は八フィートも隆起した。このような現象の規模を知るには、これを（氷河の場合のように）ヨーロッパで相当する距離にいちいち置きかえてみると、要点をつかみやすい――たとえばの話、まずは北海から地中海にかけて陸地が激しく揺れ動いたとしよう。すると同時に、イングランドの東海岸が広い範囲にわたって、まわりの小島群もいっしょに陸地が永久的に隆起することになる――オランダの海岸では火山の列が活動を開始して火を噴きあげる。またアイルランド北端に近い海底からも噴出が一つおこり――最後にオーヴェルニュ、カンタル、モンドルといった古い火口がそろって黒い煙の柱を空中に立て、長くておそろしい活動を開始することになる。そして二年九か月後にフランスは、その中央地方からイギリス海峡まで、ふたたび大地震に襲われて廃墟となる。そして地中海には島が一つ、永遠に隆起した、という話になるだろう。

地震の原因——山脈のゆるやかな隆起

あの二〇日に火山物質がじっさいに噴きでた範囲は、ある一方向にそっては七二〇マイルにおよび、それと直交する方向では四〇〇マイルに達した。ということは、地下にある溶岩の溜まり場を湖と仮定するなら、黒海のほぼ二倍の面積にひろがっていたとみなしていいだろう。この一連の現象の列を結びつけていると見られる隆起と噴火の力、その二つの力の複雑で緊密なかかわりあいの在《あ》りようから考えれば、ゆっくりとたゆまずに大陸を隆起させる力と、開いた火口から火山物質を断続的に噴きださせる力とは、まったく同じものにちがいないと、自信をもって結論できる。また、たくさんの理由から考えるに、海岸線ぞいに地震が発生する現象についても、陸地が上昇するさいに張力が働くための当然の結果として地層に裂けめがはいることと、液化した岩が地層のあいだにはいりこむこととの相乗作用とが原因だと信じられる。この亀裂と侵入とが長いあいだに繰り返しおこると（地震は一定の地域に一定のパターンで繰り返し発生することがわかっている）、山の列ができあがる。細長いサンタマリア島は、まわりの地域よりも三倍も高く隆起したが、これもいま書いた作用を受けているせいだろう。山脈にそってできる硬い中軸がどうつくられるかといえば、火山が繰り返し溶岩を放出してできあがるのに対し、その同じ溶岩が逆に繰り返し流れこんでできるのが中軸だ、といいたい。それだけの違いだと思う。さらにいえば、コルディエラのような大山脈の構造では、火山岩が流れこんでつくられた中軸の上に被《かぶ》さった地層のふちの近くに、平行して隣りあう隆起物の線が生成される現象が認められる。これも、中軸の上のほうでくさび形に押しあげられた部分が冷えて固まるまで十分な時間をかけたあと、また次の岩が流れこんできて、下のほうでも同じように岩石が繰り返し侵入するという見解以外では、そのような構造ができる理由がどうしても説明できない――というのは、もしその地層が一回の爆発噴出によって現在見られるような、とても急な傾斜や、垂直や、ひどい場合はひっくり返った位置に一気に噴きだされたとしたら、地球の内部にある溶岩はそれ一回ですべてが吐きつくされた可能性が高いからだ。そして、いま現に見られるような、すさまじい圧力を受けて固形化した岩石が中軸を覆う険しい山脈の形は生まれず、そのかわりにどろどろの溶岩が大洪水となって、斜面にある隆起線の上にできた無数のくぼみから、あらゆる方向へと溢れだしてしまったであろう。[★2]

【訳注】第14章

＊1――コセギナ山 Cosegüina　コセグイナ山、コシグイナ山とも。ニカラグアの北西端のホンジュラスとの国境に近く、太平洋のフォンセカ湾にのぞむ標高八七二メートルの成層火山。直径二キロメートル以上、深さ五〇〇メートルもの巨大な火口をもつ。一八三五年一月二〇日の記録的な巨大噴火による降灰は、メキシコ、ジャマイカ、コスタリカにまでおよんだという。

＊2――カペラ・デ・クカオ Capella de Cucao　カストロの南西にある太平洋に面した小さな村であり、ここにチロエ島ならではの古い木造教会（カペラ）がある。近くにはクカオ湖がある。

＊3――ペリアガ　もとはカリブ海地方の言葉で丸木舟を意味していたらしい。スペイン語でカヌーやボートなど、地方で用いられる小さな舟のことを指すようになった。
＊4――ブロメリア Bromelia　パイナップル科の植物の総称。多くは着生植物で現在では観葉植物とされる。
＊5――チェポネス　パイナップル科（ブロメリア）のなかでチリに固有のファスキクラリア属 *Fascicularia* の仲間。細い放射状の葉と、特異な形をした赤や紫の花が印象的。
＊6――ウエチュククイ岬 Huechucucuy　サン・カルロス（アンクド）の西にあるラクイ半島の北端。
＊7――ニエブラ Niebla　バルディビア川の河口右岸に位置し、十七世紀に建設された砦がある。
＊8――ウィカム氏 Wickham, John Clements（1798-1864）　イギリスの海軍軍人。ダーウィンとともにビーグル号に乗船していたが、後に船長に昇進した。多くの航海を指揮し、除隊後はオーストラリアのクイーンズランドで要職についた。
＊9――タルカワノ Talcahuano　コンセプシオンの北西にある、コンセプシオン湾に面する港町。十八世紀に津波の被害などを理由にコンセプシオンが内陸へ移った後も、街の重要な港としての役割を保ったが、津波の被害は二十一世紀になっても起きている。
＊10――キリキナ島 Isla Quiriquina　コンセプシオン湾の入口にある小島。湾の奥にある港町のタルカワノからは、一〇キロメートルほど離れている。
＊11――スクーナ船　帆船の型の一つで、二本以上の帆柱を立て、そのすべてに縦帆を展張するもの。十八世紀にアメリカで開発され、逆風時の帆走性能がよく、操縦も容易であることから十九世紀には全世界へ広まった。
＊12――カヤオ湾 Bahia del Callao　ペルーの首都リマの西に隣接し、重要な外港となっている。リマック川の河口にあたり、沖合にはサン・ロレンソ島がある。
＊13――アンツコ火山 Antuco　コンセプシオンの東、アルゼンチンとの国境付近にある標高二九七九メートルの成層火山。

＊14——ミッチェル Michell, John（1724-93）　イギリスの地質学者。広範囲の学問分野で業績を残したが、磁化の方法について詳述し、地震学を創設したとされる。ねじり秤の発明者としても知られる。

＊15——サンタマリア島 Isla Santa Maria　コンセプシオンの南西、アラウコ湾に近い南北約一一キロメートルほどの小さな島。

＊16——カラブリア Calabria　イタリア南部の州名。長靴形のイタリア半島のつま先にあたり、メッシーナ海峡を隔ててシチリア島がある。ヨーロッパでもとくに地震や津波の被害が多い地域。

＊17——ファン・フェルナンデス諸島 Islas Juan Fernández　ロビンソン・クルーソー島など三つの島からなる。一七〇四～〇九年に、ロビンソン・クルーソーのモデルとなったアレクサンダー・セルカークが居住したことで知られる。

＊18——マデイラ Arquipélago da Madeira　モロッコの西、約七〇〇キロメートルの大西洋上に浮かぶポルトガル領の島群。リスボンからは南西へ約一〇〇〇キロメートル離れる。主島マデイラのほか付属小島からなり、全体は火山岩からなる山がちな地形。

＊19——ビヤリカ Villarrica　チリ中南部、バルディビアの北東にある標高二八四七メートルの成層火山。この地方では現在、もっとも活発な火山の一つ。周囲には多くの湖があり、同名の湖や街がある。

第15章　コルディエラの峠道

バルパライソ……ポルティーヨ峠……ラバの賢さ……山脈の急流……鉱山はいかに発見されたか……コルディエラの緩慢な隆起の証拠……岩に降った雪の影響……二つの主脈の地質構造、その明白な起源と隆起……大沈降……赤い雪……風……雪の尖塔……乾燥した清澄な大気……電気……パンパス――アンデス両がわの動物学……バッタ……大きなナンキンムシ……メンドーサ……ウスパヤータ峠……生長途中に埋没した珪化樹木……インカの橋――峠道の悪さが誇張された……分水嶺――避難小屋……バルパライソ

バルパライソ

一八三五年三月七日——コンセプシオンに三日泊まったあと、バルパライソへ向けて出帆した。風が北向きだったから、日が暮れるまでにコンセプシオンの港のみなと口《ぐち》へどうにかたどりつけただけに終わった。岸が目と鼻の先となり、煙霧が出だしていたので、投錨することになった。ほどなくして大きなアメリカの捕鯨船が、われわれのそばに横づけされた。一人のヤンキーが岸壁に波のぶつかる音を耳でさぐろうとして、仲間に「黙れ!」と命じる声が聞こえた。だからフィッツロイ艦長が大声でその男に呼びかけ、いまいるところへ投錨しろと教えてやった。その気の毒な男は、きっと声が岸壁から聞こえたと思いこんだに違いない。すぐに船内から混乱した叫びの渦が湧きあがった——だれもが大声をはりあげて、「錨をだせ! 索を引け! 帆をおろせ!」と、どなる。それは聞いたこともないほど滑稽な響きだった。もしも船乗り全員が船長で、水夫など一人もいなかったとしても、ここまで騒々しい命令の錯綜にはならなかったろうから。あとでわかったのだが、船の航海士は言葉がつっかえる人なのだった。おそらく全員で、航海士が命令を伝達する手助けをしてやっていたのだろう。

一一日にはバルパライソ港に投錨、二日後わたしはコルディエラを越える旅にでた。まずサンチアゴへ行って、必要なものをいろいろと用意したが、コールドクリュー氏という人に親切このうえなく隅ずみまで世話を焼いていただいた。チリのこのあたりには、アンデス山脈を越えてメンドーサに至る峠道が二つある。一方は、ごくふつうに利用される道——すなわちアコンカグア峠あるいはウスパヤータ峠[*1]といい、やや北に位置している。もう一方はポルティーーヨ[*2]と呼ばれる峠で、南にあってここから近いが、かなり険しくて危険もある。

ポルティーヨ峠

三月一八日——われわれはポルティーヨ峠をめざして出立した。サンチアゴの街がある広びろとした野焼きあとの平原を横ぎり、午後にチリの主要な川の一つマイプ川[*3]に到着した。その谷間は、コルディエラの入口にはいりこむ地点で、両がわが高くて不毛な山にふちどられている。決して広くはないけれど、肥沃な谷間だ。無数の小屋が見え、ブドウ畑や、リンゴ、ネクタリン、モモの果樹園に囲まれている——どの枝も、すばらしい完熟の果実をたわわに実らせ、折れそうなほどだ。夕方に税関を通過したが、手荷物を調べられた。チリの国境は、海がわよりもコルディエラがわのほうが警備が固い。中央地帯へ通じている谷はとても少なく、そこ以外に荷物を背負って通れるようなところはないからだ。税関の役人たちはとても丁寧だった。きっと、共和国大統領がくれたパスポートのおかげもあったのだろう。だが、チリ人がほぼ例外なく自然な慇

チリ人

懃さを身につけていることを、賞《ほ》めておかねばなるまい。この点は、他のほとんどの国にいる同クラスの人びとと比較しても、際《きわ》だっている。わたしが当時とても幸福に感じた逸話を、一つご披露してもよい。われわれはメンドーサの近くで、小柄だがとても太った黒人女がラバに乗ってやってくるのに出会った。女はとても大きな甲状腺腫をもっていたので、チラリと彼女のほうへ目をやらずにはいられなかった。しかし、わたしの道づれ二人はほとんど間髪をいれることなく、非礼のお詫びがわりに、帽子を取って彼女にこの国風に挨拶をしたのだ。劣った人種に属するうえに貧乏でみじめな境遇の女に対し、これほど心あたたまる礼儀を示すことなど、階級の上下にかかわらずヨーロッパのどこで見かけられるだろうか。

ラバの賢さ

夜は一軒の小屋に泊まった。われわれの旅のスタイルは、うれしいほど気ままだった。人気《ひとけ》のある一画で薪を少し買いこみ、動物の飼料も手にいれて、動物たちとともに草原の片隅で野営した。鉄のポットを持参してきたので、雲一つない夜空の下で夕食をこしらえ、舌鼓《したつづみ》を打った。何の不便もなかった。道づれのメンバーは、前回もチリでわたしに同行してくれたマリアーノ・ゴンザレス、そしてラバ一〇頭と「マドリーナ」を一頭連れた牧人《アリエロ》とであった。マドリーナ（教母という意味）はとても重要な存在である。彼女は首まわりに鈴をつけた、年寄りの牝馬だ。この老馬が行くところ、ラバたちが良い子めかしてどこへでも尾《つ》いていく。ラバたちがこのおばあさんに寄せる敬愛が、どんなにわれわれを厄介ごとから救ってくれたか知れはしない。もしもラバ

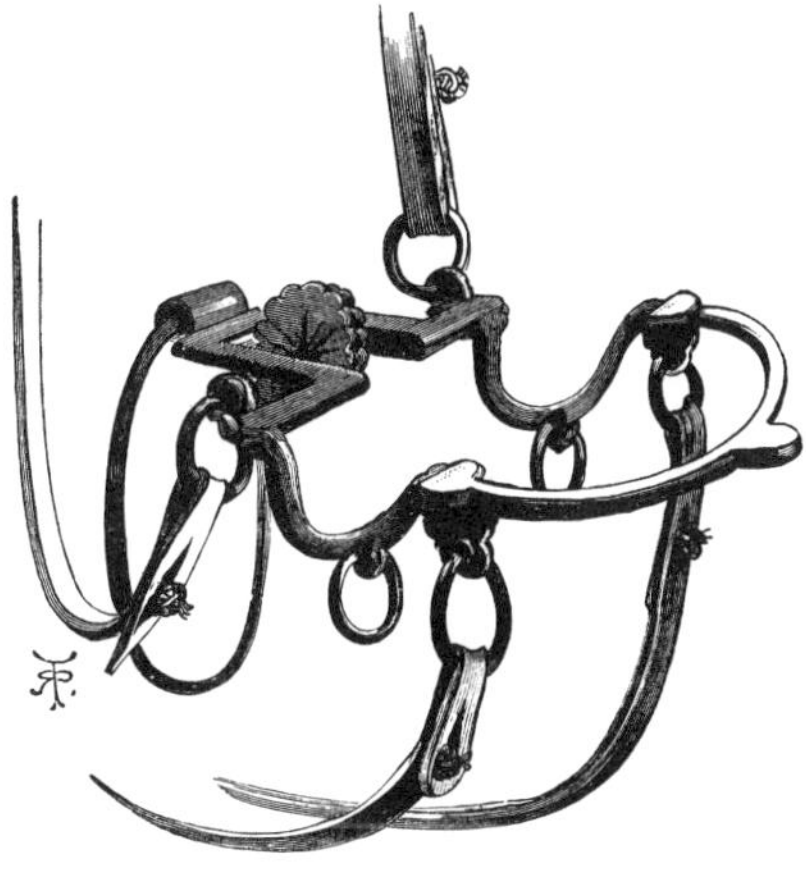
南米で使われる馬のはみ

の大群が何組も同じ草原にはいりこんで草を食《は》んだとしても、朝になったら牧夫がそれぞれのマドリーナを少し脇に寄せて、鈴を鳴らせばいいのだ。すると、二、三百頭の群れにまぎれていても、ラバたちはすぐに自分のマドリーナの鈴の音《ね》を聞きわけ、近づいてくる。おおむね一頭残らず集められる。というのも、ラバは数時間ほど拘束されたあとでも、犬のように鋭い嗅覚を使って、仲間を――というよりも自分のマドリーナを追いかけていくからだ。ある牧夫によると、老いた牝馬はそれほど強い敬愛の対象なのだそうだ。けれども、その愛情は決して個別の好き嫌いから出ているわけではない。なぜなら、首に鈴をつけさえすればどんな動物もマドリーナの役を果たせるからである。どの群れでも一頭のラバは平坦な道で四一六ポンド（二九ストーン以上）の荷物を引っぱる。だが、山岳地帯では一〇〇ポンド少なくなる。それにしてもあんなに繊細な四肢で、それに対応する筋肉もないのに、あの重量の荷物を支えるとは！　ラバはいつも、わたしにとっては驚くべき動物に見える。交雑種が両親のどちらよりもすぐれた知力、記憶力、がんばり、社交性、筋肉の持久力をもつところをみると、どうやら人為は自然に勝るようだ。

われわれが連れてきた一〇頭のラバのうち、六頭は乗馬用、四頭は荷物運搬用で、定期的に役割を交替するようにした。この季節はポルティーヨ越えには少し遅すぎるので、雪に降りこめられた場合を考え、たっぷりと食糧を積んできた。

三月一九日――この日は一日じゅう騎乗。谷間で最後の――したがっていちばん高所にある家に着いた。住民の数もわずかになった。それでも、水が引ける土地ならどこもきわめて肥沃だった。コルディエラの主だった谷は、どれも、両岸に小砂利と砂でできた縁、つまり棚《テラス》をもつのが特色だった。粗削りながら層をなし全般に相当な厚みをもっている。これらの縁《ふち》だが、その昔はあきらかに両岸をつないで一つになっていたはずだ。それにチリ北部の谷底では川が流れていないものだから、なめらかに埋めつくされているという具合だ。この縁には、たいてい道がついている。地表が平らで都合がよいからだ。道はゆっくりとした上り勾配で谷の上へとあがっている。だからまた、こういう場所は灌漑ができれば耕地にしやすい。道は、見るところ七〇〇〇から九〇〇〇フィートの高度までのぼって、あとは不規則な岩屑《がんせつ》の堆積に覆い隠されてしまう。谷の下端というか入口では、谷間はコルディエラ主脈のふもとにある山に囲まれた平原（これも礫層でできている）につながって合流している。前章でも述べたように、こういう平原はチリの景観の特色をなしており、まちがいなく、南部の沿岸で現在も見られるごとく、海が以前はここへも浸入していて、その沈殿物からできあがったものだ。南アメリカの地質学にあって、こうした粗づくりの礫岩層で形成された棚ほど興味深い地形は、単一のものに限定するかぎり他に見あたらない。この構造を一見すると、どの谷間もよく似た構造をもっている。すなわち、そこを流れる激流が湖とか入江などによって流れを吸収されてしまった場合にできる堆積物なのだ。しかし激流は、主だった谷筋でも分枝した谷でも全流路にわたって、そうした堆積を残していない。いまなお大岩や堆積物をきれいに押し流している。ここではその理由を説明することができない。しかし、礫層の棚は、コルディエラが徐々に隆起するあいだにつくりだされたと確信している。激流が継続的に、最初は谷の上流に、次いで陸地の隆起にあわせ順次下のほうへと、長く入りこんだ海の砂洲にある岩屑を運び下ろしていったにちがいない。この考えが真実であるなら——もちろんわたしはそう信じているが——コルディエラの偉大で欠けめのない山脈は、急激に隆起したのではなく、つい最近まで少しずつ隆起しつづけていたことになる。また、今では地質学者のあいだで定説だが、コルディエラは大西洋と太平洋の海岸がつい最近まで上昇していたのと同じゆっくりしたペースで、時間をかけて山塊を徐々に隆起させたのである。この考えかたでいけば、コルディエラの構造に示された無数の事実が、きわめて単純に説明できてしまう。

山脈の急流

この谷間に流れる川は、むしろ渓流と呼んだほうがいいだろう。傾斜がものすごくあって、水は泥色をしている。巨大な丸岩のゴロ石域をほとばしり流れるマイプ川が発するとどろきは、まるで海の怒号のようだった。押し寄せる水の響きに混じって、転がってはぶつかりあう石の音が、ずいぶん遠くからもはっきり聞きとれる。この耳ざわりな音響は、昼夜をわかたず、激流が通るコース全域で聞けるだろう。その音は、地質学者に次のことを雄弁にものがたる。すなわち、何

サンチアゴ近くの吊り橋

百万もの石が互いにぶつかりあい、一つの鈍くて一様な音をつくりあげながら、みんな同じ方向へと運ばれているのだ、と。それはちょうど、いま過ぎていく一分が二度と戻ってこないことを、つまり時の流れのことを考えるようなものだ。石たちも同じく帰ってはこない。石たちの行く先は大洋だ。そしてその野生の音楽をつくる音色《ねいろ》一つ一つは、石たちがおのおのの運命へ向かって印《しる》す一歩前進の音なのだ。

乗数という概念を、蛮人が頭髪を指して示すぐらいのくわしさでイメージさせようとしたら、たった一つの方法しかないだろう。手数のかかるやり方だが、何回も何回も繰り返して一つの効果を生みだしてみせることだ。泥の川床、砂、そして礫が数千フィートの厚さにまで堆積しているさまを見るたびに、今ここにあるような川や海岸といったものの力では、とてもあれだけ膨大な堆積を削りあげ、積み上げられるわけがない、と叫びたい衝動に駆られる。しかし一方、ここにある激流が生みだすゴロゴロという音響を耳にし、動物たちも根こそぎ地上から消えさっていることと、その長い年月にわたって石たちが昼も夜も川すじを転がりつづけていることとを思い合わせるとき、これほどの石の浪費をいったいどんな山や大陸が永遠におこなえるだろうか、と考えてしまうのも事実だった。

鉱山はいかに発見されたか

峡谷のこの部分では、どちらのがわの山も三〇〇〇フィート以上、六〇〇〇あるいは八〇〇〇フィートまでの高さがあり、外形は丸く、険しくてむきだしの崖になっている。岩の色はふつう、くすんだ紫色で、層の違いがはっきりしていた。美しい風景とはいわないが、目をみはらせられる壮大な眺めではあった。日中に、牛の群れと何度も出会った。コルディエラの奥の谷間から牧夫が連れおろしてきた牛たちだ。これは冬が近いことの証拠だったから、われわれは地質学調査には不都合だけれども先を急いだ。われわれが泊まった家は、頂上にサン・ペドロ・デ・ノラスコ鉱山がある山のふもとにあった。サン・ペドロ・デ・ノラスコ山のように、なに一つない山頂といえば、鉱山としては異常な環境といえるのに、よくこれだけの採石場が発見できたものだと、F・ヘッド卿があきれかえっている。まず第一に、ここの鉱脈は、まわりの岩石層よりもずっと硬いのだ。したがって、丘が少しずつ風雨に削られるうちに、鉱脈が地表へ突きだしてくる。第二には、鉱脈を掘る人のほぼ全員――とりわけチリ北部の鉱夫は、鉱石の姿かたちについてよく理解している。コキンボ[*4]とコピアポ[*5]の大鉱山地帯には、燃料の薪がとても少なく、人びとはそれをもとめて山や谷を隈なく探しまわる。埋蔵量の多い鉱脈は、たいていがそうやって発見されたのだ。数年のうちに数十万ポンドの価値ある銀が出たチャヌンチーヨ鉱山の場合、その発見談がおもしろい。ある男が荷物を積んだロバに石を投げつけようとしたとき、その石がとても重かったので拾いあげたら、純銀をたくさん含んでいたというのだ。鉱脈は、それからごく近いところに、金属のくさびのように突きだしていた。また鉱夫たちも、日曜になるとかなてこを持って山々を歩きまわる。チリ南部のこのあたりでは、コルディエラに牛を連れていき、牧草がある谷間を漏れなく回る仕事をしている牧人たちこそが、いつも鉱脈の発見者なのだ。

コルディエラの緩慢な隆起の証拠

三月二〇日——谷間をあがっていくと、いくらかの美しい高山植物を別として、植物が極端に少なくなった。獣も鳥も虫も、ほとんどみつからない。頂上のあちこちに雪をいただいた高山の群れは、どれもがはっきり離れて見える。谷間のほうも、沖積土が層をなして、とんでもない厚さに積もっている。わたしがよく知っているほかの山々と比較して、このアンデスの風景でいちばん驚かされた特色は、次のようなものだった。すなわち——平たい迫出《せりだ》しがしばしば、谷間の両がわに狭い平原となって入りこんでいること——まったくむきだしになっている、切りたった斑岩の丘に、赤と紫を主体としたあざやかないろどりが見られること——壮大で、しかもとぎれなくつづく城壁のような岩脈——各層が縞のように明確な岩層が、ほぼ垂直に切りたったところでは、絵のようでいてしかも荒々しい中央の尖峰をかたちづくり、また傾斜の角度が少しゆるいところでは、その山脈の外縁に巨大でがっしりとした山をかたちづくっていること——そして最後に、山脈のふもとからときとして二〇〇〇フィート以上の高みにまで急角度で登っている、こまかくて色あざやかな岩屑からつくられたなめらかな円錐形の堆積、などなどである。

岩に降った雪の影響

フエゴ島とアンデス山脈の両方でよく観察したことだが、一年のうちかなりの時間を雪に覆われている地域の岩は、とても異様な形に砕けて、角ばった断片になる。スコーズビーは同様の事実をスピッツベルゲン島[*6]で観察している[★1]。その現象は、わたしには理解に苦しむものに見える。というのは、雪に覆われた山の部分は、そうでない個所にくらべて、温度変化の繰り返しや格差がずっと少なくてすむはずだからである。わたしはときどき、こう考えてもみた——おそらく地表の土や石片は、ゆっくりと滲みとおっていく雪水[★2]に浸食される効率が、雨水よりもずっと低いのであって、硬い岩が雪の下でずいぶん早く分解するように見えるのは、一種のまどわしではないか、と。まあ、その原因がどうあれ、コルディエラから出てくる砕石の量ははかりしれないものがあるのはほんとうである。春には、ときおり、この岩屑の大きな塊が山々をすべりおり、谷間の雪を覆いつくして、天然の氷の家をつくりあげることがある。わたしはその氷の家の一つを乗り越えたが、そのときの高度は、万年雪の最下線よりもずっと下であった。

夕暮れが近づいたところで、われわれは奇妙な摺鉢状の形をした平原にたどりついた。名をバレ・デル・エソ[*7]といった。わずかな枯れた牧草に覆われており、周囲をかこむ岩だらけの砂漠のただなかに、牛の群れが見えるという楽しい風景を生みだしていた。その谷間は、どう見ても二〇〇〇フィートの厚みがある、白い――場所によってはほんとうに純白の石膏からなる大きな谷底をもっており、それにちなんで「石膏《エソ》」と呼ばれていた。この石膏はワインづくりに使われるので、人を使ってラバの背に積みこませたが、夜はその人夫たちといっしょに眠った。翌朝（二一日）は早起《だ》ちをして、川筋にそって旅していった。川はどんどん小さくなりながら、尾根のふもとにたどりつくまでつづいた。その尾根は水を太平洋と大西洋に分けて流す分水嶺だった。ここまでの道は悪くなく、着実に上り勾配になっていたけれど、そこからはチリ共和国とメンドーサとを分ける大きな尾根をあがっていく険しいジグザグ道に変わった。

二つの主脈の地質構造、その明白な起源と隆起

ここで、コルディエラを構成する数本の平行線にかかわる地質学を、ごくかいつまんで説明しよう。これら平行な山脈線のうち、二本だけが他の線よりも抜きんでて高い。すなわち、チリがわにあるペウケネス尾根で、われわれのたどる峠道がここをまたぐ地点では、海抜一万三二一〇フィートの高さとなる。それからメンドーサがわのポルティーヨ尾根が一万四三〇五フィートだ。ペウケネス尾根と、それよりも西にある数本の高い山脈線の下層は、海底下の溶岩として流出した厚さ数千フィートにおよぶ斑岩の大堆積でできあがっている。同じ質の岩が、角ばった群れと丸い群れと交互に層をなしており、これは地下の火口から噴出した溶岩である。この交互に層を

なす堆積は、中央部分で、赤い砂岩や角蛮岩、*8 そしてカルシウム分の多い粘板岩の大堆積によって覆い隠されている。これらは石膏と混じりあい、やがては石膏層に吸収されていく。上層のほうには貝殻がかなりの割合で含まれている。この貝殻はヨーロッパでいえば下白亜紀に属する。かつては海底に這っていた貝類が、現在は海抜一万四〇〇〇フィートに近い高山にいること自体、驚きではあるが目新しい話ではない。この層をつくる膨大な堆積の下層は、ソーダ分を含んだ花崗岩の白くて奇妙な塊からできている山脈の重みにつぶされ、灼《や》かれ、結晶化し、ついにはほぼいっしょに混じりあってしまっている。

もう一本の主山脈線、すなわちポルティーヨ尾根は、また別の構造をもっている。こちらは主に赤色を呈するカリ性花崗岩からなっており、むきだしになった尖塔そっくりの峰をつくりだしている。西がわは斜面の下あたりを砂岩が埋めつくし、太古に生じた高熱のせいで石英に変化している。この石英には角蛮岩の層がいくつも積み重なって数千フィートの厚さに達している。この角蛮岩層は赤色の花崗岩にもちあげられて、ペウケネス線のほうへ四五度の角度で上向いている。この角蛮岩がペウケネス尾根をつくる化石貝混じりの岩から生じた礫と、さらにポルティーヨの赤いカリ性花崗岩とを、ともに構成物の一部に加えている事実に驚かされる。ここから引きだされる結論は、ペウケネスとポルティーヨの両尾根が、角蛮岩の形成される際に一部分隆起し、風雨にさらされて磨耗した、ということだ。ところが角蛮岩の層だけは、赤いポルティーヨ花崗岩（それにより灼かれた下の砂岩を含む）の力で四五度突きあげられている。ということはつまり、すでに半ばかたちができあがっていたポルティーヨ山脈線が、角蛮岩の堆積したあと、またペウケネス尾根の上昇したずっとあとに、ふたたび大部分の伸展と上昇をおこなった証拠といえるのではあるまいか。そのために、コルディエラのこの地域でいちばん高い山脈線であるポルティーヨ線は、それより低いペウケネス尾根ほどには古くないのだ。ポルティーヨ線の東のふもとにある傾いた溶岩の流れが証明するように、この山脈線のすばらしい高さは、一部がごく近年につくられた結果と見てよい。そのいちばん古い起源をみると、赤い花崗岩は、すでに太古からあった白花崗岩と石墨粘板岩の線上に乗りだしたように見える。コルディエラのほとんどの場所、いやおそらく完全にすべての場所で、どの山脈線も上昇と伸展を繰り返して今のかたちになり、何本も平行に走っている線は別々の時代に生みだされたと結論していいかもしれない。こう考えてはじめて、巨大ではあるがほかの尾根にくらべると新しいこの山々が耐え忍んだ、まったく腰をぬかすほど大量の削剝《さくはく》を説明する早道がみつけられるのだ。

大沈降

最後に、いちばん古い尾根であるペウケネスに含まれる貝殻は、すでに述べたように、われわれがヨーロッパでは太古とはいえない時代と認定している第二紀［現在この名称は使用されていないが、中生代の一時期をあらわす］以来、一万四〇〇〇フィートの隆起を記録した事実を証明してくれる。だが、こうした貝類は比較的深い海に生息している種であるから、いまコルディエラと呼ばれている地域が数千フィート——北部チリでは少なくとも六〇〇〇フィート——沈下して、貝がくらしていた海底の上にかなりの海面下地層を堆積させるだけの水深を発生させたことも、まちがいない。その証拠は、すでに示したものとまったく同じである。第三紀にパタゴニアの貝類が生きていた時代よりもずっとあとになって、継続的な隆起運動と並行して数百フィート規模の沈降が起きていたからである。日々、地質学者の心に沁みわたる思い、それは、吹きわたる風すらも含めて、地球の地殻の水準ほど不安定きわまりないものはない、という思いなのである。

　もう一つだけ地質学上の所見を誌す。ポルティーヨ山脈線は、ここではペウケネスのそれよりも高いけれど、そのあいだにある谷間から流れでる水は、ポルティーヨを突き抜けているということだ。同じ現象がもっと大規模なかたちで、ボリビアを走るコルディエラの東がわに隆起しているいちばん高い山脈にも認められる。そこでも川が山を突き抜けていく。こういう類の現象なら、世界の他の地域を探しても発見できる。ポルティーヨ山脈線が次つぎに、しかも徐々に隆起したと仮定すれば、この現象に説明がうまくつけられる。つまり、最初は小島の列が点々とあらわれ、それが隆起するにつれて、海流は島々のあいだによりいっそう深くて広い水路を掘り削っていくだろう。現在、フエゴ島の沿岸のいちばん奥まったところにある入江ですら、縦方向に侵入している海峡同士を横につなぐ横断水路の潮流は、きわめて烈しい。そのために、ある横断水路では、帆を張った小型船さえ、ぐるぐると旋回してしまうほどである。

　正午ごろ、われわれはペウケネス尾根へ登る骨折り仕事にとりかかった。そこではじめて、多少の呼吸困難を体験した。ラバは五〇ヤードごとに足をとめ、数秒休んだあとでまた健気《けなげ》に自力で歩きはじめる。薄い空気のために息が切れてしまうことを、チリ人たちは「プナ」という。この状態になる由来として、住民たちはまったくばかげた意見をもっている。ある人は、「ここの水にはすべてプナがある」といい、別の人は「雪のあるところにはプナがある」という——そしてこれはたしかに真実なのだ。わたしが体験したただ一つの感覚は、頭から胸をよぎるかすかな息苦しさだった。ちょうど、あたたかい部屋を出てすぐに冷たい野外へ走りでたときのような。これはさらに思いこみも加わっている。というのは、高い尾根で化石貝をみつけたとたん、わたしはうれしくてプナを忘れてしまったからだ。歩くことのつらさはなまやさしくなかった。呼吸が深く、苦しくなった。聞いた話だが、（海抜約一万三〇〇〇フィートの）ポトシでは、旅人は丸まる一年たっても空気の薄さに完全には順応できないという。住民たちはプナ除《よ》けにタマネギをすすめる。この植物はヨーロッパでも、たまに胸をわずらう人に薬として用いられるから、あんがい効くのかもしれない。ただし、わたしには化石貝がいちばんよく効くプナ薬であったが！

山を半分も登ったあたりで、七〇頭はいると思われるラバの大隊が荷物を背負って近づいてくるのに出会った。ラバを追う人たちが雄々しい声で叫ぶのを耳にし、また糸のように長くつながっておりてくるラバの群れを眺めるのは、おもしろかった。荒びた山々のほかに比較する対象がなかったので、ラバたちはとても小さく見えた。頂上に近づくと、いつもそこに吹いている風がきつく、とても寒かった。尾根の両がわでは、積もっている万年雪の広大な帯を越えなければならなかった。もっとも、この万年雪もすぐに新しい雪の層に隠されてしまうだろうが。頂上にたどりつき、振り返ってみると、そこに大パノラマがひろがっていた。キラキラとひかる澄明な大気、紺色に染まった空、そして深い深い谷。野生のままの粗削りな岩。時の経過のなかで積み重なった廃墟の石材。おだやかな雪山の白に対抗するような、あざやかな色彩に塗られた岩。すべてが組みあわされ、だれにも想像できないほどの光景をつくりだしていた。さらに高いところにある尖峰で輪を描いている数羽のコンドルを除けば、植物も鳥も見あたらず、わたしの注意を無機物の塊から引き離す生き物はいなかった。自分は一人ぼっちだ、と感じたとき、喜びがこみあげた。それはまるで、落雷を見つめるような、いや、メサイア[*9]の合唱をフルオーケストラで聴くような気分だった。

赤い雪

いくつか目についた雪だまりで、北極の航海者たちがもたらした報告で有名な、プロトコクス・ニウァリス[*10]すなわち赤い雪を見た。ラバたちの足あとに薄い赤色がにじみだし、まるで蹄《ひづめ》にかすかな出血がおきたかのように感じられたので、この現象に気がついたのだ。最初のうちわたしは、赤い斑岩でできた周辺の山々から塵埃が吹きつけられてきたせいだと判断した。なぜならば、雪の結晶が拡大レンズの役割を果たして、きわめて微細な植物プランクトン群が、大粒の砂のように見えたからだった。雪は、特別に早く解けていった個所か、あるいは偶然に圧《お》しつけられた個所かのどちらかで赤く色づいていた。紙の上で少しこすってみると、レンガ色を混じえた薄いバラ色に染まった。あとでその色素を紙から少し削りとったところ、透明な胞から成る小さな球の集合が見えた。球一つは直径一〇〇〇分の一インチだ。

風

ペウケネス尾根の尖峰に吹く風は、すでに述べたように、概してきつく、とても冷たい。太平洋がわ、つまり西のほうからいつも吹きつける風のようだ。[★3]この観察は主におこなわれたものだから、風は上層の戻り気流だったに違いない。ちなみに、いくらか高度が劣るテネリフェの尖峰は、緯度二八度に位置するが、同様に上層の戻り気流が吹きおろす範囲内にある。チリ北部とペルーの海岸線にそって貿易風がこれだけ南から吹きつけるという事実に、わたしは当初、むしろ度胆をぬかれたのだった。けれどもコルディエラは南から北へと山を連ねていて、下方にある大気流をことごとく大きな壁のようにさえぎっている点を考えると、貿易風が山脈の線にそって北方へ流れ、赤道の方向へ進むか、あるいは地球の回転のおかげで獲得するはずの東へ向かう運動力の一部を、ここで失う羽目になることは、すぐに理解できた。アンデスの東がわのふもとにあるメンドーサでは、気候は無風が長くつづき、見かけだけの雨雲がよく集まる傾向にあるそうだ。おそらく、東から吹いてくる風が山脈にさえぎられてとどこおり、動きが不規則になるからだろう。

ペウケネスの尾根を横ぎると、こんどは二つの主要な尾根のあいだを結ぶ山岳地帯へと降りていくことになった。われわれはそこで一夜の宿をとった。ここはすでにメンドーサ共和国[*11]である。たぶん一万一〇〇〇フィートの高度があるはずだった。当然、植物はほとんど見あたらない。ひねた小型植物の根を燃料にしたけれど、かぼそい火しか起こせず、風がまた我慢できないほど冷たかった。一日じゅう旅したので体がくたくただったから、わたしはすぐに床《とこ》をこしらえて寝こんだ。夜半になったころ、空模様が急にあやしくなった。ラバ使いを叩き起こし、ひと荒れくるぞと注意してやった。だのにラバ使いは、雷や稲光《いなびかり》がこなければ、大きな吹雪にはなりませんよ、と返事する。それでも、二つの大きな尾根に挟まれたところで嵐にでも遭った日には、目もあてられぬ危険に遭遇して逃げるに逃げられなくなる。たった一つの逃げ場は、そこにある洞穴だ。コールドクリュー氏はわれわれと同じ月の同じ日にこの場所を越えた体験者だが、大雪に襲われて、何日かその洞穴に閉じこめられたそうだ。避難小屋《カスチャス》なるものは、この峠はおろか、ウスパヤータにも建っていない。だから、秋になるとポルティーヨの峠道を越えてくる旅人は少なくなるのだ。ついでに、ここで一言しておくと、コルディエラの主脈の内がわでは雨というものがまるで降らない。夏は雲ができないし、冬は吹雪しか襲ってこないのだ。

雪の尖塔

われわれが一夜をすごした場所では、大気圧が低くなっているせいで、水が低地よりもずっと低温で十分に沸騰した。この現象はパパン[*12]圧力釜の場合とあべこべである。だから沸騰した湯の中にジャガイモを何時間いれておいても、ぜんぜんやわらかくならなかった。鍋を火にかけて一晩おいて、さらに翌朝も煮つづけたところで、ジャガイモはちっともやわらかくならない。この現象は、道づれの二人が煮えないわけを熱心に議論しあっているのを小耳に挟んだ際に、わたしも気がついた。かれらの説によると、イモが煮えないわけというのは、次のような結論に落ちつくという。「このポンコツ鍋（むろん、新品の鍋ではあるが）のやろう、ジャガイモを煮るなんていやだといってやがる」と。

三月二二日――ポテト抜きの朝飯を食べてから、中間の地域を横断してポルティーヨ尾根のふもとをめざした。夏のまっ最中ならば、牛たちがここへ連れてこられ牧草を食《は》んでいるところだが、今は一頭も見あたらなかった。グアナコの大群もここからは引きあげてしまっていた。ここで吹雪に吹きこまれたら、身動きできなくなると知っているからだ。トゥプンガト[*13]と呼ばれる大連山が展開するみごとな眺めを味わった。どこもかしこも一枚布みたいな雪に閉ざされ、その真ん中に青い斑点があった。まちがいなく氷河だ――この山脈では滅多に見かけられない代物だった。ここからは、登ってきたペウケネスの尾根と同じような、長くて辛い登りが待っていた。赤い花崗岩がつくる大胆な円錐形の丘が、どちらがわにもそびえたっていた。谷間には、万年雪の広い帯がいくつもあった。こうした氷の塊は、解けていくまでのあいだに、一部を尖塔か柱のような形に変化させる。[★4]この柱は高くて、互いに接近しあい、荷物を積んだラバの通り抜けを妨害した。そのような氷の柱の一本に、凍りついた馬の死体が、台座の上にでも立つかのように貼りついていた。ただ、後脚を空中にピンと跳ねあげていた。この馬は、雪がまだ深く積もっていたときに、頭から雪穴に落ちこんでしまったに違いない。そのあと雪が解けるときに、馬を支えた周囲の雪も消えてなくなったに決まっている。

乾燥した清澄な大気

そろそろポルティーヨの頂上か、というあたりで、こまかい氷の針が降り注ぐ雲の中にはいりこんだ。なんとも不運なことに、一日この雲にたたられつづけ、景色がまるで見られなかった。この峠は、道が走っているうちでは最高高度をもつ尾根の狭い切り通し、つまり戸口にあるから、ポルティーヨ（戸口を意味するスペイン語）の名がついている。晴れた日にはこの地点から、大西洋までまったく寸断されずにひろがっている広大な平原が見渡せる。われわれは、植物が分布する地域のうち最高高度の境界まで降りて、いくつかの大岩の下に一夜を送る場所をうまく準備した。ここで何人かの旅人に出会ったが、山上の道の状態はどうかと盛んに尋《き》かれた。暗くなるとすぐ、ふいに雲が消えたが、その効果は魔術のように劇的だった。満月にかがやく巨大な山々が、四周からのしかかってきて、まるで深い裂けめの底から上を見あげているような気分だった。ある朝まだきに、このすばらしい効果と同じものをわたしは目撃したことがあった。雲が消えたとたん、冷気はこごえるほど厳しくなった。しかし風がなかったので、とても気持よく眠れた。

電気

この高度では、ただでさえ強い月と星のかがやきが、大気の完璧な透明さのおかげで、こわいほどに思えた。こういう高い山に登った旅人が、高度や距離を実感で判断できなくなる体験をするが、それは一般に比較の対象がなくなってしまうことに起因する。だがわたしには、あまりにも透明すぎる大気のせいで遠くにあるものも手近く見えてしまうこと、また登攀によっていつになく深い疲労をおぼえてしまい、勝手が違ってくること——つまり、こうして感覚が訴えることとふだんの習慣とが食い違ってしまう点にも、大きな原因があるように思える。この途方もない大気の澄みかたが、ここで見る風景にユニークな特徴を与えていることはたしかである。すべてのものが、絵かパノラマのように一枚の幕に映しだされているかのようなのだ。この透明度のよさは、おそらく、大気の乾燥がいちじるしくて、そのうえ均等にひろがっている点に由来するのだろう。どれほど乾燥しているかは、木でできた道具類が異様にちぢんでしまったことや（岩石用のハンマーがすっぽ抜けてしまうので、この事実がわかった）、パンや砂糖など食品類がカチカチになってしまったことからも、よく理解できるだろう。また、道ばたに倒れた獣の死骸や皮や肉の一部が、腐りもせずにそのまま保存されていることからも、よくわかる。静電気がいとも簡単におこせるという異常現象だって、理由は同じに違いあるまい。わたしが着ていたフランネルのチョッキは、暗闇の中でこすると、まるで蛍光塗料で洗ったようによく光った――犬の背中の毛も一本一本パチパチと鳴ったし、リネンのシーツや革でできた鞍帯も、手でさわると火花が散った。

三月二三日――コルディエラの東がわを降りるほうが、太平洋がわを降りるよりも距離が短くて、勾配がきつかった。換言すれば、この山脈はチリ山岳地域の方向からよりも、平原の方向からのほうが険しい勾配で登っていることになる。平坦で、しかも目にまぶしいほど白い雲の海が、われわれの足もとにひろがり、同じように平坦なパンパスの眺めをふさいでいた。われわれはほどなくして雲の帯に突入したが、その日のうちにふたたび雲から脱けでることはできなかった。正午ごろロス・アレナレス[*14]で、動物たちに食べさせる牧草と、焚木を拾える灌木がある場所をみつけたから、そこに一泊した。灌木が自生する最上限の地帯にほど近いところで、たぶん七〇〇〇から八〇〇〇フィートの高度があったろう。

パンパス――アンデス両がわの動物学

コルディエラの東がわの谷は、チリがわと比較して植物相があきらかに異なると確信できる。

ただし、気候や土質もそれほど差がなく、緯度もおおむね等しいのだ。このことは哺乳類にもあてはまるが、鳥と昆虫はそれほどでもない。たとえばアメリカネズミ[*15]の仲間では大西洋がわの沿岸で一三種、太平洋がわで五種を捕えたけれども、同一種は一つもなかった。ただし、たまたまにせよ習性的にせよ、これら高山によく登っていける種類のすべて、それにまた、遠く南のマゼラン海峡にまで分布するような鳥類も、当然ここから除外する必要がある。しかしアンデスの東と西で同一種が見あたらぬ事実は、アンデスの地質の歴史と完全に一致する。この山脈は、現生する動物の種類があらわれたときにもう、大きな壁としてたちはだかっていたからだ。したがって、まったく同じ種の生き物が二つの異なる地方で、おのおの別に創造されたとでも考えないかぎり、アンデス山脈の両がわにいる生物相が、大洋をはさんだ対岸に分かれてすむ生物たちの場合よりも類似度が高いと想像するべきではない。ただ、硬い岩でも海の水でも、両方の場合において、その障壁を乗り越えられるような種類は、問題から除外してかからなければいけない。[★5]

　アンデスの東がわで見られるかなり多くの動植物は、パタゴニア地方と同一か、あるいはきわめて近いものたちだった。ここにはアグーティ、ビスカーチャ、アルマジロ三種、アメリカダチョウ、ある種のヤマウズラが数種、そして別の鳥のグループがいくつかいる。どれもすべて、アンデスの西にあたるチリがわで見かけぬものばかりだが、逆にパタゴニアの砂漠じみた草原に特有の動物たちではあった。同じように、同一種（植物学者でない者の眼にはそう見えるが）と思われる棘のあるずんぐりした灌木やら、しおれた草やら、ちっぽけな植物も、たくさん見かけられる。ゆっくりと這う黒い甲虫類さえ、よく似たものがいる。そのいくつかは、厳しく検査してみて、まったくの同一種だと確認できた。それにしても口惜しいのは、われわれがこの大山脈に到着するより先に、サンタ・クルス川の上流をきわめる探検をあきらめざるを得なかったことだ。わたしはつねに、この地方の特色ががらりと変化するポイントにぶつかることを期待しつづけてきたのに。だが、たとえ川をさかのぼれたにしても、その大仕事はパタゴニアの大平原をたどって山岳地帯へ登ったというだけの徒労に終わったことを確信している。

三月二四日——朝も早いうちに、谷の片がわにある山へ登ってみた。パンパスの広大な眺めが満喫できた。一度でいいからパンパスぜんたいを見晴るかしてみたいと念願してきたわたしだったが、実際にそれを見てがっかりしてしまった。最初の印象は、なんだか遠く大海原でも眺めるような気分だった。けれどもすぐに、北の方向にたくさんの異物が目立ってきた。なかでも目についたのが川だった。朝日を浴びて銀の糸のようにかがやきながら、はるかかなたのあわいに消えていた。正午に近づくころ谷を降り、一軒の小屋に着いた。ここに駐在する士官一人と守備兵三人が、われわれのパスポートを調べた。兵のうち、一人は純血のパンパス・インディオだった。この兵士は、密入国しようとする旅人がいると、その密入国者が馬ではいりこんでも徒歩で逃げまどっても、とことん追跡するための「猟犬」として雇われていた。数年前に、この検問をやりすごして近くの山から密入国しようとした男がいた。だが、このインディオがたまたま足跡をみつけたのである。兵は一日がかりで、石ころだらけの乾燥した山道をたどり、あとを追いかけて、とうとう渓谷の隠れ家に潜んでいた獲物を探しあてたそうだ。また、そこで聞いたのだが、われわれが上方の晴れた山岳部で目を丸くして眺めた、あの銀色の雲は、下界に大雨を降らせていたのだそうだ。谷間はこの地点から少しずつ開けだし、丘のほうも後方の巨大な山々にくらべると、ただ単に水に削られた小山のような感じになってきた。そのうちに谷がひろがり、低樹林や灌木に覆われた礫だらけのゆるい平原斜面に変わった。この砕石地帯は幅が狭いように感じられるのだが、見渡すかぎり真っ平らなパンパスと合流するまで一〇マイルもの幅を維持していたに違いなかった。このあたりではただ一つの家といわれる、チャクアイオの牧場を通過した。日暮れぎわに、最初の快適な避難場所にぶつかり、野営した。

三月二五日——海の水平線かと錯覚するほど水平な地平線に分断されながらも、するすると昇ってくる丸い朝日を眺めたら、ブエノス・アイレスの大パンパスが思いだされた。夜のうちに露がずいぶん降りたが、コルディエラの山中では一度も体験しなかった現象だった。道は低地の泥沢地帯を横ぎってしばらく東進し、やがて乾燥した平原にぶつかると、北に折れてメンドーサに向かっていた。距離は、日がいちばん長い時期の歩きで二日分だ。第一日めの旅をエスタカドまでの一四リーグとし、二日めはメンドーリのそばのルハンに至る一七リーグとするようにいわれた。全行程とも平たい砂漠まがいの平原を行くことになり、その間に民家は二、三軒というありさまだった。太陽がどうしようもないほど強く照りつけるし、馬上の旅はなに一つ興味のないものであった。この街道《トラベルシア》では水というものがまず存在せず、辛うじて二日めの旅で、小さな水たまりに一回だけ出会うことができた。山からわずかな水がちょろちょろと流れたところで、乾燥しきった孔だらけの土がみる間にそれを吸いこんでしまう。そういうわけで、コルディエラの外縁にある山々からたった一〇か一五マイル離れて旅しただけなのに、われわれはついに一本の小川にもぶつからなかった。あちこちに、塩が固まってできた殻《から》が見かけられた。当然、バイア・ブランカでごくふつうに見かけたのと同じ種類の、好塩性植物があった。風景はというと、マゼラン海峡からコロラド川、そしてパタゴニア東岸にかけてひろがる風景と変わらぬ眺めだった。さらに、こういう均一な地形が、コロラド川から内奥へと一本の曲線を描いて連なり、サン・ルイス[*16]まで、そしてひょっとするとさらに北のほうまでのびているようだった。この曲線の東がわには、いくらか湿気の多いブエノス・アイレスの緑ゆたかな盆地が位置している。メンドーサとパタゴニアにある不毛の平原は、じつは、海水の波に洗われて堆積した礫の層からつくりだされていた。一方、パンパスのがわは、不毛でなく、アザミやクローバーの草類に覆われていて、ラ・プラタ川の太古の河口泥から成っている。

バッタ

二日も退屈な旅をしたあとで、ルハン[*17]の村と川をふちどるポプラやヤナギの並木が見えたときは、爽快な気分になれた。そこへたどりつくちょっと前、南の方角に、暗赤色がかった暗い雲のギザギザした塊を見かけた。最初は、平原で野火でも発生した煙かと怪しんだが、ほどなくして、こいつがバッタの大群であることを知った。バッタの群れは北を指して飛んでいた。軽い軟風の助けを借りて、バッタどもは時速一〇から一五マイルの速度をだしながらわれわれに追いついてきた。主力になる群れは空を包みこみ、下は地上二〇から三〇フィート、上は二〇〇〇から三〇〇〇フィートの厚みをもっているようだった。聖書の文句［『ヨハネの黙示録』9］ではないが、「しかしてその翅音、あまたの軍馬押したてて戦場《いくさば》へおもむく凱旋車《チャリオト》のそれのごとくであった」というわけだが、わたしはむしろ強風が船の索具に吹きつけるときの音のようだったといいたい。バッタ部隊の先鋒を透かして見える空は、メゾチント[*18]版画のように暗く、本隊のほうになると空さえ透けて見えなかった。それでも、棒を前後にふりまわしてもバッタを叩き落とせなかったから、ひどく密集して飛んでいたわけではない。こやつらが地上に降りると、畑の葉よりも数が多く、葉の表面は緑から赤褐色に一変してしまう。ひとたびバッタが着地するや、連中はあらゆる方向へ跳ねていく。蝗害《こうがい》は、この地方ではめずらしくない。この時期だけですでに数回、これほどでない小群が南から飛来していた。南の方角は、世界各地でもそうだが、要するにバッタたちが卵を産む砂漠があるということのようだ。不幸な開拓者たちは、バッタの来襲に立ち向かおうとして、火を燃やしたり、大声をあげたり、枝をふりまわしたりするが、なんの益もない。ここのバッタは、アジアの有名なサバクトビバッタ[*19]によく似ており、どうも同じ種類であるようだ。

大きなナンキンムシ

われわれは、ルハン川を渡った。この川はかなりの大きさがあるが、海岸までどういう行程をたどっているのかよくわかっていないのだ。たくさんの平原を流れつづけたすえに、どこかで蒸発して消えてしまうのではないか、という疑いすらあった。ルハン村で一夜の宿をとったが、そこは庭にかこまれた小さな場所で、メンドーサ郡でも耕地がある地域としては最南端に位置する。首都からは五リーグ南に位置する。夜半に、ベンチュカというレドゥウィウス属[*20]に含まれるパンパス産の大きな黒いナンキンムシに攻撃（文字どおりの攻撃だ）された。なにしろ一インチもある、翅がないぐにゃぐにゃした虫で、こいつに体を這いまわられると、全身がおぞけだつほど気味が悪い。血を吸う前の段階では、ずいぶん痩せこけた姿をしているが、血を吸うとパンパンに丸くなるので、そこまでふくらんだときに押しつぶすと、殺しやすい。イキケ[*21]（というのは、この虫はチリとペルーにいるからだが）で捕まえた一匹は、ずいぶんすかすかしていた。が、テーブルに置くと、まわりを人が囲んでいるにもかかわらず、この勇敢な虫は指が伸びてくるとすぐに咬器を突きだし、防禦されないとみると血を吸いだすのだ。咬まれても、ぜんぜん痛くない。ぐいぐい血を吸って、ものの一〇分と経たぬうちにウエハースのように平たい体がまん丸の球に変化するさまを眺めるのは、じつに興味深い。わたしが捕えたベンチュカの一匹は、将校の一人に犠牲になってもらったおかげで、まるまる四か月いつも肥っていられた。が、最初の二週間がすぎるころには、その虫はもう別の人間から血を吸ってやろうと、やる気まんまんになっていた。

メンドーサ

三月二七日――メンドーサに着いた。この町の郊外はとてもきれいな耕作地になっており、チリを思いださせるところがあった。たしかにそこのブドウ畑にしても、あるいはイチジク、モモ、オリーブの果樹園にしても、これだけたわわに実った場所は、他に見た記憶がない。人間の頭の二倍もある大きなスイカがあって、とても冷たくてあまいので、これを一個半ペニーで買った。また、モモは手押し一輪車に半分ほどの量で、わずか三ペンスだった。この地方は、土を耕し垣根をめぐらした土地がとても少ない。われわれが通過したルハンと首府とのあいだで見かけたよりも、さらに少なかった。チリもそうだが、ここも土地が実り豊かであるのは、ひとえに人工的な灌漑のおかげだ。不毛な平原がここまで肥沃な土地に変わる光景を見せられ、ほんとうに驚いてしまう。

われわれは次の日もメンドーサにとどまった。ここは数年来さびれかたがひどい。住民がいうには、「住むにはいいが、金持ちになるにはとても不利なところ」だそうな。下層の人たちは、パンパスに住むガウチョと同じような、のらくらした、無頓着な姿勢なのである。服装、馬具、そして生活の習慣もほとんど同じだ。わたしには、この町は、ぼんやりとした救いようのない場所に見えた。この町の目玉だという並木道も、風景も、サンチアゴのそれとはくらべものにならない。ただ、どこまでも変化のないパンパスを越えてブエノス・アイレスからやってきたばかりの人には、庭も果樹園もはるかにすばらしく見えるに違いない。F・ヘッド卿はここの住人について、次のようにいう、「ここの人たちは夕食を食べる。でも、とても暑いので眠ってしまう——それ以上、いったいなにができるんだね？」と。

わたしもまったく卿に賛成する。メンドーサの人たちにとってのしあわせな宿命とは、食べて、眠って、のらくら暮らすことしか、することがないということだ。

ウスパヤータ峠

三月二九日——メンドーサの北にあるウスパヤータ峠を抜けて、チリに戻ることになった。一五リーグもある、長くてとても荒れはてた平原を、横ぎらなければならなかった。地表は、とこ

ウスパヤータ峠のインカ道の橋

ろによって、まったくむきだしの丸裸になっており、いかめしい棘をつきたてた背の低いサボテンに覆われた場所もあった。そのサボテンは、住民に「小さなライオン」とよばれていた。ほかには、低木が少しあるだけだった。この平原は海抜にして約三〇〇〇フィートだけれど、太陽がすさまじいばかりに照りつけていた。この赤熱は、ほとんど実感のない塵の雲とともに、旅をうんざりするものにした。その日の行程は、ほぼコルディエラにそっていたが、それでも少しずつこの大山脈に接近していく方向にあった。日の入り前に、ひろびろとした谷間——いや、むしろ渓谷の一つに足を踏みいれた。そこを登っていくと、ビセンシオ別荘という家がある。われわれは一日じゅう、一滴の水も飲まずにラバに乗りつづけた。ラバもわれわれも、のどがカラカラだった。この谷を流れ下っているはずの水を、必死に探した。その水が徐々にあらわれてくるところが、ものめずらしかった。平原ではこの流路はまったく干あがっていたけれど、谷をのぼるにつれて土が少しずつまじってきて、次には水がポツンポツンとあらわれだし、それがしだいに寄り集まって、ビセンシオ別荘まで行くと、とうとう一人前の小川になった。

生長途中に埋没した珪化樹木

三月三〇日——名前だけはビセンシオ別荘という立派なものだったが、実体はポツンとした山小屋にすぎないこの家のことを、アンデス越えの旅人はみんなさまざまに語ってきた。わたしはそこと、近くの鉱山とに二日間とどまった。あたりの地質はとても個性的だった。ウスパヤータの尾根は、コルディエラの主脈から切り離されており、そのあいだに狭い平原つまり盆地がある。

この狭い平原はチリでもよく話題にした盆地にくらべて、もっと高いところにあり、海抜六〇〇〇フィートにも達する。この尾根はコルディエラに対して、巨大なポルティーヨ尾根とほぼ同じ地理的な位置関係にある。しかしその成り立ちはまるっきり異なる。ここの地層は、海面下にたまったさまざまな溶岩と、火山性の砂岩やそのほかの特色ある水成岩とを交互に積み重ねたもので、全体としては、太平洋岸にある第三紀層の一部によく似ていた。この関連で、わたしはこうした地層の特色としてみつかる「珪化した木」[*22]があるだろうと期待した。そしてこの期待は、なんとも異常なかたちで実現した。この山脈の真ん中、高度約七〇〇〇フィートのあたりで、雪のように白い色をした柱がつきだしているのを、むきだしの斜面に発見した。それは化石になった木だった。一一本が珪化し、三〇から四〇本は大ざっぱに結晶化した白い方解石になっていた。どれも途中でポキンと折れており、切り株が地上数フィートほどつきだしていた。幹はどれも、周囲が三から五フィートあった。お互いに少しあいだをおいているが、遠くから見ると群れをつくっている。ロバート・ブラウン氏[*23]は親切にもこの木を精査してくれていた。かれはその木をモミの類と分類し、ナンヨウスギ科の特徴も少しあり、また興味深い部分でイチイとも多少の関連をもつと述べている。この木を埋めた火山性の砂岩は、かなり下のほうから化石樹を生やしているに違いなく、薄い層となって木の幹を包みこむように次つぎに積み重なっていた。樹皮の痕も石にまだ残っていた。

この光景がただちに語る驚くべき物語を理解するのに、地質学の素養なぞ少しもいらない。だが、わたしは当初びっくりしすぎて、この明らかすぎる証拠物をほとんど信用できなかったことを、告白しておこう。大西洋が（現在は七〇〇マイルもかなたに退いてしまったが）アンデス山脈のふもとにまではいりこんでいた時代に、みごとな木々の群れが海辺で枝をそよがせていた現場を、わたしは今、見ているのである。木々が、海面の上まで隆起した火山性の砂岩に根をはって育ち、そのあとにこの乾いた土地が木々を立たせたまま大洋の底に沈んだ現場である。以前は乾いた土地だったのに、海底に沈んで、そこで水成岩の層に埋められ、その層はさらに巨大な海底の溶岩に埋められた。この溶岩の塊は、厚さ一〇〇〇フィートにもなるところがある。それから、溶けた溶岩の洪水と水成岩の堆積が五度も繰り返し襲いかかった。これだけの厚さの堆積を受け入れた大洋であるから、たいへんな深さがあったに違いない。けれどもふたたび地下の活動がはじまり、大洋の底にあった地層が、高度七〇〇〇フィートを超える大山脈に変わったところを、いまわたしは見つめているのだ。そしてこれら敵対する力たちは現在でも休止していない。地表をたえず削りつづけている。膨大な地層の堆積は、たくさんの広い谷間によって分断されている。そして、いまここにある珪化した木は、これまた岩石化した火山性の土の中からつきだしている。大昔には、この土に木が根をはり、緑の葉をつけ若芽をふきながら、高くそびえていたのである。けれども現在は、そうした森の風景が、まったくとりかえしのつかぬかたちに荒れはててしまった。かつての大樹のあとを残す岩には、地衣さえもついていない。このような変化は、頭で理解できないほど途方もないのだが、コルディエラ全体の歴史から見ると、比較的最近のできごとにすぎない。またコルディエラそのものも、ヨーロッパやアメリカにある化石をゆたかに含む地層の多くにくらべると、ごく新しい産物でしかないのだ。

四月一日――ウスパヤータ山脈をすぎ、その夜は税関に一泊した。この平原にあって、人が住むただ一つの場所だ。山脈をすぎる直前に、とても奇妙な風景と出会った。赤、紫、緑、純白といったいろどりをもつ水成岩が、黒い溶岩流とサンドウィッチ状に層をつくったところがある。この層が、これまた暗褐色からあざやかなライラック色にまでおよぶ多彩な斑岩層に圧迫されて破れ、双方が複雑にいりまじっていた。それは、地質学者が地球の内部を推測してつくった、美しく色分けされた地球断面図とそっくりの眺めであり、わたしもはじめて目にするものだった。

次の日は平原を横ぎって、ルハンのそばを流れていたものによく似た、大きな渓流の水路をたどった。渓流は、ここら付近ではゴウゴウと響く奔流になっていた。とても渡れたものではない。低い土地を流れていたときよりも、川幅がずっと大きくなったようだった。この点は、ビセンシオ別荘にあった小川と同じことだった。次の日の夕方、コルディエラのなかでもいちばん渡るのがむずかしいとされるバカス川[*24]に着いた。ふつうこの手の川はすさまじい急流で、水路も短いのである。雪が解けて川になるため、一日のうちでも時刻によって水量が大きく違ってくる。夕方の流れは泥が多く、ゴウゴウと音をたてるが、明け方には水が澄み、流れもおだやかになる。バカス川も同じだった。そこでわれわれは朝のうちに、この激流を造作なく渡ってしまった。

遠くの景色は、ポルティーヨ道の眺めにくらべると、ぜんぜんおもしろくなかった。荘厳で巨大な、平たい谷間があって、そのむきだしの壁を越えると、先にはなにもなかった。道はこの谷をのぼっていき、頂上まで通じていた。谷間や大きな岩山は、これ以上ないほど荒れはてていた。ここへ来る前のふた晩、ラバは不運にも食べるものがなにもなかった。脂っけの多い低木が少しあっただけで、植物のかげもかたちも見えなかったからだ。またこの日は、おそらくコルディエラ越えの旅で最大の難所と思われる峠をいくつか通過した。が、世にいわれるほど危険なところでもなかった。歩いて越えると目をまわすとか、ラバからおりる余地もない狭い道だとかいわれるのだが、じっさいはそうでもなかった。後ろ向きに歩いても越えられない場所や、どちらの側もラバからおりる余地すらないといった場所は、見あたらなかった。難所の一つラス・アニマスつまり精霊峠とよばれるところを越えたけれど、そこから一日歩いたあとに、やっと、そこがおそろしい場所だと知らされたくらいなのだ。たしかに、ラバがけつまずいたら最後、背にまたがる旅人が千尋《せんじん》の谷底へ落下する危険のある場所が、いくつもあった。だが、ラバがけつまずくほどすさまじい悪路ではないのだ。毎年春になると、「ラデラス（山腹の意）」あるいは「道」とよばれる通路が、その年に落下した岩のかけらの積もった上に、新しく切りひらかれる。だから、決して楽な道でないことはたしかだけれど、わたしにいわせれば、ほんとうにラバが足をとられるほど危険ではない。ただし、荷物を背負ったラバとなると、話は別だ。荷物が脇にはりだしてくるので、仲間同士か、あるいは岩のつきだした個所かに荷物をぶつけてバランスを失い、崖から落ちる心配はある。川を渡るときも、荷物があると困難は増すと思う。いまの季節なら大した苦労はないが、夏場はかなり危険な川渡りとなるに違いない。Ｆ・ヘッド卿が書いているように、川を渡り終わった人と、渡ろうとしている人とでは顔つきがまるっきり違ってくることを、たしかに想像できる。人間がおぼれたという話は聞かなかったけれど、荷物を背負ったラバは、よくおぼれた。ラバ使いは、この動物自身がいちばん渡りやすい川すじを知っていると称して、ラバ

インカの橋

を自由に渡らせる。荷物を背負ったラバは悪い道を選んでしまい、よくおぼれ死ぬ。

インカの橋
——峠道の悪さが誇張された

四月四日——バカス川からプエンテ・デル・インカスまで、半日旅をした。ラバには草を、わたしには地質学を「補給」する必要があって、ここに野宿した。ここに天然の橋があった。自然がつくった橋というと、幅がごく狭くて深い峡谷の上に、巨大な岩がゴロンと転がり落ちてきてつくった橋とか、あるいは、洞窟の天井のように丸くえぐられた大きなアーチを想像するかもしれない。しかしこのインカの橋は、ちょっとようすが違った。層をなした砂利が、そばにある温泉の沈殿物の粘りけによってくっつきあい、卵の殻のような覆いをつくっているのだ。川の流れが片がわの岸に水路をうがち、つきだした岩棚を残した。また岩棚は、対岸の崖から崩れてきた土や石と合体しているように見える。たしかに、このような場合にできる斜めの接合線が、片端にはっきりと残っていた。インカの橋は、その名が示すあの偉大な王族たちにふさわしいものではない。

分水嶺――避難小屋

四月五日――われわれはインカの橋からオホス・デル・アグアまで、中央の尾根を一日かけて越えた。このオホス・デル・アグアという場所は、チリがわでもっとも低い地点にある避難小屋のそばにあった。このような避難小屋は丸い小さな塔の形をしている。雪がたまるので地上数フィートまで床をあげてあり、そこまで登る階段が外についていた。小屋は八軒ある。スペイン政府の統治時代には、冬のあいだここに食糧と木炭が十分に用意され、郵便夫がかならず合鍵をもっていた。しかし現在は、ただの倉庫か、むしろ牢の役割しか果たしていない。それでも、高い場所に建っており、あたりの荒々しい風景によくマッチした造りだった。クンブレすなわち分水嶺へと向かうジグザグの登り道は、とても急で、うんざりさせられた。ペントランド氏[*25]によると、その高さは一万二四五四フィートだそうだ。道は、万年雪の上を渡ってはいなかった。両脇に、万年雪がところどころ残るだけだった。頂上の風はものすごく冷たい。けれども空の色の変化するさま、大気のかがやくばかりの透明さはすばらしく、われわれは何度も足をとめ、二分か三分のあいだ眺めいった。眺望は、まさに荘厳のひとことにつきた。西のほうには、深い峡谷に寸断された山々が、はてしなく連なっていた。ふつう、この季節よりも前に雪が降りだし、いまごろですらコルディエラが通過禁止になってしまうことがある。だからわれわれはまったく運がよかった。空は昼も夜も雲一つなかったが、いちばん高い山の尖峰に浮かんだ小さくて丸い水蒸気の塊は別である。はるかかなたにそびえるコルディエラの大山脈が地平線の向こうに隠れてしまっても、空に浮かんだこの小島のような雲塊の群れをときおり眺めることで、その位置の目印にできた。

四月六日――朝おきて、ラバ一頭と教母の鈴が盗賊にもっていかれたことを知った。そのためにわれわれは、二、三マイル谷を下っただけで、次の日もラバが戻ってこないかと願いながら同じところにとどまった。ラバ使いによると、盗まれたラバは峡谷のどこかにきっと隠されているとのことだった。あたりの風景は特徴がチリのそれと似ていた。山の下につづく斜面には、あわい緑色をした常緑樹キレー[*26]と、大きな燭台のようなサボテンとが、点々と生えていた。まるっきり不毛な東がわの谷よりはいくらかましである。それにしても、旅行記の一つに書かれていたようなすばらしい緑であるとは、わたしには思えない。この緑が最高にすばらしく感じられたとすれば、山脈の上の極寒の地域から脱出してきて、やれやれこれで火と晩飯とにたっぷりありつけるぞと期待した気分のせいだろう。それならば、わたしにも気持は痛いほど理解できる。

バルパライソ

四月八日――われわれは長いこと下ってきたアコンカグアの谷を去り、夕方にビヤ・デ・サンタ・ローザ[*27]のそばにある小屋にたどりついた。その平原はとても豊かで、心がおどった。秋が近づいたために、多くの果樹の葉が落ちはじめていた。また、働く人びとも――ある人はイチジクやモモを家の屋根で乾かすのにいそがしく、またある人は集団にくわわってブドウ畑でブドウ摘みにはげんでいた。美しい眺めであった。ただ一つ残念なのは、イギリスの秋を真に一年の夕暮れにふさわしくするあのなつかしい静かさがなかったことだ。一〇日にわれわれはサンチアゴに着いた。そこでコールドクリュー氏から心あたたまる丁重な歓迎を受けた。わたしの旅はわずか二四日間で終わったが、これだけの期間にこれほど深い喜びを味わったことはなかった。数日後、わたしはバルパライソにあるコーフィールド氏の家へ向けて、帰りの旅にでた。

【訳注】第15章

＊1――ウスパヤータ峠 Uspallata　アンデス山脈南部アコンカグア山の南、アルゼンチンのメンドーサとチリのサンチアゴを結ぶ道の国境にあるもっとも重要な峠の一つで、標高三八五五メートル。有名な彫像「アンデス山中のキリスト」がある。二十世紀初頭にはアンデス横断鉄道も開通しており、現在は自動車道路のトンネルがある。

＊2――ポルティーヨ峠 Portillo　ウスパヤータ峠よりも小規模なアンデス山脈越えルートとして知られる。北のトゥプンガト火山と南のマイポ火山のあいだにある峠で、スペイン人の侵入以前から使用されており、現在も登山者などが国境越えに使う。

＊3――マイプ川　マイポ川ともいい、チリ中部を流れる主要河川の一つ。アンデス山脈のマイポ火山のふもとを源流として北西から西へ流れる。首都サンチアゴの南を流れた後にマポチョ川と合流、サン・アントニオの南で太平洋に注ぐ。

＊4――コキンボ Coquimbo　チリ中部の州。同名の都市は州都であるラ・セレナに接し、太平洋岸にのぞむ重要な港湾都市である。

＊5――コピアポ Copiapó　アタカマ州の州都であり、十九世紀前半から周辺に金や銀の鉱山が発見され鉱業の中心地として大いに繁栄した。コピアポ川にのぞむ。

＊6――スピッツベルゲン島 Spitsbergen　北極海に浮かぶノルウェー領スヴァールバル諸島中の最大の島で、北緯七八度付近にある。

＊7――バレ・デル・エソ Valle del Yeso　「石膏の谷」を意味するアンデス山脈中の地名で、マイポ火山の北に位置する。

＊8――角蛮岩 Conglomerate　角礫岩ともいう。破砕されたばかりの角ばっている礫からなる礫岩のこと。

＊9――メサイア Messiah　救世主の意味で、ここではヘンデル作曲（一七四一年）による宗教的オラトリオの一つを指している。

＊10――プロトコクス・ニウァリス　雪を赤く色づかせる氷雪藻、あるいは雪上藻のこと。クラミドモナスやクロロモナスなどの緑藻類がその代表的なもの。紅雪、または赤雪と訳される現象は、古代ギリシアのアリストテレスの時代から知られている。

＊11――メンドーサ共和国　メンドーサはアルゼンチンの州名ならびに都市名だが、一八一六年のアルゼンチン独立後、内戦状態にあったとはいえ、共和国だった記録を確認できなかった。ダーウィンが何を意図したか不明。

＊12――パパン Papin, Denis（1647-1712?）　フランスの科学者。イギリスでR・ボイルとともに空気ポンプの研究をおこない、安全弁付きの圧力釜を発明したことで知られる。当時は広く使われていた器具である。パパンはその後、ドイツへ赴いてマールブルク大学数学教授となり揚水用ポンプの開発にも取り組んだが、装置の実用化には至らなかった。

＊13――トゥプンガト Tupungato　首都サンチアゴの東、約九〇キロメートルにそびえるアンデス山脈中の成層火山。アルゼンチンとの国境にあり、標高は六八〇〇メートル。一八九七年にイギリスのフィッツジェラルド隊が初登頂に成功。

＊14――ロス・アレナレス Los Arenales　アレナレスは砂地や砂丘を意味する。メンドーサの西、アンデス山脈の中にある巨大な花崗岩がむき出しになった場所。

＊15――アメリカネズミ　アメリカ大陸に生息する齧歯類の仲間で、ここではキヌゲネズミ科の他の種も含めた新大陸に生息するネズミの総称。

＊16――サン・ルイス San Luis　アルゼンチン中部、同名州の州都でメンドーサから東へ、ブエノス・アイレスへの途上にある街。十六世紀末にチリからやってきたスペイン人が建設したが、その後先住民アラウカノ族との戦いの間は放棄されたこともある。

＊17――ルハン Luxan　メンドーサの南に位置する現在のルハン・デ・クーヨのことか。第5、7、8章に登場するルハンとは別の場所。ここを流れるという後出のルハン川は、現在メンドーサ川と呼ばれており、メンドーサ州北東部のグアナカチェ湿原へと流れている。

＊18――メゾチント　銅版画の技法の一種で十七世紀の半ばに考案された。銅板をこまかなやすり状に目立てて黒の地をつくり、これを削り取ったりつぶしたりすることで黒から白へと自由な階調を表現する。しかしベースが黒地なので、暗い画面となる。

＊19――サバクトビバッタ　サバクバッタともいう。大群をなして大きく移動して農作物などに大害を与えるバッタ類（飛蝗）のなかで、アフリカから中東、インドにかけて歴史上何度も記録されたもっとも有名な種。体長四～六センチメートル。

＊20――ベンチュカというレドゥウィウス属　サシガメ科のなかでもオオサシガメと呼ばれる吸血性の昆虫。大部分がアメリカ大陸に生息し、一部はアジアやアフリカ、オーストラリアにも見られる。カメムシに似ているが、幼虫のときからネズミの血を餌としている。ヒトの血も吸うことがあり、第12章でダーウィンもかかったと考えられるシャガス病を媒介することが知られる。晩年のダーウィンが健康問題に苦しんだ原因の一つに、この虫から受けた被害があるといわれる。

＊21――イキケ Iquique　チリ北部のペルー国境から約二〇〇キロメートル南にある港湾都市。十九世紀末ま

ではペルー領であった。

＊22——珪化した木　樹幹の化石で、細胞中の内容物と水溶性の珪酸とが置きかえられ、化石化の途中で珪酸がメノウやオパールとも成分が同じ二酸化珪素となったもの。年輪や細胞膜がよく保存されていることが多く、顕微鏡で調べるとおおよその樹種を識別することができる。

＊23——ロバート・ブラウン氏 Brown, Robert（1773-1858）　イギリスの植物学者。J・バンクスの推薦で、一八〇一～〇五年、フリンダースの南太平洋探検に参加し、オーストラリアやタスマニアでラフレシアなど多くの植物を発見、記載した。この航海はイギリスがオセアニア地域に足場を得る上で重要な役割を果たした。裸子植物の系統上の位置を確立したほか、植物細胞を顕微鏡で観察して細胞核を発見した。液体や気体中の微粒子の不規則な運動、すなわちブラウン運動の発見者としても知られる。

＊24——バカス川　メンドーサの南を流れるメンドーサ川（ルハン川）と合流する北がわからの支流の一つ。後出の「インカ橋（プエンテ・デル・インカス）」の下を流れる川。

＊25——ペントランド氏 Pentland, Joseph Barclay（1797-1873）　アイルランドの地質学者、探検家。一八二六～二七年にボリビアを中心にアンデス山脈を広く調査した。

＊26——キレー　シャボンノキともいう。チリ、ボリビア、ペルーなどのアンデス地域に見られるバラ科の常緑高木。高さは一五～一八メートルほどで樹皮にサポニンを含んでおり、石鹸の代用になる。

＊27——ビヤ・デ・サンタ・ローザ Villa de Santa Rosa　現在のロス・アンデスのこと。アンデス山脈西斜面にあり、アコンカグア川にのぞむ街。首都サンチアゴまでは南へ約七〇キロメートル。

第16章　北部チリとペルー

コキンボへ通じる海岸道……鉱夫がかつぐ大荷物……コキンボ――地震……階段状の台地……現生代の堆積の欠落……第三紀層の同年代性……谷間を登る旅……ウアスコへの道――砂漠……コピアポの谷……雨と地震……恐水病……デスポブラード（無人の谷）……インディオの廃墟――気候変化の可能性……地震によってもちあがった川床……激しい寒風――丘からの騒音……イキケ……塩の沖積層――硝酸ソーダ……リマ……不健康な国……地震で倒壊したカヤオの廃墟……近世の沈下――サン・ロレンソの隆起した貝殻と、その分解……貝殻と陶器の破片が埋もれている平原――インディオ種の古い起源

コキンボへ通じる海岸道

四月二七日――わたしはコキンボへの旅にでた。つづいてウアスコ[*1]を通ってコピアポに着き、そこでありがたいことにフィッツロイ艦長がわたしをビーグル号に拾いあげてくれる手筈《てはず》になった。海岸にそった直線路の距離は、北へわずか四二〇マイルだ。けれども、自分流の旅のしかただったので、日数がずいぶんかかった。わたしは四頭の馬と二頭のラバを連れてでた。ラバには一日交替で荷物を背負わせた。この六頭で、しめて二五ポンドしかかからない。コピアポでこれをまた売ったら、二三ポンドになった。旅はいつものように自給自足方式をとった。自分たちで料理をつくり、夜は野営である。ビーニョ・デル・マール[*2]に向けて出立するとき、バルパライソの風景も見納めなので、そのすばらしい眺めをたっぷり楽しんだ。地質学の興味があったから、高地の道をとらずに、キヨタのカンパーニャ山のふもとを迂回することにした。金《きん》がたくさんでる鉱山地域を抜けて、リマチェ[*3]近郊に着き、そこで一泊した。小さなせせらぎの両がわにそって、無数の小屋がたっていた。住民は砂金とりで生活を支えている。しかし収入が安定しない人びとのご多分に漏れず、かれらは勤勉という習慣をもたないから、結果的に貧乏している。

四月二八日――午後にカンパーニャ山のふもとにある小屋に着いた。ここの住人は、チリではあまり見かけない自作農だった。庭とちっぽけな畑でとれた作物を糧にしているが、とても貧しい。ここは資本がほとんどないために、翌年の仕こみをするために、まだ熟れてないトウモロコシを畑に生えたままの状態で売るしかない。したがって収穫物は、仲買人がいるバルパライソよりも、生産地のほうが割高だった。次の日は幹線道路に出て、コキンボをめざした。夜には軽い通り雨があった。これは、カウケネス温泉でわたしを囚人のように屋内に降りこめた九月一一、一二日の土砂降り以来、はじめてのお湿《しめ》りだった。その間、七か月半ぶりだ。しかし今年のチリは、雨がいつになく遅かった。遠いアンデスは、まだまだ分厚い雪の層に覆われており、まばゆい眺めだった。

五月二日――道はぴたりと海岸にそっていき、海から遠く離れたりしなかった。中央チリではふつうに見かけた何種類かの樹や灌木が急激に数を減らし、外見がユッカ[*4]らしい背の高い植物にとってかわられた。この地域の地表は、小規模ではあるけれど、おもしろい崩れめや歪みがあった。小さな平原あるいは盆地から、ふいに、小さな岩の柱が突きでていた。波に洗われた、のこぎり状の海岸と、その周辺の海底が、そのまま乾いて陸地になれば、こういった土地柄になるだろう。そして、このような陸地化が、われわれの旅の道すじで、一部分疑いもなくおきたのである。

五月三日――キリマリからコンチャレーへ。土地はいよいよ荒れ果ててきた。峡谷には灌漑するのに足りるほどの水もない。また、中間にある土地はまったく不毛で、山羊すらも養えない。冬の大雨のあと、春になると、か細い牧草が急に芽をだし、しばし家畜牛たちがコルディエラから降ろされて草を食《は》む。草やほかの植物の種《たね》が、まるで後天的に獲得した習性のように、この沿岸のさまざまな地域に降る雨量に、うまく適応しているようすが観察できて、おもしろい。コピアポまで北へ行くと、一回の降雨は、ウアスコで降る雨の二回分、ここの三、四回分と同じ効果が、植物におよぶのだ。バルパライソだと、冬はあまりにも乾燥するので牧草をいためるが、ウアスコでなら途方もなく豊かな牧草を育てるだろう。とはいえ、北へ行けば行くほど、緯度に比例して正確に雨量が減っていくわけではない。バルパライソの北六七マイルしか距《へだた》っていないコンチャレーでは、五月末まで雨を期待できない。一方、バルパライソでは四月初めにだいたい降雨を見る。年間降雨量は、降りはじめの季節が遅いにしては、両方にわずかな差しかない。

五月四日——海岸の道がまるでおもしろくなかったから、内陸に方向を変えてイヤペルの峡谷[*5]と鉱山地域へ向かった。この谷は、チリのどこでも同じように、平たくて、広くて、おまけに肥沃だった。峡谷の両がわは、層をなす礫の崖か、または裸の岩山にふちどられている。最高地点に灌漑用の溝が直線をつくってのびているが、その上は高地道路の表面と同じように何もかもが土色だ。そこより下は、クローバーに近いアルファルファ[*6]の苗床があり、緑青のようにあざやかな緑色をしている。われわれは別の鉱山地域ロス・オルノスへ進んだ。ここの主要な山は、アリの巣のように穴が開けられていた。チリの鉱夫はとてもおもしろい習慣をもつ人びとだ。これ以上ないほどさびしい場所で何週間も共同生活し、祭の日に村へ降りてくると、恥も外聞もなく途方もないドンチャン騒ぎをくりひろげる。かれらはときおり大金をかせぐことがある。そんな場合、分け前をもらった船乗りと同じように、どうやって早く使い切ってしまえるかを必死に考える。かれらはしこたま酒を飲み、たくさんの服を買いこむ。こうして数日後にはもとのすっからかんに戻り、みじめなねぐらに帰る。そこで、家畜よりももっときつい仕事をこなすのだ。船乗りによく似たこの無鉄砲さは、あきらかに、生活ぶりが同じようである結果だろう。食べものは毎日与えられる。用心というものには縁がない。おまけに、誘惑を呼びやすいのと誘惑に乗りやすいところとが同居している。これにくらべると、コーンウォールとかイギリスのいくつかの土地では、鉱脈の一部が切り売りされる制度があるので、鉱夫は自分で考え自分で行動を決めなければならず、とても知的で、おこないも慎重な人たちである。

チリ鉱夫の服装はめずらしいし、けっこう絵になる。黒っぽい色をしたベーズ（毛長ラシャ）のとても長いシャツを着け、革の前垂れをかけている。全部が、いろどり豊かな帯で腰あたりに結《ゆ》わえつけられている。ズボンはずいぶん幅ひろで、紅い布でこしらえた小さな帽子《キャップ》は、頭にぴったり合うようにできている。われわれは盛装した鉱夫の群れに出会った。仲間の遺体を埋葬しにいくところだった。かれらの行進ぶりは、とてもすばやいだく足《トロット》で、四人が遺体をかついでいた。一組が、およそ二〇〇ヤードの距離を全力で走ると、次の四人に引き継がれた。この四人はあらかじめ馬を駆って先回りしていたのだ。こうして行進はつづいた。各人が精いっぱいの声をかけ、はげましあいつづける。総じていえば、それはなんとも奇怪な葬式であった。

われわれはジグザグ道をとって北へ旅した。ときには地質学調査に一日をかけて。土地柄のほうは、とにかく人口が少なく、道もひどく不明瞭なために、ときどき道がわからなくなって往生させられた。一二日は、どこかの鉱山に一泊した。ここの鉱石はとくに上質というわけではなかったが、鉱脈がゆたかなので三万から四万ドル（つまり六〇〇〇から八〇〇〇ポンドだが）程度で鉱山を売るつもりがあったようだ。ところが英国のある商会がこれを金一オンス（三ポンド八シリング相当）で買収したという。鉱石は黄銅鉱。前にも述べたが、この石はイギリス人がくるまでは銅が一粒も含まれていないと思われていた。この事例に勝るとも劣らぬ大利潤をあげたのが、屑鉱の山の買収だった。この屑にも、こまかい銅粒子が豊富に含まれているのだ。しかしこれだけ有利な立場にありながら、その鉱山商会はだれもが知っているように、大金を失うことにばかりに力を注いでいた。理事や株主の大多数がおかした愚行は、呆《あき》れを通りこして怒りを沸騰させる——あるときにはチリの高官たちをもてなすのに、年に一〇〇〇ポンドも使ったり、上等の装幀をほどこした地質学書を大量に買いこんだり、チリからは発見されていない錫《すず》など特殊な金属を探しだすために鉱夫を派遣したり、牛のまるでいない場所なのに鉱夫にミルクを配給する約束をしたり、機械類がぜんぜん使えないところに機械を送ったりと、愚行をいちいち挙げていったら、きりがないほどだ。われわれに恥をさらすのもいいところで、今日まで土地の人びとに笑いの種を提供してきた。その資金を鉱山にまともに投資していたら、はかりしれない利益があがったろうことは、疑いもない。信頼できる実業家、実践的な鉱夫と分析技師、必要なのはそういう人びとだったのだ。

鉱夫がかつぐ大荷物

ヘッド大佐は、「鉱夫たち《アピーレス》」がいちばん深い鉱床から運びあげる鉱石の量のすごさを記述し、かれらはほんとうに重荷運びの家畜だと書いた。しかし白状するがそのいいまわしは大げさにすぎる、と思っていた。だからこの機会に、たまたまとりあげた重荷の一つを測定できるのがうれしかった。それで重荷を地面からもちあげるために上に覆いかぶさるように立ったが、持ちあげるのに大汗をかかされた。なお、その重荷は一九七ポンドとわかったが、それでも軽い方だといわれた。鉱夫たちはこの荷を垂直高度にして八〇ヤードもかつぎあげていた——しかもその通路の一部は勾配のきつい道だ。ほとんどは、竪坑にそってジグザグに置かれた、刻み目をつけただけの丸太だった。一般的な規定としては、坑の深さが六〇〇フィートない場合、鉱夫がひと休みするために立ちどまることは許されない。荷物の重さは平均すると二〇〇ポンド以上になる。また、試しに重さ三〇〇ポンド（二三ストーン半）の荷が、いちばん奥の坑内から担ぎだされたこともある、と耳にした！　現在、鉱夫たちは一日に一二回、ふつうの重さの荷を運びあげている。これを合計すれば、八〇ヤード下から二四〇〇ポンドを担ぎだす計算になる。それから合間に、鉱石を掘って集める仕事もさせられていた。

かれらは、事故でもないかぎり、健康で、元気がいいように見える。体つきは筋肉隆々というほどでもない。週に一度、肉にありつければ、御《おん》の字だという。週に一度よりも多く肉が出ることは、決してない。また、出る肉は、かたくて干からびた牛肉の切れはしでしかない。もちろんこの仕事が自発的なものだと了解してはいるが、それでもこの光景を見ると目をそむけたくなるときが多い。鉱夫は鉱山の入口に着き、体を前かがみにし、腕で階段に寄りかかり、脚を曲げ、筋肉をぶるぶるとふるわせ、顔から胸にかけて汗を滝のように流し、鼻をふくらませ、口の角を無理やり後ろに引き、吐息がなんとも苦しげだった。息をするたびに、「アー、アー」という喘ぎが聞こえる始末だ。これは、胸のいちばん奥から出てくる音で終わるが、横笛の音《ね》のようにかんだかい。よろめきながら鉱石の山までたどりついたあと、背負籠《カルパチョ》を空《から》にした。そして二、三秒後に呼吸をととのえると、額から汗をぬぐい、見かけだけはとても元気になって、また足早に鉱脈のほうへ下っていく。これは、人間が慣れること――それ以外のなにものでもない――によって堪えられるようになった、すさまじい労働量の極大値を示す、驚くべき事例ではなかろうか。

夕方、ここの鉱山監督と話をし、国じゅうに散らばっている異国人の数が現在どうなっているか、尋ねてみた。すると監督は、まだとても若い男なのにもかかわらず、コキンボにいた学童の時分、イギリス船の船長を見に行くのに学校が一日休校になったことを、思いだしてくれた。この船長は町長と話をするために町まであがってきたのだそうだ。この男にいわせると、かれ自身も含めて、学童はイギリス人に近づくことさえしなかったそうだ。子ども心に深く深く刷りこまれた恐怖があったからだ。つまり、こういうイギリス人と接触すれば、邪教に誘われ、堕落に引きずりこまれ、悪に染まってしまう、という恐怖だ。住人たちは現在にいたるまで、海賊[*7]がおかした残虐行為を噂しあっている。とくによく噂にのぼるのが、聖母像を奪っていったイギリス人で、この男は一年後にまた戻ってきて聖ヨゼフ像をも奪っていった。その盗んだ理由は、聖母が夫をもてないのは気の毒だから、というのだ。また、ある老婦人の話だが、この女性はコキンボで晩餐の席についた際、イギリス人と同室して食事するような時代になるまで長生きしたなんて、ほんとうに信じられないわねえ、と、しみじみ語ったそうだ。というのは、彼女も少女時分に、「イギリス人《ロス・イングレセス》だぞ!」という警告の声を聞いただけで全住民が貴重品をかき集めて山へ逃げこむ光景を、二度までも見ていたからだった。

コキンボ——地震

五月一四日——われわれはコキンボに着いて、数日滞在した。町は、どうということもないと

チリのコキンボ付近

ころだが、とてつもなく静かだった。人口は六〇〇〇から八〇〇〇人なのだそうだ。一七日の朝、軽い雨が降った。今年になってはじめてだそうで、五時間ほどつづいた。湿度が高い沿岸部でトウモロコシを植える農夫は、この雨を利用して、地面に鍬をいれはじめる。二度めの雨がくると、そこに種をまき、もし三度めの雨が降れば、春にはみごとな収穫が得られる。このわずかな湿度の量がおよぼす効果を観察するのが、おもしろかった。一二時間もすぎると、地面はもとのように干あがった。それでも一〇日後には、どの丘にも芽が出てかすかに表面が緑に色づいた。トウモロコシの苗は、全長一インチほどの髪の毛のような繊維となって、まばらに生えていた。この雨がくるまで、地表はどこも、街道の表面と同じように、まる裸だった。

夕刻に、フィッツロイ艦長とわたしは、エ

ドワーズ氏と会食した。氏はイギリス人の現地住民で、コキンボを訪れた旅人には親身に面倒をみてくれる人物として知れわたっているが、会食の最中に大地震がはじまった。前兆の地鳴りはあったが、女性たちは悲鳴をあげるし、召使いは走りまわるし、何人かの紳士も戸口へ殺到するしで、震動を体感できなかった。そのあと女性たちのなかに、恐怖で金切り声をあげる人もいた。また、一晩じゅう眠れなくなる紳士もいた。もしも眠ると、家が崩れる夢を見てしまうのだそうだ。この紳士の父親は、最近、タルカワノにあった全財産を地震で失ったばかりだったうえに、かれ自身も一八二二年にバルパライソで、崩れてくる屋根から辛うじて逃げでるという体験をしていた。かれがいうには、グラリときたときに発生したできごとに、ふしぎな偶然の一致があったとのことだ。たとえばかれがトランプの仲間にはいっていたとき、その座にいたドイツ人が立ちあがって、南アメリカでは扉を閉め切りにした部屋にはいられない、以前、コピアポで扉を閉めておいたために、危うく命を落とすところだった、と語ったそうだ。そういって、かれが扉を開けた。ところが、扉を開けるやいなや、ドイツ人は「またきたぞ!」と叫んだ。たしかに、あの有名な大地震がやってきたのである。仲間は一人残らず逃げおおせた。地震の際の危険は、扉を開ける時間がないからではなく、壁が動いてしまって扉があかなくなることに起因するのだ。

現地住民や古い入植者のうちには、理性的行動ができる者はいくらもいるのに、地震になるとこわがってどうしようもなくなる姿を見ると、わたしは驚かずにいられない。ただ、わたしが思うに、この度を越したパニックは、恐怖を抑えこむ習慣がないことが一因となって、おこるようだ。また、この感情は、他人に見られても恥ずかしいものではないらしい。たしかに、住民たちは仏頂づらを決めこんでいる人間を見るのがきらいだ。あの激震の際、野外でグーグー眠っていた二人のイギリス人などは、危険がないと承知しているので、体を起こしもしなかったそうだ。そのとき現地民は怒って、こうどなったという。「あの異教徒を見ろ、やつらはベッドからも出やがらない！」

階段状の台地

わたしは数日をついやし、階段状になった礫層を調査した。B・ホール船長[*8]がはじめてこれに注目し、ライエル氏が、これぞ徐々に隆起する陸が海の力で刻まれた実物だと信じこんだ地質構造だった。ライエル氏の見解は、きわめて正しいものだった。なぜなら、その段丘層に、現生貝類の殻がたくさんみつかったからである。ゆるい勾配をもつ、幅の狭い外縁状の段丘が五つ、一つずつくずれながらも重なって並び、いちばんよく発達している個所は礫層で形成されている。湾に面し、谷の両がわを急角度で登っている。コキンボの北にあるウアスコで、この現象をもっと大規模に眺めることができ、実際、そこに住む人びとも驚きに打たれる光景をつくっていた。そこでは、段丘はもっと広びろとして、平原といってもいいほどになっていた。場所によっては、段が六つになっているところもある。が、ふつうは五つだ。この段丘が、海岸から三七マイルにわたってのびている。階段状の丘あるいは縁は、サンタ・クルスの谷間にあった丘と酷似する。たった一つの違いは、規模が小さいことだ。パタゴニアの沿岸すべてにわたってそびえる丘は、はるかに巨大なのだ。これらの段丘は、大陸がゆっくりと上昇する際の休息期に、海の力で洗われ磨かれた結果できあがった。

現生代の堆積の欠落

たくさんの現生貝類の殻は、コキンボの段丘（二五〇フィートの高さ）の地表だけでなく、深さ二〇から三〇フィートの部分にも埋没しているのだが、広範囲にはおよんでいない。現生代の地層は、どう見ても、すでに絶滅した貝類を含む古い第三紀層の上にある。この大陸を大西洋がわも太平洋がわも数百マイルにわたって調査した結果、現生の貝類をかならず含有する地層というのは、ここと、それからウアスコにいたる道路を北上する途中の数か所とを除いて、どこにも発見できなかった。この事実は、わたしにとって、とても重大なことに思えた。なぜなら、理由はこういうことだからだ――これは地域を問わない話なのだが、ある地層に、それが形成された年代をあきらかにする化石を含んだ層がちっともみつからない原因として、ふつう地質学者は、その地表がからからに乾いていたからだ、と説明する。ところがその説明は、今回にかぎって通用しない。というのも、問題の貝類が地表にばらまかれていたり、やわらかい砂や粘土に埋没したりしているからである。大陸の両岸が数千マイルにわたって、最近まで海中にあったと信じられる痕跡を残していることも、わかっている。そこでこの現象の説明としては、大陸の南部ぜんたいが長い時間をかけてゆっくりと隆起したという事実にこそ、もとめなくてはならない。また当然、浅い海浜にそって沈殿したあらゆるものが、やがて隆起し、少しずつ沿岸の浸食作用によって外にあらわれてくる事実にも、もとめなければならない。したがって、海の生物の大多数が繁栄するのは比較的浅海に限られることとうらはらに、そのような浅い海では、堆積物がすごい厚みをもつ層をつくれるわけがない。浅い海浜に働く底知れない浸食力を知りたければ、現在のパタゴニア沿岸にある巨大な崖か、やはり同じ海岸線のそれぞれ異なる高さに一段ずつ積もっている古い海岸崖に注意を向けるだけで、十分に用が足せる。

第三紀層の同年代性

コキンボの下にある古い第三紀地層は、チリ沿岸にある数か所の沈殿層（そのうち主だったものがナベダドのそれだが）やパタゴニアの大地層とほぼ同年代につくられたものらしい。ナベダドとパタゴニアの地層はどちらも、そこに埋まった貝類（この一覧表をE・フォーブズ教授に見ていただいた）がまだ生きていた時代以来、ずっと継続して隆起しただけでなく、数百フィートに達する沈降もあったことを、証拠だてている。すると当然、以下の疑問が湧いてくる。現生代に属する地層中にも、また現生代と古い第三紀とに挟まれたどの時代の地層にも、広汎な化石の堆積がまったく保存されていないにもかかわらず、どうしてあんな古い第三紀の化石遺物を含む沈殿物が、南北方向の線上に位置する数か所だけで堆積し、保存されることになったのか、と。そのひろがりは、太平洋岸で一一〇〇マイル、大西洋岸で少なくとも一三五〇マイルにわたり、また東西方向には大陸のいちばん幅が広い地域を横断して七〇〇マイルにもわたるのである。わたしは、それを説明することが困難ではないと思うし、世界のほかの地域でも観察されるほぼ同様な事実の解明にも役立つと考える。海が保持しているすさまじいばかりの浸食力は、無数の事例がこれを示しているとおりまったくはかりしれないということを考えれば、ある沈殿層が隆起したとき、海浜の激しい試練に抗して、ある程度の堆積物をずっと後世まで保持するためには、沈殿層自体がよほど広範囲にわたり、おまけに途方もなく厚くなければならないだろう。けれども、ほとんどの生物にとってありがたい、中ぐらいの深さの浅海では、次つぎに層をつくれるように海底が沈下していかないかぎり、十分に広くて十分に厚い沈殿層を形成していく可能性は、まったくないのである。ところがなんと、そのような海底沈下が、南パタゴニアとチリとで、互いに一〇〇〇マイルも離れているにもかかわらず、ほぼ同時期に、ほんとうにおこったらしいのだ。だから、もしもこうしたほぼ永続的な沈下運動が、十分に広範囲にわたったとすれば（この仮説は、両大洋のサンゴ礁調査の結果、強く信じたい気持になっている）――あるいは視点を南アメリカに限定して、沈下運動が隆起運動と同時期におこり、そのとき存在した貝が生きているうちにペルー、チリ、フエゴ島、パタゴニア、ラ・プラタといった地域をその力により隆起させたとしたら、次のようなことが可能となるはずである。すなわち、遠く離れた地点同士で同時期に、化石を含む地層がごく自然につくられてもふしぎではない、ということがだ。また、そうした沈殿層が広い範囲に生じたり、いちじるしく厚くなったりするにも、好都合でありうるわけだ。そうなると、このような沈殿物は、繰り返される海岸線の浸食作用にも耐えて、未来にまで残るチャンスを獲得できるかもしれないのだ。

五月二一日――われわれ一隊は、ドン・ホセ・エドワーズとともにアルケロスの銀山を訪れ、そのあとコキンボ峡谷を登る旅にでた。山また山の土地を越え、夜までにはエドワーズ氏所有の鉱山にたどりついた。わたしはここの一泊を、イギリスではあまりありがたがられないであろう理由によって、大いに喜んだ。理由とは、つまり、ノミがいないことだ！　コキンボの室内はノミだらけなのだ。ところがここは三〇〇〇から四〇〇〇フィート高いだけなのに、ノミがいない。この迷惑な虫をここで封じこんだのは、少しだけ温度が低くなったことだけではなく、もっと別に原因があるはずだった。この鉱山は、かつて年間二〇〇〇ポンドほどの重量の銀を産出していたが、いまは調子が悪い。「銅山をもつと利益があり、銀山では利益があがるかもしれないが、金山ならかならず損をする」ということわざがある。が、これは正しくない。チリ人の大財産は、銅よりもずっと高価な貴金属を産出する鉱山がつくりあげているのだから。少し前になるが、あるイギリス人医師がコピアポから英国へ帰ってきたとき、共同所有に名をつらねた銀山の配当金およそ二万四〇〇〇ポンドを持参していた。管理のたしかな銀山は、まちがいなく利益があがるのである。一方、ほかの金属では一種の賭けとなり、宝くじの券を買うようなものになる。所有者も、高品質の鉱脈を大量に失っている。なぜなら、盗難を未然に防ぐ手がないからだ。聞くところによると、使用人が主人の面前で盗みを働くかどうか、賭けをした紳士がいたという。鉱山から掘りだされた鉱石は、粉々にされ、役に立たない石コロは道ばたに捨てられる。そこに雇われた二人の鉱夫が、たまたま同時に鉱石のかけらを投げすてた。二人は冗談に、こう叫んだという。「どっちが遠くまで転がっていくかね」と。そばに立っていた所有者は、この競争をタネに、

山間を流れる急流と運ばれる大岩

友人と葉巻一本を賭けた。じつは鉱夫は、こうやって、転がした石が止まった屑鉱の山の位置を、しっかり見さだめておいたのだ。夕刻になって鉱夫はその石を拾いあげ、主人のもとに持参した。見ると、それは質の高い銀鉱石だった。鉱夫はいった、「この石でがすよ、遠くまで転がって、ご主人さまに葉巻を一本プレゼントしたのは」。

五月二三日——コキンボの肥沃な谷間へ降り、この谷を伝って、ドン・ホセの親類が所有する農園《アシエンダ》に着いた。われわれは翌日そこに滞在した。わたしだけはそれからさらに馬で一日旅行に出た。地元で化石になった貝と、豆といわれているものを、見るためだったが、化石豆というのは小さな石英の粒のことだった。いくつかの小村を通りすぎた。谷間はみごとに耕されており、総じてとても気品のある眺めだった。ここで、コルディエラの主脈が近くなった。ぐるりを取りまく丘が高い。北チリでは、いたるところ、アンデスに近いかなりの高地であるにもかかわらず、低地方よりもずっとゆたかに果実が実る。この地方のイチジクとブドウは、質がいいので有名だ。栽培地域も相当に広い。この谷は、たぶん、キヨタよりも北でいちばん多産なところのようだ。そこには、コキンボも含めると二万五〇〇〇人の住民が暮らしている。翌日は農園に戻り、それからドン・ホセと連れだってコキンボへでかけた。

ウアスコへの道——砂漠

六月二日——ほかの道にくらべて砂漠地がかなり少ないと判断し、海岸ぞいの道をとってウアスコの谷へ向かった。第一日めの目的地はジェルバ・ブエナ[*9]という一軒家だった。ここで馬たちに牧草を食べさせた。二週間前に降ったと書いた例の雨だが、それは、まだウアスコまでの半分のみちのりしか進んでいなかった。そういうわけだったから、旅の前半は、まったくお寒いかぎりの緑しか見られず、これがまた、あっけなく消えてしまった。緑がいちばんあざやかなところでも、ほかの国々でいえば春先に新芽を出した芝生や、咲きかけの花といった印象しか受けることがなかった。この砂漠を旅していると、陰気な法廷に閉じこめられて緑や湿った空気の香りに恋いこがれる囚人のような気分になる。

六月三日——ジェルバ・ブエナからカリサルへ。午前中は山岳じみた岩だらけの砂漠を横断、その後に、くだけた海産の貝が散乱する、長くて深い砂地の平原を踏みわけた。ほとんど水もなく、あっても塩分が含まれていた。この地域はそっくり、海岸からコルディエラまで、無人の砂漠だった。生きている動物ではたった一種、トウガタマイマイに近いブリムス属[*10]の貝がどこにでもいる、とわかった。からからに乾いたところでも、うんざりするほどたくさん採集できるのだ。春には、みすぼらしい小型の植物が一種、何枚かの葉を出す。貝たちはこれを食べる。この貝が姿をあらわすのは、地表にまだ露の湿り気が残る早朝だけだ。ウアスコの人びとは、貝がこの湿り気を吸って生きる、と信じている。乾ききって不毛な土地柄で、土壌も石灰質であれば、陸貝にとてもよい環境となることを、ほかの地域でも確認している。カリサルにはそこそこの小屋がたっていて、汽水も流れ、わずかに耕作もおこなわれている。けれども、馬に食べさせる小さなトウモロコシや藁を買うのに、ずいぶんたいへんな苦労をした。

六月四日——カリサルからサウセへ。グアナコの大群がいる砂漠の平原を、馬で旅しつづけた。

チャニャラルの谷も渡った。そこはウアスコとコキンボのあいだでいちばん肥沃なところだったが、なにしろ幅が狭く、牧草があまりとれないため、自分たちの馬に食べさせる分も買えなかった。サウセで、とてもアカ抜けした老紳士と出会った。銅の溶鉱炉を監督している人物だった。この人が特段の便宜をはかってくれて、薄汚い藁をひとかかえ、高値で買えることになった。あわれな馬たちは長い一日の旅のあとに、やっと夕食にありつけた。昨今、チリではどこへ行っても、溶鉱炉はほとんど操業していない。薪木が極端に少ないのと、還元技術があまりにも稚拙であるから、鉱石のままでスウォンジーに送りだしたほうが稼ぎになるのだ。翌日はいくつかの山を越えて、ウアスコの谷間にあるフレイリナ[*11]へ到着した。毎日、北へ北へと進むうちに、植物がどんどん少なくなった。大きな燭台状のサボテンも、ここでは、別種の、もっと小さい種類に、とってかわられていた。この冬は、北チリでもペルーでも、同じ形をした雲が、太平洋岸のずいぶん低い空にかかっていた。この白くて輝かしい空の平原が織りなすとてもすばらしい眺めを、山から楽しんだ。雲が谷間の奥まではいりこんで、ちょうど海がチョノス群島やフエゴ島でつくりあげる風景と同じく、雲の海に島や岬を浮かばせていた。

フレイリナには二日間滞在した。ウアスコの谷には、小さな町が四つある。谷の入口に港があるが、ここは完全な砂漠だった。すぐ隣りあうところなのに、水が一滴もない。フレイリナは数リーグ登ったところにある。長く連なった村で、つましい白壁の家がある。そこからまた一〇リーグあがると、バレナル[*12]がある。このさらに上がグラスコ・アルトという園芸村で、ドライフルーツの名産地だ。晴れた日には、谷間の上の眺めがとてもいい。まっすぐに走る裂けめが、遠くかすんだ雪のコルディエラにぶつかっている。両がわには、交叉する裂けめが無数にあって、美しい霞の中に交《ま》じりこんでいる。前景のほうは、階段の形をした段丘が平行に何本も走っており、目をみはらせる。そこに含まれた細い緑の谷は、ヤナギに似た灌木を点在させ、両がわをかこむ丸裸の丘と好対照をなしている。周辺の土地がまったく不毛であることは、ここ一三か月のあいだ雨が一滴も降らなかったと知れば、容易に信じられると思う。ここの住民は、コキンボに降る雨の話を、じつにうらやましそうに聞いていた。空模様から察すると、ここも同じように雨が降りそうだと思ったら、やはり二週間後に雨がきた。そのときわたしはコピアポにいたのだが、この人びとがこんどは、ウアスコにたくさん雨が降っていいな、と負けずにうらやましがった。二年か三年、カラカラの年がつづいたあとは、たぶんその間に一度も雨が降らなくて、ふつうはそれから雨の多い一年が巡ってくるらしい。だがこの大雨の年は、旱ばつの年以上に有害なのである。川が氾濫し、耕作に適するわずかな土地を礫と砂でつぶしてしまうからだ。洪水は、灌漑用の水路を寸断する。これで三年前に大きな荒廃がおきた。

六月八日——われわれはバレナルに馬を進めた。この地名は、スペイン統治時代に大統領と将軍を務めたオヒギンス[*13]の一族の出生地、アイルランドのバレナーから取った名だ。両がわの岩山が雲に隠れると、テラス状の平原が、パタゴニアのサンタ・クルスによく似た谷間の外見になってくる。バレナルで一日泊まり、一〇日にコピアポの谷の上部をめざして馬を進めた。一日じゅう、あたりの景色はつまらなかった。わたしのほうも、不毛やら荒涼やらといった形容詞を繰り返すのにうんざりしてきた。もっとも、このような言葉は、ふつう、比較の問題で使われる。ところで、わたしはパタゴニアの平原に、いつもこの言葉を適用したわけだが、それでもイバラに似た灌木とまばらな草むらぐらいは生えているのだった。北チリの平原よりは絶対的に肥沃なのだ。またこのあたりも、よく探せば、二〇〇ヤード四方の地面から小型の灌木、サボテン、コケなどが発見できないわけではない。土の中に、雨季がくればいつでも芽をふきだしてきそうな種《たね》が埋まっている。ペルーでは、ほんとうの砂漠が国内のかなりを占めている。われわれは夕方に、とある谷間に着いたが、かすかな水流のあった川床が湿っていた。その川床をたどって川上に進むと、十分に満喫できるだけの良質の水にぶつかった。夜間の蒸発や吸収も急激ではないので、日中でも一リーグほど低いところへ水を流している。薪にする粗朶《そだ》も、まず大丈夫だ。つまり、われわれにすれば野営に絶好の場所とわかったのである。ただ気の毒だったのは、動物たちに食べさせるものが何もなかったことだ。

コピアポの谷

六月一一日——一二時間、まったく休まずに馬を進め、古い溶鉱炉に到着した。ここは水も薪も手にはいったけれど、馬たちは古めかしい中庭にいれられたので、また食べものにありつけなかった。通路というか道すじは起伏があり、遠景はむきだしの岩山がさまざまにいろどられていて、興味深かった。ここまで役立たない不毛の土地に、それでも太陽がさんさんと照っているのをみて、切なくなった。こういう上天気なのだから、かがやく原や美しい庭園がほしかった。翌日、コピアポの谷に到着。わたしは本心から、この到着をうれしく思った。旅には次つぎに不安の種《たね》が湧きあがったからだ。われわれが夜食をとっているあいだ、馬がつながれた柱をかじる音を聞いても、かれらの飢えを癒すすべがなかったのは、我慢できないほど不快であった。けれども外見はみんな元気で、五五時間も何一つ食べていないことを見抜ける人は、だれもいなかった。

わたしはビングレー氏にあてた紹介状をもっていた。氏はペトレロ・セコの農園《アシェンダ》にわれわれを招いてくれた。この地所は長さが二〇ないし三〇マイルあっても、幅がとても狭く、おおむね畑二面分で、しかも川の両がわに一面ずつであった。谷はどこまでいっても耕作地に恵まれていない。理由は、水準の高さがまちまちで灌漑向きでないこともあるが、むしろ水そのものが不足していることにあった。その年はたまたま川の水量が多かった。谷の上まで登ったこのあたりでも、水深は馬の腹にまで達し、川幅も約一五ヤード、速い流れであった。谷を下るにつれて、流れは少しずつ小さくなり、やがて消えてなくなる場合が多い。三〇年のあいだにわずか一滴の水も海に注がないことだって、あった。住民は、コルディエラ山頂の吹雪にいつも気をつけている。大雪が一回あれば、翌年までの水の供給を確保できるからだ。このことは、低い地方における雨よりもずっと重大である。雨は二年か三年に一度降るが、降れば降るほどありがたい話といえる。家畜牛やラバが、その後しばらくは、山上でささやかな牧草地をみつけられるのだから。けれどもアンデスに雪が降らなかったら、谷間ぜんぶが不毛となってしまう。そのために住民のほぼ全員が、南へ移動しなければならなくなったことが、三度も記録に残っている。今年は水量が多いので、住民は思いどおりに灌漑用の水路を掘った。しかしそれでも、ときには水門に兵士をとどまらせ、各地で一週間に割りあてられた給水時間やら配給分量を守って使っているかどうか、調べる必要があった。この谷がかかえる人口は一万二〇〇〇人というが、ここの収穫では一年のうち三か月分の糧《かて》をまかなえるだけだろう。あとはバルパライソと南部から供給を受ける。有名なチャヌンチーヨ銀鉱が発見される前は、コピアポの急激な衰亡ぶりは目にあまるものがあった。しかし現在はとても繁栄している。地震で壊滅した町も、再建されている。

コピアポの谷は、砂漠のただ中を一筋に走る緑のリボンとなって、ほぼ真南の方角にのびている。だから、コルディエラの中にある谷のおおもとにまでさかのぼるには、非常な距離がある。ウアスコとコピアポの谷は、どちらも細長い島のような外見を呈する。ただ、海の代わりに、岩だらけの砂漠が、この谷をチリの他の地域から切り離していると考えられる。この谷から北へ行くと、パポソ[*14]という名のなんとも寒々とした谷がある。この谷に住んでいるのは約二〇〇人。ここから、ほんとうの大砂漠、アタカマがひろがっている――これはもっともひどい時化《しけ》の荒海よりもさらに征服しにくい障壁だ。ペトレロ・セコには数日滞在し、そのあとわたしは谷をのぼり、紹介状をもらっている先のドン・ベニト・クルスの家へ到着した。この人はとても親切だった。南アメリカのほとんどどこでも旅人が受ける篤《あつ》いもてなしについては、実証をいくらあげてもあげきれるものではない。翌日、わたしは数頭のラバを集め、ホルケラ峡谷を通って中央コルディエラをめざした。二日めの夜になって、空模様が吹雪か豪雨のきざしをあらわした。ベッドに寝ていても、微震の動揺を感じた。

雨と地震

地震と天候のあいだに関係があるとは、よく論議されることである。この点についてはわたしも興味津々なのだが、よくわかっていない。フンボルトは名著『南米紀行』のある部分[★1]で、ニューアンダルシア[*15]か下《しも》ペルーに長らく住んでいる人はみんな、この二つの現象になにか関連があることを否定できないようだ、と述べている。しかしかれは、別の部分ではそれを妄説として退《しりぞ》けてもいる。グアヤキルでは、乾季に豪雨がくると、かならず地震があるといわれる。北チリでは、雨がとても少なく、天候的にも雨が降りにくいことになっているので、両方が偶然に一致する確率はとても低い。それでもここの住民は、大気の状態と地震とのあいだになにかしら関係があると、確信している。この点については、大いに驚かされた体験がある。コキンボで突発地震があったことを、コピアポで人びとに話したら、この人びとは鸚鵡返しに、「そりゃあ幸運じゃ！今年は牧草がさぞやたくさん生えるだろうに」と応じたからだ。かれらの心にとっては、地震が確実に雨の前兆で、同じように雨がたくさんの牧草の前兆になっているのだ。なるほど、たしかにあの地震があった日には降雨があった。前に書いたように、降雨のあと一〇日ほどで、うっすらと緑が芽ぶいた。ほかにも、雨が降ったあとに地震があった例がある。その季節は、雨が地震よりもずっと発生しにくいときだった。この例は、バルパライソで一八二二年一一月の地震と、それから一八二九年にも、実際におきた。また、タクナでは一八三三年九月の地震でも雨があった。一一月とか九月とかいった季節には、天候と何の関係もない因果の一致でもないかぎり、とても雨など降らないという事実を知ろうとすれば、この地域の風土に十分に慣れ親しむ必要がある。コセギナの噴火のように大規模な火山噴火の場合、ふだんなら絶対に降雨などない季節に、「中央アメリカでまったく前例のない」大雨を降らせた。大量の水蒸気や灰の雲が、大気の平衡をかきみだしたのであろう、と理解するのは困難でない。フンボルトは噴火をともなわない地震にも、この見方を適用している。だが、わたしはそういうことが実際におこるとは思わない。地面の裂けめから漏れでたわずかな流動体が、はたして、あのようにめざましい効果をあげられるものか。それに対し、P・スクロープ氏[*16]が最初に呈示した仮説のほうが、ずっと可能性はある。つまり、晴雨計が下がり、自然に雨が降りやすくなると、この国を覆う大気圧が減じて、すでに地下で爆発、断裂、地震とたてつづけに活動がおこる準備を完了している大地に、爆発の日を特定する力をもつのである。しかしながら、噴火のともなわない地震があったあと、乾季にもかかわらず豪雨が数日間つづく現象を、以上の仮説がどこまで説明できるか、疑わしく思っている。こうした例は、大気と地下とのあいだに、もっと密接な関係があることを示しているのかもしれない。

このあたりの谷はあまり興味深くなかったので、われわれはドン・ベニトの家へ帰った。そこに二日いて、化石貝と樹々を採集した。珪化した大木の幹が角蛮石の中に埋めこまれたものが、異常に多かった。その一つを測定すると、これがなんと周囲一五フィート。この大きな円筒状の幹にあった木質の粒子が、全部なくなって、そっくりシリコン質に置きかわっているようすは、見てびっくりするどころの騒ぎではない。導管や気孔などがいちいち残っているのだ！　この木の種類は、われわれのいう下部白亜系に繁栄したもので、みんなモミの仲間に属する。わたしが集めた化石貝を、住民たちが見て、ほぼ一世紀前にヨーロッパ人がたたかわせたのと同じ言葉で議論するさまを、おもしろく聞かせてもらった——その議論は、化石が「自然にできたもの」かどうか、という問題である。わたしがこの国でおこなった地質学調査は、チリ人たちのあいだに、おおむね大きな驚きをまきおこした。わたしが鉱脈探しをしているのではないことを、かれらに確信させるには、かなり長い日時がかかった。ときにはもっと手間がかかるのだ。そこでわたしは、自分の仕事を説明するのに手っとりばやい方法を考えついた。地震や火山はふしぎな現象ではないのか？——なぜ泉には冷たいのと熱いのとがあるのか？　チリには山があるのにラ・プラタには丘もないのはなぜなのか？——といったことを、かれらに尋ねることである。このあらっぽい質問は、即座に、たくさんの人を満足させ、黙らせた。けれどもなかには（一世紀ほど時代に遅れたイギリス人にも、こういう例がけっこうあるのだが）、そういう質問を無意味で冒瀆的とみなす人がいた。そして、神が山をああいうふうに創られた、でいいではないか、とゆずらなかった。

恐水病

最近、野良犬はすべて殺すべし、という命令が出たせいで、道には野犬の死骸が目についた。近ごろはかなりの数の犬が恐水病〔狂犬病の別名〕にかかり、これに嚙まれた人のなかには死亡する例もいくつか出ていた。この谷には恐水病がときおり猛威をふるう。この奇妙でおそろしい病気が、こんな同じような人里離れた場所に何度も発生することに興味をそそられた。イギリスのある村も、ここと同じように、ほかの村にくらべて集中的に住民がこの病気に襲われる例が、報告されている。ウナヌエ博士[*17]によれば、恐水病は一八〇三年に南アメリカで最初に報告された。この見解は、アザラやウリョアが当時この病気をまったく見聞していない点からも、裏うちされる。その病気は中央アメリカに発生し、ゆっくりと南下し、アレキパ[*18]には一八〇七年に到達した、とウナヌエ博士はいう。そこの住民が何人か、また黒人も数人、犬に嚙まれなかったのに、恐水病にかかった去勢牛を食べて発病したという。イカ[*19]では四二人の住民がこの感染パターンによりみじめに死亡した。病気は、嚙まれて一二日から九〇日のあいだに発病する。そして、発病すると五日以内に確実に死が訪れるのだ。一八〇八年以後、発病者なしの状態が長くつづいた。尋ねてみたところ、タスマニアやオーストラリアでは恐水病が一例も発生していなかった。またバーチェル[*20]は、喜望峰に五年間いたけれども恐水病は一例も見なかった、といっている。ウェブスターは、アゾレス諸島に恐水病は発生したことがない、といい切っている。モーリシャスとセント・ヘレナについても、同じように発生例なしと断定されている。[★2]これだけめずらしい病気の場合、文明圏から遠い風土に発生する理由を考察することで、おそらく多少の手がかりが得られるのではないだろうか。なぜなら、すでに嚙まれた犬が、そのような遠隔地に連れてこられた、というケースはあり得ないからだ。

夜になって、ドン・ベニトの家に見知らぬ人がやってきて、一夜の宿をと嘆願した。この人は道に迷い、一七日間も山をさまよっていたそうだ。なんでも、ウアスコを出たあと、コルディエラの旅に慣れていたこの人は、コピアポへ道をたどっていくのが困難になるとは予想もしていなかったそうだ。ところが山に踏みこむと迷路にはいりこんだも同然となり、脱けだせなくなった。ラバが何頭も崖から落ちた。かれもたいそう困ってしまった。いちばん困ったことは、低地のどこで水をみつけたらいいかわからなかったことだ。そこで中央の尾根ぞいに進まざるをえなくなったのである。

われわれは谷を下り、二二日にコピアポの町に着いた。谷の下がわは幅が広く、キヨタと似たすばらしい平原になっていた。町はかなりの広さがあり、どの家も庭をもっていた。だのに、そこは快適でない土地だった。宿の設備が悪いからだ。だれもかれも金もうけにだけ心を向けていて、財産ができしだい、できるだけ早く引っ越ししてしまう気でいた。住民は例外なく、多かれ少なかれ鉱山にかかわっていた。会話をするにも、鉱山と鉱物の話題しか出さない。日常の必需品は何でも極端に高い。町から港まで一八リーグも距離があり、陸路の運賃がとても高くつくからだ。鶏一羽が五、六シリング。肉はイギリス並みの高さ。薪というよりも粗朶《そだ》みたいなものがロバに積まれて、はるばるコルディエラを二、三日も旅して運ばれてくる。動物の餌になる牧草は、一日分が一シリング。この値段はどれも、南アメリカとしては目がとびでるほど法外である。

デスポブラード(無人の谷)

六月二六日——前回のルートとは違う道からコルディエラにはいるため、わたしはガイド一名とラバ八頭を雇いいれた。この地域はまるきり不毛地帯なので、刻んだ藁にまぜこんだオオムギを一カーゴ半ほど携行していった。町から二リーグ登ったころ、無人という意味のある「デスポブラード」なる広い谷間が、われわれのたどってきた谷間から枝分かれした。途方もない規模の大峡谷で、コルディエラを横断する道に通じているが、とても雨の多い年の冬のわずか数日を除くと、たぶん完璧にカラカラである。こぼたれた山腹には、谷といえるような溝がほとんど刻みこまれていない。また、いちばん大きい谷の底は、礫で埋まっており、なめらかで、ほぼ平坦だった。この礫底には、激流といえるほどの流れが、一度として流れ下ったことがないに違いない。そう断言できる根拠がある。もし仮に激流が下っていれば、南部の谷のどこもがそうであるように、大きな崖にふちどられた水の通路ができあがったはずだからだ。ペルーを旅した人びとが述べている諸々の谷間もそうだが、ここも、陸が少しずつ隆起するあいだに海の波が削りあげた形状のままを、現在もなお保存していることに、ほとんど疑いはない。デスポブラードが一本の峡谷（ここ以外の山系でなら、ほぼまちがいなく大峡谷と呼ばれるべきものだが）と交わる地点で、砂と砂利だけでできた谷底が、その脇谷よりもずっと高い位置にある事実を、わたしは観察した。一本のささやかな細流でも、ここを一時間流れたら、砂底を穿《うが》って流痕を刻むだろう。だのに、長い年月が経っているにもかかわらず、この大きな脇谷をそうした細流が流れた気配は見られない。水を排出する仕掛け《マシナリー》——こんな用語を使っていいものかどうか——がごく細部の微妙な例外を除いて完全にできているのに、まったく稼働した形跡もなく残されている。こういうものを眺めると興味がつのる。水がひいた湖のあとに残った泥の洲が、ゆるやかな丘と谷のある地形のミニチュアみたいによく似ている事実を、だれもが注目したに違いない。さて、われわれは今、そのオリジナル・モデルともいうべきものをこの岩場に見ているのだ。しかもそれをつくったのは、湖の満ち干ではなく、少しずつ退いていった海洋と、絶えまなく隆起していった大陸なのである。もしも、干上がった泥の洲に大雨が降ったら、すでに刻みこまれた浅い溝を、もっと深くまで彫りこむことになる。それと同じように、雨は何世紀にもわたって、われわれが大陸と呼ぶ岩と土の洲の表面を彫りこんでいくのだ。

インディオの廃墟——気候変化の可能性

暗くなってから馬に騎《の》り、「アグア・アマルガ」（苦い水）と呼ばれる泉のある脇谷にたどりつくまで前進した。たしかに、名前どおりの水だった。塩分があるうえに、まったく不快な腐臭があり、辛かったからだ。おかげでわれわれは、お茶やマテ茶にして飲もうという気すらおきなかった。コピアポ川からここまでの距離は、少なくとも二五から三〇イギリスマイルあるだろう。そこまでは、一滴の水もなかった。厳密な意味で砂漠という呼び名にあたいする土地だ。それでも、みちのりの半ば、プンタ・ゴルダ近くでは古いインディオの遺跡を過ぎた。また、デスポブラードから枝分かれしている谷間の前に、二本の石柱が少し離れて置かれ、そうした小渓谷の入口へみちびく標《しるし》になっているのを、見かけた。わたしの伴侶《つれ》はこの標《しるし》のことを何も知らなかった。だからわたしの質問に、あいもかわらず「さあねェ《キエン・サベ》？」と答えるだけだった。

コルディエラのあちこちで、インディオの廃墟を観察した。わたしが見たうちで保存がいちばん完璧だったのは、ウスパヤータ峠に建つタンビヨスの廃墟[*21]だった。小さな四角形の部屋が、いくつかの群れをつくり、そこに寄り集まっていた。出入口がまだ残っている家もあった。平石を観音開きにした入口だが、三フィートほどの高さしかない。ウリョアが、古代ペルーの住居にある戸口はとても背が低いことを指摘している。これらの家は、壊れる前の状態でなら、かなりの人数を収容できそうだった。伝説によると、こうした家はインカの人びとが山越えのときの山小屋として使ったという。ただの休息所として使ったなんて、とても思えないところにも、インディオの住居跡はみつかるものだ。タンビョス付近とか、インカ橋とか、ポルティーヨ峠とか、およそ耕作には不向ききわまりない土地にも、廃墟はかならずみつかった。道すらないアコンカグア付近のハフエル峡谷でも、寒風吹きすさぶうえに不毛もいいところの高地に、ちゃんと住居跡がある、と聞いた。わたしは当初、こうした建物が、最初のスペイン人到来にともなってインディオが建てた隠れ場所だったのではないか、と想像した。だがその後、わたしは、気候の小さな変化によってこうなったという可能性を考えるほうに傾いた。

　コルディエラの山系に含まれるチリ北部にあたるこの一帯では、古いインディオの家がとくに多いといわれている。住居跡のあいだを掘り返したら、毛織物の切れはし、貴金属製の道具、トウモロコシの穂などが、かなりふつうに出てくる。琥珀のやじりは、わたしがフエゴ島でもらった現役のものと、ぴたり同じ形をしていた。現在、ペルーのインディオが、高所もきわまった荒涼たる環境によく住みつくという事実を、わたしは知っている。だがコピアポで、アンデス山系を放浪しながら一生を送る人びとに聞くと、万年雪のへりあたりまであがった高地に、たいへん《ムキシ》多く《マス》の建物があって、なかには道もなく、土地が完全な不毛で、しかもなお異常なことに水が一滴もないところもあるのだそうだ。にもかかわらず、このあたりの人びとは（情況を考えると、かれらにもさっぱり理解できないようなのだが）、家の外観からして、インディオがそうした場所を住居に使っていたに違いない、と主張するのだ。プンタ・ゴルダ[*22]にあるこの谷間には、七から八軒の四角い小屋からなる住居跡がある。形はタンビョスの家々によく似ているが、主材料は土だ。ところが、ここにいる現在の住民は、ウリョアによるとペルーの住民でさえも、耐久力の点でこちらの小屋に匹敵するものを模倣して造ることができないという。各住居は、平らで広い谷底の、とてもよく目につき無防備きわまりない場所に建っていた。三、四リーグ以内には一滴の水もなかった。その外がわにある水にしても、量はわずかだし、質も悪かった。土壌はまったく不毛だった。岩にしがみつく地衣類でもないかと探したが、みつからなかった。昨今は、荷を運ぶ家畜がいる有利さがあっても、鉱山はよほど豊かな鉱脈でないかぎり、操業しても利益があがらないだろう。それでもインディオはその昔、そんなところを、住居を建てる場所に選んだ！　もしも現在、ここ数年つづいているように年に一度ではなく、二度か三度も大雨があれば、この大峡谷にだって小さな水の流路がやがて形成されることだろう。そうなれば、灌漑によって（インディオは以前、これにも精通していた）、土壌は簡単に、数家族を養えるだけの肥沃な土地に変えられるかもしれない。

地震によってもちあがった川床

南アメリカ大陸のこの地方は、現生貝が出現してからこのかた、海岸部で少なくとも四〇〇から五〇〇フィート、ほかの部分では一〇〇〇から一三〇〇フィートほど隆起したことを示す証拠を、もっている。もっと内陸部では隆起の割合も大きかったろう。気候が異様に乾燥しているのは、あきらかにコルディエラの高さのせいだから、後年の隆起がはじまる前は、気候が現在のようにに水分をすっかり追いだすことはできなかったはずである。それに、隆起のテンポがのんびりしていたから、気候の変化も同じようにゆっくりだったと推測できる。建物に人が住んで以来、気候がこうして変化したと考えると、廃墟になった時期はとてつもなく古いに違いない。ただし、チリの気候を勘案すれば、家々が手つかずに残っていることをふしぎとも思われない。われわれは、さらに、この点（いや、これは実際、ずっとむずかしい話なのだが）に関し次のことを受けいれなければなるまい。すなわち、南アメリカでは途方もない古代から、人が住みついていたということをだ。陸地の隆起によって気候にあらわれる変化は、気が遠くなるほどゆっくりであったに違いないのだから。バルパライソでは、最近二二〇年内に、隆起が一九フィート以下しか発生していない。リマだと、インディオ時代のあいだ、海岸がまちがいなく八〇から九〇フィートも隆起した。けれど、その程度のわずかな隆起では、湿気を運ぶ大気の流れを変えられるほどの力になったとも思われない。ただし、ルント博士はブラジルの洞窟で人骨を発見している。そのありさまを見て、インディオが南アメリカに住みついてずいぶん長い歳月が経っていることを、博士も信じるようになったそうなのだ。

リマでは、この国の内奥部にくわしい土木技師のギル氏と、こうした問題[★3]について話しあった。氏自身も、たしかに、気候が変わったという推測が、ときに心をかすめた、と語った。けれども、現在たしかに耕作不能なのにインディオの廃墟がちゃんと残されているこの地域の大部分は、古代インディオがあれだけすばらしい規模で築きあげた水道の手入れを怠ったことや地下変動の影響で役に立たなくなったために、こういう悲惨な状態におちいったのだ、と考えることにしたという。ここで、わたしからも口を挟ませてもらうと、ペルー人はほんとうに、硬い岩の丘を掘りぬいてトンネルをつくり、灌漑用水を引いたのである。ギル氏も、そうした古い施設を調査する仕事に雇われたことがあったそうだ。水路は低くて、狭くて、曲がっていて、幅も一定していなかったが、長さだけは壮大なものだった。鉄と火薬を使わずに達成した土木工事のうちでは、いちばんすばらしいものではないだろうか？　またギル氏は、わたしの知るかぎり前例のまるでない、まことに興味深い事例を話してくれた。ある地下変動が、一国の排水経路を一変させたそうなのだ。カスマ[*23]からウアラス[*24]（リマにほど近い）への旅をしていたら、廃墟や古代の耕作地跡——もちろん今は荒れはてているが——だらけの平地にぶつかった。近くには、かなり大きな川の流路があったが、水は干上がっていた。以前は、灌漑用の水をここから引いていたのだ。流路の外観を見るかぎり、過去数年に川の水が一度たりとも流れた形跡はない。ところどころに、砂と礫の層がひろがっていた。また、別の場所では、硬い岩が穿《うが》たれて水路になっており、ある地点では幅が四〇ヤード、深さ八フィートに達していた。流れにそって上流へさかのぼると、多かれ少なかれ上り勾配になるのは、自明の理だ。したがってギル氏は、この古い川底を上流に向けて歩いたとき、とつじょ丘を下る坂にぶつかって、度肝を抜かれたそうなのだ。この下り坂は四〇から五〇フィートも垂直に降下していると、氏は推測した。ここでわれわれは、ある一つの尾根が古代の川底を横ぎるように隆起していったことを示す論駁の余地がない証拠をにぎったのである。川すじがこうしてアーチ状に変化した瞬間から、水はやむをえず逆流して、新しい水路をつくりだしたに違いない。またその瞬間から、付近の平原は灌漑用の流れを失い、砂漠化したに違いないのである。

激しい寒風——丘からの騒音

六月二七日——われわれは早発《だ》ちし、正午までにパイポテの峡谷に到着した。ここにはわずかに水があり、ささやかな植物の茂みがあった。ネムノキの類であるアルガロバ[*25]の樹もずいぶんあった。薪になるから、昔はここに溶鉱炉ができていた。われわれは、炉を管理する一人ぼっちの番人をみつけた。この男の唯一の仕事は、グアナコを狩ることだった。夜はことのほか、凍《しば》れた。しかし、燃やす薪が十分にあったので、あたたかく過ごせた。

六月二八日——われわれは少しずつ登りつづけた。昼のあいだは、グアナコを何頭も見た。それに、よく似た種ビクーニャの足あとも。この後者のほうは習性がほぼ山岳性で、万年雪の限界より下へは、ほとんど降りてこない。だから、グアナコにくらべると、ずっと高所の、荒涼としたところにいる。群れをなしているのを目撃したのは、ほかにただ一種、小型のキツネだけだった。この動物はどうやらネズミのような小さな齧歯類を食べているらしい。この齧歯類は、多少でも植物があるかぎり、カラカラに乾いた砂漠でもかなりの数が生息する。パタゴニアでは、露を除けば淡水が一滴もない塩湖のふちにも、これら小さな獣たちが群れている。トカゲ類に次いで、ネズミ類は、どんなに小さくどんなに乾いた土地でも——いや、絶海の孤島でさえも、生きていけるらしい。

周囲の風景は、澄んで雲一つない空の下、荒涼感をただよわせつつ、輝きながら、はっきりと見えていた。ひととき、その風景は崇高美を味わわせてくれたが、この感覚は長つづきしなかった。そして、興味が失われていくのだ。われわれはプリメラ・リネア、つまり全水流を分水する最初の一線があるふもとで、野営した。しかしながら、東がわへ行く水は大西洋まで届かずに、ある隆起した地域に注ぎこみ、その中央に大きな塩湖《サリナ》をつくっている——こうして、一万フィートはあろうかと思える高さに、小さなカスピ海に譬《たと》えられるような内海がつくられるのだ。われわれが野宿したところには、かなり大きな雪の吹きだまりがあった。ただしこの雪は、年間を通じては残らない。これだけ高いところの風は、きわめて強力な法則にしたがっている。毎日、烈《はげ》しい風が谷間に吹きあれるのだ。夜は、夕暮れの後の一、二時間後、上空からくる冷寒帯の空気が、通気筒を抜けるかのように吹きおろす。今夜は大風が吹いていた。気温も結氷点よりよほど低かったに違いない。なぜなら、タライにいれた水がすぐに氷の塊に変わったからだ。どんな服も冷気を防ぐ役に立たなかった。わたしは寒さに痛めつけられ、おかげで眠ることも叶わなかった。朝起きてみると、体がとてもだるくて、麻痺していた。

もっと南のコルディエラでは、人びとが吹雪のために生命を失う。ここでは、ときによると、ぜんぜん別の理由でも生命を失う。わたしのガイドは一四歳の少年時代に、ある団体とともに五月のコルディエラ越えを体験した。そして旅の半ばにさしかかったとき、途轍もない大風がおこった。あまりの激しさに、人びとはラバにしがみつくこともならなかったし、地面にそって石が飛んでもいた。その日は雲がなく、雪はひとひらも舞わなかったが、気温は低かった。気温計は氷点下をそれほど下まわっていなかったはずだが、十分な防寒服をまとっていない肉体におよぼす影響は、冷気の流速に左右される。大風は一日以上も吹きつづけた。人びとは体力を失いはじめ、ラバも前進しようとしなくなった。わたしのガイドの兄は引き返そうとしたが、死亡した。その死体は二年後になって、道のそば、ラバのかたわらで発見された。手には、たづなを握られたままで。一行のうち別の二人は、手と足の指を失った。二〇〇頭のラバと三〇〇頭の牛のうち、わずか一四頭のラバが生きてこの難所を脱けでたきりだった。何年も前に同じような事件があったが、そのときの大きな隊は今日に至るまで一人も発見されていない。雲のない空、低い気温、そして猛烈な大風、この三つが組みあわさることは、世界のどこへ行っても、異様なできごとといわざるを得ないだろう。

六月二九日——われわれは勇躍、谷を下って前夜の野営地へ帰り、それからアグア・アマルガ付近に到達した。七月一日、われわれはコピアポ峡谷へたどり着いた。渇ききり、不毛な、デスポブラードのそっけない大気を吸ったあとでは、新鮮なクローバーの香りがとてもうれしかった。町にいるあいだに、わたしは何人かの住民から、近郊にある丘の話を聞いた。「エル・ブラマドール」すなわち唸る者とか吠える者とかよばれる丘である。ただ、話を聞いた当時は、軽く聞き流してしまった。それでもわたしが理解した範囲でいうなら、その山は砂で覆われており、人がここに登って砂に圧力を加えたときだけ、音を出すのだそうだ。たくさんの旅人が、紅海のすぐ近くにあるシナイ山に登って聞いた音の原因として、ゼーツェン[*26]とエーレンベルク[★4]両権威は、同様の状況を詳細に記述している。わたしの話し相手になったある人物は、その音を直接聞いたことがあり、非常に驚かされたと話してくれた。どうしてそういう音が出るのかはわからないが、とにかく上り坂で砂を転がり落とすようにすれば出る、とかれは明言した。乾いていて粗い砂の上を歩く馬も、粒と粒との摩擦から奇妙なさえずるような音を発生させる。これはブラジルの海岸でわたしも何度か注目した現象だった。

三日後、町から一八リーグ離れた港にビーグル号が到着したことを知った。谷間ぞいには、耕地らしいものがほとんどない。ロバもほとんど食べられないような、ひどい針金状の草が、あたり一面に生えている。植物が育たない大きな理由は、土壌に浸みこんだかなりの塩分にある。港は、そうした不毛の平原の端にあって、みじめな小屋の群れからなりたっている。現在は川の水量が多くて海まで注ぎこんでいるので、住民は一マイル半以内の場所で淡水を汲める恩恵に浴している。海岸には売りものになる品が山積みされていて、そのちっぽけな一角に活気がみなぎっていた。夕方、わたしは、相棒を務めてくれたマリアーノ・ゴンザレスに心からお別れ《アディオス》の言葉を贈った。かれとは、何リーグにもわたってチリを馬でともに旅した仲である。次の日の朝、ビーグル号はイキケに向けて出航した。

イキケ

七月一二日——ペルー沿岸、南緯二〇度一二分に位置するイキケ港に碇泊した。町は、人口一〇〇〇人を擁し、高さ二〇〇〇〇フィートもの巨大な岩壁のふもとにある小さな砂浜にひろがっていた。この砂浜は、ここらあたりの海岸線をかたちづくっている。どこもかしこも砂漠だ。数年という長い歳月をおいて、ようやく軽いにわか雨がある。したがって峡谷は岩片に埋めつくされ、山腹にしてから、一〇〇〇フィートの高さですら白くてこまかな砂の屑に覆われている。一年のこの季節は、厚い雲の棚が海の上にまで張りだし、海岸の岩壁よりも上空へあがることは、滅多にない。だから、ここの情景はひどく陰鬱だった。わずかな数の船を碇泊させたちっぽけな港、それにみすぼらしい民家の列が、それ以外の眺めとはまったく別ものに見えるので、圧倒される感じがした。

塩の沖積層——硝酸ソーダ

住民たちは船上生活者と似たような暮らしかたをしている。必需品はみんな、遠方から持ちこまれる。水は四〇マイル北のピサグア[27]から、小舟で運ばれてきて、一八ガロン樽につき九レアル（四シリング六ペンス）で売られる。わたしはワインボトル一本分の水を、三ペンスで買った。薪の事情も似たようなもので、食べものもすべて輸入品であることは、いうまでもない。こういう土地では、動物もほとんど養っていかれない。次の朝に二頭のラバとガイドを一人、硝酸ソーダ[28]の製造所まで行くために雇ったが、探すのに苦労したうえに四ポンドもかかった。その硝酸ソーダは、現在のイキケを支えている。この塩分は、一八三〇年にはじめて輸出品になった。一年間で、売り上げにして一〇万ポンドの分量が、フランスとイギリスに輸出された。主たる用途は肥料、それに硝酸を製造するときにも使われる。潮解性があるので、火薬をつくる役には立たないだろう。以前、この近辺には、きわめて豊かな鉱山が二つあったが、今は産出量もほんのわずかである。

われわれが近海にあらわれたことで、多少だが動揺が生まれた。ペルーが無政府状態にあり、各政党が献金を要求するので、イキケのような小さな町は、悪い時代がやってきたと嘆き、頭をかかえていた。住民も家計には苦しんでいた。つい先だって、フランス人大工が三人して、まったく同じ日の夜立てつづけに、二つの教会に押し入り、器物《プレート》を根こそぎ盗んでいった。しかし、盗賊の一人があとで自白したので、器物は戻った。罪人は、この州の州都になっているアレキパに送られた。そこは、なんと二〇〇リーグも離れているのだ。そこの当局は、どんな家具も造れる有用な職人を罪するに忍びないというわけで、すぐに全員を釈放した。万事がこういう状態だから、教会がまた押し入られ、こんどは器物が戻ってこなくなった。住民はとても怒り、「全能の神を食いもの」にするのは異教徒をおいてほかにないと叫び、数人のイギリス人を捕まえ、あとで銃殺する気で拷問にかけた。当局がようやくあいだに割ってはいり、平穏がとり戻された。

七月一三日――朝、わたしは一四リーグ離れた硝石製造所への旅に出た。険しくて石ころだらけの山を、ジグザグの砂道づたいに登っていくと、ガンタハヤとサンタ・ローザの鉱山がすぐに見えてきた。この二つの小村は、各鉱山のちょうど入口にあるのだ。どちらも丘の上にちょこんと立ち、イキケの町よりもさらに不自然で、しかも荒涼とした眺めだった。起伏のある、まるっきりの砂漠というしかない土地を、一日馬で横断したが、日が暮れるまで硝石製造所にたどりつけなかった。道ばたには、疲れのあまりに斃れた荷物運びの動物たちの骨やら、干からびた皮やらが、撒きちらされていた。死骸を餌にするヒメコンドルを除けば、鳥も獣も、トカゲも昆虫も、生きものの姿をまるで見かけなかった。海岸の山脈はこの季節だとふつう雲に包まれているが、二〇〇〇フィートも上空にある。岩の裂けめに育っているごくわずかなサボテンが見られた。さらに、流動する砂が表面を覆っており、これに地衣《こけ》が入りまじっていた。地衣は地表に載っているだけで、まったく固定していない。この植物はクラドニア属[*29]で、エイランタイ[*30]にいくらか似ている。場所によっては、かなりの量があり、遠目に見ると砂を黄色く染めるほどだ。この先へ一四リーグ進む全行程のあいだ、ほかに確認した植物は一種だけだった。とても小型の、黄色をした地衣で、死んだラバの骨に生えていた。ここは、わたしがはじめて目にするほんものの砂漠だったが、奇妙なことに深い印象は受けなかった。どうやらわたしが、バルパライソから北へ登り、コキンボを経由してコピアポまで進んだために、荒涼とした砂漠地帯の光景に慣れてしまったからのようだ。この一帯の眺めは、ふつうの塩が厚く殻をつくっていることと、硝石を含んだ沖積層が段々に積み重なっていることで、かなり特徴的である。これは、陸が海面から徐々に隆起する際に堆積したもののようだ。塩のほうは白くてとても硬く、質が密にできていた。固まった砂から突きだしている鉱瘤が、水に磨かれて丸くなったところに生じており、石膏をたくさん含んでいた。地表に出た塩の殻の外観は、ざっと次のようだ――降雪があったあと、その雪があらかた解けて、最後に汚らしい雪の吹きだまりが残っている光景、といった感じである。この溶けやすい塩の殻が、この地方ではいたるところ表面を覆っている。この事実は、周囲の気候がどれほど長期にわたって異常な乾燥をつづけてきたかを、ものがたっている。

その夜、硝石鉱山の所有者だという人物の家に泊まった。一帯は、海岸付近に負けず劣らず不毛だ。けれども、少し苦くて塩辛い水が、掘り抜き井戸から汲みあげられた。わたしが泊まった家の井戸は、深さが三六ヤードあった。雨らしい雨がないので、井戸水はあきらかに雨水に由来するものではなかった。もしも雨水なら、周辺の地表を覆ったさまざまな塩類の殻を溶かして浸みこむはずだから、海水みたいに塩辛くてしかたなかったろう。だからこの水は、ずいぶん遠方からきたにしても、コルディエラから地下を浸み透って流れてきたに違いなかった。たしかに、コルディエラの方向には、小さな村が点在する。住民たちはここよりも多くの水を汲めるので、猫の額みたいな土地を灌漑することができる。藁がとれるので、硝石を運搬するラバやロバの餌にも困らなかった。その硝酸ソーダだが、現在、舷側渡し価格は一〇〇ポンドあたり一四シリングになっている。この値段の主要な原価を占めるのは、海岸までの運賃だ。鉱山は厚さが二、三フィートある殻のような層になっていて、硝酸塩に、ごくわずかな硝酸ソーダと多量のふつうの塩とが混ざっている。この層は地表のすぐ下にあり、大きな平原というか盆地のへりをかたちづくって、一五〇マイルの長さにもおよんでいる。この輪郭から推測すると、ここはその昔、湖だったのかもしれない。あるいはもっと確からしいのは、塩類の層にヨード系塩類が交《ま》じっている点から見て、内陸深くまで切れこんだ海であったに違いないということだ。平原の地表は、太平洋の海面から測って三三〇〇フィートの高さにある。

リマ

七月一九日――われわれはペルーの首都、リマにある海港カヤオの入江に錨を降ろした。ここに六週間とどまったが、社会情勢が動揺しているために、陸上を見物することがほとんどできなかった。しかも碇泊中は連日、いつもならすばらしい天候が悪いままだった。暗くて重苦しい雲の塊が、いつも陸地を覆っているので、最初の一六日間は、リマの後方にあるコルディエラの眺めが、たった一度しか見えなかった。こういう状態で見る山脈は、雲の切れめからひと山、またその上にひと山という感じで、きわめて荘厳な印象があった。ペルーの低地方には雨が降らない、とは、ほとんど諺《ことわざ》の域に達したいいまわしである。ところがここでは、その諺が正しいとは思えなかった。なぜなら、われわれが訪れた全期間を通じ、毎日のように霧雨があったからだ。街路を泥だらけにし、衣服を湿らせるに十分な霧だった。これを人びとは歓迎して、ペルーの露と呼ぶ。しかし、大雨に決してならないというのは、ほんとうのことで、泥を固めて乾かした平たい屋根だけしか雨露しのぎをもたない民家が、その証拠だった。また埠頭では、船に積みこむ予定の小麦の袋が、被いもかぶせられずに数週間放置されてある。

不健康な国

わたしが辛うじてペルーで見聞できたことは、どれも好きになれない。けれど、夏になれば気候はすばらしくよくなるのだそうだ。また季節にかかわりなく、住民も外国人も強烈な瘧《おこり》の発作に襲われる。この病気はペルー沿岸のどこでも発生するのに、奥地では流行しない。沼から出る瘴気《ミアズマ》[31]が原因となっておこるこの病気発作は、いつまでも原因が解明できないでいる。ある土地が健康にいいか悪いかは、見かけだけでは判断がつかないけれど、それでも熱帯地域で健康によいところを選べといわれたら、まずこの地の海岸が名指しされるようだ。カヤオ湾の近郊にひろがる平原は、丈夫そうな草が少し生えており、とても小さいが澱んだ沼ならば、いくつもある。例の瘴気は、まちがいなくそうした沼から発生する。というのも、同じような沼の点在するアリカ[32]の町が、いくつかの小沼を干上がらせたことで、ぐっと健康によい土地柄に改善されたからだ。瘴気だからといって、かならずしも、灼けつく熱帯の大ジャングルが生みだすものとは限らない。ブラジルのあちこちに、暑くて、植物が繁るだけ繁ったところがあるけれども、ここで述べているる不毛のペルー沿岸よりは、ずっと健康によい。チロエ島にあったような温帯の大森林は、大気の健康な条件をいささかも悪くしないと思う。

ベルデ岬諸島にあるサンチャゴ島は、これまた別の、注目すべき事例の一つである。見るからに健康な土地に見えて、じつは正反対だからだ。以前わたしは、こう述べたことがある――広大な、なにも生えない平原は、雨季ののち数週間後に、植物をまばらに生じさせるけれど、この植物はアッというまに枯れて干からびてしまう、と。そういう時期は大気に毒が混じると見えて、住民も外国人も、激しい熱病におかされる。これに対し、太平洋上のガラパゴス諸島は、土壌の質がほぼ同じであり、植物も周期的に同じような盛衰を繰り返すにもかかわらず、まったく健康的である。フンボルトは、かつて、こう述べたことがある。「熱帯地方の下《もと》では、どんなに小さな沼でも、大いに危険である。ベラクルスやカルタヘナなどを見るまでもなく、乾いた、砂だらけの土壌に囲まれていると、まわりの大気の温度がすぐに上昇してしまうからである」[★5]。しかしペルーの沿岸は、気温がびっくりするほどは上昇しない。たぶんそのせいだと思うが、間歇熱[*33]もそれほど性質《たち》の悪いものではない。どこの不健康な土地でもそうだが、いちばん危ないのは浜辺で眠ることとである。理由は、眠っているあいだ体の状態が無防備になるせいか、それとも眠っている時刻に瘴気の量がたまたま増大するので体を悪くするのか、よくわからない。しかし、船上にとどまっている人びとは、船が海岸のすぐそばで投錨した場合でも、浜に上陸した人たちよりは一般に熱病にかかる率がずっと低いようだ。ところが一方、アフリカ沖の数百マイル地点で軍艦の乗組員に熱病が発生したという注目すべき事例を一つ、わたしも聞いたことがある。しかもそれは、シエラ・レオネではじまった、あのおそろしい死の流行時期[★6]と、ぴたり一致していたのだ。

南アメリカにある国々のうち、ペルーほどに、独立を宣言[*34]したあとも無政府状態の混乱に悩みつづけた国はない。われわれが碇泊した当時、軍事力を背景にした四人の将軍が政府の長の座を争っていた。だれかが多少とも力をたくわえると、残りの三人が連合してこれに対抗する。そのくせ、相手をへこませたあとは、三人がじきに敵対しはじめるのだ。過日、独立記念日に大統領が聖式《サクラメント》に参加し、大きなミサがおこなわれた。「神を、たたえまつらん」と頌歌をうたうあいだ、各連隊はペルーの国旗でなく、髑髏《どくろ》をあしらった黒旗をかかげた。死ぬまで闘う決意をあらわすために、こういう場合にこのような光景を命令で見せつけられる政府、という恐ろしいものを想像してみるとよい。この状態が、わたしにとっていちばん都合の悪いときに発生してしまった。町から遠出することを固く禁じられたからだ。港をかたちづくるサン・ロレンソ[35]の不毛な島だけが、安心して自由に歩きまわれる唯一の場所になってしまった。高さ一〇〇〇フィート以上の高地は、この季節（冬）のあいだ、雲の下限よりも上にある。だから、頂上はたくさんの隠花植物やら少数の花やらに覆われる。リマの近郊には、一〇〇〇フィートよりも少し高所に丘があるが、その頂上の地表は、蘚苔類を絨毯のように敷きつめ、アマンカエス[36]と呼ばれる黄色いユリの苗床《なえどこ》にもなっている。これは、イキケと同じ高さにあるにしては湿度がずっと高いことを示している。リマよりも北へ進むと、湿度がずいぶん高くなり、赤道直下のそばにあるグアヤキルの岸にまで行きつくと、ここにもっとも繁茂した森林がみつかる。ただし、ペルーの不毛な海岸部が肥沃な土地に一変するのは、グアヤキルから南へ二度ほど下ったブランコ岬の緯度線上であり、変化はここで多少急激におこるといわれている。

カヤオは、薄汚れて造りもお粗末な、小さな小港である。ここでも、それからリマでも、住民はヨーロッパ、黒人、そしてインディオの血と、考えられ得るかぎりの膚の色をもっている。かれらは、堕落した酔っぱらいのように見える。大気には、胸のむかつく異臭がただよっている。熱帯地域の町ならたいていい付きものの、一種異様な臭いが、ここではことのほか強烈だ。コックレーン卿による長期間の包囲にも耐えた堅砦が、いかにも横柄な印象を与える。しかし大統領は、われわれがここに滞在しているあいだに、黄銅製の大砲をさっさと売りとばし、砦の一部を解体しだした。大統領にその理由《わけ》をいわせると、これだけ重大な守備の任務をまかせられる士官がいないからなのだそうだ。たしかに、大統領がそう考えたについては十分な理由がある。なにしろこの人物は、問題のこの砦を守備していたときに、反乱によって大統領の地位を奪いとったのであるから。われわれが南アメリカを去ったあと、この大統領はいつものパターンで罰をうけた。すなわち、別の軍勢に攻めたてられ、囚われの身となり、ついに銃殺されたのである。

リマは、ゆるやかに海が後退していくあいだに形成された谷間の内にある平原に、位置している。カヤオからだと七マイルの距離、海抜も五〇〇フィートほど高くなる。だが、傾斜がとてもゆるいため、道などは完全に水平に見える。そのためにリマでは、一〇〇フィート登ったという実感もなかなか生まれない。フンボルトは、この異様な、人をあざむく事例について述べている。険しいうえに不毛の丘がいくつも立ちあがり、平原から島でも突きでたような実感を与えている、と。また、その丘が、まっすぐな泥の壁によって、大きな緑の原野と分けられている。原野の中には、ヤナギが数本と、ときおりバナナやオレンジの樹とがある以外、木らしい木が一本もない。リマの町は、目下荒れはてていて、悲惨な状態にある。街路に敷石は見あたらないし、汚物の堆積がいたるところに山をつくっている。そこに、鶏のように人に馴れた黒いヒメコンドルが集まり、死肉のかけらをついばんでいる。家々はふつう二階があり、地震に備えて漆喰で固めた木造建築になっている。しかし、時代が古い建物には、とても大きなものがあって、昨今は数家族がそこに暮らしている。部屋の数がすさまじく、豪華なアパートという点ではどこの第一級の部屋とも比肩できる。王たちの都リマは、以前とてもすばらしい町だったに違いない。おびただしい数にのぼる教会は、現在もなお、近距離から眺めると、奇妙で目を驚かす特色というか個性をこの町に与えている。

ペルーの陶器

ある日わたしは商人たちと連れだち、町のすぐ近郊で狩猟をおこなった。獲物はとても少なかったのだが、古いインディオの村落跡を見物する機会には恵まれた。村の中央にあったのは、天然の丘と見まちがえる築山だった。家、囲い場、灌漑用水路、墓用の塚などの遺物が、平原中にばらまかれていた。これを見るにつけ、古代インディオの人口の情況や数の多かったことが、まちがいなく偲ばれた。かれらがこしらえた土器、毛織物、いちばん硬い岩を切って作ったみやびな日用道具類、銅器、宝石を使った装飾品、王宮、水力工事などを考えると、インディオが文明の名において達成した技術の驚くべき進歩を、崇敬しないではいられなくなる。盛り土をした塚は、ウアカス[*37]と呼ばれ、ほんとうに大きい。もっとも、場所によると、天然の丘を取りこんだり改造したりしたところもあったが。

地震で倒壊したカヤオの廃墟

また、別口としてずいぶん性質の異なる廃墟もある。これらがちょっとおもしろいのは、一七四六年の大地震と、そのあとに襲ってきた津波とに全滅させられた、古いカヤオの村にあることだ。この破壊ぶりは、タルカワノで見たよりもたしかに徹底されていた。礫の量がすさまじくて、壁の基礎をほとんど隠しこんでしまっている。また莫大な煉瓦は、退いていく波の力で小石のように、くるくると回されてしまった。この記憶に残る地震のあいだに、陸地が沈降したといわれている。この証拠はみつけられなかったが、沿岸の形は、以前に村のいしずえが築かれた時期にくらべて多少の変化をこうむったあとが歴然としているので、陸が沈んだということも十分にあり得る話なのだろう。常識のある住民であれば、じぶんたちの村を立ち上げようというとき、廃墟がいま建っているような狭くるしい礫だらけの出洲《でず》なぞを、決して候補地には選ばないはずだからだ。われわれの航海のあと、チューディ氏[*38]が、古地図と現在の地図とを比較した結果、リマの北と南にある海岸は両方ともにまちがいなく沈下しているという結論に達した。

近世の沈下——サン・ロレンソの隆起した貝殻と、その分解

サン・ロレンソ島には、現生代に隆起したことを十分満足に示してくれる証拠がある。もちろん、陸地がその後に少し沈下したと信じることに、矛盾するものではない。この島のうちでカヤオ湾に面したがわは、不明確ながら三段の段丘に削られており、いちばん下の段が一マイルにわたり一つの地層に覆われている。すぐ隣の海で今もなお生存している一八種の貝でほぼ全域が構成されている地層だ。その厚みは八五フィートに達する。貝殻の多くはツルツルに磨きあげられ、チリの海岸でいうと五〇〇から六〇〇フィートの高さから出る貝殻にくらべて、外見はきわめて古く、ひどく腐蝕されているように見えるし、ずっと長いこと波に磨かれてきたようにも見える。こうした貝類に、多量のふつうの塩と、少量の硫酸石灰（どちらも陸がゆっくりと隆起するのにと

リマから見たサン・ロレンソ島

もない、飛沫が蒸発してあとに残ったのだろう)、硫酸ソーダ、塩化カルシウムが混在している。これらの構成要素は、その下にある砂岩のかけらの上に載っており、上のほうは岩屑で二、三インチの厚さに覆われている。この段丘よりも上にある貝殻は、みんな薄片《フレーク》状となって剝がれ、しまいには極細の粉末のように崩れるまでをたどっていける状態になっている。高さ一七〇フィートにある上方の段丘では、またもっと上へ行ったところとも同様に、まったく同じ外見と位置関係をもつ塩の粉の層があるのをみつけた。この上方の層は、もともと、高さ八五フィートの岩棚にあるのと同種の貝殻が埋まっていたに違いない。しかし現在の層には、有機物構造をもつ物体の痕跡も残されていない。わたしのためにT・リークス氏が手がけてくれた粉の分析結果によれば、成分は、石灰とソーダの両方に結びついた硫酸塩と塩化物からなり、炭酸石灰もごくわずか含んでいた。ふつうの塩と炭酸石灰を固体の状態でいっしょにし、しばらく放置すると、どちらも一部が分解してしまう事実が知られている。ところがこの現象は、少量ずつの成分が溶液中にあるときには発生しない。下方の層でふつうの塩とともにみつかる貝殻が、半ば分解した状態にあって、その上にかぶさった塩類の層に含まれる他の塩の成分といっしょになっていること、それに貝殻がいちじるしく磨かれ分解していること、などを考えあわせると、わたしはここに二重の分解が発生したのではないかと強く疑わざるを得ない。しかしながら、その結果生じるべき塩類は、炭酸ソーダと塩化石灰の二種であるはずなのだが、後者は存在するのに前者が欠け落ちている。そこで考えられるのは、なにか未知の作用により炭酸ソーダが硫酸塩に変化してしまったのではないか、ということだ。どこでもそうだが、塩分を含む地層は、降雨量がはなはだしく多いところでは、あきらかに残りにくい。これに対し、ここの実勢は（雨が少ないために）、露出した貝殻をながく保存するのに適しているように思える。おそらく実際に、洗い流されずに残ったふつうの塩の力で間接的に貝殻が分解され、早ばやと粉になってしまったと思われる。

貝殻と陶器の破片が埋もれている平原——インディオ種の古い起源

わたしは八五フィートの高さにある段丘で、貝殻や、雑多な漂着物の山に混じって、木綿糸の切れはしや、トウシンソウで編んだ品物、さらにトウモロコシの茎の穂が堆積しているのを発見して、とても興味をそそられた。こうした遺物を、ペルー人の墓《ウアカス》から掘りだした同様の遺物と比較してみたところ、外観がよく一致した。サン・ロレンソ島の向かいにある本土の、ベヤビスタ[*39]付近には、高度一〇〇フィートの広くて平たい原野がある。そこの下層は、砂層と、混じりものの多い粘土層とが交互に重なっている。表面のほうは三フィートから六フィートの深さにわたって、赤色をした土壌が積もり、海産貝類の殻が少し混じっている。ここからは、赤色をした土器の破片がたくさん出てくるのだ。場所によっては、この破片がとくによく出る特異地点もあった。当初わたしは、この表層が一様に広くひろがっていることを根拠に、海面下で堆積したものと信じるほうに傾いた。けれどもその後、ある地点でこの表層が、丸石を敷きつめて作った人工の床の上に堆積しているのをみつけた。ということは、つまり、陸地がまだ十分に隆起していない時期に、現在カヤオの周囲に見るような平原が早ばやとできあがっており、それが海面上、それもすれすれのところまで露出していた事実を、証拠だててくれる。この平原で、インディオたちは地中にある赤土の層を利用して、土器をつくったのだろう。また大地震があったときには、海水が浜辺に押し寄せてきて、実際に一七一三年と一七四六年にカヤオ付近で発生したとおり、平原を一時的に湖に変えたこともあったのだろう。そのとき海水が、窯《かま》から（この窯が場所によっては多く集まっていた）は土器の破片を含む赤土を、海からは貝殻を、それぞれ堆積させたのだ。土器の破片を出すこの層は、木綿糸やら何やら多くの遺物を埋めこんだサン・ロレンソ島の下方の段丘にある貝殻ぶくみの層と、まったく同じ高さにある。そこでわれわれは、前にも触れたとおり、インディオの祖先がここに住みついた時期に、陸地が八五フィートを超える隆起を示したと結論してさしつかえないと見た。だがこのわずかばかりの隆起は、古い地図が描かれた時期よりもあとに起きた海岸の沈下で、帳消しにされてしまったに違いない。バルパライソでは、われわれがここを訪れる以前の二二〇年間、隆起は一九フィートを超えることはなかった。ところが一八一七年以後、一部分は知らぬあいだに少しずつ、またもう一部分は一八二二年の大地震をきっかけに急激に、一〇ないし一一フィートも隆起してしまった。インディオの祖先がここに住みついた時期の古さについては、かれらの遺物が埋められたあとに陸が八五フィートも隆起したことを考えると、あらためて驚くべきものがある。というのも、パタゴニアの海岸では、陸地がこと同じフィートだけ低かった時代に、あのマクラウケニアという古代獣が生きていたからだ。ただ、パタゴニアの海岸はコルディエラから多少遠いところにあるので、隆起の速度もここよりはゆるやかだった可能性はあるかもしれない。バイア・ブランカの場合だと、数知れぬ巨大獣が土中に埋もれてから、たかだか数フィートの隆起があったにすぎない。また、世の定説にしたがうならば、これら絶滅した獣が生きて歩きまわっていた時代には、人間はまだここにいなかったということになる。けれども、パタゴニア海岸のそうした隆起は、たぶんコルディエラの造山運動とは何の関係もなく、むしろバンダ・オリエンタルの古い火山岩の山脈とかかわりがありそうだ。つまり、パタゴニア海岸の隆起はペルーの海岸の隆起速度よりもかぎりなく遅れたのだろう。とはいえ、以上のような想像はすべて確実とはいいがたい。なぜならば、隆起運動のあいだに挟まって、沈下の時期が何度か存在したことはなかったとは、だれにも断言できないからである。現に、パタゴニアの海岸は全域にわたって、隆起の力が作用し上昇運動がつづいたあいだにも、長い休止期が繰り返し発生したことを、われわれはよく承知しているのであるから。

【訳注】 第16章

＊1——ウアスコ Guasco あるいはワスコ Huasco チリ中部の太平洋に面した港町。コピアポの南西約一九〇キロメートルにあり、南のコキンボとのほぼ中間地点にあたる。

＊2——ビーニョ・デル・マール Viño del Mar 現在のビーニャ・デル・マール。チリ中部、港湾都市バルパライソの北東に隣接する港町。サンチアゴにも近く、古くから別荘地として知られる。太平洋にのぞむ美しいビーチやシーフードが人気だが、フンボルト海流のため海水温は低い。

＊3——リマチェ Limache キヨタの南にある街で、ダーウィンが登ったベル山（カンパーニャ山）にも近い。

＊4——ユッカ リュウゼツラン科ユッカ属の常緑植物。アメリカ南部から中米、西インド諸島に分布し、多くは低木状であるが、なかには茎の立たない種もある。観葉植物としても広く栽培されている。

＊5——イヤペルの峡谷 Illapel 太平洋岸の街ロス・ビロスから北東に向かったところにある渓谷で、イヤペル川ぞいにイヤペルという鉱山街がある。ロス・オルノスは「かまど」「炉」を意味する地名だが、この街の近郊にある鉱山の名であろう。

＊6——アルファルファ ヨーロッパが原産のマメ科の多年草。ムラサキウマゴヤシとも呼ばれる。乾燥地、寒冷地などでも多量の収穫をあげる牧草として世界に広まった。

＊7——海賊 バカニアとも呼ばれ、十七〜十八世紀に新大陸やカリブ海でスペイン領の沿岸や商船を襲って恐れられたイギリス人、フランス人、オランダ人など。バカニアはもともと「肉を燻製にする人」の意味で、西インド諸島に住み着き、野獣を捕えて燻製をつくった元船員などを指し、やがて海賊を意味するようになった。イギリスの海賊、H・モーガンはその代表格だが、本国の支援を受けて活動することもあった。

＊8——B・ホール船長 Hall, Basil（1788-1844） イギリスの海軍軍人、著述家。父のサー・ジェームズは高名な地質学者。日本や朝鮮の近海を含む多くの航海を指揮しながら、その航海記を出版した。

＊9——ジェルバ・ブエナ yerba buena スペイン語で yerba は「草、ハーブ」の意。ジェルバ・ブエナは「良

い草、薬草」を指す。今日、中南米では、一般にジェルバ・ブエナといえばミント系のハーブのこと。

＊10――ブリムス属　比較的大きな縦長に巻いた貝殻をもつカタツムリの仲間で、南アメリカ大陸に生息する。トウガタマイマイとも呼ばれる。

＊11――フレイリナ Freirina　太平洋岸のウアスコから内陸に約一五キロメートルはいったところにある街。

＊12――バレナル Vallenar　ウアスコ川ぞいの谷では最大の都市で、太平洋岸のウアスコから約五〇キロメートル内陸にある。

＊13――オヒギンス O'Higgins, Bernardo（1778-1842）　チリの軍人、政治家であり「建国の父」とされる。父親はアイルランドで生まれ、新大陸で成功し、チリ総督を経てペルー副王に登りつめた人物。息子は若くしてスペインからの独立運動に加わり、アルゼンチンでホセ・デ・サン・マルティン（1778-1850、アルゼンチンの軍人で独立の英雄）の支援を得て一八一八年に独立を宣言した。

＊14――パポソ Paposo　チリ北部の港町。タルタルから北へ五六キロメートル離れたところにある小さな町で、周囲の谷は稀少な植物の宝庫としても知られる。

＊15――ニューアンダルシア　スペイン語でヌエバアンダルシア。南アメリカ大陸にスペイン人が築いた植民地の一つで、現在のベネズエラ北部にあたる。

＊16――P・スクロープ氏 Scrope, George Julius Poulett（1797-1876）　イギリスの地質学者。火山の研究者として知られ、ダーウィンとも交流があった。

＊17――ウナヌエ博士 Unanue y Pavón, José Hipólito（1755-1833）　ペルーの医師、科学者、政治家。独立期の南アメリカ大陸を代表する啓蒙思想家の一人として知られる。

＊18――アレキパ Arequipa　ペルー南部の都市で、ミスティ火山のふもとにある。もともとインカ時代の古い都市であったが破壊され、十六世紀の半ばにスペイン人が植民都市を築いた。

＊19――イカ Ica　ペルー中南部の都市。首都リマから南南東へ約二七〇キロメートル、イカ川ぞいにある。

＊20――ウェブスター Webster, John White（1793-1850）　アメリカ合衆国の自然科学者。一八一七～一八年

にアゾレス諸島に滞在した。「パークマン・ウェブスター殺人事件」と呼ばれる有名な裁判で犯人とされ絞首刑となったが、二十世紀後半の再調査では無罪との結論が出された。

＊21――ウスパヤータ峠に建つタンビョスの廃墟　第15章でダーウィンが通ったウスパヤータ峠の道をアルゼンチンがわへ下ったところにあるインカの遺跡。ただし、ウスパヤータ峠のすぐ近くではないようだ。

＊22――プンタ・ゴルダ Punta Gorda　コピアポから南東へ約四五キロメートル離れた鉱山。

＊23――カスマ Casma　ペルー中部、太平洋にのぞむアンカシュ県中部の街。ウアラスとともに古くからインディオの文化が栄えた土地として知られる。

＊24――ウアラス Huaraz　サンタ川のつくる峡谷に位置する同名県の県都である。

＊25――アルガロバ　北アメリカ大陸原産のマメ科プロソピス属の低木で、メスキートともいう。ササゲに似た大きめの莢にたくさんの豆を実らせる。飢饉のときの食糧などとしても利用されてきた。

＊26――ゼーツェン Seetzen, Ulrich Jasper（1767-1811）　ドイツの探検家、博物学者。一八〇二年にパレスティナからアラビア、エジプトを旅して植物や鉱石を採集した。

＊27――ピサグア Pisagua　イキケと同様に現在はチリ領だが、十九世紀末まではペルーの支配下にあった。チリ北部の港町で、一八七九年にはこの付近でペルー・ボリビアの連合軍が同地域での硝石資源の開発をめぐりチリと争う「ピサグアの海戦」があった。

＊28――硝酸ソーダ　ソーダ硝石、チリ硝石とも呼ばれる。とくに重要な鉱物として注目されたのは、十九世紀半ばごろからで、爆薬の製造に用いられるようになり輸出が増大すると、チリとペルーおよびボリビアが対立する原因となった。

＊29――クラドニア属　地衣類の仲間でハナゴケ属ともいう。体は平らな、いわゆるコケ状ではなく、高さ三～一〇センチメートルほどの軸をもつ樹枝状である。

＊30――エイランタイ　ウメノキゴケ科エイランタイ属の地衣類。クラドニア属と同じく樹枝状で高さ八～一〇センチメートルほど。アイスランドゴケとも呼ばれ、ヨーロッパでもよく知られている。

＊31——瘴気《ミアズマ》　不潔な場所から発生する悪い気体で、かつてはマラリアなどの病気の原因とされた。沼地や淀みなどに木の葉など物質が沈殿、腐敗することによっても発生すると考えられた。

＊32——アリカ Arica　チリ北端にある港湾都市で、国境をへだてて北はペルーのタクナ。イキケ、ピサグアと同じくペルーとボリビアに対する戦争を経て一八八〇年からチリ領になった。

＊33——間歇熱　一日の体温の差が一度以上あり、三七度以下の無熱期がある場合をいう。マラリアなどで見られる熱型。

＊34——独立を宣言　ペルーが独立を宣言したのは一八二一年、ホセ・デ・サン・マルティンがリマからスペインの副王を追放したときである。その後、戦いはS・ボリバルに引き継がれて一八二四年には独立軍が勝利した。しかし、ボリバルが死去した一八三〇年になってもスペインはまだ独立を承認しておらず、ペルー国内では革命が相次ぎ、カウディーリョと呼ばれる軍人出身の政治的ボスが覇権争いを繰り返していた。

＊35——サン・ロレンソ San Lorenzo　カヤオ港の沖合にある小島。植民地時代にはイギリス人やオランダ人の海賊が根拠地としたこともある。現在はペルー海軍の基地となっている。

＊36——アマンカエス　ペルー、チリ原産のヒガンバナ科ヒメノカリス属の植物で大型の黄色い花をつける。これを元に多くの園芸品種がつくられている。

＊37——ウアカス　単数ではウアカ、ワカ。インカを含む先住民によるアンデスの文明において信仰されてきた対象を広く指す言葉で、人間の手でつくった神殿や墓のほかに巨大な自然石なども含まれる。

＊38——チューディ氏 Tschudi, Johann Jakob von（1818-89）　スイスの博物学者、外交官。一八三八～四二年にペルー、およびアンデス高地を探検。一八五七年にも南アメリカ大陸を旅し、一八六〇年にはブラジル大使に任命された。民俗学、地質学、気象学に通じ、『ペルー動物誌』などの著作を残す。

＊39——ベヤビスタ Bellavista　カヤオ南部にある地区名。

第17章　ガラパゴス諸島

全島が火山……火口の数……葉のない灌木……チャールズ島の開拓地……ジェームズ島……火口内の塩湖……諸島の自然誌……鳥類学、興味深いフィンチ類……爬虫類……巨大陸ガメの習性……海藻を食べる海生トカゲ……陸生トカゲ、穴を掘る習性と草食性……諸島内の爬虫類の重要性……魚類、貝類、昆虫類……生命体に見られるアメリカの型《タイプ》……各島における種ないし属の相違……人馴れしている鳥類……人間への恐怖心、獲得した本能

バルトロメ島（サンチャゴ島の東にある小火山島）の景観　写真：荒俣宏

全島が火山

九月一五日——この諸島[*1]は、主だったところ一〇の島から成り、そのうち五つが残りの島よりも大きい。赤道のま下に位置し、アメリカ大陸西岸からへだたること五〇〇ないし六〇〇マイルにある。どの島も火山性の岩でできている。なかには、熱のために奇妙な光沢が出たり変質したりしている花崗岩のかけらがよく目につく島があるけれど、とくにここだけの例外とはみなしがたい。大きい島々の頂上にある火口には、途方もないサイズのものもある。そういう大きな火口は、三〇〇〇から四〇〇〇フィートの高さに口を開けている。山腹には、小ぶりな火口が無数に突きでている。この諸島ぜんたいでは少なくとも二〇〇〇個所の火口があると断言してかまわない。火口は溶岩と岩滓《スコリア》[*2]、あるいはこまかく層をなした砂岩によく似た凝灰岩[*3]でできあがっている。凝灰岩でできた火口は、感心するほど美しい対称形をしている。こういうふうになった原因は、溶岩を含まない火山灰が噴出したことにある。調査した二八個所の凝灰岩火口は、一つ残らず、南がわ斜面がほかの斜面より低くなっているか、あるいは壊れてなくなっていた。これら火口があきらかに海底にあるときにつくられたこと、そして貿易風の生みだす波と、ここ太平洋の真ん中から押しだすうねりとがすべての島々の南がわで力の作用を集中させること、以上の二つの作用で、やわらかく崩れやすい凝灰岩でできた火口の片がわが一様に欠けてしまったことは、説明するまでもあるまい。

この群島は赤道直下にあるが、気候は度を越した暑さとはいいがたい。これは、南極の大潮流[*4]によってここまで運ばれてくる表層海水の異様な低温性が、主たる原因のようだ。ほんの短い一季節を除けば、だいたい雨はごく少なく、そのうえに降りかたが不規則である。しかし雲だけはいつも低く垂れこめている。したがって、島々の低地はひどく荒れはてているが、一〇〇〇フィート以上の高地は湿潤な気候になってお

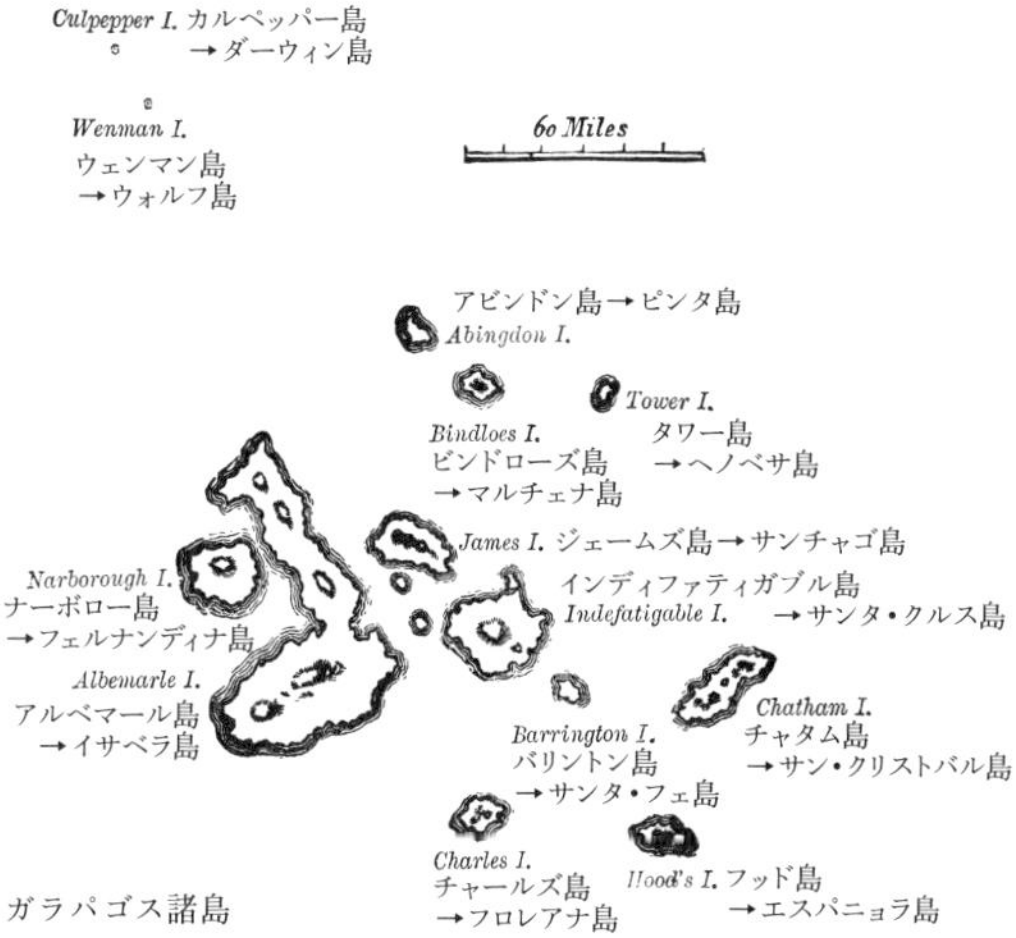

ガラパゴス諸島

り、まずまず豊かな植物が茂っている。このことは、大気から最初に湿気を受けとってこれを凝縮させる方角にあたる島々の風上がわで、とりわけ明白になっている。

火口の数

(一七日の)朝に、われわれはチャタム島[*5]に上陸したが、ほかの島と同じく、外観がゆるやかに丸く盛りあがっていた。ただ、以前は火口だった小山があちこちにあって、外観を瑕《きず》つけている。その第一印象は、なんともゾッとしないものだった。黒い玄武岩性の溶岩がつくる、でこぼこの原野が、容赦なく打ちよせる荒波の中に落ちこんでいる。大きな亀裂がいくつも走り、どこもかしこもひねて干上がった粗朶《そだ》に覆われており、生命の気配はまるでない。真昼の太陽に灼かれる大地は乾いてパサパサしており、ストーブから受けるような息苦しい汗ばむような気分を、大気に与えていた。灌木の茂みからさえ、不快な匂いが感じられるような気がした。わたしは入念に、できるかぎり多くの植物を集める努力をしたが、ほんの少ししか採集できなかった。しかも、ひねて見える小型の雑草は、熱帯の植物相というよりも極地のそれにふさわしかった。灌木のほうは、少し遠くから眺めると、冬季のヨーロッパの樹と同様に葉をすっかり落としているように見える。ところがあとでわかったのだが、樹々はどれも生長しきった葉をつけ、開花しているものも多かった。いちばんよく見かける灌木が、トウダイグサ科の一種だ。それに、アカシアの類と、島々大きくて妙な形をしたサボテンが、樹木の体《てい》をなす唯一の植物だ。豪雨の季節が過ぎると、島々には一時的に緑に覆われる一画ができるらしい。わたしの見た範囲では、多くの点で類似の条件

ガラパゴス諸島チャタム島

をもつフェルナンド・デ・ノローニャの火山島だけが、ガラパゴス諸島によく似た植物相をもっている。

葉のない灌木

ビーグル号はチャタム島を周回しながら、いくつかの湾に錨を降ろした。ある夜、わたしは島の一部を占める海岸に野営した。頭の切れた黒い円錐形の山が異常に多いところだった。少し小高い場所から数えたら、全部で六〇個もあった。どれもが、ほぼ完全な形の火口を頂上にそなえている。大多数の火口はただ単に、赤色のスコリアすなわち岩滓が融合し固まった輪《リング》になっている。溶岩の平原から盛りあがったその高さは、五〇から一〇〇フィートの範囲を超えない。ごく最近噴火した形跡のある火口は、一つもない。島のこのあたりは、地表がすべて、地下の蒸気を吹きだしたせいで篩《ふるい》のように穴だらけになっていた。あちこちに見かける溶岩はやわらかい岩質なので、吹かれて大きな泡状の空間をつくっていた。別のところでは、同じようにしてできた洞窟の上方が落ちて、垂直の壁の上に丸い穴を開けていた。似たような形の火口がたくさんあるせいか、この

ガラパゴス諸島の給水地

地域の眺めがふしぎに造りものめいて見えた。わたしがまざまざと思いだすのは、スタフォードシャー[6]の大きな鋳物工場が軒を並べる一画だ。陽が熱く輝いているなか、でこぼこの地表と絡まった茂みを通過することは、とても骨が折れた。だが、奇々怪々な巨人族の国にはいったような眺めが楽しめるという「お返し」もあった。歩いていくと、巨大な陸ガメ二頭と出会ったのだ。どちらも最低二〇〇ポンドの重量があるに違いなかった。一頭はサボテンのかけらを食《は》んでいて、近づくと、わたしのほうを睨みつけ、ゆっくりと遠ざかった。もう一頭は低い音を発して、頭を引っこめた。二頭の巨大な爬虫類は、黒い溶岩に葉のない灌木、そして大きなサボテンの中にいると、なにか前世紀の動物を見るような気分にさせた。地味な色をした鳥が何羽もいて、大ガメにも、またわたしにも無関心だった。

チャールズ島の開拓地

九月二三日——ビーグル号はチャールズ島[7]へと進んだ。この群島は、かなり古くから人の上陸を見ていた。最初は海賊が、あとには鯨捕りがここへ出入りしたのだが、小さな入植地がこの島にできたのは、つい六年前のことだった。住民の数は二〇〇から三〇〇人のあいだである。およそあらゆる肌色の人びとがそろっていて、首都をキトに置くエクアドル共和国から追放されてきた政治犯たちだった。開拓は、四マイル半ほど内陸にはいった、高度にするとおそらく一〇〇〇フィートの地点でおこなわれていた。道のはじまりは、チャタム島でもそうだったが、その両がわが葉のない灌木にふちどられていた。高くあがるにつれ、樹々の緑が濃くなる。島の尾根を越えたとたん、すてきな南の涼風に触れてさわやかになった。緑濃い、豊かな植物を、ひとめ見ただけで元気がよみがえる。この高地帯では、大型の草とシダが優勢だったが、木性シダは見あたらない。ヤシ科の植物はどこにもなかった。ココナツがたくさん生えているのでココス島[*8]の名をいただいた島が北方わずか三六〇マイルにあるのだから、いっそう奇妙な話といえる。サツマイモとバナナを栽培している平たい土地に、掘っ立て小屋が不規則に点在していた。ペルーと北チリの乾いた土に慣れすぎたあとでは、黒い泥を見ることがどんなにうれしいか、なかなかわかってもらえないだろう。住民は、暮らしが厳しいとこぼしていたが、生きる糧《かて》は苦労せずに手にいれられた。森には、野生のブタと山羊

チャールズ島

アルベマール島

がたくさんいるのだ。しかし動物性の食糧は主に陸ガメから得られていた。むろん、カメの数はこの島でも大幅に減少した。だが人びとは、二日の狩りで一週間の残りの日数をまかなえるだけの獲物がとれると皮算用する。以前は一隻の船が七〇〇頭のカメを運んだそうだ。数年前、フリゲート艦[*9]の乗組員が、一日に二〇〇頭のカメを浜へ運びおろしたという話もあった。

九月二九日——われわれは、アルベマール島[*10]の南西端を回航した。次の日は、その島とナーボロー島[*11]のあいだがとても凪《な》いだ。両島とも黒くてあらわな溶岩に覆いつくされていた。沸騰した壺から噴きでる瀝青《ピッチ》のように大火口のふちからあふれでたか、それとも山腹の小さな開口部から噴きだしたのか。いずれにしても溶岩が流れ落ちるときに、何マイルにもわたって海浜の上にひろがったと思われる。どちらの島でも、噴火があったことがわかっている。アルベマール島では、ある大火口の頂上からかすかに煙が出ているのを目撃した。夕方に、アルベマール島のバンクス入江に錨を降ろした。翌朝、散歩にでかけた。ビーグル号が投錨したのは、崩れた凝灰岩火口の内がわだった。その南方向に、もう一つ、美しい対称をなす楕円形をしたすりばち状の火山があった。長径でも一マイルはなく、深さが五〇〇フィートあった。底には、浅い湖があり、真ん中に小さな火口が島のように突きだしていた。その日は、いやになるほど暑かった。湖が澄んで青く見えた。わたしは灼けた斜面を走りおりたが、ほこりで息が詰まったので恥も外聞もなく水の味をためしてみた――だが悲しいことに、その水は塩水のように塩辛かった。

海岸の岩場は、三から四フィートもある大きな黒いトカゲに占領されていた。丘のほうには、醜い黄褐色のトカゲが、これまたいたるところにいた。この後者のほうはたくさん目撃したが、不器用に走って逃げていくやつや、穴の中に潜りこむやつがいた。両種のトカゲの習性については、のちほど詳細に説明しよう。アルベマール島のこの北がわは、全体が悲しいくらいに不毛だ。

ジェームズ島

一〇月八日――われわれはジェームズ島[*12]に到着した。この島もチャールズ島と同様に、ずっと昔、スチュアート朝[*13]の王の名にちなんで命名された。バイノー氏、このわたし、それにわたしの召使い[*14]が一週間、食糧とテントをあてがわれてここに残留した。そのあいだにビーグル号は飲料水探しだ。われわれはここでスペイン人の一団に出会った。干魚をつくり、カメ肉を塩づけにするため、チャールズ島からここへ遣《や》られたのだという。六マイルほど内陸の、高度約二〇〇〇フィートあたりに、一軒の小屋が建っていた。そこに二人の男が住みついて、カメ狩りの仕事に従事していた。ほかの連中はみな浜で魚とりをしていた。わたしはこの一団を二度訪れ、一晩泊めてもらった。ほかの島でもそうだが、低地帯はほぼ全面的に、葉をつけていない灌木に覆われている。しかしここの樹木はどこよりも大きく育っていた。直径で二フィート、いや、二フィート九インチにまでなる木があった。雲があって湿気が保たれている高地は、緑ゆたかに植物を繁らせている。地面がじとじとだから、強《こわ》いスゲの一種が広範囲にわたりびっしりと茂っていた。この茂みのはざまには、少し小さなクイナ[*15]の一種が多数すみ、繁殖していた。

島の高地にいるあいだ、われわれはカメ肉だけで暮らした。胸甲の上に肉を置いて焼いた料理（ガウチョが皮つきのあぶり肉《カルネ・コン・クエロ》を作るようなものだ）は、なかなかの味であった。若いカメはとてもすばらしいスープになる。ただし、そのほかはわたしの舌にどうもしっくりこない味だった。

火口内の塩湖

ある日、われわれはスペイン人一行にしたがい、捕鯨ボートに乗ってサリナ、つまり塩がとれる湖へでかけた。上陸したのはいいが、凝灰岩の火口をほぼ取りまいている最近の溶岩がでこぼこと連なった平原を、うんざりしながら歩かされた。めざす塩湖は、その火口の底にあった。水深は三インチか四インチしかない。その水が、美しく結晶した白い塩の層の中に、ちょこんと溜まっている。湖の形はとても丸く、明るい緑色をした多肉植物にふちどられている。火口の壁はほぼ垂直で、樹が生えているので、眺めは絵になるし、また珍奇な感じもする。数年前、あるアザラシ狩りの船に乗った水夫たちが、ちょうどこの静かな場所で船長を殺害した。われわれは、船長の頭蓋骨が茂みに転がっているのを見た。

滞在した一週間の天気だが、快晴の日が圧倒的に多かった。貿易風が一時間も止《や》んでしまうと、暑さが堪えられないほどになった。テントの中にある寒暖計が華氏九三度になった日が、二日あった。しかし戸外では、風と太陽とがあって、せいぜい八五度になるくらいだった。砂浜はとても熱かった。褐色の砂の上に寒暖計を置くと、とたんに一三七度に跳ねあがった。しかしそれ以上は目盛りがついていないので、いったいどこまで上昇したものやらわからぬ。黒い砂のところは、もっと熱かった。革の厚いブーツをはいていても、砂地の上を歩くのは不快きわまりなかった。

諸島の自然誌

この島の自然誌は、なんともおもしろく、十分注目にあたいする。ほとんどの生物がここに固有の種であり、ほかの土地では見られない。おまけに、各島のあいだでも違いがあるのだ。ただしそれでも、すべての種類は海をへだてること五〇〇から六〇〇マイルも遠方にあるアメリカ大陸の生物と、いちじるしい類縁関係をもつ。この群島は、それ自体が一つの小世界だ。アメリカ大陸に付属する一個の衛星だ。大陸から、いくらかの漂流移住者を迎えいれ、アメリカ固有の生物がもつ一般的な特徴を引き継いでいた。この群島の規模が小さい点を考えると、固有生物の数の多さと生息域の狭さとに、よりいっそう驚かされる。火口をもつ高地をあまねく眺め、まだ跡をとどめる溶岩の流れの先端部までをほぼ見きわめてみるかぎり、地質学の年代でいえばつい最近まで、このあたり一帯は青海原に覆われていたと信じたくなる。ということはつまり、時間と空間の両次元で、あの大いなる事実——神秘の中の神秘——つまり新しい生物がこの地上に出現する現場へと、われわれはいくらか接近したということになるのかもしれない。

陸生哺乳類では、ここに固有と考えねばならない種が、一つある。すなわちネズミの一種サンクリストバルコメネズミ[*16]である。わたしの知るかぎり、この種は群島のいちばん東にあるチャタム島にだけ生息する。ウォーターハウス氏からの報告では、アメリカ固有のアメリカネズミ亜科に属する。ジェームズ島には、ふつうのネズミとはあきらかに異なる種がいて、ウォーターハウス氏がこれに命名し、記載している。だが、どうもこの種は旧世界産のネズミを含む亜科に属するようだ。島にはここ一五〇年にわたって船の入来があい次いだことから、このネズミは、旧世界から持ちこまれた普通種が単に変異をあらわしたにすぎないと断言できそうだ。ネズミを取りまいた新しく異質な環境、食物、土壌のせいで、そうなったのだろう。明確な事実もないのに勝手な推論を述べる立場にはないけれども、チャタム島のネズミにしても、アメリカ大陸からこの島へ運びこまれた可能性がないわけではないことを、胆に銘じておくべきだ。なぜなら、人も通わぬようなパンパスの奥地でも、わたしは、新築の掘っ立て小屋の天井に早ばやとすみついたネズミを、目撃したことがあるからだ。したがって、船で運ばれた可能性を、否定してはいけない。これによく似たケースを、リチャードドソン博士が北アメリカで観察している。

サンクリストバルコメネズミ

鳥類学、興味深いフィンチ類

陸鳥については、標本を入手した二六種のうち北アメリカ産のヒバリに似たフィンチ類の一種ボボリンク[17]［現在はムクドリモドキ科とされている］を除くと、全部が群島に固有の種だった。ほかのどこにもみつからない種ばかりなのだ。唯一の例外はボボリンクだが、北アメリカ大陸の北緯五四度まで分布し、ふつう沼沢地によく見かけられる。ほかの二五種に移ろう。まず、ノスリと、腐肉を食うアメリカ産のカラカラとの中間に位置する体型をもつタカの類[18]が、一種。このタカは習性も鳴き声の調子さえも、カラカラ類によく似ている。それから次が二種のフクロウで、ヨーロッパにいる耳が短いミミズクと、それから白い色をしたヨーロッパのメンフクロウ[19]に相当する仲間である。三番めには、ミソサザイ一種、タイランチョウ三種（うち二種はベニタイランチョウ属に含まれ、一方あるいは双方とも単なる変異種同士とみなす鳥類学者もいるだろう）、そしてハト一種[20]——すべてアメリカ産の仲間によく似ているが、明

ガラパゴスノスリ

メンフクロウのガラパゴス亜種

ミナミムラサキツバメ

ガラパゴスベニタイランチョウの雄（左）と雌（右）

サボテンフィンチ

チャールズマネシツグミ

サボテンフィンチの仲間

白に違いがある。第四番めに、ツバメが一種（ミナミムラサキツバメ）[21]。南北両アメリカにいるムラサキツバメとは、色がやや鈍く小型で、ほっそりしている点だけが異なり、グールド氏により新種と認められた。そして第五番めは三種のマネシツグミ[22]――このグループは、きわめてはっきりした特徴をもつアメリカの鳥だ。残る陸鳥は、なんともユニークなフィンチ、すなわちヒワの仲間[23]で、くちばしの構造、短い尾、体形、そして羽毛が互いに似かよっている。この仲間は全部で一三種。グールド氏がこれを四属に分類した。全種ともにこの群島にしか生息しない。先ごろロウ諸島[24]のボウ島で得られたガラパゴスフィンチ属の一種を除いて、このグループすべてが固有のものである。ガラパゴスフィンチ属では二種が、大きなサボテン花のあたりを跳ねている姿が、よく見かけられる。しかしほかの全種は入りまじって一団となり、低地帯の乾いて不毛な地表で餌をあさっている。すべての種の雄、いや、正確には大多数の雄が、漆黒色にいろどられる。また、雌は（たぶん一、二の例外はあるが）褐色をしている。なによりもおもしろい事実は、ガラパゴスフィンチ属の各種のくちばしが、完全に順を追って大きさを変化させていることだ。シメのように太く大きいくちばしから、アトリのように細くて小さいくちばしまでが、よくそろっている。また（もしもこの全グループにムシクイフィンチ属をも含めるグールド氏の分類が正しいなら）、ウグイスのようにとがったくちばしまである。ガラパゴスフィンチ属のなかでもっとも大きいくちばしをもつ種は、次ページ図の1に示したオオガラパゴスフィンチだ。一方、いちばん小さいのは、3のコダーウィンフィンチ［この種は現在はダーウィンフィンチ属という別属に分類されている］だ。ところが中間のくちばしをもつ種は、2に示したガラパゴスフィンチただ一種ではなく、順を追ってくちばしの形を変えていく

フィンチ類のくちばし
1：オオガラパゴスフィンチ
2：ガラパゴスフィンチ
3：コダーウィンフィンチ
4：ムシクイフィンチ

オオガラパゴスフィンチ

ガラパゴスフィンチ

コダーウィンフィンチ

ムシクイフィンチ

六種もの鳥がいる。別属のムシクイフィンチについては、4にくちばしの形を示しておいた。ガラパゴスフィンチ類のくちばしは、ムクドリにいくらか似ている。また第四の属になるダーウィンフィンチ類は、いくらかオウムに似たくちばしをもつ［この記述は、現在の分類には適合しない］。これだけ小さくて、深い類縁関係をもつ鳥たちのあいだで、その体構造が順を追い変化し多様化を示していく事実を前にすると、次のような空想を本気でめぐらしたくなるだろう。つまり、この群島に元来いたごく少ない固有種群から、ある一種が選びだされ、別々の目的にそって変形させられたのでは、と。同じように、タカの一種についても、元来はふつうのノスリだったものが、ここに持ちこまれて、アメリカ大陸の腐肉食いカラカラ属の地位を引き継いだとも想像できる。

　渉鳥と水鳥は、わずかに一一種が得られただけだった。そのうち三種（島々の湿潤な頂上にだけいるクイナ一種も含めて）は新種である。カモメには渡りの習性があることを考えると、この群島にすむ一種[*25]がここの固有で、しかも南アメリカ南部にすむ種と類縁関係にあることは、驚きのたねであった。陸鳥はもっと固有種の比率が高く、渉鳥やみずかきのある鳥たちにくらべても、二六種中の二五が新種か少なくとも新亜種であることは、水鳥たちが世界じゅうどこでも広範囲に生息することと、相補関係にある。あとでわれわれは水生動物についても同様の法則にぶつかるだろう。すなわち、海産・淡水産を問わず、水中にすむ生物は、同じ綱《クラス》に属する陸生のものよりも、ずっと固有種が少なくなるのだ。この関係をいちばんみごとに説明してくれるのが貝類で、この群島にいる昆虫もその次にみごとな事例といえる。

　渉鳥二種は、ほかの地域で得られた同種の個体にくらべて、かなり小型になっている。ツバメは他地域にいるものと別種かどうか定かではないが、やはり体が小さい。二種のフクロウ、二種のタイランチョウ（ベニタイランチョウ属）、さらに一種のハトも、対応する近縁の種によくは似ているものの、やはり小さい。ところがカモメだけは逆に、大型である。ここにすむ二種のフクロウ、一種のツバメ、三種のマネシツグミ、それに一種のハトは、ともに羽毛ぜんたいではないけれども部分的に色彩がずっと暗い。ソリハシシギ[*26]とカモメも、おのおの他所に産する近縁種にくらべて色が暗い。マネシツグミとソリハシシギは、それぞれの属のなかでいちばん黒っぽい色の種といってよい。きれいな黄色が胸にあるミソサザイと、総毛《ふきげ》と胸が真紅に染まったタイランチョウとを除けば、赤道地帯であることから連想する色あざやかな鳥は見かけなかった。したがって、次のようなことがいえるだろう。すなわち、渡りをおこなういくつかの種をここで小型化させた原因と同じ作用が、ガラパゴスにしかいない固有種にも働いて、ほとんどの種を小型にし、また大多数を暗い色あいに変えたのだ。植物はどれも、貧弱な雑草と見まちがえるし、目を奪う美しい花を見かけることもなかった。昆虫もまた小型で、地味な色をしていた。ウォーターハウス氏から聞いたところでは、全般的に見て、赤道直下で採れたと想像させるような虫が一種もいなかったそうだ。鳥、植物、昆虫、どれも砂漠にすむ種の特徴をそなえており、南パタゴニア産の生物よりもあざやかな色彩をもつものは見あたらなかった。そこでわれわれは、こう結論づけてよいのではないか。ふつう熱帯の生物に見られるきらびやかな色彩は、熱帯の気温や陽光からではなく、なにか別の作用によって生じるのであろう、と。それはおそらく、きらびやかな色彩をもつほうが生存に好都合になる環境事情に、起因しているはずだ。

爬虫類

では次に、爬虫類へと目を向けよう。この群島の動物相に、もっとも目に立つ特色を与えてくれるのが、この仲間だ。種の数としては決して多くないが、どの種でも個体数だけは飽きるほど多い。南アメリカ産の一属に含まれる小型のトカゲが一種、アンブリリンクス属[*27]——これはガラパゴス諸島に固有の属だが——には二種（たぶん、もっといるだろう）いる。ヘビは一種いて、たいへんに数が多い。ビブロン氏[*28]に聞いたところ、このヘビはチリ産のプサモフィス・テミンキィ[*29]と同一種なのだそうだ。海ガメは数種いるようだ。陸ガメのほうはすぐにくわしく書くが、二、三の種または亜種がいる。ヒキガエルやカエルはいない。温度があまり上昇しない湿潤な高地の森は、いかにもかれらのすむところにふさわしいのだが、驚いたことに両生類の姿がないのだ。そういえば、フランスの探検家ボリ・サン＝ヴァンサン[★1][*30]が、大洋の中の火山島には両生類を見ることがないと発言したことを、思いだす。さまざまな書物にあたって確認したかぎりでいえば、以上のことは太平洋に広く妥当し、ハワイ諸島の大きな島々にさえあてはまる。モーリシャス島だけが、あきらかな例外で、わたしはそこ

ウミイグアナ（アンブリリンクス属）

でマスカリンガエル[*31]という種をたくさん目撃した。このカエルは目下、セーシェル、マダガスカル、ブルボン[*32]の各島に生息しているといわれる。だが一方、デュボア[*33]は一六六九年の航海記に、こう書いている。ブルボン島には陸ガメを除いて爬虫類［当時はカエルも爬虫類とされた］は一種も見あたらなかった、と。また、フランス王国の一士官が主張するところでは、一七六八年以前にモーリシャスにカエルを導入しようとしたが、成功しなかったそうだ――わたしが思うに、この計画はカエルを食用とするのが目的だったのだろう。そういうわけだから、モーリシャス諸島にいるというこのカエルは、土着のものかどうか疑わしい。大洋中の島々にカエル類がいないことは、どんな小島にも群生しているトカゲ類と対比させると、いよいよ注目すべき事実となる。この差は、卵の機能の差によって生じた現象ではないだろうか。トカゲの卵は石灰質の殻に護られているので、ねばねばしたカエルの卵よりもずっと簡単に、海水に乗って運ばれるというわけだ。

巨大陸ガメの習性

わたしは手はじめに、折にふれて何度も言及した陸ガメ（学名テストゥド・ニグラ[*34]、以前の名はテストゥド・インディカだった）の習性を語ろう。このカメは、群島中のどの島でも見かけられ、確実に多数が生息する。かれらは好んで、湿った高地に出没するが、低地の乾燥地を嫌っているわけでもない。すでに述べたとおり、一日に捕えることのできる数から推測すると、その数は途方もなく多いに違いない。なかには巨大になる個体もある。イギリス人で植民地の副知事を務めるローソン氏は、地面から持ちあげるのに大の男が六人から八人も要る巨大陸ガメを何度も目にした、と話してくれた。二〇〇ポンドの肉がとれる巨大陸ガメもいたという。年とった雄が、図体はもっとも大きい。雌は、滅多にそこまで大きくならない。雄は尾がはるかに長いので、すぐに雌と区別できる。水がない島々や低地の乾燥地にいる陸ガメは、主食としてサボテンを食べる。

ガラパゴスゾウガメ

もっと高地の、湿度も高いところにいる個体は、さまざまな木の葉や、すっぱくて渋いベリーの一種（現地でグアヤビタと呼ぶ）[35]、それから同じく、樹々の枝から髪のように垂れている薄緑色をした繊維状の地衣（ウスネア・プリカタ）[36]を食糧にしている。

　陸ガメは水が大好きで、ごくごくと水を飲み、泥浴びをする。湧き水が出るのは大きな島だけで、それもかならず中心部の、かなり高地にある。そこで低地を生息域にしている陸ガメは、咽喉が渇くと、長い旅をする必要に迫られる。その結果、幅があって地ならしされた径《みち》ができあがり、泉から四方八方に枝分かれして海岸のほうへのびている。スペイン人たちはこのカメ道をたどって、最初に水場をみつけだしたのだ。わたしはチャタム島に上陸した当初、いったいどんな動物がこんなに適切に経路を選んで道理にかなった方法で径をつけたのか、想像もできなかった。泉の近くでは、なんとも興味深い光景が見られた。たくさんの巨大な陸ガメたちが、ある組は頭を前方に突きだしながら必死に脚をうごかして旅をつづけ、またもう一つの組は満腹するまで水を飲んでゆっくりと帰っていく。陸ガメは泉にたどりつくと、付近に何がいようとおかまいなく、頭を眼のところまで水に沈めて、一分間に一〇度ほどの割合で、ごくごくと口いっぱいに水を飲む。住民から聞いたところ、陸ガメたちは泉のあたりに三日から四日とどまったあと、低地へ戻るのだという。かれらがここへやってくる頻度は、まちまちである。おそらくは、ふだん生活している場所で食べているものの性質によって、水場へおもむく回数が決まるのだろう。しかしながら、この動物たちは、年間にほんの数日、雨が降る以外にまったく水気のない島でさえ、確実に生きていける。

カエルの膀胱が、生きるのに必要な水分をたくわえる機能を果たしている事実は、ひろく認められていると思う。どうやら同じことが陸ガメにもいえるらしい。なぜならば、カメたちは泉に着いた直後には膀胱が水をたくわえて脹《ふく》れているのに、日を追って少しずつその容積が小さくなり、中の水も純度が落ちてくるからだ。ここの住民は低地を歩いているときに咽喉が渇くと、この現象を参考にして、カメの膀胱が十分に脹れている場合にその中の水を飲むようにしている。わたしの目前で殺された陸ガメの場合、中の水は透きとおっていて、かすかに苦い味がするだけだった。しかし住民たちは最初に心嚢《しんのう》の中にある水を飲む。これが最良なのだそうだ。

陸ガメは、いったんどこかへ行こうと思いたつと、昼夜兼行で歩きつづけ、想像以上に早く目的地に着く。住民がカメの甲に印をつけて調べたところ、約八マイルの道のりを、二日から三日で歩ききってしまえることが判明した。わたしが目をつけた大ガメは、一〇分間に六〇ヤードの割で歩いた。一時間に換算すると三六〇ヤードになり、あいだに少し食事時間を与えたとして——一日四マイル歩く計算になる。繁殖期のあいだ、雄雌がともにいれば、雄のほうがかすれた吼え声というか、唸り声を発する。この声は一〇〇ヤード先にも届くという。雌のほうは声をだすことがなく、雄だけがこの時期に吼える。そのために、住民はカメの声が聞こえると、ああ夫婦がいっしょにいるのだな、と了解する。陸ガメはこの時期（一〇月）に卵を産む。雌は、土質が砂地のところでは卵をかためて産み落とし、上に砂をかける。ところが下が岩場だと、窪みをみつけては片っぱしから卵を産む。バイノー氏は岩場の割れ目に卵が七つ産み落としてあるのをみつけている。卵は白色をし、丸い。わたしの計測では、周囲が七インチと八分の三あった。つまり、鶏卵よりも大きいのだ。稚ガメは孵化したとたん、かなりの数が腐肉をあさるノスリの餌食になる。老いたカメは一般に、崖から転落するといった事故で死ぬ。住民の少なくとも何人かが言うには、そういう明白な理由もなく死んだカメというものを、一頭も見たことがないのだそうだ。

カメたちは耳がまったく聞こえないと、地元民に信じられている。事実、後ろから近づいても、かれらは接近するものがいることに気づかない。この怪物のなかでも巨大なやつに、後ろからそっと近づいて追い越してやると、わたしが通りすぎた瞬間、カメがふいに頭と脚を引っこめ、どさりと重い音をたてて死んだように地面に落ちるのだが、これを見るのがいつも楽しみだった。わたしはよくカメの背に乗って、甲の後ろをパシパシと叩いた。こうするとカメが立ちあがり、歩いていくのだった。——しかし、甲の上でバランスをとるのは非常にむずかしかった。この動物の肉は、生のままでも塩づけにしても、ずいぶん需要がある。脂肪からは、きれいで透きとおった脂がとれる。だから人びとは陸ガメを捕えると、尻尾の近くの皮膚に切れ目をいれて、その中を覗きこみ、背甲の下にある脂肪層が厚いかどうかを調べる。脂肪が薄ければ、逃がしてやる。カメは、その奇妙な手術からすぐに回復してしまうという。陸ガメを捕えておくためには、海ガメのようにひっくり返しておくだけでは十分といえない。かれらはよく元の姿勢に戻ってしまえるからだ。

このカメたちがガラパゴス諸島に土着する動物であることは、疑いない。すべてのとはいわないまでも、ほぼすべての島々——水がまるでないいくつかの小島にさえも、すんでいるからである。これが持ちこまれた種であったという可能性は、滅多に人がこないこの群島に関するかぎり、ほとんど考えられない。おまけに、昔の海賊はこの陸ガメたちを今よりもたくさん目撃している。また一七〇八年にウッドとロジャーズが、世界のこの地域のほかはどこにも見あたらないカメだとスペイン人たちがいっていた事実を、報告した。だが今はこの仲間が広く分布していることがわかっている。ただ、ほかの島々の場合、はたして原産なのかどうか疑問がある。絶滅したドードーに関連してモーリシャスで発掘された陸ガメの骨は、通説では、ガラパゴスの陸ガメと同じ種とされている。もしそうだとすれば、疑いもなくモーリシャスは原産地であるに違いない。ただしビブロン氏から聞いた話によれば、モーリシャスの陸ガメは別種であると信じることができ、現にそこに生きているものは別種にほかならないという。

ウミイグアナと歯、その拡大図

海藻を食べる海生トカゲ

注目すべきトカゲたちが属するアンブリリンクス属は、この諸島にしかいない。この属には、互いに姿がよく似た二種がいる。一種は陸生、もう一種は海生だ。後者の種ウミイグアナは、ベル氏[*37]によってはじめて記載された。氏は、尾が短く頭が幅ひろく、しかも強力な爪の長さがよくそろっている事実から、この種の生活習性はいちばん近縁のイグアナとはまるで異なる、ユニークなものであろう、とみごとに予見した。この種は群島のどこでもきわめてふつうに見かける。海岸の岩場にだけすみついており、一〇ヤードも内陸にはいると、少なくともわたしは一頭も目撃していない。なんとも醜いやつらで、色は汚れた黒、おまけに愚鈍で、動作ものろい。成長した個体の標準の長さは、約一ヤードだが、なかには四フィートにもなるものがいる。大きいやつは重さが二〇ポンドになる。アルベマール島では、ほかの島々よりもずっと大きく育つようだ。尾は側扁し、四肢には部分的にみずかきがある。ときには数百ヤードも沖を泳いでいるのを見かけたりする。キャプテン・コルネットはその航海記で「トカゲどもが群れをなして魚をとりに海へ出ていき、岩で日光浴をする。ミニチュアのワニと呼んでよかろう」と書いている。しかしながら、このトカゲたちが魚を食べるとは考えられない。このトカゲは海にはいると、体と平たい尾をヘビのようにくねらせ、四肢は動かさずに体側にぴたりと押しつけ、みごとに堂に入ったなめらかさと速さとを発揮しながら泳ぐ。甲板にいたある水夫が、一頭に重い錘《おもり》をつけて沈めたことがある。じきに死んでしまうだろうと思っていたら、一時間後に引きあげてみるとぴんぴんしていた。どこの海岸にもある、ごつごつした裂けめだらけの溶岩群のあいだを這いまわるのに好適の四肢と、強力な爪をもっている。そういった岩場には、六から七頭の群れが、波打ちぎわの数フィート上、黒い岩に四肢をのばして日光浴する姿が見かけられる。

わたしは数頭の胃を切開したが、内容物はほとんどが摺りつぶされた海藻（ウルウァ属）[*38]で、鮮緑色あるいは暗赤色の薄い葉をのばして生長する種類だった。しかしこの海藻が潮だまりに茂っているところを観察した覚えはない。それで、わたしとしてはこの海藻は岸から少し離れた海底に生えるものだとする根拠をもつ。それが事実であるなら、この動物たちがしばしば海にはいる目的は、明快である。胃には海藻しかなかったのだ。だがバイノー氏は一頭の胃にカニの一部をみつけた。これは偶然にはいったものだろう。わたしも、地衣を食べる陸ガメの胃の中に青虫が一匹いるのをみつけたが、同じく偶然のできごとだと思う。このトカゲが食べるものの性質、それに加えて尾と脚の構造、そして自発的に海に出ていったという事実が、かれらの水生生活をまちがいなく証明する。ただしこの点については、一つ、奇妙な食い違いもある。すなわち、かれらは怯《おび》えたときに海へ飛びこもうとしないのだ。だから、トカゲたちを海の上に突きでた狭い

ウミイグアナの泳ぎ　写真：荒俣宏

場所に簡単に追いこむことができる。ここまで追いこまれると、かれらは海に飛びこむよりも人に尾を摑まれるほうを選ぶ。かれらは嚙みつく気がないみたいだ。ただし、おどかされると、鼻の孔から液体を一滴吹きだす。わたしは一頭を、できるかぎり何度も、潮だまりの深いプールに投げこんでみた。ところがトカゲは決まって、わたしがいる場所に一直線に戻ってくるのだ。トカゲは底の近くをじつに優美に、しかもすばやく泳ぎ、ときおり、脚をのばしてでこぼこした海底にぶつかるのを防いでいた。そうして縁に泳ぎつくと、上へは登らず海藻の茂みに身を隠そうとしたり、岩の裂けめにはいりこもうとしたりした。トカゲは危険が去ったと考えたとたん、乾いた岩によじのぼり、できるだけすばやく逃げていった。わたしはこの同じトカゲを、同じ場所に追いつめて何度も捕まえてみたが、どうやっても海に飛びこもうとしなかった。海に投げこんでも、さっき書いたようなかたちで戻ってきた。このあきらかに愚かしい習性は、情況から見て次のように説明できるだろう。すなわち、この爬虫類は陸上には敵をもたないが、海ではしばしば、無数にいるサメの餌食になるのだ、と。そういうわけで、陸上は安全だというしっかり安定した遺伝的本能にうながされ、たとえ突発事態がおきようとも、ウミイグアナは陸上を逃げ場とするのだろう。

われわれの滞在中（一〇月のことだが）、わたしはこの種の若く小さい個体をほとんど見かけなかった。生後一年以下の子トカゲは、ぜんぜんいないようだ。こうした事情から、繁殖期はまだ始まっていないと考えられる。住民の何人かに、トカゲがどこで卵を産むか知っているか、と聞いてみた。すると、陸にすむ種の卵ならよく知っているが、海にいるほうの産卵についてはぜんぜん知らない、との答えがあった――どこにでもいるトカゲのことだけに、尋常でない話といえる。[*39]

陸生トカゲ、穴を掘る習性と草食性

さて、こんどは、丸太棒のような尾と、みずかきのない肢《あし》をもつ陸生のトカゲ（リクイグアナ）に話題を移そう。このトカゲは、海生の仲間がどこの島にもいるのとは対照的に、群島の中央部にある島々、すなわちアルベマール、ジェームズ、バリントン[*40]、インディファティガブル[*41]の四島に限って生息する。南のチャールズ、フッド[*42]、チャタム各島、北のタワーズ、ビンドローズ、アビンドン各島[*43]では見たことも聞いたこともない。まるで、群島の中心部で創《つく》りだされたあと、ごく限られた範囲にしか分布しなかったかのようだ。各島の高くて湿った地域にも住んでいないことはないが、たいていは低い乾燥した海岸付近に数知れず生息している。いったいどのくらいの数がいるかを説明するのに、次のような話以上の好例はみつからない――われわれがジェームズ島に残されたとき、テントーつを建てるにも、トカゲたちの穴のあいだに空き地を確保することができなかったのだ。かれらは海の仲間と同じように、とても醜い動物で、腹部が黄色がかったオレンジ色をしている。背のほうは赤褐色だ。トカゲの類を下から見あげると、異様に愚鈍な表情に見えたりする。大きさは、たぶん、海生の種よりも小ぶりのようだ。しかしなかには一〇から一五ポンドの重さがあるものもいる。動きはもったりしていて、なかば感覚がない。ふだんは尾と腹部を地表につけて、ゆっくりと這い進む。ちょくちょく止まり、灼けるような土の上に後肢をひろげて、一ないし二分ほど目を閉じて仮眠する。

かれらは穴にすむ。ときには溶岩のあいだにも穴をつくるが、しかしやわらかい砂岩状の土がある平らなところに穴をつくるほうが一般的だ。穴は大して深いとも思えない。穴はごくゆるい勾配で地中に掘りこんである。だからトカゲの巣穴の上を歩くと、土がどんどん崩れて、疲れていると足をとられる。この動物は穴を掘るとき、体の両がわを交互に使う。片方の前肢で少しのあいだ土を引っかき、同じがわの後肢のほうへ放りだす。後肢はうまい位置にあって、土を穴の入口の後ろに積みあげる。体の片がわが疲れると、こんどは反対がわが仕事を引き継ぎ、これを繰り返す。わたしは、一頭のトカゲが半身を土に隠すまで掘りさげるところを、ずっと観察した。それから近づいていって、尻尾を摑んで引きだしてみた。するとトカゲはびっくりしたらしく、どうしたのかと思って穴から這いだし、それからわたしの顔を見つめ、いかにも「なんでおれの尻尾を引っぱるんだ?」と言いたそうな表情をした。

かれらは昼間に餌をとる。穴の外へ出ても遠くへは行かない。驚かすと、なんとも不器用な足どりで穴に逃げこむ。四肢が横についているせいなのだろうが、トカゲどもは斜面を下《くだ》るときを除いて、すばやく動けない。かれらはまったくおびえたところがない。どの個体をしっかり睨みつけても、尾をまるめて前肢を突っぱって立ちあがり、頭部をすばやく上下させ、こわい目で睨み返そうとする。だがほんとうは、気丈に立ち向かおうとしているわけではないのだ。もしもだれかが地面をどんと踏みつけると、トカゲたちは尻尾をさげ、全速力で逃げだしてしまう。また、ハエを食う小さなトカゲを観察する機会に何度かぶつかったが、かれらも同じように頭をすばやく上下させるのだ。なぜそうするのか、目的はわからない。このアンブリリンクス属のトカゲは、棒で押さえられたり傷つけられたりすると、その棒に激しく食いつく。けれども、わたしは尻尾をつかんでたくさんの個体を捕えたのに、噛みつかれたことはなかった。二頭を地面に置いていっしょにすると、闘争を開始する。血が出るまで噛みあいをする。

低地にすむ個体は圧倒的に数が多いが、年間を通してほとんど一滴の水も飲めない。しかしこのトカゲは大量のサボテンを消費する。このサボテンは、風で枝が折れてしまうことも多い。わたしはこの枝を折って、何度となく二、三頭のリクイグアナにやってみた。するとトカゲたちが、腹を空《す》かせたたくさんの犬が一本の骨を奪い合うように、それを自分のものにしようとしたり、くわえて逃げ去ろうとしたりする光景がおもしろかった。かれらはきわめて慎重に餌を食べるが、かといって舐めまわしたりはしない。小鳥たちは、このトカゲが無害な連中であることをよく知っている。サボテンのかけら(これは低地にすむすべての動物が好んで食べる)の片端をつついている、くちばしの厚いフィンチが一羽いたが、もう片端を、なんとリクイグアナがかじっていた。小鳥はそのあといとも無頓着に、爬虫類の背にぴょこんと乗った。

数個体の胃を開けたら、そこには植物繊維と各種樹木とくにアカシアの葉がいっぱい詰まっていた。高地のほうでは、かれらはグアヤビタのすっぱくて渋い実を主食にしている。この木の下ではトカゲと巨大ガメも仲よく餌を食べていた。かれらはアカシアの葉をとるときは、低く捻《ね》じれた樹に登る。地上から数フィート上にある大枝にとまったつがいが、静かに葉を食んでいる姿を見るのも、稀ではなかった。このリクイグアナを料理すると、偏見のない胃をもっている人にはうってつけの白肉になる。フンボルトの言を借りると、南アメリカの熱帯域間では、乾いた土地にくらすトカゲはすべて上等の料理材料とみなされる。この言を住民たちが補っていうには、高地にすむ種は水を飲むが、低地にすむものは陸ガメと違って、水をもとめて低地の不毛地域から高地へ登ることはないのだそうだ。われわれが訪れたとき、雌のリクイグアナが腹の下に、穴で産み落とした大きくて細長い卵を無数に抱いていた。住民はこの卵を探して食べる。

諸島内の爬虫類の重要性

すでに述べたように、アンブリリンクス属の二種は、全体の構造が一致し、習性も多くの点で同一である。トカゲやイグアナ属にそなわる敏捷さは、どちらの種にもない。食べるものの性質はまったく異なるけれど、ともに草食性では一致する。ベル氏は、この属が短い鼻をもつことから、「短　鼻《アンブリリンクス》」の名を提案した。たしかに口の形は陸ガメのそれに比較できるほどだ。人によっては、この口の形が草食の欲求に適応したものだと考えている。だからこそ、海生と陸生の種を有する、この特色ある属が、世界のごく限られたところにしか分布しない事実に、最高の興味をかきたてられるのだ。とくに海生の種は、海藻を食べるトカゲがほかに存在しないことから、群を抜いておもしろい存在といえる。はじめに指摘しておいたように、この群島は爬虫類の種数が多いのではなく、個体数が多いところに特異な点がある。数千におよぶ巨大な陸ガメが踏みならしてつくった径――たくさんの海ガメ――リクイグアナの大群生地――そしてどの島の岩場でも日光浴しているウミイグアナの群れ――などを思い返すと、爬虫類がこれだけ異様なかたちで草食哺乳類のお株を奪っている場所は、世界のどこにもないと認めなければならない。地質学者がこの話を聞けば、おそらくは、草食肉食がいりまじるトカゲ類が、現生のクジラだけにしか匹敵できない巨体をもって陸に海に群れた、あの第二紀［現在この用語は使用されておらず、中生代の一時期とされる］を、すぐに心に思い浮かべるだろう。だからこそ、この群島が多雨と植物の繁茂する豊かな熱帯でなく、じつのところ赤道直下にしては驚くほど温度の低い、きわめて不毛の土地と考えざるをえないことは、地質学者の注目を集める事実なのである。

魚類、貝類、昆虫類

動物学に結末をつけよう。わたしがここで採集した一五種の海水魚は、すべて新種である。いずれも広い分布をもつ一二の属に含まれる魚たちで、例外といえばこれまでアメリカ東岸にわずか四種だけ知られていたニシホウボウ属[*44]［プリオノトゥス属。しかしこの属は現在、太平洋がわには分布しないとされる］である。陸生貝では、一六種（および二つの注目すべき変種）を採集した。このうちタヒチでも発見されたマイマイ属を除けば、すべてがこの群島の固有種だった。淡水貝一種（ヘソカドガイ属[*45]）はタヒチやタスマニアにふつうに産する種と同一だった。われわれの航海よりも前に訪れたカミング氏[*46]は、ここで九〇種の海生貝類を採集したが、まだ詳細に調査されていないニシキウズガイ属、リュウテンサザエ属、イシダタミガイ属、オリイレムシロガイ属の未調査数種は、この数に含まれていない。氏は親切にも次のような興味ある結論をわたしに教えてくれた。すなわち、九〇種の貝のうち四七種におよぶ種が他の海域では発見されていない、と——一般に海産の貝は分布がきわめて広いことを考えると、奇妙な事実である。また、ほかの海域でも発見される四三種のほうは、そのなかで二五種がアメリカ西岸に生息し、うち八種は変種とみなされる。残った一八種（一変種を含む）はカミング氏の手でロウ諸島から報告されたし、またその中の数種はフィリピンでもみつかった。太平洋の中央部にある島々でみつかる貝が、ここガラパゴスにも産するというこの事実は、注目にあたいする。なぜなら、太平洋中央部の島々とアメリカ西岸とに共通して産する貝というのは、ただの一種も確認されていないからだ。アメリカ西海岸の沖は、北と南のあいだにひろがる大洋が広大で、きわめて特色ある二個所の貝の分布圏を切り離している。しかしガラパゴス諸島はその中継地

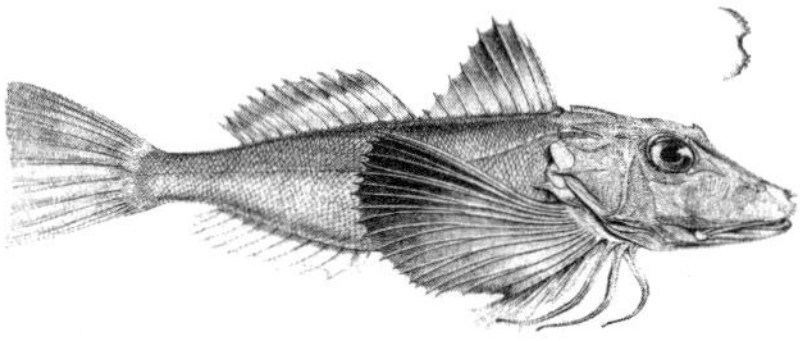

ガラパゴス諸島で採集されたホウボウの一種

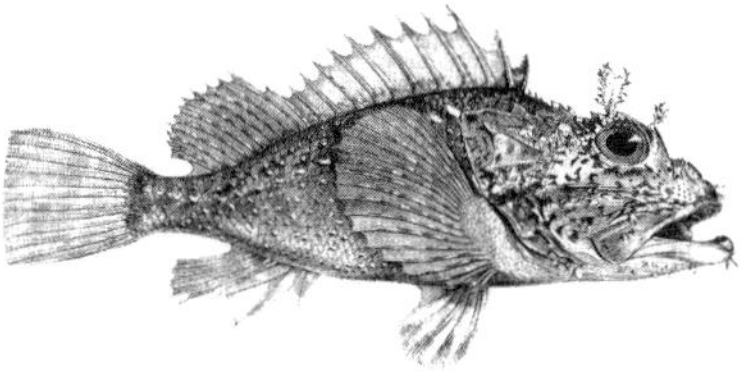

同じくカサゴの一種

点として作用した。そこで新しい形態の貝がたくさん創りだされたり、二つの大きな貝の分布圏がともにいくつかの移住種を送りだしたりした。アメリカの海域もまた、この群島に代表的な種を送りだした。なぜなら、アメリカ西岸にしかすまないモノケロス属がガラパゴスに一種を分布させているからである。西海岸にはたくさんいるが（カミング氏の報告によると）太平洋中央部の島々にはいないスカシガイ属やコロモガイ属も、ガラパゴスには産する。他方、西インド諸島やシナ海、インド洋にはざらにいるのにアメリカ西岸や太平洋中央部にはいない二属オニスキアとスティリフェルにも、ガラパゴス産の種がある。もう一つ追加すれば、アメリカの東西両岸から得られた約二〇〇〇種の貝を比較調査したカミングとハインズ両氏は、両岸に共通する種をたった一種しか発見できなかった。それはテツボラの一種（プルプラ・パトゥラ）[*47]で、西インド諸島、パナマ沿岸、そしてガラパゴスに分布する。したがって、世界のこの海域では、きわめて明白な三つの大きな貝の分布圏が存在することになる。しかも三つの海域は、互いに驚くほど近くにあるにもかかわらず、北から南にひろがる長ながとした陸地と大洋によって切り離されているのである。

　わたしは昆虫を採集するのにとても骨を折ったが、フエゴ島を除くと、昆虫相がここまで貧弱なところは見たことがなかった。高所の湿潤な地域にすら、地上のどこにでもざらにいる小さな双翅類や半翅類ぐらいしか、虫がみつからないのだ。前にも書いたが、熱帯にしては昆虫の大きさが小さく、色も地味である。甲虫については、採集したもの二五種（船が着くとどこにでも持ちこまれるカツオブシムシ属[*48]やルリホシカムシを除く）のうち、二種がゴミムシ科、二種がガムシ科、九種がゴミムシダマシ上科[*49]に含まれる三科、そして残る一二種がさまざまな科に属している。個体数が少ないのに、分類学上はさまざまな科に分散するという、昆虫についてのこうした情況（これに植物も付け加えてよい）は、きわめてふつうのことのようだ。この群島の昆虫相について の論文[★2]を出版したウォーターハウス氏は、以上の詳報をわたしに提供してくれたのだが、次のようにも教示してくれた。かなりの新属が存在すること、およびすでに知られている属では、一つか二つがアメリカ由来で、あとは世界じゅうに分布するものだというのである。食樹性のナガシンクイムシ類[*50]と、一種かあるいはたぶん二種のアメリカ大陸産水生甲虫を例外にして、すべての種が新発見のもののようである。

生命体に見られるアメリカの型《タイプ》

この群島の植物学は動物学に負けず劣らずおもしろい。J・フッカー博士はまもなく『リンネ学会紀要』に植物相に関する詳報を掲載されるが、わたしが書こうとする以下のごとき話は博士に多くを負っている。顕花植物は、現在知られているかぎり、一八五種が確認されており、隠花植物の四〇種を加えて、合計二二五種になる。顕花植物のうち一〇〇種は新種で、おそらくはこの群島に限定されているものだろう。フッカー博士は、この群島固有の種でないもののうち少なくとも一〇種は、チャールズ島の開墾地近くに発見されたので、他所から持ちこまれたものであろうという。それよりも驚かされるのは、大陸からわずか五〇〇から六〇〇マイルしか離れていないことを考慮すると、アメリカ原産の種が自然にここへ流れついて根づいたというケースがあまりにも少ないことだ。現に（コルネットの五八ページにしたがえば）、流木、バンブー、サトウキビ、ココナツなどが南東がわの沿岸の磯にしばしば流れつくのである。一八五種（持ちこみの種を除くと一七五種）のうち新種の顕花植物が一〇〇種という割合は、ガラパゴス諸島を独立した植物分布圏とみなすに十分な高率である。だがここの植物相は、セント・ヘレナのものよりも個性的ではないし、またフッカー博士の言によればファン・フェルナンデス島のものよりも魅力的ではない。ガラパゴス植物相の独自性は、いくつかの特別な科を見るといちばんよくわかるように——たとえば、キク科二一種のうちここの固有種が二〇にもなる点にある。これらは一二属にまたがり、そのうち一〇属もがこの群島の固有属なのである！　フッカー氏がわたしに伝えるところでは、植物相は疑いもなくアメリカ西岸起源のもので、太平洋の原産種とは血縁関係を認められなかったという。したがって、一八種の海産貝類、一種の淡水産貝類、それから確実に太平洋中央部の島々から持ちこみ種としてやってきた陸貝一種、およびガラパゴス諸島のフィンチ類のうちあきらかに太平洋系の一種を除外すると、この群島は太平洋上にあるにもかかわらず、動物学的にはアメリカの一部に属するものなのである。

この特色がただ単にアメリカからの移入種たちによってつくられただけなら、そう大げさに騒ぐようなことではないだろう。ところがわれわれは、陸生動物の圧倒的多数、それに顕花植物の半数以上が、この島々に固有の種だということを解明している。新種の鳥、新種の爬虫類、新種の貝、新種の昆虫、新種の植物にとりまかれていながらも、なお動物たちの体構造の細部どころか、鳥たちの声や羽色にさえ、パタゴニアの温帯平原と北チリの熱く乾いた砂漠とのかかわりがありありと啓示されることも、途方もなく目新しい体験である。地質学的年代でいうとつい最近まで海に覆われていたはずの、花崗岩性溶岩でできあがっているこのちっぽけな群島は、アメリカ大陸とは地質学上の性質をまるで異《こと》にし、おまけに似ても似つかない気候のなかに置かれているのに——ついでに書けば、ここに原産する生物たちは、種類も数も大陸のそれとぜんぜん割合が違っており、したがってその生活様式も互いに違っているのにもかかわらず——ここの固有生物たちだけが、いったいなぜ、アメリカ大陸の生物相に準じて創造されたのだろうか？　ベルデ岬諸島は、物理的な条件がガラパゴスとよく似ている。ガラパゴスとアメリカ沿岸との類似性よりも、ベルデとガラパゴスとのかかわりのほうが、はるかに血縁が濃いと思えるほどなのだ。しかしそれでも、両方の諸島の固有生物たちはぜんぜん似ていない。ベルデ岬諸島の生物たちにはアフリカの刻印がついており、ガラパゴス諸島の生物にはアメリカのそれが押されているのである。

各島における種ないし属の相違

さて、これまでわたしは、この群島の博物誌のなかでいちばん注目すべき特色に気づいていなかった。それはなにかというと、それぞれの島にはかなりの範囲にわたって、それぞれ別の生物構成が見られる、ということである。副総督ローソン氏に教えられてはじめてわたしも気づいたのだが、各島にはそれぞれ別のゾウガメがおり、ローソン氏などは、カメを見ただけでどの島にすんでいた個体か区別がつくというのだ。わたしは氏の話にしばらく十分な注意をはらわなかった。だから二つの島でとったカメを、すでに一部分いっしょにまぜてしまっていた。わずか五〇か六〇マイルしか離れていない島同士、どちらからも相手が眺められ、岩の組成も同じもの同士で、島の高さも気候もまるっきり変わらないのに、まさか別の動物がすんでいるなどとは、夢にも思わなかったからだ。しかし事実がそうであることを、わたしはすぐに知った。ふつう旅行者は、ある土地でとびっきりおもしろいものを発見しても、時間がなくてすぐにそこをたち去る運命にある。ところがわたしはここで、生物の分布に関するとても注目される事実を裏づけるだけの十分な素材が手にはいったことに、おおいに感謝するべきだろう。

前にも書いたとおり、ここの人たちは別の島から運んできたカメを区別できるという。形だけでなく、ほかの特徴にもそれぞれ違いがあるのだそうだ。キャプテン・ポーター[*51]は、チャールズ島と、すぐ隣の島――たとえばフッド島とにすむ陸ガメは、甲羅の前の部分が厚く、スペインの鞍のように上に向かってまくれあがっている、ところがジェームズ島のカメは、それよりも丸くて色が黒く、料理すると味がはるかによいという。[★3]それだけでなく、ビブロン氏がガラパゴスで、それとは別種と思われるカメを二種類見たと話してくれた。ただ、かれはどの島のカメであったか記憶していなかった。わたしは三つの島からカメをもちかえったけれど、どの標本も若い個体だった。きっとそのせいらしいが、わたしもグレイ氏も、標本のあいだに違いをぜんぜん発見できなかった。また、前にアルベマール島にすむウミイグアナがほかの島にいる同種よりも大きい、と書いたが、ビブロン氏はまたしてもこのウミイグアナを二種類見かけたと話している。ということは、たぶんどこの島でも、陸ガメの場合と同じように、ウミイグアナもそれぞれの固有種、あるいは特別な品種がいるのだろう。ところで、わたしは当初、自分も含めて艦の数人が射ち落としたマネシツグミの標本をたくさん比較したとき、その違いのおもしろさに目をうばわれてしまった。そのときにハッとしたのだが、チャールズ島で採れた標本は全部同じ種類（ガラパゴスマネシツグミ）、アルベマール島で採れた標本もすべてガラパゴスマネシツグミのパルウルス亜種、同じくジェームズ島とチャタム島（この二つの島のあいだにはもう一つ別の島があって橋になっている）で採れたものもすべてメラノティス亜種だった。あとの二亜種はきわめて近縁で、学者によっては単に特徴のいちじるしい同種、あるいは変種とみなされるかもしれない。ただ、ガラパゴスマネシツグミはとても変わった鳥だ。不幸なことに、フィンチ［実際はホオジロの仲間］の標本はほとんどが産地を区別しないでまぜてしまったが、わたしはガラパゴスフィンチ属には一つの島にしかいない種がいくつかあると推測できるだけの有力な証拠をもっている。もし各島にそれぞれ別のガラパゴスフィンチ代表種がいるとすれば、次のような事実を説明するのにとてもつごうがよくなる。つまり、この小さな諸島にガラパ

ガラパゴスマネシツグミのメラノティス亜種

ガラパゴスマネシツグミのパルウルス亜種

ゴスフィンチ属が不思議なくらいたくさんいること、そして数が多い結果としてありがちなことだが、くちばしの形が少しずつ変化していくみごとな系列ができあがることである。それからサボテンフィンチ属の二亜群[*52]とダーウィンフィンチ二亜群[*53]とがこの群島で採集された。これら二亜群グループの数知れない標本は主にジェームズ島で四人の採集人によって射ち落とされたのだが、じつはどちらの亜群もすべて一種であったことがわかった。これに対してチャタム島か、あるいはチャールズ島(二つの島の標本は混じりあってしまったため)の標本は、ジェームズ島のものとはまったく別の二種に属していた。したがってこちらの諸島では二亜群がそれぞれ独自の代表種としてすみついていることが、ほぼ確実だと感じられる。陸の貝類には、こうした分布の原則がどうもよくあてはまらない。昆虫のほうはわたしの採集品がとても少なかったけれど、ウォーターハウス氏が産地札のついているものをチェックしたところ、どれか二つの島に共通する種は一つもなかったそうだ。

植物相に目を向ければ、島によって土着の植物がまったく異なっていることを知るだろう。わたしは次のような結果を、友人フッカー博士の権威を借りてあきらかにしておきたい。わたしは各島で、花を咲かせている植物を手あたりしだいに採集した。そして幸運にも、採集品を島別に保管しておいた。ただ、次に示す結果をあまり信用してもらっても困る。ほかの数人の学者がもちかえった小規模の採集品に照らしても、わたしの結果はある程度の確かさが保証されるのだが、ガラパゴス諸島の植物に関する研究はまだあまりにも手がつけられていなさすぎるからだ。そのうえ、マメ科についてはまだごく大ざっぱな研究がおこなわれただけなのである——。

島	種の総数	ガラパゴス以外の地でも見られる種数	ガラパゴス固有のもの	ガラパゴス諸島内の一島に限られるもの	二島以上に共通して見られるもの
ジェームズ島	71	33	38	30	8
アルベマール島	46	18	26	22	4
チャタム島	32	16	16	12	4
チャールズ島	68	39*	29	21	8

＊移入された植物をマイナスすると29

上の表を見ると、まったく驚くべき事実にぶつかる。つまり、ジェームズ島にはガラパゴス諸島固有の植物――世界のほかの地域には見られない種類三八のうち、三〇種がこの一島に限られており、またアルベマール島にはガラパゴス諸島固有の植物二六種のうち二二種がこの一島だけに分布し、四種のみがいまのところガラパゴスのほかの島にも育っていることが、あきらかになるのだ。さらに、同じ表から、同様のことがチャタム、チャールズ両島にもいえる。この事実に二、三の例証を加えると、きっとさらに注目すべき問題が浮きぼりになるだろう。すなわちキク科のうちでも特色ある木性のスカレシア属[*54]がそれだ。この植物はガラパゴス諸島でしかみつからない。これには六種あって、一種はチャタム島、一種はアルベマール島、一種はチャールズ島、二種はジェームズ島にあり、また六番めの種はあとの三島のどれかに分布するのだが、どこだかわからなくなってしまった。また、トウダイグサ属[*55]は世界に広い分布をもつ属なのだが、ここでは八種を産し、そのうち七種はこの諸島にしかいない固有種になっている。おまけにどの一種をとっても、二島にまたがって分布している例はない。アカリファ属[*56]とボレリア属[*57]はともに世界的に見られるが、ここにはそれぞれ六種と七種を産し、ボレリア属の一種が二島に産することを除けば、どれも固有種となっている。キク科の植物はとくに地域性が高い。フッカー博士は各島におのおの異なった種がいるという例として、いくつかめざましいものを指摘してくださった。博士の報告によれば、こういう分布の法則はガラパゴス諸島にいる属だけでなく、世界のほかの地域にいる属にもあてはまるのだそうだ。同様にして各島には、世界のどこにもいる陸ガメ類も、アメリカ大陸だけに分布するマネシツグミ属も、またガラパゴス諸島固有のガラパゴスフィンチとダーウィンフィンチ二属も、その島だけの独特な種がすんでいることを知った。またガラパゴス固有のイグアナ類であるアンブリリンクス属についても、同じことがほぼまちがいなくいえるのだ。

一例として、もしもある島にマネシツグミの一属がいて、第二の島にはこれとまるで違う属がいるとしても——あるいは、もしもある島にそこだけにしかいないトカゲの一属がおり、第二の島には別の一属がいるか、またはどんな属もいないとしても——いや、もう一つ別の例として、ジェームズ島に大きな漿果をもつ木があり、チャールズ島にはそれに似たものがないという事実がある程度まで示しているように、もしも各島に同じ属に含まれる別の種が分布せず、まるで異なった属が分布していたとしても、属が違うのなら大したことではない。このガラパゴスのように各島に同じ属に含まれる別の種が分布する情況にくらべれば、驚きの度合はずっと小さいに違いない。わたしを心底驚かせたのは、これらの島々にカメ、マネシツグミ、フィンチ、そのほか多くの植物種のうちそれぞれ別の固有種がいること、そしてこの固有種たちは属が同じだから共通の習性をもち、よく似た自然界の位置を占め、諸島の自然生態系にあってたしかに同じ役割を果たしていることだった。これらの島それぞれにいる固有種のうちには、少なくともカメや鳥がそうなのだが、別種でなく単なる亜種でしかないことが証明されるものも出てくるかもしれない。そうなったにしても、哲学的な博物学者に大きな興味を抱かせる点は変わらない。わたしは前に、この島々は互いに肉眼で眺められる距離にあると書いた。チャールズ島はチャタム島のいちばん近い地点まで五〇マイル、アルベマール島のいちばん近い地点まで三三マイルだと明らかにできる。チャタム島はジェームズ島のいちばん近い地点から六〇マイルあるけれども、そのあいだには、わたしが上陸しなかった小島が二つある。ジェームズ島はアルベマール島までの最短距離が、たった一〇マイルだが、採集をおこなった二地点は三二マイル離れていた。もう一度繰り返すが、島々の土の性質、島の高さ、気候、そのほかもろもろの要素と、そのあいだに働く作用は、島によってまったく大差がない。気候になにか変化が感じられるとしたら、それは風上がわにある島々（チャールズとチャタム両島のことだが）と、風下がわの島々とのあいだになければならないところが、風上と風下の両諸島群にすむ生物には、これに相当する差異が見あたらないのだ。

それぞれにすむ生物が、このようにまったく異なっている事実に対して、わたしが照らしだせるただ一つの光は、こういうことだろう――つまり、とても強力な海流が西と西北西との方向に流れているから、海流による物の運搬という観点からみたとき、南がわの島々と北がわの島々とを分けて考えなければだめだということだ。また北がわの島々には、そのあいだにさらに北西へと流れる強い海流があるから、たしかにジェームズ島とアルベマール島とをひきはなす必要もあるということだ。ガラパゴス諸島は烈風の影響がきわめて少ないので、鳥も昆虫も、とりわけ軽い種子も、ほかの島へと吹きとばされる可能性はない。そして最後にもう一つ、島と島のあいだにある大洋の深淵、島々の成り立ち、そしてこれらの島がはっきりと新しい（地質学的な意味でだ）火山性であることから、大昔に島々が一つにつながっていたと考える必然性もほとんどない。このことは、島々にすみついた種の地理的分布に関するかぎり、たぶんなによりも重要な注目点になるだろう。以上のような事実を深く考えると、ついつい、自然の創造力といった言葉を使いたくなってしまう。この自然の創造力が、これだけ荒涼とした岩だらけの小島群に投下された作用量の大きさには、まったく驚かされるものがある。ほんの少しずつへだたっている各島に、それぞれ種を別にし、しかも「属」つまり祖先を同じくする生物たちを創造したその力に対しては、さらなる驚きを感じるほかない。以前わたしは、ガラパゴス諸島を、アメリカにつきしたがう衛星とみなしていいだろう、と書いた。だが、いまはむしろ、これを一衛星でなく衛星群と考えたい。物理的にはお互いに似かよいあい、しかし生物学的には異なっているのに、密接なかかわりを保とうとしている衛星群というべきだ。さらにこの衛星群は全部、かすかな程度とはいえアメリカ本土とははっきりした関係をもっているのだ。

人馴れしている鳥類

わたしは最後に、鳥たちが人をまったくこわがらない事実を報告して、ガラパゴス諸島の博学報告をしめくくることにする。

この性質は陸にすむ鳥たちすべて——すなわち、マネシツグミ、フィンチ、ミソサザイ、タイランチョウ、ハト、腐肉をあさるハゲワシなどに、共通している。かれらはみんな、鞭でたたいて殺せるかと思えるくらい近くまで、ひょこひょことやってきた。わたしも何度か帽子で鳥たちをたたいてみた。ここでは小銃なんかいらないのだ。銃口を使って、一羽のタカを枝からつき落とせたのだから。ある日のこと、わたしが横になっていると、マネシツグミが一羽やってきて、陸ガメの甲羅でこしらえた水瓶のへりにとまった。とてもおとなしく水を飲みはじめるのだ。鳥はそのまま陸ガメの甲羅のへりにとまったままでいた。わたしはこの鳥の脚を捕まえようと、何度も手をだした。あと少しでうまくいくところだった。昔は、鳥たちがもっと人をおそれなかったことだろう。カウリー[*58]（一六八四年）という人も次のように書いている。「ガラパゴスバトはとても人なつっこく、われわれの帽子や腕によくとまったので、手づかみさえできた。この鳥は人をこわがらなかったのに、仲間のなかで発砲する者がいたおかげで、あとになると少し臆病になった」と。同じ年にダンピア[*59]は、朝の散歩に出たついでに六ダースや七ダースはこのハトを殺すことができた、と言っている。いまでも鳥たちが人をおそれないのはほんとうだが、腕にとまったりはしない。それに、以前のようになすがままに殺されたりもしなくなった。かれらはなぜもっと、人をおそれるようにならないのだろうか、ふしぎ

ガラパゴスバト

なことだ。ガラパゴス諸島はここ一五〇年のあいだに、海賊や捕鯨船がよく立ち寄った。水夫たちはカメを探して林の中を歩きまわるついでに、鳥たちを叩き落とす残酷な遊びをいつも楽しんだというのに。

鳥たちは、そうした迫害がもっとひどくなっている現在でも、なかなか警戒心をもたない。約六年前に開墾されたチャールズ島で見たことだが、一人の子どもが鞭をもち、泉のそばに腰をおろして、水を飲みにくるハトやフィンチを叩き殺していた。その子は夕食用の鳥を、もうたっぷり捕え、小さな死体の山を積みあげていた。その子はいつも夕食用に鳥をとるためここに座っているのだと答えた。ガラパゴス諸島の鳥は、人間という動物が陸ガメやイグアナよりもずっと危険な動物であることを、まだわかっていないのだ。イギリスの草原にいる臆病なカササギが、草を食んでいる牛や馬を気にとめないのと同じように、かれらは人間を気にしていないらしい。

これと同じ性質については、フォークランド諸島にいる鳥が第二の例を示してくれる。小型のカマドドリが異常なくらい人をおそれないという事実を、ペルヌティやレッソンなどの探検家が誌している。しかし、これはカマドドリだけに限られたことではない。カラカラ、シギ、高地と低地にいるカモ、ツグミ、ホオジロ、そのほか真正のタカですら、程度の差はあっても人間をこわがらない。フォークランド諸島にはキツネ、タカ、フクロウがいるのに、鳥たちはおそれを知らない。だからガラパゴスでも、鳥たちがおそれを知らないのは、島に猛獣や猛禽がいないからではないと判断できそうだ。フォークランド諸島の高山地帯にいるカモは、離れ小島に巣をつくる用心深さをもちあわせているのだから、かれらがキツネを警戒していることはまちがいない。

けれど、そこまで用心しながらも、人間に対してはこわがる習慣がまだついていないのだ。鳥のうち、とくに水鳥が人間をおそれないことは、フエゴ島産の鳥たちの習慣と、いちじるしい対照をなしている。フエゴ島では昔から、現地民に迫害されつづけているからだ。フォークランドだと銃をもつ狩人は、ときどき高地のカモをもちかえれないほどたくさん射ち落とせるのに、フエゴ島では、ふつうのガンをイギリス本土で仕とめるのと大差ないほどむずかしいのだ。

ペルヌティの時代（一七六三年）には、フォークランドの鳥たちはいまよりもはるかによく人に馴れていたらしい。カマドドリは人間の指先にとまるほど馴れていて、半時間あれば杖で一〇羽はらくに殺せると、かれは書いた。そのころは、いまのガラパゴスに劣らないほど鳥が人をおそれなかったに違いない。ガラパゴスの鳥たちはフォークランドの仲間にくらべて、人間を警戒する習慣を身につけるのに時間がかかったようだ。なにしろフォークランドは、西洋の船が年じゅう立ち寄るだけでなく、その間しばしば開墾の鍬がはいったために、鳥たちもこわい思いをし、そのぶんだけちゃんと用心することを学んだ。もっとも、ペルヌティの話によると、昔、どの鳥も人間をまったくおそれなかった時代でさえ、頸の黒いクロエリハクチョウは殺せなかったそうだ。この鳥は渡りをするため、きっと外国でひどいめにあって賢くなったのだろう。

人間への恐怖心、獲得した本能

そればかりでなく、デュボアという人によると、ブルボン島では一五七一年から七二年にかけて、フラミンゴとカモを除くすべての鳥がまるで人をこわがらず、素手で捕まえることができ、また杖でいくらでも叩き殺せた事実があることを、つけ加えておきたい。またカーマイケル[*60]という研究者によると、大西洋のトリスタン・ダ・クーニャ島[*61]では、ツグミとホオジロの陸鳥二種だけは「まったく人をおそれず、手網でいくらでも捕まえられた」という。[★4]われわれはこうしたたくさんの事実から、次のように結論づけることができるだろう。第一に、鳥が人間をこわがるのは、人間に対する特別な本能のせいであって、他に危害を受けることが原因となって身につくような一般的な用心深さとは別物である、ということ。第二に、鳥たち一羽一羽がどれほど迫害されたとしても、短い年月のうちに恐怖心が身につくわけではなく、次つぎに世代が重なって遺伝的な性質になるのだということ。われわれが飼っている動物では、新しい知能がつけ加わったり、あるいは本能を獲得したり、それが遺伝されることを見慣れている。しかし野生の動物の場合、あとから獲得された知識が子孫に遺伝される例は滅多にみつからないのがふつうだ。だから、鳥が人間をこわがるのも、それがもともと先天的にそなわった遺伝的な習性というほか、説明のしようがない。イギリスで毎年人間にいじめられる若鳥は、それほど数多くいない。だのに、イギリスの鳥はまず例外なく、小さなひなにいたるまで、人間をこわがる。ところがガラパゴスやフォークランドでは、たくさんの鳥が人間に危害を加えられているのに、どうしたわけか人間への恐怖心をなかなかもとうとしない。われわれはこの事実から、一つの可能性を考えつくことができる。つまり、ある土地に新しい猛獣か新しい猛禽が侵入すると、土着の生物たちの本能がこの外来者の技や力に慣れるまでに、その地域はとてつもない損失を発生させてしまうだろう、ということである。

【訳注】第17章

＊1――この諸島 Islas Galápagos　アメリカ大陸の西岸から約一〇〇〇キロメートル離れた太平洋上にあるエクアドル領の島群。正式名称はコロン諸島。一五三五年にスペインのトマス・デ・ベルランガが発見したが、長く無人島だった。ただし、海賊の根拠地や捕鯨の基地として一時的に利用されることはあり、ダーウィンが本書で使っている英語による島名もこの間につけられたもの。独立したばかりのエクアドルが入植を進め、一八三二年に領有を宣言した。現在はすべての島がスペイン語の名で呼ばれている。

＊2――岩滓《スコリア》 scoria　破片状の火山噴出物。軽石よりも色が濃く黒色または暗褐色で、やはり多孔質だが軽石ほどではない。

＊3――凝灰岩　火山灰や火山礫などの噴出物が固結してできた岩石の総称。

＊4――南極の大潮流　ペルー海流のことで、発見者であるドイツの探検家にちなんでフンボルト海流とも呼ばれる。南アメリカ大陸の西を北上する太平洋の寒流。

＊5――チャタム島 Chatham Island　スペイン語ではサン・クリストバル島。ガラパゴス諸島のなかでは、もっとも東に位置する。面積は五五八平方キロメートル、最高点は標高七三〇メートル。島の南西端に位置するプエルト・バケリソ・モレノは現在、この諸島の中心都市。

＊6――スタフォードシャー Staffordshire　イングランド中部の地方名で、中心都市はスタフォード。十八世紀から、州内に産する石炭を利用した製鉄業のほか、製陶業も盛んだった。炭田のボタ山と大きな壺形の陶窯がつくる景観は独特なもの。

＊7――チャールズ島 Charles Island　スペイン語ではフロレアナ島。サンタマリア島の名もある。面積は一七三平方キロメートル、最高点は標高六四〇メートル。チャタム島（サン・クリストバル島）の南西

に位置する。

＊8――ココス島 Cocos Island　ココ島ともいう。コスタリカ領で、本土から沖合へ約五五〇キロメートル離れた東太平洋に浮かぶ無人島。長さ約八キロメートル、幅約五キロメートルの小島ながら豊かな熱帯雨林に覆われ、一九九七年には世界遺産にも登録された。

＊9――フリゲート艦　比較的小型の軍艦で、快速で航洋性に優れた帆装軍艦のこと。この艦種はやがて蒸気機関を併用するようになり、大型化して巡洋艦へと発達していったといわれる。

＊10――アルベマール島 Albemarle Island　スペイン語ではイサベラ島。ガラパゴス諸島のなかでもっとも大きな島であり、面積四五八八平方キロメートル。最高点は標高一七〇七メートルのウォルフ火山。ビーグル号が投錨したバンクス入江は島の北西部。

＊11――ナーボロー島 Narborough Island　スペイン語ではフェルナンディナ島。アルベマール島（イサベラ島）のすぐ西に位置する。ガラパゴス諸島のなかでもっとも若い島といわれ、ごく最近も噴火が観測されている。面積は六四二平方キロメートル、最高点は一四九四メートル。

＊12――ジェームズ島 James Island　スペイン語ではサンチャゴ島あるいはサン・サルバドル島。アルベマール島の東がわにあり、面積は五八五平方キロメートル、最高点は九〇七メートル。

＊13――スチュアート朝　イングランドの王朝で、一六〇三年にスコットランド王ジェームズ六世がジェームズ一世としてイングランド王に即位したのが最初。その子どもチャールズ一世はピューリタン革命で処刑されて王朝は中絶したが、一六六〇年に孫のチャールズ二世が復活させた。一七一四年に亡くなったアン女王を最後に断絶。

＊14――わたしの召使い　シムズ・コヴィントン Covington, Syms（1816-61）はビーグル号で雑用係を務めていたが、この航海ではダーウィン個人に雇われることになった。航海の後も一八三九年までダーウィンの助手を務め、その後はオーストラリアへ移住した。

＊15――クイナ　ツル目クイナ科の鳥で、ガラパゴスクイナのことか。ほとんど飛ぶことはできず、ほぼ地上

でくらす体長一四～一六センチメートルほどの小さな暗褐色の鳥。

＊16――サンクリストバルコメネズミ　キヌゲネズミ科に分類されるコメネズミ属の齧歯類で、チャタム、フッド、チャールズ三島の固有種であったが絶滅したと見られる。亜種がバリントン島（サンタ・フェ島）に生息する。コメネズミ属は南アメリカ大陸から北アメリカ大陸南東部にかけて広く分布。

＊17――ボボリンク Bobolink　コメクイドリともいう。全長一八センチメートルほどのムクドリモドキ科の鳥。北アメリカ大陸の中緯度地方で繁殖し、冬は南アメリカ大陸南部のアルゼンチンやパラグアイへ渡る。

＊18――タカの類　タカ科ノスリ属に分類されるガラパゴスノスリのこと。ガラパゴス諸島の固有種で、他の島と同様に生息数は減少しており、いくつかの島では絶滅が確認されている。

＊19――メンフクロウ　メンフクロウ科は世界中に十数種が知られ、白くハート形をしたよく目立つ顔盤が特徴。

＊20――ミソサザイ一種……　ここで挙げられたもののうちミソサザイ一種は不明。タイランチョウのうちベニタイランチョウ以外のもう一つの種はガラパゴスヒタキモドキ、ハトはガラパゴスバトと考えられ、二種ともガラパゴス諸島の固有種である。

＊21――ミナミムラサキツバメ　ムラサキツバメは北アメリカ大陸に広く生息し、冬には南アメリカ大陸へ渡る大型のツバメだが、ミナミムラサキツバメは留鳥。

＊22――マネシツグミ　第3章にも記述された新大陸に広く分布するムクドリ科の鳥だが、ガラパゴス諸島にはガラパゴスマネシツグミ、フッドマネシツグミ、チャールズマネシツグミ、サンクリストバルマネシツグミが固有種として知られる。

＊23――ヒワの仲間　ヒワはアトリ科の鳥。ときにフィンチとも呼ばれるが、この名前で呼ばれる飼鳥の多くは別の科に属するので紛らわしい。現在、ここで説明されるガラパゴスフィンチ属（ダーウィンフィンチ類ともいう）は、かつてはホオジロ科、現在はフウキンチョウ科に分類されることが多い。これ

らの島の類縁関係や分類にはさまざまな見方があり、まだ一定していない。

*24――ロウ諸島 Low Islands　トゥアモトゥ諸島ともいい、フランス領ポリネシアに属する。南太平洋、タヒチ島の東方に約一五〇〇キロメートルにもわたり分布する約八〇のアトールからなる。一五二一年にマゼランが訪れて以来、多くの航海者が記録したが、全体像が明らかになったのは十九世紀に入ってから。ダーウィンが参加したビーグル号の航海でも、二つの新しい島が発見された。フランスの核実験場としてその名が知られるようになったムルロア・アトールも、この諸島に含まれる。

*25――この群島にすむ一種　イワカモメのことか？　全長五〇〜五五センチメートルの灰色もしくは暗灰色の鳥である。アメリカ大陸東岸から太平洋岸のチリにまで広く分布するワライカモメに近縁とされる。

*26――ソリハシシギ　ここでは現在のクサシギ属 *Tringa* を示すか？　そうであれば、ガラパゴス諸島には五種が生息する。

*27――アンブリリンクス属　現在、この分類名はイグアナ科ウミイグアナ属としてウミイグアナ一種（いくつかの亜種が知られる）で構成される。ここでは、オカイグアナ属のガラパゴスリクイグアナとの共通性に注目し同じ属に分類されている。どちらも、ガラパゴス諸島の固有種。

*28――ビブロン氏 Bibron, Gabriel（1805-48）　フランスの動物学者。爬虫類の多くの種を分類・記述したことで知られる。

*29――プサモフィス・テミンキィ　現在プサモフィスの名はアフリカ、中東産のヘビ（アレチヘビ属）にあてられ、南アメリカ産を含んでいない。この種は現在はコダマヘビ属（*Philodryas*）に含められるナミヘビ科のヘビである。なおガラパゴス産はチリのそれと同一種とはされていない。

*30――ボリ・ド・サン＝ヴァンサン Bory de St. Vincent, Jean Baptiste（1778-1846）　フランスの博物学者。一七九八年にボダン指揮のオーストラリア探検に参加したが途中から別行動をとり、インド洋の島々を探検した。

*31――マスカリンガエル　アカガエル科アフリカアカガエル属に含まれるカエルで、アフリカ大陸およびマ

ダガスカル島やインド洋西部のマスカリン諸島（レユニオン、モーリシャス、ロドリゲスの総称）に生息する。

*32——ブルボン島 île Bourbon　レユニオン島の旧称。インド洋西部にあるフランス領の火山島。十六世紀はじめにポルトガルのペドロ・マスカレナスが発見し、十七世紀半ばからフランスがマスカリン島として領有。その後、改称がつづいて、ブルボン島と呼ばれた時期も何度かあった。

*33——デュボア Du Bois（fl. 1669-74）　フランスの旅行家、著作家。一六六九年からマダガスカルやマスカリン諸島、セネガル西部などを旅した。帰国の翌年である一六七四年にこうした地域の自然文化を包括的に論じた先駆的な旅行記を発表。

*34——テストゥド・ニグラ　ガラパゴスゾウガメ。現在の学名はゲオケロネ・ニグラ *Geochelone nigra* でリクガメ科リクガメ属に分類される。ガラパゴス諸島の名は、スペイン語で「馬の鞍」を意味するガラパゴからこのゾウガメにつけられた呼び名に由来する。ゾウガメの名で呼ばれるカメとしては他に、インド洋のセーシェル諸島アルダブラ・アトールに分布するアルダブラゾウガメが知られる。

*35——グアヤビタ　フトモモ科バンジロウ（グアバ）属に含まれる植物。ガラパゴスで見られるグアヤビタはフッカーが *Psidium galapageium* とした種と思われる。黄色の実は熟すと赤くなるという。

*36——ウスネア・プリカタ　ウスネア *Usnea* はサルオガセ属で、樹木に着生する樹状地衣類である。糸状の体は枝分かれが著しく、樹木の枝などから長く垂れ下がる。世界中に数百種が確認されている。

*37——ベル氏 Bell, Thomas（1792-1880）　イギリスの動物学者。甲殻類や爬虫類の優れた研究によって知られる。ダーウィンがビーグル号の航海で持ち帰った標本のうち、爬虫類を調査・分類した。

*38——ウルウァ属　アオサ科アオサ属。海岸に生育する緑色の膜状、または葉状の緑藻。世界各地の浅い海で見られる。

*39——……尋常でない話といえる　ウミイグアナの雌は一～四月に海岸の砂地に穴を掘り、たいていの場合、複数個の卵を産む。

＊40――バリントン島 Barrington Island　スペイン語ではサンタ・フェ島と呼ばれるガラパゴス諸島の一つ。インディファティガブル島（サンタ・クルス島）の南に浮かぶ面積二四平方キロメートルのごく小さな島。

＊41――インディファティガブル島 Indefatigable Island　スペイン語ではサンタ・クルス島。ガラパゴス諸島のほぼ中央、アルベマール島（イサベラ島）の東がわに位置する。面積もアルベマール島に次いで二番目の九八五平方キロメートル、最高点は八六四メートル。

＊42――フッド島 Hood Island　スペイン語ではエスパニョラ島。東側の三諸島でもっとも南東の端に位置する島。面積は六〇平方キロメートル、最高点は二〇六メートル。

＊43――タワーズ、ビンドローズ、アビンドン各島 Towers, Bindloes, Abingdon　ガラパゴス諸島のなかで、北がわに少し外れた三つの小さな島で、東から西へタワーズ島（タワー島とも。スペイン語ではヘノベサ島）、ビンドローズ島（スペイン語ではマルチェナ島）、アビンドン島（スペイン語ではピンタ島）の順に並ぶ。

＊44――ニシホウボウ属　ホウボウ科の魚。プリオノトゥス属は日本ではニシホウボウ属とも呼ばれ、現在は大西洋にのみ生息する種の分類名である。

＊45――ヘソカドガイ属　太平洋の各地で、潮間帯の沼沢地に生息するカワザンショウガイ科の巻貝。

＊46――カミング氏 Cuming, Hugh（1791-1865）　イギリスの博物学者。南アメリカ大陸から太平洋地域の貝類と植物の標本を大量に収集した人物として知られる。

＊47――プルプラ・パトゥラ　アクキガイ科の巻貝で、サラレイシともいう。この仲間の貝の鰓下腺《さいか》は紫色の染料として使われる。メキシコ西岸からカリフォルニアの太平洋岸とフロリダからコロンビアの大西洋岸の両方に生息する。

＊48――カツオブシムシ　カツオブシムシ科の甲虫で、体は円形または筒形。ほとんどが体長一センチメートルに満たない小さな昆虫であり、名前の由来となった鰹節や毛織物など動物質のものを好み食害を起

こす。

＊49――ゴミムシダマシ　ゴミムシダマシ科の甲虫は世界中に一万種類以上が知られる。形や色彩がゴミムシ科に似ることでこの名がつけられたが、多様な形態・大きさのものが見られる。多くが昆虫などを捕食するゴミムシに対し、ゴミムシダマシの仲間は、穀物や腐葉土、菌類を食べるものが多く、目立たずに動きも遅いものが中心。

＊50――ナガシンクイムシ類　単にナガシンクイともいう。ナガシンクイムシ科の甲虫は熱帯を中心に世界中に数百種が知られる。

＊51――キャプテン・ポーター Porter, David（1780-1843）　アメリカ合衆国の海軍軍人。フランスやイギリスなどヨーロッパ諸国との戦いや海賊の掃討に従事し、軍艦エセックスの艦長としておこなった太平洋航海が知られる。

＊52――サボテンフィンチ属　ガラパゴスフィンチの中の一系統で、サボテンの花から胚珠を取り出して食べる。やや長いくちばしが下方に湾曲し、舌の先は裂けている。

＊53――ダーウィンフィンチ　ガラパゴスのフィンチ類をまとめてこのように呼ぶこともあるので紛らわしいが、ここではキツツキフィンチ、マングローブフィンチを含む樹上性の一群を示す分類名。

＊54――スカレシア属 *Scalesia*　ガラパゴス諸島に特産するキク科の木本属。海岸付近に多い高さ一～二メートルの低木種と、内陸部に多い高さ五～二〇メートルの高木種がある。花は直径一～二センチメートルほどであり、周囲に白い舌状花があるものとないものがある。

＊55――トウダイグサ属　トウダイグサ科の多年草。ユーフォルビアとも呼ばれる。日本でもなじみのあるトウダイグサやタカトウダイのほか、草本から低木までバラエティに富み、世界中に約二〇〇〇種があるともいわれる。

＊56――アカリファ属 *Acalypha*　トウダイグサ科エノキグサ属の植物で、やはり一年草から高木まで多種多様のものが世界中に産する。

＊57——ボレリア属 *Borreria*　アカネ科ハリフタバ属の植物はアメリカ大陸を中心に世界中に二〇〇種以上が知られる。

＊58——カウリー Cowley, William Ambrosia（生没年不詳）　十七世紀に活躍したイギリスの海賊。ガラパゴス諸島において最初期の調査をおこない、最初の地図もつくっている。

＊59——ダンピア Dampier, William（1650-1715）　イギリスの航海者、海賊。南アメリカのスペイン領沿岸を荒らしていた海賊だったが、帰国後の一六九七年に『新世界周航記』を上梓し、ヨーロッパ人の太平洋への関心を広く呼び起こした。一六九九年には政府派遣の探検隊を指揮してオーストラリア西海岸に到達し、ニューブリテン島などを発見した。

＊60——カーマイケル Carmichael, Dugald（1772-1827）　スコットランドの博物学者。とりわけ海洋性の植物の研究で知られる。

＊61——トリスタン・ダ・クーニャ島 Tristan da Cunha Island　南大西洋にある火山性の島でイギリス領。アフリカの喜望峰と南アメリカ大陸のほぼ中間に位置する。十六世紀初頭にポルトガル人トリスタン・ダ・クーニャが発見。十九世紀はじめにイギリス海軍が占領した。

第18章　タヒチとニュージーランド

ロウ諸島の中を通過する……タヒチ……地勢……山岳の植物……エイメオ島の眺望……奥地への旅行……深々とした峡谷……滝また滝……野生の有用植物の数……島人たちの禁酒……島人の道徳観……議会の招集……ニュージーランド……アイランズ湾……ヒパーと呼ばれる丘……ワイマテへの旅行……伝道施設……イギリス産の雑草が野生化する……ワイオミオ——ニュージーランド女性の葬儀……オーストラリアへ向けて出航

ロウ諸島の中を通過する

一〇月二〇日――ガラパゴス諸島の測量が終わったので、われわれは舳先《へさき》をタヒチ[*1]へ向け、三二〇〇マイルの長旅を開始した。それから数日後、冬のあいだ南アメリカのはるか沖までひろがっている薄暗くて雲だらけの海域を、ようやく脱した。だから、明るく晴れわたった空がうれしかった。そのあいだ、安定した貿易風に乗って、一日一五〇から一六〇マイルで快適な船旅がつづいた。太平洋も中央部に寄ったこのあたりの気温は、アメリカ大陸寄りにくらべて、はるかに高い。後甲板の船室の温度計は、昼夜ともに八〇から八三度で、とても過ごしやすい。ただ、気温がそれよりも一度か二度上昇すると、とたんに暑苦しくてかなわなくなる。われわれは危険諸島と渾名《あだな》されるロウ諸島を通過したが、水面にわずかに頭を出しているサンゴ島が、なんとも奇妙な丸い輪をつくっている例をいくつも眺めた。この丸い輪の形をした島々は、環礁《ラグーン》島と呼ばれている。長ながとつづくまぶしいほどの白いビーチが、縁飾りがわりに緑の植物をちょこんと頭にいただいている。そして狭いビーチは左右どの方向を見ても、遠方で急に幅が狭くなり、水平線の下に沈んでいくようだ。マストの上からだと、輪の中に静かな海水の池が大きくひろがっているのが見える。こうした低くて中が空いているサンゴの島々は、だだっぴろい大海のただなかに突如としてせりだしているが、大洋の大きさに比べたらなんともちっぽけな点にすぎない。だのに、このいかにもひ弱そうなお邪魔《じゃま》虫《むし》が、「太平洋《パシフィック》」などと誤って名づけられたこの大海の、強力で絶え間ない大波にのまれてしまわないことは、どうにもふしぎでならない。

タヒチ島

タヒチ

一一月一五日——日の出どきに、タヒチ島が姿をあらわした。南洋を旅する者にとっては永遠に定番《クラシック》として残るに違いない島だ。遠くからでは、大して心ときめく眺めではない。なぜなら、低地に繁茂する豊かな植物群がまだ見えないからだ。しかし雲が去るにつれて、なんとも荒々しく、これ以上はないほど鋭く切りたった峰々が、島の中央から姿をあらわした。マタヴェイ湾[*2]に錨を降ろすが早いか、われわれはカヌーに取り囲まれた。この日は、ヨーロッパの暦でいうと日曜にあたるが、タヒチでは月曜だった。もしこれが逆であったなら、カヌーの出迎えを一艘たりとも受けられなかったろう。というのも、安息日にはカヌーを海に出してはいけないという禁令が、厳しく守られていたからだ。夕食後にわれわれは上陸し、はじめて見る新しい土地のものめずらしさを十分に楽しんだ。しかもここは、魅力あふれるタヒチ島なのだ。男、女、子どもの群れが、

タヒチ島マタヴェイ湾近く

記念の地（キャプテン・クックが碇泊し天体観測した場所）ヴィーナス・ポイント［一七六九年六月、クックはここで金星の太陽面通過を観測した］に集まり、明るい笑顔でわれわれを迎えようと待ちかまえていた。われわれはこの地区で宣教師をつとめるウィルソン氏の家へ連れていかれたが、その途中で氏に出会い、とても友好的なもてなしを受けた。氏自身とその邸宅にしばらく腰を落ち着けたあと、いったん外へ散歩にでたが、夕方にまた氏の館に戻った。

地勢

耕作ができる土地は、どこも低い沖積土のへりといった感じで山のふもとに溜まっており、海岸線すべてを丸く囲むサンゴ礁のおかげで、大海の波から護られている。リーフの内側は池のように静かな海があって、現地民のカヌーも安全に航行でき、船も錨をおろせる。サンゴ島のビーチにつづく低地は、熱帯域のきわめて美しい植物に覆われている。バナナ、オレンジ、ココナツ、パンノキ[*3]のただなかに、開墾地が点々とあって、ヤムイモ、サツマイモ、サトウキビ、パイナップルが栽培されている。灌木さえも、外から持ちこまれた果樹、つまりグァバ[*4]なのだ。これがあんまりよく増えるので、雑草と同じほど邪魔もの扱いにされていた。ブラジルでわたしはよく、バナナやヤシやオレンジといったコントラストの強い樹々が美しく混在しているさまを楽しんだものだが、ここにはパンノキもある。大きくて、つやつやした、手の形をした葉が、とてもよく目立つのだ。この木の茂みを見ると、大きくて滋養に富んだ実をたわわに実らせて、イギリスのオーク[*5]の木のように勢いよく枝をのばしているようすが、みごとというほかなかった。役に立つから眺めても美しく見える、といったことは滅多におこらないのだが、このすばらしい果樹に限ってはほんとうだ。パンノキのみごとな多産ぶりを知ることで、敬愛の感情が大きく湧いてくる。うねうねと延びる細道は、周囲の葉に覆われて涼しく、点在する民家へつながっている。家の主人たちはどこでも、楽しくてとても心あたたまる歓迎を示してくれた。

タヒチ人

　わたしはなによりもここの人びとに好意をもった。この人たちの表情には、野蛮という偏見を即座に消しとばしてしまうようなやさしさがある。また、文明を身につけつつある知性の輝きもある。ふつうの人びとは働くときに上半身裸になる。タヒチの人が進歩しているとわかるのは、そのときだ。かれらは背がとても高く、肩幅がひろく、運動能力が高く、身体のプロポーションもみごとだ。ヨーロッパ人の目にも、浅黒い肌のほうが白人の肌よりもずっと好ましく、また自然に見えてくるまでには、それほど慣れを必要としないことも興味深い。白人がタヒチの人と並んで水浴びしていると、まるで、庭師のわざによって色抜きにされた園芸植物と、野外でたくましく生長した緑濃い野生植物とを見くらべるような気分になる。男はふつう、彫りもの《タトゥー》をしている。その飾りぐあいは身体の曲線にきわめて優美に適合しており、なんとも気品ある趣きをただよわせている。いちばんよく見かける模様は、細部に多少の違いはあるけれども、ヤシの木に冠状につく葉を思いださせるものだ。背中の正中線から立ちあがって、両肩へ向けて優雅に曲がっている。こう書くと空想がたくましすぎるかもしれないが、以上のような彫りものをほどこした人体は、たおやかな蔦《つた》の巻きついた高貴な木の幹を彷彿させる。

老人の多くは、足にこまかな模様を隙間なく彫りこんでいるので、ちょうど靴下をはいたように見える。しかしながらこのパターンは一部で過去のものになりつつあり、ほかの流行模様にとってかわられている。ここでは、流行《はやり》というものは決して長つづきしないけれども、老人たちは自分の若いころに流行したスタイルをずっと変えずにいることは間違いない。つまり、老人は自分の体に、自分が若かった時分の流行を刻印しており、どうやっても若いダンディーたちの気どりを真似るわけにゆかないのだ。女たちも男と同じように彫りものをほどこしているが、たいていは指に彫ってある。昨今は、あまりゾッとしない流行が、島じゅうに広まっている。これは頭のてっぺんを剃りあげて、まわりの髪を輪の形に残す散髪法だ。伝道師たちはこの風習をあらためさせようと説得につとめた。しかし、これは流行なのだからしかたがない、という一言が、タヒチでもパリと同じように十分な説明になる。わたしは女性個々の外観に、少なからず失望した。どこをとっても、男に負けている。頭の後ろかあるいは両耳に開けた穴に、白や紅の花をさす習俗は、とても愛らしい。ココナツの葉を編んでこしらえた冠を、日除け用にかむっている。だが、女たちは男にくらべると、なにかもっとぴたりとくる服装に欠けているようだ。

ほぼすべての現地民が多少の英語を解する——つまり、日常の事物の名前をいえるのだ。これを助けにして、身ぶり手ぶりを加えると、なんとか切れぎれの会話がこなせる。夕方ボートに帰るとき、われわれは足をとめて、とてもきれいな風景を眺めた。たくさんの子がビーチで遊んでいた。点《とも》されたかがり火が、静かな海と周囲の樹々を照らしだしていた。ほかにも輪になってタヒチの歌をうたう子たちがいた。われわれは砂に腰をおろし、この人たちの仲間に加わった。歌は即興のもので、われわれが到着したことを歌にしたらしかった。小さな女の子が一人で一節をうたった。ほかの子が別の部分をうたい、全体がとても美しいコーラスを形成した。この光景すべてが、われわれに、自分は今、あの有名な南海の島のビーチに腰をおろしているのだなぁ、という感激を抱かしてくれた。

一一月一七日——今日は航海日誌に、一六日月曜と書くかわりに、一七日火曜と記入する。われわれがこれまで失敗なく太陽を追ってきたおかげで、日付変更のまちがいはない。朝食前に、われわれはカヌーの集団に包囲された。そして現地民が甲板にあがることを許されると、総勢二〇〇人を下まわらない数になった。これだけの人数を甲板にあげても、ほとんどトラブルをおこさなかったのは、タヒチの島民だけではないのか、というのがわれわれの一致した意見だった。みんなが、なにかしら売りものを持ってきた。主要な商品は貝殻だった。タヒチの人も今では金銭の価値を十分に理解しており、古着だとかそういう品物よりも金銭を欲しがる。ところがイギリスとスペインの貨幣単位に応じてさまざまな硬貨があるので、頭を悩ましている。小さな銀の粒でも、ドルに交換するまでは信用しないふうであった。首長のなかには、けっこうな小金を貯えている者もいた。わりに最近のことだが、小型の船を買いたいといって八〇〇ドル（約一六〇ポンド）を出してきた首長もいた。また、首長たちは五〇から一〇〇ドルの値で捕鯨ボートや馬をよく買いこんでいる。

山岳の植物

朝食がすむと、わたしは上陸して、二〇〇〇から三〇〇〇フィートの高さがあるいちばん手近の山腹を登った。外がわにそびえる山々はなめらかな円錐形をしているが、とても険しい。古い火山性の岩でできあがっている山は、たくさんの幽谷に深く切りこまれ、島の中央部のぎざぎざした山岳部から海岸に向けて、八方にのびている。人が住んでいる肥沃な土地は、低地に細い帯のようにのびており、わたしはこれを越えて、二つの深い谷間のあいだにあるなめらかだが急峻な尾根に登った。植物相には特色があった。ほとんどすべてが小型のシダ類で、高地になると大ぶりの草が混じった。ウェールズの丘の眺めに似ていなくもない。これが、低地の海岸に茂る熱帯植物の群落のすぐそばにあるというのだから、びっくりする。わたしがたどりついた最高地点

エイメオ島とサンゴ礁

で、ふたたび樹木が姿を見せだした。比較的豊かな三つの地域のうちで、低地のほうは湿気があり、平坦なので植物が豊富だった。なぜなら、低地は海面からいくらも高くなっていないので、高地から流れ落ちてくる水がゆっくりと海へ注ぐからだ。次に中間地域は、高地のように湿った雲だらけの大気のなかにはいりこんでいないので、不毛のままだ。高地の森はとても美しい。海岸にあったココヤシに代わって、木生シダが茂っている。だが、これをブラジルの森のすばらしさと重ねあわせてもらっては困る。大陸を特色づける産物の膨大な数を、一つの島にも生じると期待するほうが無理なのだ。

エイメオ島の眺望

到着した最高所から、遠くエイメオ島[*6]の景観が眺められた。タヒチ王国に所属する威厳をたたえた孤島だ。でこぼこした高い峰々に白くて厚い雲が積み重なり、青い海に浮かぶエイメオ島と同じ意味で、

エイメオ島

峰自体も雲の上に島をつくっていた。エイメオ島は、ちっぽけな入江が一つある点だけで、あとはサンゴ礁に囲まれていた。幅は狭いがあざやかな白い環だけが、遠く離れたここからも見分けられた。そこは波がはじめてサンゴ礁の壁にぶつかるところだった。この白くて狭いリーフの内がわにひろがるおだやかな礁湖の真ん中から、突如として山々がそびえでている。白いリーフの外は、荒々しい外洋の濃藍色の海がひろがっている。その眺めがまことにすばらしい。まさに額装した版画に比較できる。額ぶちが白い外縁の波、白いマウント用台紙が、静かな礁湖、そのまん中におかれた版画が、島そのものにあたる。夕暮れに山を下って、一人の男に出会った。かれは焼いたバナナとパイナップル、それにココナツを運んでいた。わたしは以前、この男にちょっとしたプレゼントをやって、喜ばせたことがある。灼けるような陽の下を歩いてきたから、男がもっていた若いココナツのミルクのうまさといったらなかった。ここはパイナップルも豊富にあって、われわれイギリス人がカブをむやみに食べるのと同じように、タヒチの人びとは粗末に取りあつかう。ここのパイナップルはみごとな味で、たぶんイギリスの栽培品よりも上等だ。わたしにしてみれば、これが果物に対して捧げることのできる最高の褒め言葉なのである。船に戻る前に、ウィルソン氏が、わたしのことを何くれとなく世話してくれたタヒチ人に向かって、次のようなわたしの要請を通訳してくれた。ちょっとした山登りの同行者として、わたしはそのタヒチ人ともう一人を指名したかったからだ。

奥地への旅行

一一月一八日——わたしは食糧を袋に詰めこみ、自分と召使い用に毛布を二枚持って、朝早く上陸した。予定していた同行者二人は、長い竿の両端に荷物を縛りつけて、これを交代に担いで歩いた。竿の両端につける荷物は、五〇ポンドずつもあるが、二人は一日じゅうこれを担ぐのに慣れていた。この案内人に、食べるものと着るものは自前でそろえるようにいっておいたのだが、かれらいわく、食べるものは山にいくらでもあるし、着るものは自分の皮膚一枚あれば間にあう、とのことであった。さて、めざす目的地はティア＝アウルという谷だ。谷には川が流れていて、ヴィーナス・ポイントのそばで海へ注ぎこんでいた。この川は、島の中では主だった流れの一つで、水源は七〇〇〇フィートもの高さに達する島中央の最高峰のふもとあたりである。そもそもこの島は山また山でできており、中央の奥地へはいりこむには、谷をのぼっていく以外に方法がない。われわれがとった経路だが、最初のうちはこの川の両端をふちどる森の中を縫って歩いた。

中央の高い山地は、片がわにココナツの木が茂っている道の向こうにときおり見えたが、なんともすばらしい眺めであった。そうこうするうちに谷は狭くなり、両がわも高い直壁になりだした。三時間から四時間も歩いたあと、谷間の幅が川床とほとんど同じになったことに気づいた。両方の壁はもう垂直も同然だ。ただ、火山岩層がやわらかいために、樹木やら勢いのよい雑草やらが岩棚の出っぱりから伸びでていた。それにしても直壁は数千フィートもの高さがあるようで、この山あいの谷間がただよわせる全体の印象を、これまで見たどんな光景にもまして壮大なものに感じさせた。太陽は正午まで谷の直上から垂直に光を射しこんでおり、大気は冷たく、しっとりとしていたが、今はすっかり乾燥してしまった。柱状になった溶岩の壁の下、突きでた岩のかげで、われわれは食事した。案内人たちは早くも、小魚と淡水エビで料理をこしらえた。丸い輪になってのびる小型の手網《たも》を、いつも持っているのだ。水深があって渦を巻いているところだと、かれらは水中に飛びこんで、カワウソさながらに目をあけて、魚を穴やら岩のかどやらに追いこんで捕まえた。

　タヒチの人は水中では両生類のようにふるまえる自在さを身につけていた。エリス[*7]という人が語った一つの逸話は、この人たちが水中でどんなに自在かを証明してくれる。一八一七年にポマレ王朝[*8]に贈る馬を一頭陸にあげていたとき、綱が切れて馬が海に落ちた。地元民がすぐさま甲板から飛びこんだ。だが、地元民が大声で叫び、馬を助けようという割には無益なあがきを見せたために、肝心の馬は溺れかかった。ところが馬が自力で岸までたどりつくやいなや、こんどは地元民全員が一斉に逃げだした。かれらは馬の「人を運ぶブタ」めいた姿におどろいて、身を隠そうとしたというのだ。

深々とした峡谷

さらに高く登ったところで、川が三つの支流に分かれた。北にある二つの支流は、いちばん高くてでこぼこがひどい山の頂上から流れ落ちる滝が連続するため、とても登れたものではない。あと一つは、やはり見るからに登りにくそうだったが、なんとも異常な道すじをたどって、どうにか上へ登った。どんなルートだったかというと、谷の両わきが直壁だった関係で、層状の岩によく見かけるような小型の棚が突きだしており、そこに野生バナナやらユリ科の植物やら、ほかの熱帯植物が豊かに茂るような道であった。二人のタヒチ島民は、以前この棚のあいだをよじのぼって果実を探すうちに、断崖をすっかり越えられるルートを発見したのだった。この谷の登りみちは、最初のうちがきわめて危険であった。なにしろむきだしの岩が急斜面をつくっているため、ここを渡りきるには、用意したロープを使うことが絶対に必要になったのだ。こんなに困難な登り道が唯一ここの山で先へ進めるルートだということを、どうやって発見したのか、まったく理解不能というほかない。それから先もわれわれは用心しながら棚の一つにそって歩きつづけ、前に述べておいた三つめの支流にやっとたどりついた。この岩棚は平らで、その上に美しい滝があった。高さは数百フィートもあるだろうか。また岩棚の下にもう一つ高い滝があり、谷の下にある本流へ向けて落ちていた。われわれは、このひんやりした日かげの窪みから頭上に落ちかかる滝を避けるために、迂回路をとった。例によって、少し突きだした岩棚をたどった。植物があつく繁茂しているので、危険なところが部分的に隠されていたからだ。一つの岩棚から別の岩棚に移るとき、垂直な岩壁があった。タヒチ島民の一人で、とても活動的なその男は、この直壁に木の幹を立てかけ、これを登って、あとは割れめを頼りにとうとう頂上まで登ってしまった。かれは、突きでた岩にロープをかけ、それを下へ垂らした。最初に荷物と犬たちを上げ、つづいてわれわれも上へ自力であがった。枯れた幹を立てかけた岩棚の下は、直壁が五〇〇から六〇〇フィートも落ちていたに違いない。もしもその奈落が一部分、覆いかぶさるようなシダやユリの類に隠されていなかったら、わたしはめまいに襲われたろうし、岩をよじ登る気力だって、とても湧かなかったろう。われわれは登りつづけた。ときに岩棚を伝い、またときには両がわが奈落へと落ちこんでいるナイフのようにとがった尾根をたどりながら。わたしはコルディエラでこれ以上にすごい山を見てきたが、ふいに立ちあがっている点に関しては、この山に比較できるものはなかった。

滝また滝

夕方、われわれはずっと目安にしてきた同じ川——これも滝また滝をつくりながら下へとつづいている——のふちにある小さな平たい場所に到着した。ここで一夜をすごす野営の準備にはいった。谷間のどちらがわにも、熟れた実をたわわに実らせた山バナナの畑があった。この木の多くは二〇から二五フィートまで育ち、直径は三から四フィートになる。この木の皮を細く裂いて、ロープをつくる。それからバンブーの筒はたるきに、バナナの大きな葉は屋根を葺くのに使われる。タヒチ島民はわれわれのために、わずか数分ですばらしい家をつくった。それから、枯れた大葉を集めて、やわらかいベッドをもつくりあげた。

そのあと、かれらは火をおこし、夕食を料理した。あたまの丸い棒を、別の棒のくぼみにいれて穴をうがつ要領で擦り、その摩擦によって木くずに火がつくまでつづけるのだ。火をつけるのに使われる木は、白くてとても軽い特別な種類（アオイ科のオオハマボウ[*9]）と決まっている。この

タヒチ島ファタファの滝

木は、荷物をかつぐ棒や、カヌーの外につける浮材にも使われる。火は数秒のうちにおきるけれど、まったく経験のない者がおこそうとすると、わたしの場合などじつに苦労する仕事となった。だが誇らしいことに、わたしもついに木くずに火をともすことがで

きた。パンパスに住むガウチョたちはもっと違う方法で火をおこしていた。長さ一八インチほどもあるしなやかな棒をとり、一方の端を胸にあて、もう一方のとんがった端を、別の木片の穴にいれる。それから、大工の回し鑿《のみ》と同じ要領で、まがった棒をすばやくまわすのだ。タヒチ島民はこの棒で火をおこしたあと、クリケットの球に似た大きさの石を二〇個ほど、火のついた木にのせた。ほぼ一〇分で木が燃えつきて、石が熱くなった。そのあいだにかれらは完熟バナナと未熟バナナ、牛肉、魚、それに野生のアルム[10]（サトイモ科）の若芽を葉で小さく包みこんでおいて、熱くなった石のあいだに一列に挟みこみ、上から土をかぶせ、湯気や煙が出ないようにした。こうして一五分待つと、とてもおいしい料理ができあがった。われわれはいちばんうまくできた包みをとってバナナの葉の盆にのせ、ココナツの殻で清流の水を汲んで、なんともタヒチ的な食事にかかった。

野生の有用植物の数

わたしは周囲の植物を称賛なしに眺めることができなかった。バナナの森がどこにでもあるのだ。その実は、好きなように料理できるのだが、地上に山のように落ちて腐っている。われわれの目の前に、野生サトウキビの群落があった。また流れの上には濃い緑色をした節だらけのアヴァ[11]の茎が覆いかぶさっていた――以前は強力な酩酊効果をもつ植物として有名だったものだ。わたしはその切れはしをしゃぶってみた。苦い、不快な味で、だれもがすぐに「こいつは毒だ」と言いたくなるような代物《しろもの》とわかった。伝道団のおかげで、この植物は目下、こうした深い谷間にだけ生え残っていて、人を毒することもない。わたしは野生のアルムをまじまじと観察した。その根をよく焼けば、食べておいしいし、若い葉もホウレンソウより上等な味であった。野生のヤムイモや、ティ[*12]（ふつうはティアレという）と呼ばれるユリ科の植物がいくらでも生えていた。やわらかな褐色の根は、形も大きさも太い丸太のようだった。これがデザートの代わりになった。とにかく糖蜜より甘くて、とてもいい味なのだ。おまけに、ほかにもいくつかの果実や有用植物があった。その小さな流れも、水が冷たいばかりでなく、ウナギやザリガニがいた。わたしはこの風景を、温帯にある開墾の鍬がはいらない地方の眺めと比較して、ただ、ただ、驚嘆した。人間、いや、少なくとも理性が一部分しか発達していない野蛮人を「熱帯の子」と呼ぶ、その言葉のほんとうの力を、わたしは強く感じたからだった。

　夕闇が近づいたので、川の流れにそって、鬱蒼としたバナナの葉かげの下を散策した。しかしこの散策はすぐに、二〇〇から三〇〇フィートの高さがあった滝まできて終わりになった。この滝の上には、さらにもう一つ滝がある。こうした滝はどれも、一つの川に属しているものだけを語ったわけだが、大ざっぱな陸地の傾斜ぶりをイメージしてもらえるとありがたい。水が落ちこむ小さな窪には、一度さえ風の吹いたことがないように見えた。しぶきに濡れたバナナの大葉は、ふつうなら薄いふちに無数の切れ込みがはいるのに、ここではまったく切れていない。山の斜面に宙吊りになったも同然のわたしの位置からだと、近くにある谷間の深い底が覗けた。天頂へ六〇度以内もの急角度で突きたってそびえる中央山地の高い峰々が、夕空をなかば覆い隠していた。こうして中空に座し、夜のとばりが最後に、最高の峰を少しずつ掻き消していく光景を眺めるのは、まさに至高の体験であった。

みんなで横になって眠る前に、年長のタヒチ人が一足先にひざまずいて、目を閉じ、現地の言葉で長い祈りの文句を繰り返した。その祈りはクリスチャンらしく厳粛で、また敬虔さにあふれ、人の目も気にせず、わざとらしい気配《きくば》りもなかった。食事のときも、二人は短く感謝の祈りを捧げないうちは、食べものに手をつけようとしなかった。タヒチ島民は宣教師の目が光っている場合にだけ祈りを捧げるものと思いこんでいる旅人がいるなら、ぜひともわれわれとともに、山中で一泊してもらいたかった。夜明け前に大雨が降った。でも、バナナの葉がちょうどよい庇《ひさし》となって、濡れずにすんだ。

島人たちの禁酒

一一月一九日——日の出どきに、朝の祈りをすませた伴侶《とも》たちは、夕べと同じようにすばらしい朝食をこしらえた。そして、かれらはたしかに大半を相伴《しょうばん》にあずかった。こんなに大量にものを食べた男たちを、見たことがなかった。おそらくこれだけ巨大な胃になった理由は、果実や植物を主体とした食事の効果にあるのだろう。というのは、こうした食べものは同量に含まれる栄養分が比較的少ないからである。わたしは知らずに、伴侶たちが守ってきた法律と自戒の一つを破らせる原因をつくったことを、あとで教えられた。じつは、わたしはお酒をひと瓶もっていたのだが、かれらにすすめると、断りきれなかったらしく、それでもちびちび飲むたびに、「宣教師」という言葉を口にしたからだった。約二年前のこと、酒が持ちこまれて以来酒乱が大増加したので、アヴァを飲むことが禁止された。島民のうちで、自分の故郷がどんどんだめになるのを目《ま》のあたりにした少数の善良な人びとは、宣教師に説得され、禁酒会に入会した。良識からか、あるいは恥の意識からか、首長も女王も最後には全員会にはいらされた。それで、酒類を島に持ちこんではならないとする法律が、間髪をいれずに成立した。ご禁制の酒を売ったり買ったりした者は罰金刑に処せられるのだ。もっとも、注目しなければならない公正な手続きもある。法律が施行される前の一定期間だけ、現在の手もちの品ものにかぎって、販売することが許可されたことだ。だがもちろん施行後は総合的な検査が実施された。これには宣教師も例外でなく、徹底的に家探しされた。そして、アヴァ（タヒチでは強い蒸留酒をこう呼ぶ）が一滴残らず地面にこぼされた。南北両アメリカの先住民の飲酒による惨状を考えるとき、タヒチ島民に好意をもつ人ならだれでも宣教師たちに深い感謝の念を抱かずにいられないと、確信をもっていえる。セント・ヘレナ島という小島が東インド会社の統治下にあった時代は、蒸留酒はそれがもたらした大きな害悪のために、持ちこみを認められなかった。ただ、ワインだけは喜望峰から供給されていた。しかし、タヒチで住民の自由意志により酒を追放した同

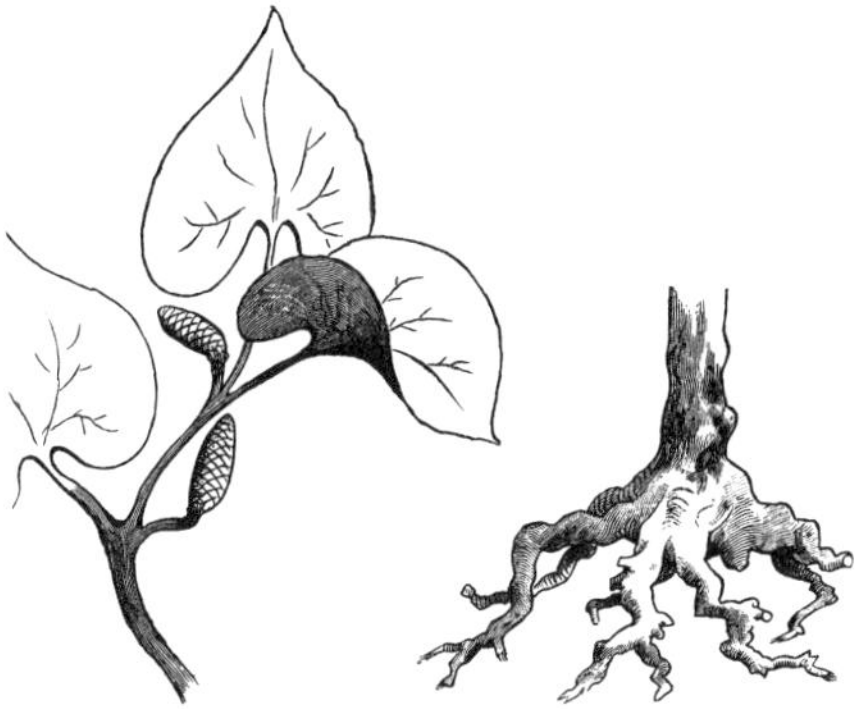

アヴァ（カヴァ）とその根

じ年に、セント・ヘレナでは酒の販売が認められたのだ。この事実は、むしろ意外であり、あまり喜べないことである。

朝食後に、われわれは旅をつづけた。わたしの目的は内陸の風景を少し見ようというだけのことだったので、主要な谷間へと下っていく別の道を使って、帰還した。しばらくは、谷間をかたちづくる山腹を、とてつもなくこみ入った道にそいながら巡った。山腹があまり険しくないところでは、野生のバナナが茂る広大な森を縫うように進んだ。裸の体に彫りもの《タトゥー》をいれ、頭に花飾りをつけたタヒチ島民を、暗い森の影の中で見ると、まるで原始世界に住む人類の姿を彷彿させるものがあった。下り道は、尾根線をたどってくだることにした。そこは非常に狭く、かなりの距離にわたって、梯子のように険しいところもあった。ただ、山腹はどこも植物に覆われていた。一歩一歩、細心の注意をはらいながら進むので、とても疲れる歩行となった。わたしは、次つぎに見えてくる谷間や崖に、飽くことなく驚きを味わった。ナイフの刃のようにとがった尾根の一本から島を眺めると、足場がほんとうに点のように小さく見えて、その効果はさながら気球から見るときそのままの迫力であったことを実感した。この下り道で、われわれは主要な谷間にはいって以来ただ一度だけロープを使う場面に遭遇した。一日前に食事したときの岩棚で、こんどは睡眠をとった。夜はとてもすばらしかった。谷間の深さと狭さのせいで、あたりはおそろしいほどの闇に閉ざされていた。

この島を実際に目にする前は、エリスが報告した二つの事実を理解するのがとてもむずかしかった。つまり、前世紀の死闘のあと征服されずに生き残った者たちが山地に逃げこみ、そのごく少数で圧倒的多数の追っ手に対抗できた、という事実をだ。ほんとうにたった六人が、タヒチ島民の育てあげた古い木のある場所で、楽々と数千人を排撃できたのだ。それから第二は、キリスト教が流入したあとにも、山に残って生きる野生の人びとがいて、かれらの隠れている場所が、いくらか文明化した住民にも知られることがなかった、という事実である。だが現地に来て、その事実に納得できた。

一一月二〇日——朝早く出立して、正午にマタヴェイ湾に着いた。道で、野生のバナナをとりに行く立派な体格の人びとに出会った。ビーグル号のほうが、水の補給がつかないためにパパワ湾[*13]へ移動してしまっていたので、わたしはまっすぐにそこまで歩いた。そこはとてもきれいな港だった。入江はサンゴ礁で囲まれ、海水は湖のように静まり返っていた。耕された土地が波打ちぎわまでひろがり、すばらしい収穫物があり、ところどころには民家があった。

島人の道徳観

この島に着く前に目を通したさまざまな報告があまりにもバラバラの内容だったので、島民の道徳水準を自分自身の観察で判断することを心から熱望した——むろん、そうした判定がややもすると、なんとも満足のいかない結果に終わることは承知の上でだ。いつでも第一印象というものは、その人のそれまでに得た知識や体験に多くの影響を受ける。わたしの認識は以下の三著作から得たものだった。まずエリス氏の『ポリネシア探訪記』から得たもので——この本は信頼できて滅法おもしろいのだが、しかし何でもかでも好意的に見すぎる欠点がある。次にビーチィ船

タヒチの古い教会

長の『航海記』、そして最後にコツェブー船長の作品は、宣教師による教化システム全体を強く批判している。この三作品を比較することで、タヒチの現状に関して十分信頼に足るだけの正確さをもつ概念がつくれるとは思う。が、最後にあげた二つの権威書から得た印象の一つは、実際に現地で確かめると、とてつもなく不正確であることがわかった。すなわち、タヒチ島民が暗い民族に落ちぶれて、宣教師にびくびくしながら暮らしている、という印象がだ。まず後者の、宣教師を恐れているという印象については、恐怖と尊敬とを一つの名の下に混同してしまわないかぎり、そういう事実が微塵《みじん》も見られなかった。かれらには不満というものがふつうの感情から欠けており、これだけ楽しく幸せな顔をヨーロッパにみつけようとしても、この島の半数をそろえることすら不可能であろう。かれら島民は、笛やら踊りやらを禁止した宣教師の行為を不当な愚行と批判しており――さらに、安息日を守ることをプレスビテリアン教会員*14以上に厳しく要求している点も、同じ目で批判している。ただ、以上のような問題について、わたしが島に滞在した日数と同じ数字を年の単位で体験している人びとの見解に対し、それを頭からくつがえせるような自説を、こちらも持ち合わせているわけではない。

総じて、島びとの道徳心や信仰心はきわめて高水準にあるように見える。宣教師たちとその制度、それから生じた結果については、コッツェブー船長よりもずっと痛烈に批判する論者も多い。だが、そうした論者は、つい二〇年前にあった島の状態を、現状と比較することをしない。ましてや現在のヨーロッパのそれと比較することもなく、ただただ福音書にある完璧に高水準な立場から島の道徳心を比較判定しているにすぎない。論者たちは宣教師に、あの一二人の使徒ですらできなかった成果をあげることを、期待しているだけなのだ。かれらはこの高水準に島民の状態が到達していないとなると、宣教師たちがやりとげた成果を信頼するかわりに、宣教師に対して批判を浴びせる。批判する人たちは、人身犠牲、偶像崇拝をおこなう祭司の権力――世界に例をみない乱交制度――その必然的な帰結である嬰児殺し――血なまぐさい戦争と、その結果征服者が女や子どもさえ皆殺しにすること――そういったことすべてが撤廃された事実を、忘れているのか、それとも思いだそうとしないのか。また、不正直、飲酒癖、淫蕩などが、キリスト教の移入によって一気に減ったことも、同じように忘れられている。ここへ航海してくる人たちがこうした事実を忘れたならば、それは恩知らずというものだ。なぜなら、万が一にもどこか見知らぬ磯で難破する瀬戸際《せとぎわ》まで追いつめられた船乗りは、宣教師による島民の教化がこんな海洋の果てにもおよんでいたことを知って、ただもうありがたく感謝の祈りを捧げるだろうから。

道徳に関していえば、女性の貞操はいちばん大っぴらな例外である、としばしばいわれる。けれども、彼女たちが悪しざまに批判される前に、キャプテン・クックとバンクス氏が報告した情景を極力はっきりと思いおこしてみるべきだろう。あの報告された光景は、現在生きているタヒチ島民の祖母や母がふつうにやっていたことなのである。そこを厳しく攻撃する人びとには、どうか次のことを思いおこしてほしい。ヨーロッパでの女性の道徳意識の多くが、母親から幼い娘に伝えられた古い制度に則していること、そしてどの場合も宗教を前提としてはぐくまれる度合がいかに高いかということを。だが、そういう論の立つ人びとを敵に回して論争してもはじまらない——かれらは、以前おおっぴらに見られた放蕩な風俗が今は影を潜《ひそ》めたことに失望しているのだ。自分たちが実行したくない道徳や、さげすまないまでも見くびってはいる宗教に対しては、信頼を与える気なぞないだろう。

議会の招集

一一月二二日（日）——女王の住むパペーテ湾は、島の首府といったところだ。そこには政庁もあり、船が集まる主港もある。フィッツロイ艦長は、今日そこへ一団をひきいて出かけ、ミサに出席した。説教は、はじめにタヒチ語、次に英語でおこなわれた。この島の宣教師の代表となっているプリチャード氏が、礼拝をおこなった。礼拝堂は、大きくて空間のある、木造のつくりだった。そこに、小ざっぱりとして清潔な人びとがわんさと集まっていた。年齢も性別も、じつにさまざまだ。わたしはそこに列席したが、外見的にはむしろ失望した。たぶん期待が大きすぎたからだろう。式次第のどこをとっても、イギリスの田舎の教会とようすがあまり変わらなかった。賛美歌の響きはまことにすばらしかった。しかし説教壇から出る言葉は、流暢だけれども響きが悪い。「タタ・タ、マタ・マイ」といった、同じ言葉の繰り返しばかりなので、退屈してしまった。英語での礼拝が終わったあとで、一行はマタヴェイに歩いて戻った。海岸にそって歩いたり、たくさんある美しい樹々の葉かげを歩いたり、気持のよい歩行だった。

約二年前、イギリス国旗を立てた小さな船が、当時タヒチ女王の統治下にあったロウ諸島民の一部から略奪を受ける事件があった。犯人たちは、女王が軽はずみに発布した然《さ》る法律のせいで、その行動に出るきっかけをもらってしまった。そこでイギリス政府としては、賠償を要求した。それが了承され、この前の九月一日に総額ほぼ三〇〇〇ドルが支払われることになった。リマにいた司令官はフィッツロイ艦長に、この一件の債務にかかわる調査を命じた。賠償金が支払われているかどうか、もしもまだ未払いなら催促せよ、というのである。フィッツロイ艦長はそこでポマレ女王との会見を要求した。当時の彼女は、フランスにひどい待遇を受けたことで有名だった。この申し入れに対し、議会が開かれ、島の主だった首長が女王の前に集合した。フィッツロイ艦長が書きしるした興味深い話があるのだから、そのとき何があったかを、いまここで触れる必要はないだろう。しかし、どうも賠償金はまだ支払われていなかったようだ。その弁解といっても、たぶんあやふやな内容だったのだろう。だが、一方、かれら島民がいかなる場面にも見せたセンスの良さ、理詰めの力、話の収め方、公平さ、そして決断の速さには、口でいいあらわせないほど驚かされた。われわれ全員が、タヒチの人びとに対しては、会議のはじまったときに抱いていた感じとまったく違う意見をもったと思う。首長たちと平民は、不足している金額を分担して払うことに決めた。フィッツロイ艦長がこれに応じて、遠い島の住民が引きおこした不始末について諸君が自腹を切るのは少しきつかろう、と告げた。それに対し、かれらの返事はこうだった。情状を酌んでくださるのはありがたいが、ポマレさまはわれらの女王であるので、女王が苦しまれている問題の解決に手助けする決心をしました、と。この決断、そしてすばやい実行――なぜなら、次の朝早くには、金集めの帳面がひろげられたからだ――は、忠誠と善意にあふれるこのきわめておもしろい場面に対する、完璧な結末となった。

話の本筋を討論し終えたあと、何人かの首長たちが機を見て、フィッツロイ艦長に、船と異邦人とにかかわる世界の慣習や法律のことで、あれこれ知的な質問をぶつけてきた。ある問題で決定が出るやいなや、一つの法律がその場で口づたえに公布された。このタヒチ議会は数時間つづいた。終わったところでフィッツロイ艦長はポマレ女王をビーグル号に招きたいと申しでた。

一一月二五日――夕方に女王を迎えるボートが出発した。ビーグル号には旗が飾られ、乗組員が甲板に整列して、乗船してくる女王を迎えた。彼女は、ほぼ全員の首長をともなってあらわれた。どの人のふるまいにも品格があった。かれらは何も物乞いせず、フィッツロイ艦長が差しだすプレゼントに大喜びしているようだった。女王は大柄で、ぎくしゃくした女性だった。美しさとか優雅さ、そして気品とは無縁なのだ。ただし、一つだけ女王らしさを身につけていた。それは、どんな情況になっても表情を変えないことだ。いつも、ぶすっとしているだけなのだ。花火は、いちばん喜ばれた贈りものだった。深い声が「おお！」と響き、一発打ちあげるごとに、暗い湾をふちどる浜辺のあちこちから声があがるのが、よく聞こえた。水夫の歌のほうも評判は上々だった。女王の言葉が傑作だった——ほんとうに、歌のなかでいちばん騒々しい曲が賛美歌ではないということが、よくわかりました、と言ったのだ！　女王の一行は夜がふけるまで陸へ戻ろうとしなかった。

一一月二六日——夕暮れどき、やさしい陸風に助けられながら、ニュージーランドへ針路をとった。夕焼けになって、われわれはタヒチの山々を眺めて別れを告げた——航海者は各自、この島へ賛美の言葉を捧げた。

ニュージーランド

一二月一九日——日暮れどきに、遠いニュージーランドの島影を目撃した。これでわれわれは太平洋をほぼ渡りきったことになる。太平洋のだだっぴろさを理解するなら、この大海を船で渡ってみる必要がある。数週間のあいだ、かなりのスピードで航海しつづけても、同じような青くてとても深い海のほか、何にも出会うことがないのである。群島にはいりこんだときでさえ、島々はただの点で、互いに遠く離れている。点やら影やら名前やらがごちゃごちゃ盛りこまれた小さなスケールの地図を見なれているので、乾いた陸地がこの広大な海にくらべてどんなにかちっぽけなものであるか、われわれは正しく判断していないのだ。イギリスの対蹠地《たいしょち》［赤道を挟んで一八〇度にむかい

（あう土地を指す。すなわち、ある土地の「地球の裏側」に位置する土地」を通る子午線を、平常どおりに通過した。今は、一リーグ進むごとにイギリスが一リーグずつ近づいていると考えると、うれしくなった。これら対蹠点の島々［ニュージーランド、オーストラリアのこと］といえば、子どもじみた疑問や驚きの古い記憶が、すぐに思いだされる。ほんの数日前、わたしはこの広大な海の防壁を、われわれの帰還の旅の明快な出発点と思って、通過するのを待ち望んだ。だが今はそこに着いている。こうした空想上の目当てというものは、つくづく影のようなものだと知った。前へ前へ動いていく者には、つかむにつかめないのである。数日つづいた大風が、長い帰路の旅先に待っているさまざまな通過点を推し測る余裕を、ようやく与えてくれた。最終目的地への思いが、これではっきりと高まった。

アイランズ湾

一二月二一日——朝早くにアイランズ湾[*15]にはいった。その入口で数時間にわたり風が凪いだ。正午までは投錨地点まで行けなかった。この島々は丘が多く、外見はなめらかで、湾からさらに深く進入する海が、たくさんの深い入江をつくっていた。地表は、遠目で見ると、粗《あら》い牧草に覆われているように見えたが、実際はシダが茂っていた。もっと遠い丘は、谷間の一部と同様にみごとな森林地帯をつくっている。島の主だった色あいは、明るい緑色ではない。チリのコンセプシオンの南に少し行った地域一帯を、どことなく思いださせた。湾のあちこちに、四角くて小ざっぱりした家が海のきわまでの空間に点在する小さな村があった。捕鯨船が三隻、錨を降ろしている。ときおりはカヌーが岸から岸へと渡っていく。そうしたものを除外すれば、この地域全体は極端な静かさに覆われていた。たった一艘のカヌーしか、舷側に近づいてこなかった。これを含めて、全体のたたずまいは、タヒチで受けたにぎやかで活発な歓待にくらべて、目ざましいけれどあまりうれしくない対照をみせていた。午後に上陸し、そこに並んだ大きな家々の一軒を訪問した。ここはとても村とは呼べないような小集落だった。名をパイア村[*16]という。宣教師たちの住宅があった。召使いと人夫を除けば、島民はだれも住んでいなかった。アイランズ湾近在には、二〇〇から三〇〇ものイギリス人とその家族がいる。白く塗った、とても小ざっぱりした感じの家々は、どれもイギリス人の持ち物だった。島民の小屋は、ちっぽけなうえにみすぼらしく、遠くからではほとんど目につかなかった。パイアでは、家々の前庭に咲くイギリスの花々を眺められたので、とてもうれしかった。数種のバラ、スイカズラ、ジャスミン、ニオイアラセイトウ、それに野生のツルバラが生け垣いっぱいにのびていた。

ヒパーと呼ばれる丘

一二月二二日——朝の散歩にでた。でもすぐに、この土地が散歩に向いていないとわかった。どの丘も、背の高いシダと、イトスギ[*17]のような恰好にのびる低木の一種とにあつく覆われているし、わずかしかない平地はきれいに整地されるか耕地になっているのだ。しかたがないのでビーチをためしてみた。だが、左右どちらへ進んでも、すぐに塩水の濠か、あるいは深い小川にさえぎられてしまった。この湾のあちこちにすむ人びとは、ほぼ完全に小舟だけで（チロエ諸島のように）交流を結んでいた。わたしが登った丘には、いくらか昔につくられた砦のあとがかならず

ニュージーランドにある現在のパー

あったので、とても驚いた。頂上は階段あるいは連続したテラスが台地状に刻まれていて、しばしば深い濠に守られていた。あとで発見したのだが、内陸にあるほとんどの丘は、みな人工的に外形をととのえたあとがあった。これらはパー[*18]とよばれ、キャプテン・クックが「ヒパー」と呼んで何度も語ったものと同じだった。発音の違いは、言葉の前におく冠詞の違いによっている。

　このパーが以前はうんと使われていただろうことは、貝殻の山や穴がそこにあることでたしかめられた。穴はポテトを保存食としてたくわえるために使われたと聞いた。このような丘に水がないのは、砦を守る人たちが長期間にわたってここが包囲されるという予想をまったくしていなかった証拠だ。ただ単に、物盗り目当ての急襲を防ぐための砦なのだ。その目的に照らせば、連続してつづいているテラスが、けっこう防備の役に立ったはずだ。しかし、銃がひろく手にはいるようになると、戦争のしかたは一変してしまった。現在では、丘のいただきに丸裸の砦なんかを建てた日には、役に立たないどころか、もっと悪いことになってしまうだろう。したがって今は、パーはかならず平地につくられる。太くて高い柱で二重の柵をジグザグにのびるようにこしらえる。どこから敵が攻めてきても、どの方向にも銃を撃てるようにしてあるのだ。柵の内がわには、土をもりあげた堤ができており、そのかげで守備兵は安全に休みをとれる。また堤の上に銃をおいて、ねらいを安定させることもできる。この土の壁には、ときおり小さなアーチ形の通路が地面と同じ高さに開けてある。守備兵たちはこの通路から柵まで這いでていき、敵のようすをさぐることができる。こういう情報をくれたW・ウィリアムズ師[*19]はついでに、あるパーの土壁の内がわ、つまり安全なほうのがわに、踏み台あるいは扶壁のようなものが突きだしているのを目撃した、と教えてくれた。首長にたずねると、首長はこう答えた——もし味方が二、三人やられても、死体が下に落ちるので隣の兵はそれを見ずにすみ、士気が衰えないからだ、と。

このパーはまったく完全な防備施設だ、とニュージーランド人は思いこんでいる。攻撃してくる敵が、集団で柵に突撃してこれを切り倒し、突破口をつくる、というところまで十分に訓練されていない連中だからだ。ある部族が戦に出ていくとき、首長は、おまえたちはあっちに、おまえたちはこっちに、と陣形を命令したりできない。みんな勝手にたたかってしまうからだ。銃をおいた柵に向かって、各自バラバラに突進すれば、みな殺しになるに決まっている。わたしは、ニュージーランドの人びと以上に好戦的な部族はこの世にいない、と考える。キャプテン・クックが報告したように、西洋の船をはじめて見たときにニュージーランド人がとった行動は、とてもよい見本になる。あんなに大きくて見なれない物体に向かって、いっせいに石を投げつけたり、

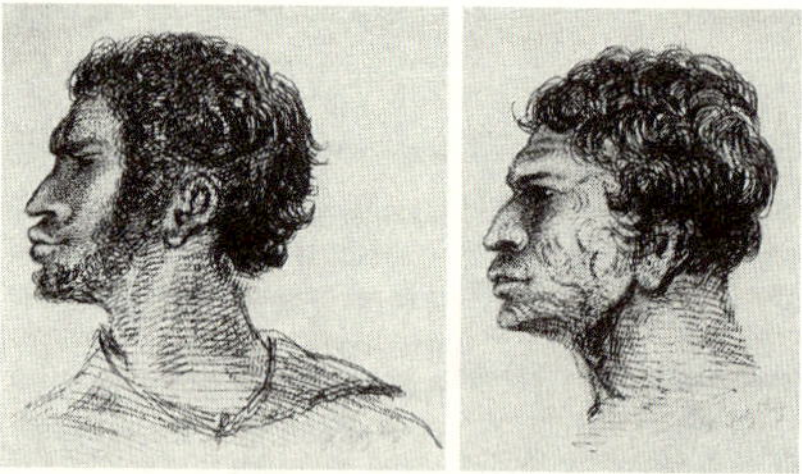

ニュージーランド人

「岸にあがってこい、片っぱしから殺して食ってやるぞ」と挑みかかったりと、どの行為もすばらしい勇敢さを示している。こうした好戦的な性質は、いろいろな習俗や、ほんのささいな行動にも、はっきりとあらわれる。ニュージーランド人は遊び半分にぶたれても、ぶちかえすのだ。ある士官がそうやってぶちかえされる光景を、わたしは見た。

　最近は文明化が進んで、南にいる部族のいくらかを別にすると、戦争はほんとうに少なくなった。でも、つい最近、南の地方でおきたこんなおもしろい事件の話を聞いた。ある首長とその部族が戦争の支度をしていると知らされた宣教師がいた。もう銃はピカピカに磨いてあるし、弾丸の準備もできている。宣教師は必死に、戦争なんて無益だからよせ、だいいち戦争しなけりゃいけない理由もないじゃないか、とねばりづよく説得した。すると首長は決心を鈍らせ、思い悩みはじめたようだった。ところが首長は最後に、火薬樽の保管が悪くて、火薬があまりもたないかもしれない、ということに気づいた。とたんにこの一件は、いますぐ戦争をはじめなければいけない理由となって、話し合いにかけられた。こんなにいい火薬を無駄にする手はない、という成りゆきになり、論議は一気にまとまった。宣教師たちが話してくれたのだが、昔イギリスに行ったことがあるションギという首長の人生は、どんな行動をとる場合でも、戦争が大好き、ということだけをつねに一貫した原動力としたことの実例だ。このションギを大首長にいただく部族が、テームズ川[*20]からきた他の部族に、ひどい圧迫を受けていた。そこでこの部族は、自分たちの子どもをしっかり力のある大人に育てあげようと、かたい誓いを結びあった。ションギがイギリスまで行ったのも、じつはこの誓いを実行することが主な動機だったらしい。たしかに、かれはイギリスに滞在したあいだ、その目的を果たすことだけに全力を注いだ。他人からもらう品は、全部、武器に使えるかどうかで評価し、技術のほうも、武器づくりに関係する分野だけに関心を向けたのだ。あるときションギはオーストラリアのシドニーで、思いもせぬめぐりあわせから、マースデンという人の家で、敵であるテームズ川の首長とバッタリ顔を合わせた。二人とも表面はとても礼儀正しくふるまった。けれどションギは、もう一度ニュージーランドに帰ったときには、かならずおまえたちに戦争をしかけてやる、と宣言した。相手もその挑戦を受けて立った。かくてションギは帰国してから、その脅迫をいちばん過激な手紙で実行したそうだ。テームズ川の部隊は完敗し、挑戦を受けて立った敵の首長は自決した。ションギは、これほど深く憎しみと復讐心とを抱いていたにもかかわらず、気立てのいい人物だったと述べられている。

夕方、わたしはフィッツロイ艦長と宣教師のベーカー師をともなって、コロラディカ村を訪問した。村のまわりを歩きまわって、男や女や子どもなどたくさんの人と会い、話をした。ニュージーランド人を観察していると、ごく自然にタヒチ人と比較してみたくなる。というのも、二島の人びとはともに同じ人種に属しているからだ。ところが、比較をしてみるとニュージーランド人はずいぶん不利な立場に立たされてしまう。たぶん、かれらはエネルギーだけはタヒチ人より

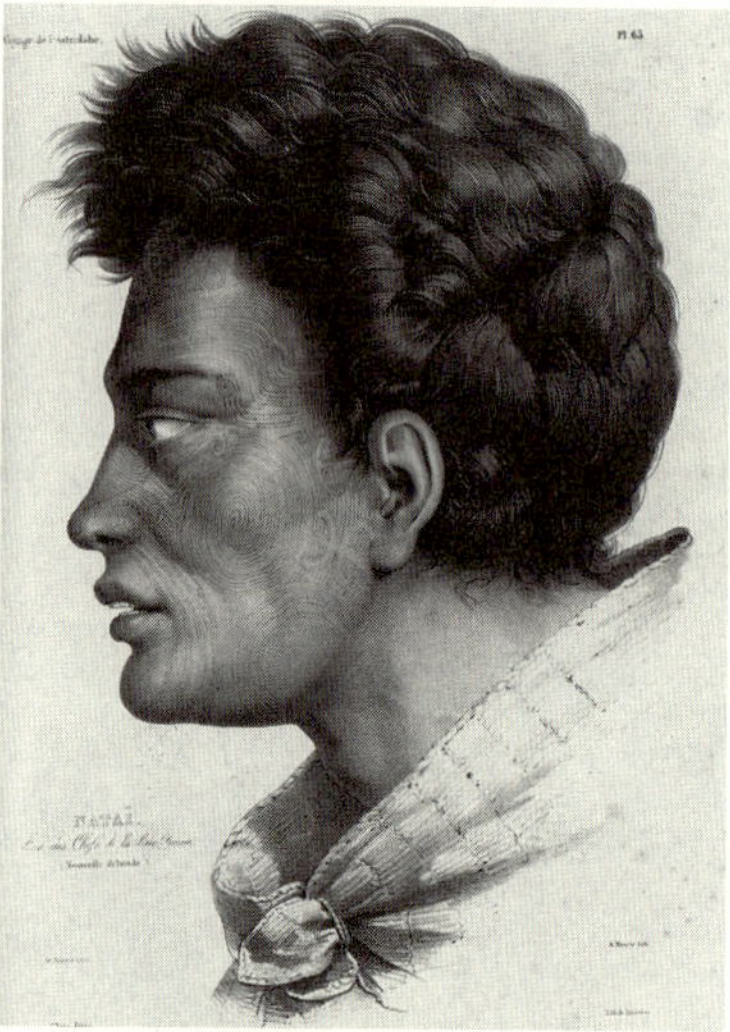

顔に刺青のあるニュージーランドの男性

も盛んだろうけれど、人品骨柄ではどうもタヒチ人に劣っているようだった。両方の顔つきを見くらべても、一方は野蛮人、もう一方は文明人だと信じてしまう。タヒチの老首長ウタメが見せる、あのような表情やものごしの優美さは、どんなニュージーランド人にも見られない。こちらの人たちは顔に対称形の文様を彫りこんでいるので、それを見なれぬ者は目をまどわされ、錯覚を抱いてしまう。さらに、深く切りこまれた傷あとが、体の表面あたりの筋肉の動きを邪魔するので、なにかしなやかさがないような印象も与える。加えて、目がギラギラと光っているので、ずるくて乱暴なイメージしか与えない。ニュージーランド人は背が高く、体格もすばらしいが、タヒチの労働者の体つきの美しさにはおよびもつかなかった。

ニュージーランドの人びとは、身のまわりも住まいも、薄汚れているうえに、とてもくさい。からだや衣類を洗うという発想など、まるっきり頭にない。ある首長は、よごれて黒光りしたシャツを着ていたので、わたしが「どうしてそんなによごれたんだね？」と質問したら、かれはびっくりして、「これは古いんだよ、わからないか？」と答えた。シャツを着ている者もいるけれど、ふつう一枚か二枚の大きな毛布を着物がわりにしている。また、どろだらけなものを、いかにも不便そうに、ぎこちなさそうに、肩にひっかけている。大首長たちはイギリス製の布を使ったそこそこの服をもっているのに、式のときしか着ようとしない。

ワイマテへの旅行

一二月二三日——アイランズ湾から一五マイル行った、東西両海岸の中間地点にあたるワイマテ[*21]というところに、宣教師たちは耕作地を買っていた。わたしはW・ウィリアムズ師を紹介されていたので、挨拶したところ、「それならワイマテまでぜひともお越しください」と招待されてしまった。そこで、イギリス人居住者のブッシュビーという人が、自分のボートでわたしを掘割りの向こうまで渡してあげよう、と申しでてくれた。ボートに乗れば、きれいな滝も見られるし、歩く距離もずっと短縮できるといわれた。ブッシュビー氏はさらに案内人まで手配してくれた。近くの村の首長に、だれか道案内を一人推薦してくれないか、と頼んだら、首長が自分で行くといいだした。でも、この人はお金の価値をぜんぜん知らなくて、はじめに何ポンド払ってくれるかと訊いておいたのに、あとでたった二ドルをわたしたら、それで大満足した。出発にあたって、この首長に、とても小さな荷物をだして、これを運んでくれないかと頼んだら、こんどはその荷物を運ばせる奴隷を一人つれていかなければならない羽目になった。首長は荷物なんか運ばないのだ。こういう誇りは、いまでは消えかけているけれど、昔は、人の上に立つ者ならみんな小荷物を運ぶ辱《はずかし》めを受けるよりも、死ぬほうを選んだものだった。わたしの道案内は、気のおけない、活発な人物だった。薄汚れた衣をまとい、顔は彫りものだらけだった。もとは立派な戦士だったという。この首長はブッシュビー氏をよく知っているようだったが、ときに言い争いをすることもあった。ブッシュビー氏の話では、島民たちがどんなに怒ってどなりちらしていても、ちょっとしたおだやかな皮肉をいいかえすと、しばしば黙ってしまうとのことだった。この首長は昔、ブッシュビー氏を訪れ、威たけだかに、「えらい男、えらい首長、わしの友だちが、わしをたずねてきた。あんたはかれに、おいしいものをふるまって、はずかしくない手土産をもたせなけりゃいかん」と、仰々しく申しいれたそうだ。ブッシュビー氏は首長に言いたいだけ言わせておいて、そのあとつぎのような皮肉をチクリときかせた。「さて、あなたさまの奴隷は、ほかに何をいたしましょうか？」と。するとかれは、とたんにきわめておかしな顔つきをして、大仰な話をやめてしまった。

しばらく前に、ブッシュビー氏はもっと手ひどい攻撃を受けた。ある首長が、ある夜なか、一族をひきいてかれの家に侵入しようとした。でも、そう簡単に侵入できぬと知ると、銃をめちゃくちゃに撃ちだした。ブッシュビー氏は軽いけがをしながら、とうとうこの強盗たちを追いはらった。この強盗団の正体は、あとですぐわかった。そこで首長たちが集まって、この事件にカタをつける話しあいをもった。なにしろ夜中の侵入だったし、当時ブッシュビー夫人が病気でふせっていたこともあり、ニュージーランド人にすると、この犯罪は厳罰にあたいするものに見えた。首長というものは名誉にかけても病人を守らなければいけない立場にあったからだ。首長たちはイギリスの国王になりかわって、侵入した強盗団の土地をとりあげることに一決した。ともあれ、

シラーの『フリドリンの譚歌』に収められたモーリッツ・レッチュの挿絵

一人の首長をこういうふうに審査にかけ、罰を下したという過程は、かつて前例のないことだった。それどころか、侵入した首長は、ほかの首長たちから同輩として認めないという処分を受けた。この事実は、イギリス人から見ると、土地のとりあげよりもずっと重い処分といえた。

ボートを岸から押し出そうとしたとき、また別の首長が船内に乗りこんできた。この人物は、ただ単純に、濠を往復する楽しみを味わいたいだけだった。でも、こんなにすさまじい、獰猛な顔をした男を見たこともなかった。ひと目見て、どこかでこれとそっくりの顔を見た記憶がよみがえった。シラーが書いた『フリドリンの譚歌』[*22]に収められたレッチュという人物が描いた挿絵だ。その絵のなかに、二人の男がロベルトという人物を、火の燃えさかる炉に押しこもうとするくだりがある。思いだした男の顔というのは、この二人の男の一人で、ロベルトの胸に腕を押し当てているほうだ。ここでは観相学［当時ヨーロッパで流行した一種の占術的哲学。物の類似を基礎としてその関係を探る疑似科学でもあった］が真実をぴたりと言いあてた。この首長は悪名高い人殺しであり、そのうえに有名な臆病者でもあったからだ。ボートが着岸しているところから、ブッシュビー氏はわたしを数百メートルほど向こうの道路まで同道してくれた。そのとき、われわれがボート内に残し横にさせておいた男が、去っていくブッシュビー氏に、「はやく帰ってきてくれ、わしは待ちくたびれてしまうから」と叫びかけたのだが、この白髪のおいぼれ悪党が身につけた堂々たるずうずうしさには、まったく感心するほかなかった。

そういうわけで、われわれは歩きはじめた。道はよく踏みかためられてのびており、両がわには、国じゅういたるところにある背の高いシダが生い茂っていた。数マイルも行くと、小さな村にぶつかった。いくつか掘っ立て小屋があり、猫のひたいほどの土地にポテトを植えていた。ポテトがはいったことは、この島にとっていちばん大きな恩恵にあった。いまでは、昔からある野菜のどれよりも多く利用されている。ニュージーランドは、とても運のいい特色を一つもっている。人びとは飢えて死ぬことがないのだ。このあたり一帯はシダ類がいくらでもあり、根の部分の味はあまりよくないけれども養分をうんと含んでいる。だから島の人びとは、この植物と、それからどこの海岸でもたくさんとれる貝類とを食べて、生きていかれる。村がよく目立つのは、四本の柱を立てた上に床が載っているせいで、だいたい地上一〇から一二フィートの高さにあるからだ。畑でとれた作物はこの床におかれて、どんな災害からも安全に守られている。

ある掘っ立て小屋の前にきたとき、われわれは、鼻をこすりつけるというか、押しつけあうようにする正式の挨拶を目撃して、とてもおもしろく思った。われわれが近づいていくと、女の人たちがなんとも悲しげな声を絞りはじめた。そのうち地面にひざまずいて、顔を上にあげて、首をのばした。わたしの連れは、女性たちの上にかがみこみ、鼻ばしらが女性たちの鼻と直角にまじわるようにして、一人ずつ、顔を押しつけだした。われわれ西洋人が親愛の情をあらわすときにおこなう握手よりも、少し時間がかかる礼儀だった。それに、握手も力のいれぐあいで微妙に気分が違うのと同じように、鼻の押しつけかたにも親しさの差がちゃんとあらわれていた。このしぐさがつづくあいだ、女性たちは満ちたりた小さな鼻声を絞りだしていたが、まるで二ひきのブタが鼻先をこすりつけてブーブー鳴いているみたいだった。わたしが観察したところ、奴隷たちも、通りかかった人にはだれかれ問わずに鼻を押しつけていた。主人である首長より先にすることも、後にすることもあった。島の人びとのあいだでは、首長といえば奴隷を生かすも殺すも自由な権力をもっていた。だのに、礼儀の面では首長も奴隷も区別がない。バーチェル氏も、南アフリカにすむ素朴なバチャピン族[*23]に関して同じ報告をしている。文明がある一定の高さにまで到達すると、社会のさまざまな階級に複雑な礼儀の体系が生まれるものだ。それゆえタヒチでは、以前、王の面前にでると全員が腰まで裸にならねばいけない礼法があった。

鼻を押しつける儀式を、そこにいた人たちすべてに滞りなくほどこし終えたので、われわれは一軒の掘っ立て小屋の前で円座を組み、半時間ほど休憩した。小屋はどれもおおむね同じ形をし、同じ大きさにつくられ、そろって薄汚れていた。一端に出入口のある牛小屋にそっくりだが、中に仕切りがあって、そこに四角い穴が掘ってあり、小さくて暗い部屋になっていた。ここに全財産がおいてある。気候が寒いときは、人びとはここで眠る。だが、食べたり、時間をつぶしたりするときは、小屋の前の庭に出てくる。わたしの案内人がタバコをすい終わると、みんなで、また歩きだした。道はあいかわらずうねうねとまがり、これまたあいかわらずシダに覆われていた。右手に、ヘビのようにまがって流れる川があった。川堤を立ち木がふちどり、丘の斜面にところどころ木々の群れがあった。全体の景色は、緑が少なくないくせに、どことなく荒んでいる。シダが多いので土地の印象が不毛に見えてしまうわけだが、じつは正しくない。シダが胸あたりまでびっしりと生えているところは、耕せばゆたかな農地になるからである。このひろびろとした原野が昔は木々に覆われていて、山火事のために焼け野原になった、と考える住人もいた。いちばん草木がないところを掘っても、カウリ松[*24]からでた樹脂の塊がよくみつかるそうだ。現地民が土地をこのような原野にしたのには、あきらかな動機があった。というのも、かれらの主食となっていたシダは、切りひらいた広い場所でだけ育つからなのだ。シダといっしょに生えるたくさんの草ぐさは、この土地の植物相の大きな特色になっている。だのに、その草ぐさがここではまるっきりみつからない理由を、原始の時代に森がここを覆っていたためだと説明できなくもない。

土の質は火山性だ。かなくそみたいな溶岩の上を、何度も通過した。近くの丘には、はっきりクレーターとわかる部分もあった。風景はときどきそれなりにきれいなところもあるといった程度で、おせじにも美しいといえる場所はなかったけれど、歩くのが楽しかった。道づれの首長が異様によくしゃべる人物でなかったなら、この旅はもっと楽しかったろう。なにしろわたしは、ニュージーランドの言葉を三つしか知らないのだ。「よい」「悪い」そして「そうだ」の三語だけで、首長がしゃべる話のすべてにあいづちを打つのだからたいへんである。もちろん、かれがしゃべった話は一語といえども理解のしようがなかった。けれども、この三語で十分といえば十分だった。わたしは聞き上手だったし、おまけにつきあいがよかったし、かれもわたしに話しかけるのをやめようとしなかったのだから。

伝道施設

とうとうワイマテについた。人の住んでいない、使いものにならない土地を何マイルも歩きつづけたすえに、突然イギリスの農場みたいなところに出た。まるで魔法使いが杖を使ってそこに置いたかのような、よく手入れされた畑であり、とてもうれしくなった。ウィリアムズ師はあいにく在宅ではなかったが、大歓待されてデイヴィーズ師のお宅に招かれた。一家とともにお茶をいただいてから、われわれは農場のまわりを散策した。ワイマテには大きな家が三軒あり、伝道をこころざす紳士のウィリアムズ師、デイヴィーズ師、クラーク師がすんでいた。この三軒のまわりに、現地民の労働者をすまわせる小屋がならんでいる。ここにつながる斜面には、大麦と小麦がゆたかな穂を実らせて立っていた。また別の場所にはジャガイモとクローバーの畑もあった。この目で見たものを余さず書くわけにもいかない。イギリスで実を結ぶ果実や野菜がすべて植えてある大きな庭があった。そこにある植物の多くは、もっとあたたかい地方原産のものだ。例をあげれば、アスパラガス、エンドウマメ、キュウリ、ダイオウ[*25]、リンゴ、ナシ、イチジク、モモ、アンズ、ブドウ、オリーブ、グーズベリー、カラント、ホップ、そして生け垣用のヒョウタンとイギリスのオーク。また、多種多様の花もだ。農場のまわりには、厩舎、脱穀機をそなえた穀物をすく作業小屋、鍛冶屋の作業場、それに地面には鋤の穂先やそのほかの道具がおいてあった。なかほどには、イギリスの農場ならどこでも見かけるような、ブタと鶏の群れが仲よくねそべっていた。数百メートルほど離れたところに、小さなせせらぎだったのをせきとめた水たまりがあり、そこに大きくて丈夫な水車があった。

こうした景色すべてが、まったくの驚きだった。なにしろここらは五年前には、シダが茂るだけの野っ原だったのだから。おまけに、この変化をひきおこしたのは、伝道師に訓練された地元の労働力だった——まことに宣教師の訓練とは、魔法使いの杖である。家が建てられ、窓に枠がつき、畑は耕され、木々も枝がはらわれた。それをなしとげたのは、すべてニュージーランド人なのである。水車でニュージーランド人が粉をひいている光景は、イギリスかと錯覚するほどだった。いや、イギリスが心にまざまざと思いだされるだけではなかった。夕暮れが近づくと、家庭の物音、小麦畑、遠くだらだらと起伏している丘、それに木の種類までが、故国の光景かと見まちがえるほどになるのだ。またそれは単に、イギリス人がなしとげた事績を見て感じる誇りだけで終わらなかった。むしろ、このすばらしい島が迎える未来の進歩に想いを巡らせたときに込みあげる高い希望の念のほうが、強かった。

宣教師によって奴隷の身から解放された若者たちが、農場にやとわれていた。みんなシャツとジャケットとズボンを身につけ、みごとな身なりになっていた。そして、あるささいな噂話から判断して、この若者たちは正直者であるに違いなかった。畑を歩いているとき、若い労働者がデイヴィーズ師のところにきて、ナイフと錐《きり》を手渡した。道で拾ったけれども、だれの持ち物かわからないというのだ！　こうした若者たち、それに子どもも、元気いっぱいでほがらかに見えた。夕方に、かれらがクリケットに興じている姿を見かけた。宣教師といえば厳格すぎることで批判されるが、その宣教師の子どもがクリケットで大活躍しているのを見て、とてもおもしろく感じた。だが、それよりもさらにはっきりした、喜ぶべき変化が、小間使いとして働く若い娘たちのあいだにあらわれていた。娘たちは清潔でこざっぱりし、健康な表情をしていた。そう、イギリスの乳搾り娘のように。これはコロラディカの薄汚い掘っ立て小屋にいた女たちと、すばらしい対比を見せていた。宣教師の妻たちは、女性たちに彫りものをしないよう説得したが、南から有名な彫り師がきたとき、彼女たちがこう言った、「あたしたち、くちびるに数条の紅をささねばなりません。そうでないと、齢をとったときに、くちびるがしなびてしまうのです。ふた目と見られぬ醜さになってしまいますから」と。

彫りものは、今は昔ほどに盛んではない。でも、この習俗は首長と奴隷を区別するしるしだから、たぶん絶えたりはしないだろう。こういう見方は他人にも伝わって、すぐに習俗となる。宣教師がいうには、彫りものをしない顔はかれら宣教師の目にすら卑俗に見え、ニュージーランドの紳士らしく見えないのだそうだ。

夕方遅くなり、わたしはウィリアムズ師の家へお邪魔した。しかも、一晩泊めてもらった。このお宅には小さな子がたくさんいて、クリスマスの日なのでみんな集まり、テーブルについてお茶を飲んでいた。こんなにすてきで楽しい集団を見たことがなかった。ここが人食いや殺人や、あらゆる凶悪な事件のおきる島のど真ん中だとは、とても思えない！　子どもの顔に正直にうかんだ礼儀正しさと幸福感を、伝道にあたる大人たちも同じように感じているようだった。

一二月二四日——朝、一家をあげて、土地の言葉を使いお祈りを捧げた。朝食を終えてから、わたしは庭と農場を散歩した。今日はたまたま市《いち》がたつので、近郷近在からポテトや小麦、またブタがもちこまれ、毛布とタバコと、ときには宣教師のすすめでせっけんと交換される。デイヴィーズ師の長男は自分の農場をもっており、市の事務も手がけていた。宣教師の子は、まだ若いうちに島にやってきたので、親よりもずっとよく島の言葉がわかり、現地民を相手にとどこおりなく仕事を進めることができた。

イギリス産の雑草が野生化する

正午のすこし前に、ウィリアムズ師とデイヴィーズ師は、わたしを誘って近くの森の一区画を歩き、あの有名なカウリ松をみせてくれた。わたしはこの堂々たる大木の一つを計測してみた。根の上あたりだと周囲三一フィートもあった。わたしが自分で確かめたわけではないが、近くにさしわたし三三フィートにもなる大木があった。話をきくと、少なくとも四〇フィートに達する巨木もあるらしい。この木はすべすべした円筒形の幹をもち、六〇から、ときによると九〇フィートもの高さまで、太さが変わらない。また、枝を一本も出すことなくのびていくので、よく目立つ。木の先端には冠のような梢がついているけれど、幹にくらべて極端に小さい。葉も枝にくらべて小さくできている。このあたり一帯、森の中の木といえば、ほとんどがカウリ松だ。なかでもいちばん大きな木は、横に並ぶ仲間たちからぬきんでて、巨大な木の柱のようにそびえていた。カウリからつくられる森は、この島でいちばん価値のある生産物だ。おまけに、たくさんの樹脂が皮からでてくる。これは一ポンド一ペニーでアメリカ人に売られている。ただ、樹脂が何に使われるかは、よくわからない。ニュージーランドの林には、どうやっても踏みこめないほど深いところがある。マシューズ師が教えてくれたのだが、ある林は幅が三四マイルしかないのに、村を二つに分割してしまっている。この森を越えて両方の村がつながったのは、つい最近の話だった。マシューズ師と、約五〇人をかぞえる別の伝道団とが、道をひらく工事を請け負った。ところが工事をはじめてみると、なんと二週間以上の重労働をさせられた。森の中には鳥がほとんどいなかった。けもののほうは、とてもめだつ事実が一つある。島がとても大きく、緯度方向に七〇〇マイル以上もひろがっており、場所によると幅が九〇マイルあり、さまざまな変化、よい気候、そして一万四〇〇〇フィートを限界とするあらゆる高度に恵まれた土地であるくせに、ちっぽけなネズミ一種を除いて、固有の種を一つももっていないのだ。巨大な鳥が勢ぞろいするオモア属[*27]の数種が、ここでは哺乳類の位置をうばいとっているのか。ちょうどガラパゴス諸島で爬虫類が同じような地位を占めているように。ふつうのノルウェーネズミが二年間という短期間に、島の北端でニュージーランド原産のこのネズミをみんなほろぼしてしまった。あちこちで雑草を幾種類かみつけた。ネズミと同じように、この島原産の草とみなさざるをえなかった。ニラの一種がいたるところにはびこっていた。あとでとんでもないやっかいものになるだろうが、フランス船が好んでもちこんだ植物なのだ。普通種のスカンポ[*28]もじつにひろく分布している。どうやら、この種子をタバコだといつわって売りつけたイギリス人の悪行の証拠として、永久に残りそうな気配だ。

楽しい散歩から家に帰ると、ウィリアムズ師に夕食をいただいた。それから馬を一頭借りて、アイランズ湾に戻った。わたしは伝道団の人びとに歓迎を受けたことを感謝して別れを告げた。この人たちの紳士的なふるまいと、よく役に立ち前向きな性格とに、とても深い敬意を感じながら。

クリスマスの日――あと数日すると、われわれがイギリスをでてから丸四年がすぎることになる。最初のクリスマスはプリマスで迎えた。二回めはホーン岬近くのセントマーティンズ・コーブ、三回めはパタゴニアのポート・デザイア、そして四回めはトレス・モンテス岬の荒涼とした港、そして今回が五度めだ。次のクリスマスは、神の思し召しを信じれば、イングランドで迎えられるだろう。われわれはパイアの礼拝堂で聖なる祈禱式に参列した。祈禱の一部は英語で読みあげられ、あとの一部は現地語だった。最近ニュージーランドでは食人行為の噂をとんと聞かなかったが、ストークス氏は焼けた人骨を発見した。錨を降ろした小島の炉のまわりにちらばっていたという。ただし、この心地よい饗宴の残骸は数年間その場に放置されていた古いものだろう。人びとの道徳心は、いまや急速によくなっていると思う。ブッシュビー氏が、少なくともクリスチャンだと自認している人たちがたいへん誠実であるといって、その証拠になる心あたたまる噂話をしてくれた。かれのところにいた若者の一人が、国へ帰った。この若者はほかの召使いに祈禱の言葉を読んで聞かせていたのだが、数週間経って、ある日の夕方遅くに一軒の離れ家を通りかかったブッシュビー氏は、次のような光景にぶつかった。一人の召使いが灯かげの助けを借りて苦労しながら、ほかの者たちに聖書を読んで聞かせていたのだ。これが終わると人びとはひざまずき、祈りを捧げた。しかも人びとは祈りのなかで、それぞれここと思ったところに、ブッシュビー氏とその家族、それから伝道団の名をいれこんでいたという。

ワイオミオ――ニュージーランド女性の葬儀

一二月二六日――ブッシュビー氏が、サリヴァン氏とわたしに、カワ＝カワ[*29]まで数マイルの川上りに行かないかと誘ってくれた。ボートで川を上ったあとは歩いてワイオミオへ行き、そこでめずらしい岩を見物しようという申し出だった。湾の口の片方をたどり、とても気持のいいボート漕ぎを楽しみながら、美しい風景の中を進んで、村に到着した。これから先へはボートがはいれない。ここからワイオミオまでの四マイルは、そこにいた首長とその部下たちが率先して、われわれを案内してくれることになった。この首長は、つい最近、奥さんの一人と奴隷とを、姦通の罰で殺してしまい、世を騒がせていた。ある宣教師が、首長に人殺しのことをとがめたら、かれはびっくりした顔で、こういったというのだ。「自分はまさしくイギリスの風習にしたがったまでだ」と。この奥さんの詮議のとき、老いた大首長ションギは、たまたまイギリスにいたのだが、この経過全体に対して大きな失望をあらわした。ションギはそのとき、自分には妻が五人いるけれども、そのうちの一人にそれほど悩まされるくらいなら、いっそ五人とも首をはねてしまうほうがましだ、と語ったという。この村をすぎ、少し行った丘の中腹に、また別の村があった。キリスト教に改宗していないある首長の娘が、五日前に死んだばかりだった。娘の遺骸は二隻の小さなカヌーのあいだに挟まれ、彼女が息をひきとった小屋は、きれいに焼かれて、木彫りの神像をつけた柵で保護してあった。神々の像はどれもあざやかな赤に塗られているので、遠くからでもよく目立った。彼女の衣は棺に結びつけられており、髪も切られて足もとに投げてあった。家族や親類が自分の腕やからだや顔の肉を切りつけていて、その血が全身にこびりついていた。とくに老女たちが血みどろで、ものすごい形相だった。次の日、士官が何人かここを訪れると、女たちはまだ泣きわめき、自分の体を切りさいていた。

われわれは旅をつづけ、まもなくワイオミオにたどりついた。ここにはきわめてめずらしい石灰岩の塊があった。まるで、壊れた城のように見えるのだ。これらの岩は昔から墓場に使われてきたから、自然に、近づいてはいけない聖なる場所となった。それでも、若者の一人が叫んだ、「おれたち、みんな勇気をだそう」と。そうして前方にはしりだした。けれども一〇〇ヤードも行かないうちに、人びと全員が、思い直して急に足をとめた。だが、この人びとも、われわれだけで聖なる場所に近づくぶんには、完全に無関心だった。われわれはこの村に数時間とどまった。その間、人びとはブッシュビー氏を相手に、ある特定の土地を売る権利について意見を交わしあった。ある老人は、どうやらこのへんの系図にとてもくわしいらしく、杖のさきを地面につきさしながら、土地の所有者を歴代にわたり説明していった。村を立ち去るとき、焼いたサツマイモを小かごにいれて、われわれ一人ずつのお土産にしてくれた。こちらも習慣にしたがって、それを道みち食べながら歩いた。また、料理番としてやとった女性たちのあいだに、男の奴隷がいるという事実も発見した。この好戦的な島で、いちばん下等な女性の仕事と思われていることをさせられる男がいるとは、同じ男としてずいぶん屈辱を与えられた話に違いなかった。戦争にも行けない奴隷がいるのだ。それでもこれは虐待だとは考えられていないに違いなかった。あるみじめな男奴隷が話したことだが、この男は戦争中に敵方へ脱走しようとして、二人の味方兵士に見とがめられてしまい、その場でつかまったという。だが、二人の兵士は、捕えた男をどちらの奴隷にするかで折り合いがつかなくなり、どちらも石斧を手にして男の頭上でぶつかりあった。少なくとも相手に、男を生かしたまま連れていかせはしないぞと、心に決めているかのようだった。こわくて死にそうになったかわいそうな男は、首長の奥さんのとりなしで、ようやくいのちを救われたという。わたしはその後、楽しい旅をつづけてボートに戻った。けれど、ボートに着いたのは夕方遅くだった。

オーストラリアへ向けて出航

一二月三〇日——午後に、われわれはアイランズ湾を発ち、シドニーへ向かった。みんながニュージーランドから離れられるのを喜んだと思う。そこは気分のいい島ではないからだ。島民のあいだには、タヒチで見かけた愛らしい素朴味がないし、居留するイギリス人の大半も社会のくずなのだ。どちらもこの土地を魅力的に見せてくれない。思いだすと光りかがやいて見える場所といえば、ただ一つ。それはキリスト教徒の住民がいた、あのワイマテである。

【訳注】第18章

＊1――タヒチ Tahiti　中部南太平洋のソシエテ諸島東部にある島。二つの火山島（大きいほうがタヒチ・ヌイ、小さなほうはタヒチ・イチと呼ばれる）がタラヴァオ地峡でつながり、周囲はサンゴ礁に取り巻かれている。地形は山がちで、最高点のオロヘナ山頂は標高二二三五メートルある。十八世紀後半にヨーロッパ人が初めて訪れたころ、島では大小の首長たちが抗争を繰り返していたが、一七八八年にイギリス船バウンティ号の反乱者たちが政治的統一をもたらした。十九世紀末からフランス領ポリネシアの中心となり、タヒチ・ヌイの北西に位置する主都パペーテに人口が集中している。

＊2――マタヴェイ湾 Baie de Matavai　タヒチ・ヌイの最北端をなすヴィーナス・ポイント（ヴィーナス岬）の西がわに広がるゆるやかな入江。

＊3――パンノキ　クワ科の常緑樹で高さ一五～二〇メートル、ときに三〇メートル以上の高木となる。果肉を焼いたり蒸したりするといも類に似ており、太平洋の島々で広く主食とされているのでこの名がある。

＊4――グァバ　フトモモ科の常緑小高木でアメリカ大陸の熱帯地方が原産。日本ではバンジロウとも呼ばれ、バンジロウ属には約一〇〇種が知られる。球形または洋なし形の果実は直径一〇センチメートル弱で広く食用にされる。

＊5――オーク　ブナ科コナラ属の樹木に対する総称的な英語名で、ヨーロッパナラなど数百種が含まれる。日本のナラ類（ミズナラ、コナラ、カシワなどの落葉樹）に近い樹種を指す。

＊6――エイメオ島 Eimeo　現在はモーレア島と呼ばれる。フランス領ポリネシアのソシエテ諸島、タヒチから西へ約一七キロメートル離れた火山島。

＊7――エリス Ellis, William（1794-1872）　イギリスの宣教師、著述家。ロンドン伝道協会に所属し、一八一六年ころから、タヒチを含むソシエテ諸島やハワイ諸島、マダガスカル島を訪れ、その体験をまと

めた著作が知られる。

＊8――ポマレ王朝　一七八八年に統一されてからフランスの植民地になる一八八〇年まで、五代にわたりタヒチ王国を治めた。ビーグル号が立ち寄ったのは、女王アイマタ（ポマレ四世）の治世（在位一八二七～一八七七年）。

＊9――オオハマボウ　アオイ科の常緑小高木で、亜熱帯から熱帯に生育。丈夫な樹皮の繊維がロープや敷物、織物などに利用される。沖縄や奄美ではユウナ、ハワイではハウと呼ばれる。花の色が、朝は黄色だが夕方はオレンジとなる一日花。

＊10――アルム　サトイモ科アルム属は地下に塊茎をもつ多年草。十九世紀中ごろまではサトイモ、クワズイモ、テンナンショウなど非常に多くの植物がこの属に分類されたが、現在はそのどれもが別属とされ、ヨーロッパや地中海産の二十数種ほどの植物だけがこの名で呼ばれている。

＊11――アヴァ　カヴァ、カヴァカヴァとも呼ばれる。南太平洋原産のコショウ科の草本性灌木で、ポリネシア地域では乾燥させた根からつくった飲料が酒のように麻酔性をもつ薬や嗜好品として親しまれていた。そのため、後に蒸留酒のこともアヴァと呼ばれるようになった。

＊12――ティ　リュウゼツラン科センネンボク（コルディリネ）属の常緑低木で、太平洋各地で同じ名をもつ植物が存在するが、地方によって種類は少しずつ異なる。タヒチの場合は、和名でセンネンボクあるいはコウチクと呼ばれる種のことか。この仲間は変種も多く、観葉植物としても人気がある。なお、ティアレはフランス領ポリネシアの国花であるガーデニア科の植物で、別種である。

＊13――パパワ湾 Papawa　ヴィーナス・ポイントから約三キロメートル南西に離れたところにある。マタヴェイ湾のすぐ西がわ。

＊14――プレスビテリアン教会　長老派教会ともいう。十六世紀の宗教改革によりイギリスで生まれたカルヴァン派の一派。スコットランドではとくに深く根をおろし、アメリカ合衆国をはじめとする世界中のイギリス植民地へも広まった。

＊15——アイランズ湾 Bay of Islands　ニュージーランド北島の最北端にあるノースランド地方の地名で、東ポリネシアから移住してきたとされる先住民であるマオリも、早くからこの付近に多く暮らしていた。ヨーロッパ人による最初の植民地が築かれたのもこの地域で、十九世紀中ごろにこの地でヨーロッパ人とマオリ族で争ったアイランズ湾戦争（第一次マオリ戦争）も知られている。

＊16——パイア村 Pahia　パイヒア村。アイランズ湾の奥にあり、現在も人口二〇〇〇人に満たない小さな村であるが一八二三年にニュージーランドで最初の教会が建設されたことで有名。

＊17——イトスギ　ヒノキ科イトスギ属の針葉樹はヨーロッパ、北アメリカ、アジアに二〇種以上が分布する。一般にイトスギの名で知られているのは地中海岸からイラン北部に自生するイタリアイトスギ（イタリアンサイプレス）で、細長い円柱状の樹形が特徴的。

＊18——パー　もともとマオリ族の村や防禦用の砦などを指した言葉だが、とくに柵をめぐらせて要塞化した階段状の丘に似た集落をこのように呼ぶことが多い。ニュージーランド北島のタウポ湖より北の各地に多く見られる。

＊19——W・ウィリアムズ師 Williams, William（1800-78）　イギリス生まれ、ニュージーランドの聖職者。一八二六年にニュージーランドへ渡り、初期のパイヒア教会で活躍した。語学の才があり、一八四四年には『マオリ語辞典』を刊行。

＊20——テームズ川 Thames River　ワイホウ川の旧称。ニュージーランド北島の北部を流れる長さ一五〇キロメートルほどの川。ハウラキ湾のさらに奥にあるテームズ湾の河口には、テームズという名の街もある。

＊21——ワイマテ Waimate　現在はワイマテ・ノースと呼ばれる集落で、ヨーロッパ人がつくった最初期の建物が残っている。

＊22——シラーが書いた『フリドリンの譚歌』　ダーウィンは、シラー作のバラッドのためにドイツの画家モーリッツ・レッチュ（Moritz Retzsch 1779-1857）が描いた挿絵を思い出している。ダーウィンが見

た英語の本は、物語の概略と挿絵からなるもの。バラッドは原題を Der Gang nach dem Eisenhammer（鍛冶師への道）といい、イギリスでは登場人物の名から「フリドリンの譚歌」と呼ばれる。物語の最後、二人の男がロベルトを鍛冶屋にある燃えさかる炉に押し込んでいる場面を描いた挿絵があり、このうちロベルトの胸に手をかけている凶悪な人相の男を思い出させたという意味。

＊23――バチャピン族　アフリカ大陸南部の内陸国、ボツワナ西部に暮らすツワナ系の部族か。

＊24――カウリ松　単にカウリとも呼ばれる。ナンヨウスギ科アガチス属（ナギモドキ属とも）の常緑高木で、ニュージーランド北島にのみ分布する。高さ五〇メートルにもなる巨大な木で、塗料に用いられる樹脂が採取される。アガチス属はマレーシアからオーストラリア、フィジーにかけて約二〇種が知られる。

＊25――ダイオウ　葉柄を食用にするタデ科ダイオウ属の多年草で、ルバーブ、ショクヨウダイオウともいう。

＊26――グーズベリー、カラント　どちらもユキノシタ科スグリ属の小低木で、この仲間は果実が食用とされる種を多く含む。グーズベリーはとくにイギリスで改良・栽培されたヨーロッパスグリのこと。カラントはフサスグリともいい、小果が房状に下垂する数種を総称する。

＊27――オオモア属　モア科の鳥で、現在はいわゆるジャイアントモアと呼ばれる二種を指すが、ここではモア科の大型種を総称している。ジャイアントモアは体重二五〇キログラムもあったといい、「世界でいちばん大きい鳥」とされるが、恐らくマオリ族による乱獲が原因で十六世紀以前には絶滅した。

＊28――スカンポ　葉を嚙むと酸味があり、スイバとも呼ばれるタデ科の多年草。北半球に広く分布する。日本でタバコの代用品として知られるのは、同じくスイバ、スカンポと呼ばれることのある、やはりタデ科のイタドリ。

＊29――カワ＝カワ　パイア村（パイヒア）の南、アイランズ湾に流れ込むカワカワ川の上流に位置する。鍾乳洞などの地形で知られるワイオミオは、さらにこの村から南へ約三キロメートル離れる。

第19章　オーストラリア

シドニー……バサーストへの旅行……森林の外観……現地民の群れ……アボリジニのゆるやかな絶滅……健康な人びととの接触で発生する病気……ブルーマウンテンズ……巨大な湾を思わせる峡谷の眺め……その峡谷の起源と形成……バサースト、下層階級の一般的な文明度……社会の現状……ファン・ディーメンズ・ランド――ホバートタウン……全滅したアボリジニ……ウェリントン山……キング・ジョージ湾――この国の陰鬱な側面……ボールドヘッド、石灰化した樹木の枝の圧痕……現地民の群れ……オーストラリアを去る

シドニー

一八三六年一月一二日――早朝に、軟風がポート・ジャクソンの入口をめざして、われわれを運んだ。緑なす土地にすてきな家々が点々と見える風景がなくなり、黄色がかった崖が一直線にそびえる眺めにぶつかって、ふと、パタゴニアの海岸線を思いだした。白い石でこしらえた灯台がポツンとあって、これだけが、人口の多い大都会がもうすぐそこにあることを、教えてくれた。港内にはいったが、なかなかみごとな、広びろとしたところで、水平に積み重ねられた砂岩ででききあがった崖が、海岸線をつくっている。ほぼ平らな土地を、痩せてねじけた木が覆っており、いかにも不毛な地味を思い知らせた。もっと内陸に足を踏みいれると、土地はいくらか良質になるようだった。美しい別荘やこぎれいなコテージが海岸ぞいにあっちこっちと並んでいる。はるか遠く、二、三階建てになった石づくりの建物や、岸のはじに立つ風車が見え、オーストラリアの首府のとば口にいる実感を味わわせてくれた。

とうとうシドニー湾に錨を降ろした。小さな内港には、大型の船がたくさん碇泊しており、ぐるりを倉庫に囲まれていた。夕方、わたしはシドニー市内を歩いてみたが、その全景に驚きあきれて帰った。これはイギリスの国力のすごさを見せつけるいちばん壮大な証拠物だ。あまり豊かでない土地がわずか数十年のあいだに改良され、南アメリカでゼロが一つ多い数百年のあいだに達成された以上のことを、ここでは数十年のうちに達成してしまったのだ。わたしの第一印象は、自分がイギリスに生まれた幸せを祝いたい、というものだった。もっとも、あとでよくよく市内を見てまわったら、わたしの第一印象が少しマイナスされる点はあるだろうけれども。ただし、

シドニー

それでもシドニーはすばらしい都市だ。街路は碁盤目に整備され、広びろとして清潔で、交通もよく秩序だてられていた。民家も大きく、商店を覗くと商品があふれかえっている。ちょうど、ロンドンか、あるいはそれと同クラスのイギリスの大都市から延びでた大きな近郊都市とくらべられるほどの規模だった。ただし、ロンドンやバーミンガムの近郊ですら、ここまで急激に発展した都市は、まず見あたらない。つい最近完成したばかりの豪邸やら公共建物やらの数は、まったく腰をぬかすほど多い。にもかかわらず、だれもが不平を鳴らすのは、家賃が高いことと、持ち家を手にいれにくいことだ。町の名士がはっきりしている南アメリカから、ここへきて、いちばん驚かされたのは、通りかかる豪勢な馬車の持ち主がどういう人なのか即座に判断できない、という点であった。

バサーストへの旅行

バサースト[*1]に連れていってもらうため、わたしは一人の男と二頭の馬を雇った。一二〇マイルほど内陸にはいった村で、広大な牧場地域の中心にある。（一月）一六日の朝、わたしは遠出をした。まずはパラマッタ[*2]という、シドニーに次いで重要な地方小都市にはいった。道路がすばらしかった。マカダム工法[*3]にしたがって建造されており、そのために玄武岩が数マイル離れたところから運ばれたという。どこをとってもイングランドの眺めによく似ていたが、たぶんここのほうが居酒屋の数がずっと多いようだ。鎖つきの囚人《アイアン・ギャング》、つまりここで罪を犯した罪人の群れは、いちばんイングランドと似ていない眺めだった。かれらは鎖をつけられて働いていた。実弾を装塡した武器をもつ看守が、厳重に警備している。この強制労働を活用して、国じゅうどこにも即座に道路をつくりあげられる政府の力が、この植民地をこれだけ早く繁栄させた最大の原動力だろうと、わたしは信じる。一夜、エミュー渡船場[*4]にあるとても快適な宿屋《イン》に泊まった。この渡船場はシドニーから三五マイル、ブルーマウンテンズ[*5]の登山口にほど近いところにある。この道路はとびきり交通量の多い幹線であり、オーストラリアでもいちばん古くから人が住んでいるところだった。この土地は、高い横柵に囲まれているが、これは農夫たちが生け垣をつくれなかったせいだ。みごとな邸宅や、立派なコテージがたくさん立ちならんでいる。もちろん耕地もたっぷりあったけれど、大半はまだ発見当時のまま手つかずの状態にあった。

森林の外観

ニュー・サウス・ウェールズの風景は、どこでも植生がまるっきり同じだというところがもっとも目立つ。開けた森林の空地がいたるところにあって、そこをとても薄い色の牧草が覆っている。でも、緑色らしい緑色がほとんど見あたらない。樹木はほぼすべて同一の科《ファミリー》に属しており、ヨーロッパの樹木がおおむね水平に枝を出すのとは違って、ほぼ垂直に枝を立ちあげている。葉の数が少なくて、色も淡い緑になっているのが特色で、つやもない。だから森は色が薄く、陰影もできない。したがって夏の灼けるような太陽の下では、旅人に安らぎをあまり与えないけれど、農夫にしてみると、本来なら翳って草の生えないところにも草を生やす役割を果たしてくれている。葉は季節ごとに散ることがない。これは南半球ぜんたい、つまり南アメリカ、オーストラリア、喜望峰に共通する特色のようだ。なので、この半球の熱帯域に住む人は、われわれ北半球の人間には見慣れたものだけれどこの世でいちばんすばらしい見ものを、眺められないことになる――その見ものとは、裸の樹々に木の葉が芽ぶき、一斉に繁りだす光景のことだ。ただ、このすばらしい見ものが楽しめる代償に、われわれは裸の骸骨のような樹々だけになった地上を数か月間も眺めさせられることはあるわけだが。たしかにそれは事実だけれども、しかしわれわれの感性は、それであるからこそ、春の新緑を敏感にもとめるようになったわけだ。熱帯域に暮らし、その暑い気候の中で一年じゅう生長しつづける豪華な植物たちを見慣れている人たちには、味わえないものだ。ユーカリの一種ブルーガム[*6]は別として、ほとんどの樹が太くならない。ただし、背はぐんぐんとのび、ほぼまっすぐな立ちあがりになり、適当な間隔をあけてよく育っている。ユーカリ属のなかには、樹皮が毎年落ちたり、あるいは枯れて長い条になって垂れさがり、風を受けてぶらぶらしているものがあるが、こうした眺めは森に、寒ざむとした庭園のおもむきを与えている。どの点をとっても、バルディビアあるいはチロエ島の森とオーストラリアのそれとのあいだには、これ以上想像できないほど完璧な対照《コントラスト》がある。

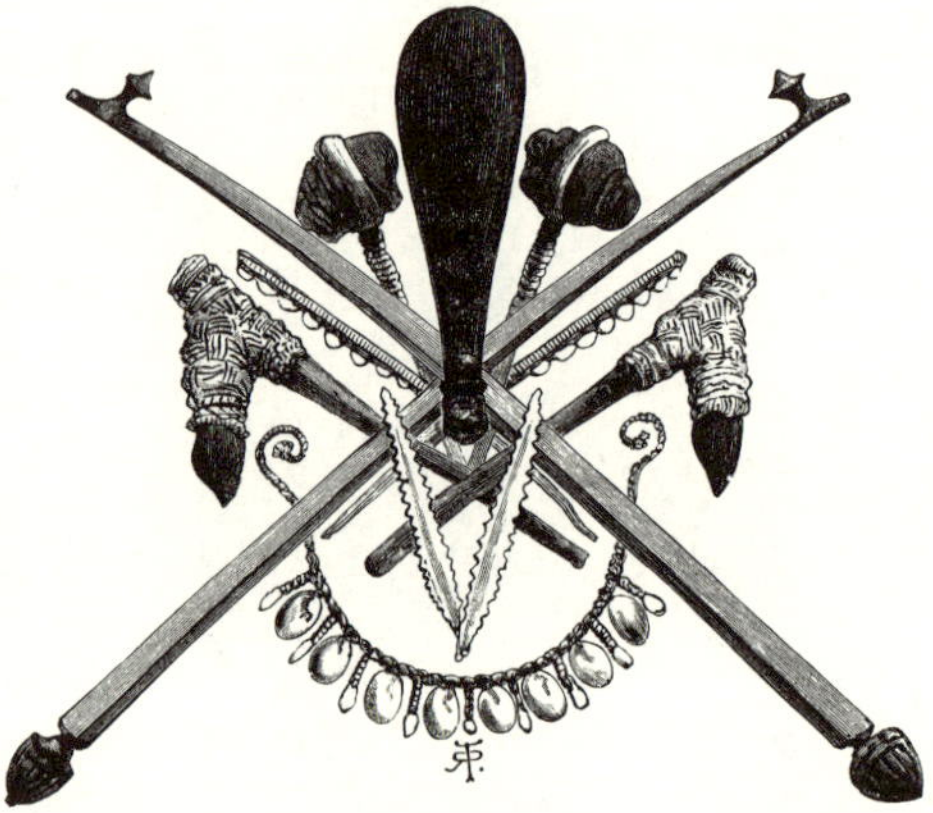

オーストラリア先住民の槍やこん棒

現地民の群れ

夕方過ぎに、黒い肌をしたアボリジニが二〇人ほど通りかかった。だれもが慣れた恰好で、槍やら何やら武器の束をかついでいる。先頭を行く若者に銀貨《シリング》を一枚与えると、一同はすぐに歩みをとめ、われわれへの慰みとして槍を投げてくれたりした。かれらはそろって、ほんのわずかな衣類を身につけただけであり、片こと英語をしゃべれる者が数人いた。顔つきも愛嬌があり、好感がもてた。一般にいわれているようなまったく下等な人類というイメージからは、ずいぶん遠かった。かれら自身のもつ技芸には、目をみはるものがあった。帽子を一つ、三〇ヤード離れたところに固定し、投げ棒を使って投じた槍で、みごとにこれをつらぬくのだ。手だれの射手が放つ矢のようなスピードがあった。かれらは、獣や人を追いかけることについて、驚嘆するほどの鋭敏さを見せた。わたしはかれらの意見を聞いたが、しばしばきわめて正しい見解を披露することがわかった。

しかし、アボリジニは土地を耕さず、家をたてて定住することもせず、羊の群れを与えても、これを飼おうという考えがない。ただ、全体としてはフエゴ島の人びとの文化水準よりも、ずっと高いようだ。

無害な先住民が文明人のただなかで、一夜の眠りをむさぼるところも知らずに、森の中で狩りをして糧を得ながら放浪している姿を見ることは、なんとも奇妙な感じがする。白人が内陸に進んで、いくつかの部族のもっていた土地へと侵入していた。この白人という単一民族に包囲されながらも、かれら土着民はそれぞれ伝統的な部族の格付けに固執し、ときにはかれら同士で戦争もする。近ごろできた協定のなかには、奇妙なことに二つの部族が戦争の場としてバサースト村の真ん中を選んだ、という件《くだり》もあった。これは負けた側への「武士の情《なさけ》」というもので、敗走する戦士がイギリス軍の兵舎に逃げこめるようにとの配慮であった。

アボリジニのゆるやかな絶滅

アボリジニの数は急激に減りつつある。わたしが遠騎りしたときも、全行程のうちに出会った先住民の集団は、イギリス人に育てられた子ども数人を除くと、わずか一組にすぎなかった。この減少は、疑いもなく、酒類の持ちこみと、ヨーロッパ人がもたらした病気[★1]（はしかのような軽い病気すら、壊滅的な影響を与える）と、それから野生の動物が徐々に減ったこととに、大きな原因があるに違いない。放浪生活をしている関係上、多くの子どもはまだ小さいうちに死んでしまうらしい。また、食糧を手に入れるのが困難になればなるほど、かれらは放浪の習慣を強めていく。だから、かれらのあたま数《かず》は、飢饉のような明白な死亡でなくとも、文明国にくらべてごく急激に減ってしまう傾向にある。その点、文明国の父親は、労働時間が増えて自分の身を損なうことがあっても、自分の子まで損なってしまうことはない。

このように明白な人口減少の原因を別にしても、ほかにもっと神秘的な原因が作用しているようにも思われる。ヨーロッパ人が歩をしるしたところはどこでも、死が先住民を追いたてているらしいのだ。南北アメリカ、ポリネシア、喜望峰、オーストラリアの広大な地域を眺めてもよい。だが、われわれは同一の結果に出会う。破壊者の役を果たしたのは、白人ばかりではない。マレー系のポリネシア人は東インド諸島の一部で黒い肌の先住民を追いだしてしまった。人間の各種族間では、異種の動物間で見られること――すなわち強いものが弱いものを駆逐するという現象が、同じく作用するらしいのだ。ニュージーランドで、活力にあふれた堂々たる先住民が次のようにいうのを聞くくらい、憂鬱なことはない。かれらはいう――自分たちの土地は子どもの手に渡らない運命になった、と。キャプテン・クックの三回におよぶ航海がおこなわれて以来、あの美しく健康的だったタヒチ人が不可解にも一気に数を減らした事実は、だれもが耳にしている。この事例では、むしろ人口が増加することをわれわれは期待できたにもかかわらずだ。なぜなら、以前は大々的に実行されていた幼児殺しがなくなり、不品行も大いに減り、残虐な戦争もずっと少なくなっていたのだから。

健康な人びととの接触で発生する病気

J・ウィリアムズ師[*7]は興味深い著作[★2]の中で、先住民とヨーロッパ人との初接触について、「かならず熱病、赤痢その他の疫病がもちこまれ、多くの人命が失われる」と記している。かれは、こうも断言する、「わたしがそこに住んだあいだじゅう、諸島に荒れ狂った病気は、ほぼ例外なく船★3によって運びこまれたことに議論の余地はないのだ、と。しかもこの事実を特色あるものにしているのは、破壊の種ともいえる輸入品を運びつけた船の水夫たちにまったく病気があらわれない、という点である」。だが、そうした文章は、第一印象として感じるほどには、じつはふしぎでも何でもない。というのは、きわめて悪性の熱病が発生しても、その病原菌をまきちらした本人たちが発病しなかったという記録が、多少ながら存在するからだ。ジョージ三世時代の初期のこと、牢にとじこめられた囚人が四人の警官とともに馬車に乗せられ、裁判官のもとに連れていかれた。ところが、囚人は発病してなかったのに、四人の警官が急な壊疽《えそ》性の熱病にかかって死亡した。しかも感染はそれ以外の人にはおよばなかった。このような事実から推察すると、一定の期間、一室に幽閉された人間からは、毒性の気体が発し、他人がこれを吸いこむと有毒化するらしい。しかも吸いこんだのが異人種だと、被害はもっと大きくなるようだ。この話は神秘的に聞こえるかもしれないが、われわれの同類の体でも、死の直後、まだ腐敗もはじまらぬのに、しばしばすさまじい毒を帯びてしまい、解剖する人が道具でちょっと切りさいただけでも致命的な害毒をおよぼすことにくらべたら、そう驚くにはあたらない。

ブルーマウンテンズ

一月一七日――朝はやく、われわれは渡し船でネペアン川を越えた。川は、この地点では幅が広くて水深もあったけれど、流水がとても少なかった。対岸にある低地をすぎると、ブルーマウンテンズの山腹に着いた。登りはそうきつくない。砂岩でできた崖の側面に道が、けっこうしっかりと切ってあった。頂上には、ほぼ平たい原野があって、気づかないくらいわずかずつ西へ上っており、三〇〇〇フィートの高さにまで達していた。ブルーマウンテンズという壮大な名前、また絶頂の高度から考えても、わたしはこの土地をよぎってそびえたつ大きな山脈にぶつかるものと期待した。ところが実際は、海に近い低地に向けて目立たない斜面をなしているだけの、かたむいた平原、といったものにすぎなかった。この第一斜面から眺める広い森林地帯の景色は、ほんとうにすばらしかった。まわりの樹々も太く、高く育っている。それでも砂岸の平地に着いたとたんに、風景は耐えがたいほど単調になってしまった。道の両がわは、どこでも見かけるユーカリ科の灌木でふちどられている。二、三の小さな宿屋を除くと、家らしい家はなく、耕地も見あたらない。おまけに道もガランとしている。いちばんよく見かけたのが、牛の曳くワゴンで、羊毛の塊を積んでいた。

巨大な湾を思わせる峡谷の眺め

正午に、ウェザーボード亭という小さな宿屋で馬にかいばを与えた。ここらあたりは海抜二八〇〇フィートの高さになる。ここから一マイル半ほど行くと、きてよかったと思えるほどのすばらしい景色に巡りあえた。ちっぽけな谷と、そこをちろちろ流れる小川とにそって下っていくと、おそらく一五〇〇フィートあたりの低地でとつぜんに、道をふちどる樹々のあいだから大きな湾と見まちがえるような平たい地形があらわれた。さらに数ヤード歩くと、広大な崖のふちにぶつかった。足元のはるか下方には、大きな湾とも入江ともつかないたいらな土地——そう書く以外にちょっと他の形容が思い浮かばない——があり、密な森林におおわれていた。この見晴らし地点は、ちょうど湾の内奥にあたる部分に位置し、崖の線が両がわに連なり、岸辺が弧を描くごとに岬をたくさんつくりだしていた。これらの崖は、白っぽい砂岩が水平に層をなして積みあがった岩石層でできている。まったく息を呑むほど切り立っているので、ふちに立って石を投げ落とすと、はるか下方の奈落にある樹々に石があたる光景を見られる場所も多かった。崖の線は欠けめ一つなく、この小川がつくる滝のふもとにたどりつくには、六マイルも回り道をする必要があるとのことだった。五マイルほど前方に、別の崖の線がのびているために、谷間は四方が完全に取り巻かれたかたちになっていた。したがって、この巨大な円形劇場を思わせる窪地には、湾という形容こそがふさわしい。切り立った崖のような岸に囲まれ、水深がある曲がりくねった港を思い浮かべてもらって、これを干上がらせ、その砂底に森が茂っている状態を想像すれば、ここに展開している平たい眺めと構造を理解できるだろう。この種の眺めは、わたしにすれば、きわめて目新しく、なんとも壮大な印象があった。

　夕方にブラックヒース亭[*8]にたどりついた。砂岩でできた高原は、ここで三四〇〇フィートの高さになっていた。前と同じようにひねた森に覆われていた。道から見おろすと、すでに書いたのと同じ性質をもつ深い谷間が、ところどころ覗けた。だが、斜面の険しさと深さとのせいで、谷底はほとんど見えない状態にあった。ブラックヒース亭はとても快適な宿で、一人の年とった兵隊が管理していた。わたしは北ウェールズにあったちっぽけな宿屋を、ふと思いだした。

一月一八日——朝いちばんに起きて、三マイル歩き、ゴヴェッツ・リープ（峡谷）を見に行った。ウェザーボード亭付近で見た谷間によく似た眺めだったが、たぶんもう少し険しかったかもしれない。なにしろ朝が早かったので、湾内には淡い青霞が立ちこめていて、全体の眺望を覆いかくしていた。けれど、足もとにひろがる森までの深さは、ずいぶん増加したように見えた。進取の精神をもっとも強くもつ入植者の侵入のこころみさえずっと撥ねつけてきた、越えることのできぬ要塞、それがこの峡谷であり、なんとしても注目すべき構造だった。大きな腕によく似た入江が、いくつも深く内陸に侵入していて、しばしば主要な谷間から枝分かれする形をとって、砂岩の台地に深くはいりこんでいた。他方、その台地は谷間のほうへ岬を突きだし、巨大な、ほとんど切り離された岩の塊を島みたいに残していることもあった。こうした谷間に降りるためには、二〇マイルも回り道する必要があった。なかには、ごく最近になって測量技師だけがなんとかはいりこんだものの、移住者たちがまだ牛を追いこむことすらできていない峡谷もある。ただ、この地形のうちいちばん目立つ特色は、湾の奥の幅が数マイルもあるのに対して、入口部分はどうやら通り抜けができないほど狭くなっていることだ。測量監督のT・ミッチェル卿[★4*9]は、グロース川がネペアン川と合流する峡谷をさかのぼるために、大規模に砂岩が崩落してできたごろ石のあいだから歩きはじめ、あとには匍匐《ほふく》までして前進したが、ついに目的が遂げられなかったという。ついでにわたしが見たところではグロース川の谷というのも、幅が数マイルになる大きな盆地をつくっていた。周囲を絶壁が取り囲み、その崖の最上部は海抜三〇〇〇フィートを下まわらないと思われる。家畜たちは、人間が足を踏みいれたことのない獣道《けものみち》[*10]、または所有者が自前で切りひらいた小道（わたしはこれを下った）をたどったが、ウォルガンの谷間に追いこまれて、それ以上もうどこへも逃げられないはめにおちいった。なぜならこの峡谷は、ウォルガン以外の場所ではどこも切り立った絶壁になっていたからだ。八マイル下にさがるとこの谷間は平均半マイルの幅から、人も獣も通り抜けられない狭苦しい岩の裂けめに変わってしまうのだ。T・ミッチェル卿がいうには、コックス川の大きな谷が支流を片っぱしから集めてネペアン川へ合流するところにくると、急に収縮して幅が二二〇ヤード、深さ一〇〇〇フィートの狭間《はざま》になるそうだ。そのほかにも似た事例を追加できるだろう。

その峡谷の起源と形成

これら峡谷の両がわに、お互いによく対応する水平な岩層があること、また円形劇場の形をした低地があることを目撃して、わたしは以下のような第一印象を得た——こうした谷間はどれも、等しく水の力で掘りひろげられてできたのに違いない、と。わたしの見解にあやまりがなければ、このわずかな峡谷や狭間からはすさまじい量の岩石が運びだされていなければいけないことになるが、それも少々無理があるので、この地域が陥没によってできあがったのではないかと想像したくなる。けれども、谷の形がとても複雑に分岐していることと、台地から谷へ向かって突きでた岬が幅の狭い形になっている点を考えると、その発想も捨てなければならないようだ。ただし、これだけの開鑿《かいさく》は、現代の沖積作用だけでおこなえたとも思えない。さらに、高いところにある平原から落ちる川水は、ウェザーボード亭の付近を観察したときを述べた文章で明らかにしたとおり、流れが谷の奥にまで注いでおらず、湾によく似たこの岩の窪地の一部に落ちこんでいるのだ。住民のなかには、わたしにこんなことをいう者もいた——両がわに岬が出ていて湾に似た窪地をつくっているのを見ると、荒磯の海岸線との類似を思わずにいられない、と。これはたしかに的を射ている。おまけに、現在のニュー・サウス・ウェールズの海岸線には、大きく分岐するすばらしい入江がいくらでもあって、砂岩でできた崖のあいだにあいた狭い入口によって外洋とつながっている。その入口は一マイルから四分の一マイルの幅になっており、スケールこそぐんと小さいが、内陸の巨大な峡谷と地形的によく似ている。だが、そう思うそばから、驚くほど厄介な障害も生じてくる。つまり、海がなぜ、だだっぴろい平坦な場所に、巨大だけれど周囲の丸い窪地を削りあげ、さらに入口にはただの狭い峡間《たにま》を残すことができたのか、と。しかもその狭い隙間から、削りとった大量の石をどうやって運びだしたのだろうか？　この謎に光を一つ投じられるとしたら、次の事実を指摘することぐらいしかない。すなわち、西インド諸島や紅海の一部など個々の海岸に、これ以上はないほど不規則な形をした岸ができつつあって、しかもこの岸はどこも極端に険しいのだ。そうした岸は、でこぼこの激しい海床を流れる激烈な潮流によって積みあげられた沈殿物がつくりあげると想像される。ある場合には、海は沈殿物をまんべんなく平らに薄くまきちらす代わりに、海底の岩や島のまわりでは置き去りにする。このことは、西インド諸島の海図を調査すると、疑いえない事実に思えてくる。また、波自体が高くて険しい崖をつくりだす力をもっている。たとえ、陸封された内湾のようなところでもだ。わたしは南アメリカのあちこちでそれを目撃している。このような考えをニュー・サウス・ウェールズの砂岩台地にあてはめると、この地層は強力な潮流と外洋のうねりとが凸凹のある海底の上を流れたときの作用で堆積されたもの、と想像できる。また堆積されずに谷間のような窪地となったところは、陸がゆっくりと隆起するあいだに、その険しい斜面が削られて崖のように切り立っていったのだろう。また削りとられた砂岩のかけらは、海が退いていくか、あるいはそのあとの沖積作用によって狭い峡間が切りひらかれたときに、運びだされたのではないだろうか。

ブラックヒース亭を発ってすぐ、われわれはヴィクトリア山[*11]の峠道をたどって砂岩台地を降りた。この道をつくるのに、膨大な岩石を掘りとったという。この工事のデザインと方法は、イングランドのどこでも道づくりに使える価値高いものだった。われわれはいよいよ、ほぼ一〇〇〇フィートも下がったところにある花崗岩地帯にはいった。岩質が変化したので、植物をたくさん見かけるようになった。樹木はずっとみごとになり、間隔もひろくあけて立つようになった。そのあいだを埋める牧草も少し緑色を濃くし、量も増えた。ハッサンズウォールズというところでわたしは峠道から外れ、ワレラワンと呼ばれる農場に向けて、ちょっとした迂回をこころみた。シドニーにいる農場の所有主に書いてもらった、そこの管理人あての紹介状を、持参していた。ブラウン氏は親切な人物で、翌日もここに泊まっていけとすすめてくれたので、喜んでそうさせてもらった。ここは典型的な植民地の大農場、というよりもむしろ羊の放牧場であった。それでも、ここにいる牛と馬は、ふつうよりも数が多い。谷間の一部が湿潤な沼地になっていて、より大型の牧草が生えるおかげであった。人家のそばにある二、三の土地は草木を払い、耕して、小麦を植えてあった。刈り取り人夫がそれを収穫している最中だった。けれども、この農場に雇われた人夫の一年分の食いぶちをまかなうだけの麦しか、植えてはいなかった。ここに割りふられた囚人の数は、ふつう約四〇名だが、いまはたまたま、それよりも多かった。農場には必需品がなんでもそろっていたが、どこか安らぎには欠けているようだった。だいいち、女性がここには一人も住んでいないのだ。晴れた一日も陽が暮れると、ふつうならどこにもホッとする幸福な気分が流れるものだ。しかしここ、人里離れた農場では、四〇人の無情で不品行な男たちがアフリカの黒人奴隷のごとき一日の労働を終えようとしているのに、慰安にありつく神聖な権利も与えられていない。その悲しい事実は、周囲の森に映《は》えるいちばん輝かしい光彩を眺めても、なお忘れることができなかった。

　翌朝早く、いっしょに管理人を務めるアーチャー氏が、親切にもカンガルー狩りに誘ってくれた。一日のほとんどを馬に揺られどおしだったが、いやはや、ひどい狩りであった。一頭のカンガルーも、一頭のワイルドドッグ[*12]も、見かけなかったからだ。猟犬たちが小型のワラビー[*13]をみつけて木の洞《うろ》へ追いこんだので、われわれはそいつを引きずりだした。ウサギと同じくらいの大きさだったが、ちゃんとカンガルーの形をしていた。数年前まではこのあたりも野生の動物がたくさんいた。しかし今はエミューも遠くへ去ってしまい、カンガルーも滅多に見られなくなった。どちらも、イギリスから持ちこんだ猟犬が壊滅的な打撃を与えてしまったのだ。これらの動物が姿を消すのは、まだずっと先かもしれないが、どのみち運命は決まっている。アボリジニはいつも農場から猟犬を借りだすことに熱心だ。内陸の奥へ奥へと侵入していく入植者たちが用意する代償としての贈りものは、この犬どもの貸しだしと、動物を殺したときの臓物と、それに牛から搾ったミルクが少しだ。考えのないアボリジニは、このどうでもいい先わたし金にすっかりだまされ、自分らの子どもにゆずりわたすべき土地を横取りされる運命を担っているかもしれない白人たちの到来を、無邪気に歓迎している。

ともあれ、狩りの収穫こそなかったが、遠騎りは楽しかった。森林地域はおおむねひろびろと空《あ》いているので、馬に騎ってその中を早足で駆けても平気だった。底の平たい谷間が何本か、森を横断していた。そこは緑にあふれ、立ち木がなかった。そうした場所は公園のように美しい眺めだった。この土地はどこへ行っても、山火事のあとが見られない場所というものが、ほとんどなかった。この山火事が最近おきたかどうか——ということはつまり、焼け残った株が黒くなっているかいないか——が、旅人の目をあきあきさせる単調な眺めから救ってくれるいちばん大きな変化の決め手だった。森には、鳥があまり見かけられない。それでも、小麦畑で餌をついばむ白いキバタン[*14]の大群を見た。それに、とてつもなく美しいインコ類も、かなり見た。イギリスのコガラスに似たカラス類も、けっこう見かけた。あと、カササギに似た別の鳥もいた［カササギフエガラス[*15]であろう］。夕闇のなか、わたしは、乾季になると川でなく飛びとびの池になる流れにそって、散策を楽しんだ。幸運なことに、あの有名なカモノハシ[*16]を何度も見ることができた。かれらはダイビングをし、水面でたわむれていたが、体のほんの一部を見せてくれたにすぎなかった。これでは、カワネズミと見まちがいもするだろう。ブラウン氏は一頭を銃で仕止めた。たしかにこれは異常な動物だった。剝製標本では、生きているときの頭部とくちばしの感じは想像できない。とくにくちばしは、死ぬと固くなって、縮んでしまうのだから。★5

バサースト、下層階級の一般的な文明度

一月二〇日——バサーストへ、一日じゅう馬を進めた。峠道に出るまでは、林を抜ける獣道を進んだ。あたりは、牧羊業者の粗末な小屋がいくつかあるのを別にすると、なんとももののわびていた。われわれはこの日、地中海の熱風《シロッコ》*17によく似たオーストラリアの風にぶつかった。内陸にひろがる熱く灼けた砂漠から吹いてくる風だ。砂塵がつくる雲が四方八方に湧きあがり、吹きつける風は、まるで火の上を渡ってきたかのように熱かった。あとから聞いたのだが、戸外では温度計が華氏一一九度、密閉した室内では九六度まで行ったそうだ。午後になって、バサーストの小高い草原が見渡せる場所についた。起伏はあるけれどもなめらかな草原は、この地方独特の景色といえる。まず、樹木らしいものが一本もなく、枯れ草色をした細い牧草がほんのわずかに生えているだけなのだ。この地域を数マイル進むと、きわだってひろびろとした谷とでもいおうか、あるいは逆に、かなり狭い平原というべきところにやってきた。この土地の真ん中はバサーストの郡区になっている。わたしはシドニーで、こういわれてきた。オーストラリアという土地を評価するのに、道路ぞいを見ただけで酷評してはいけないけれど、バサーストを見ただけで買いかぶってもいけない、と。けれども、あとのほうについては、そうした偏見をもつ心配なぞ、わたしにはぜんぜんないと思われる。もちろん、季節が乾燥期にはいって久しく、そのためにこの地

方が全体に見栄えのしない状態にあったことは、正直に白状しておかなければいけないけれど。これでも、さらに二、三か月早くここにきていたら、印象は比較にならぬくらい悪かったと思う。旅人の目にはこれだけみじめに見える枯れ草色の牧草が、じつは、ここバサーストを急激に繁栄させた鍵なのである。この牧草は、羊の餌としてまことに優秀だったからだ。町は、マッカリー川[*18]の沖積地にあり、海抜二二〇〇フィートの高さに位置する。この川は、だだっ広くて内情がほとんどわからない内陸奥地へと注いでいく流れの一つだ。内陸へ流れていく水路と、海岸に注いでいく水路とをわける分水嶺は、およそ三〇〇〇フィートの高さにあって、海岸から八〇ないし一〇〇マイルほどの距離に位置し、北から南へと走っている。マッカリー川は、地図で見ると、たいそうな規模の川になっており、この分水嶺地区では最大の流水を誇る川なのだが、驚いたことに、実際にこの目で眺めると、ほとんど干上がった土地のあいだを池が飛びとびにつながっているだけだった。総体的に見て、ごくかすかな流れがちろちろと注いでいるにすぎないのだ。それが場所によって水量の多い、大きな水たまりになる。このあたりはどこへ行っても水の供給が乏しいけれども、内陸へ行くほどにもっと水量が減ってくる。

一月二二日――帰途にはいり、ロッキャー線と名のついた新しい道路のお世話になった。この沿線はずっとたくさんの起伏があり、眺めのいいところも多かった。一日じゅう馬で旅をした。わたしが泊まろうと思った家は、道から少し外れたところにあって、簡単にはみつからなかった。わたしはこのとき――いや、実際はいつもそうなのだが――下層階級の人たちのあいだに親切な応対の習慣がとてもよく行きわたっていることを経験した。この人たちの置かれた現状、そして過去の経緯を承知している者には、とても予想できない親切さなのだ。わたしが一夜をすごした農家は、つい最近ここへきて入植者生活をはじめたばかりの、若い二人の男が建てたものだった。心なぐさめられるものが何一つない点は、どうにもゾッとしなかったけれど、かれらの目の前には、将来と、それから成功とが、ぶらさがっていた。たぶんそれも、そう遠くはない先に。

次の日、広大な面積が炎に包まれている地域を通過した。ものすごい煙が道を横ぎっていた。正午前に、われわれは前に通った道に出て、ヴィクトリア山に登った。ウェザーボード亭で一泊することにし、夕暮れ前には例の円形劇場まで散策してみた。シドニーへ戻る途上、ダンヒーヴド[*19]というところでキャプテン・キングとすてきな夕べをともにした。こうしてニュー・サウス・ウェールズの植民地をめぐる遠騎りは終わった。

社会の現状

ここへ戻るまでに、わたしをいちばんおもしろがらせた情況が、三つあった——まず、上流階級のあいだにできた社交界の情況、そして囚人たちの置かれている現状、最後に人をここまで誘って入植させるだけの魅力の強さ、この三つである。もちろん、こんなに短いあいだの訪問で得た意見など、なにほどの価値もあるまいと承知の上で述べている。正しい意見をもつこともむずかしいが、何の意見ももたないことだって、同じようにむずかしい。そこで総論からいうと、社交界の情況については、この目で見たことよりも、この耳で聞いたことのほうで判断するかぎり、失望が大きかった。社会ぜんたいが、ほとんどあらゆる問題に対し、いくつもの派に分かれてネチネチといがみあうのだ。生活ぶりが最高の部類に属するといえる人たちのあいだでも、尊敬すべき人物がつきあいをもてないような公然たる堕落生活を送っている例が、ずいぶんあった。父親が金持ちの前科者か、あるいは自由移民かをめぐって、子どものあいだにも激しい妬《ねた》みあいがある。前科者たちは、正直な人びとを侵入者とみなすのが好きなのだ。全人口が、富ある人も貧しい人も、富をつかむことに心を奪われている。上流階級のあいだでは、羊毛と牧羊のことがいつも話題になっている。家庭の安らぎを得たくても、重大な欠陥がたくさんあった。その最たるものは、囚人の召使いたちに囲まれて暮らしていることだろう。前日に告発によって軽犯罪の罰にあたる鞭打ち刑を受けたような男にかしずかれたら、だれだって完全に不快な気分に襲われるに違いない。いうまでもないが、侍女のほうは輪をかけて悪質だ。子どもは、彼女たちを通じて下品この上ない言葉をおぼえてしまう。同時に子どもがよこしまな考えをも植えつけられなかったなら、それは幸運なのだ。

その一方、個人の資本は、特別に努力をしなくとも、イングランドで得られるよりも三倍の利益をかせぎだす。ちょっと機転をきかせれば、確実に財産をつくれる。日常のぜいたく品はいくらでもあるし、値段も本国より少し高い程度で、食料品はおおむね安価になっている。気候はすばらしいし、健康には絶対によい。ところが、わたしにすれば、そうした魅力もこの国の歓迎できない部分のせいで帳消しにされてしまうのだ。入植者たちには、自分の子を若いうちから家業に駆りだせるという有利さがある。一六から二〇歳になると、子どもはしばしば遠い農園の世話をまかされる。けれども、これには、子どもに囚人の召使いをしっかりつけてやらねばならないという代償が必要となる。社会のそうした風潮がどのような個性を生むにいたったか、わたしはよく知らない。ただ、そういう慣習がつづき、知的な探求も深めないとすると、おおかたは堕落の道が待っている。そういうわけで、よほど切羽詰《せっぱ》まらないかぎりは、自分が移民しようという気になれないというのが、わたしの本音《ほんね》である。

この植民地が急激に繁栄し将来も有望といわれることは、以上のような問題を了解できていないと、けだし疑問であるというのが、わたしの考えだ。二大輸出品というと、羊毛と鯨油だが、この両方とも生産には限界がある。しかもこの国は運河をつくるのに適さない。したがって、羊毛の陸運といえども、羊の飼養と毛の刈りこみの経費に見合う範囲内であって、運搬距離もそう遠方までは許容されない。牧草はどこもかしこも希薄だから、入植者はどんどん内陸へはいりこまなければいけなくなっている。おまけに、内陸へ行けば行くほど牧草は乏しくなる。農業も旱《かん》魃《ばつ》があるために、大規模にやって成功したためしがない。そういう理由で、わたしの知るかぎり、オーストラリアの将来は、南半球の交易の中心でいつづけられるかどうかと、この先、製造業が発展できるかどうかとに、かかっている。石炭があるから、この国は動力源を手に握っている。海岸ぞいに居住可能の土地があり、またイギリス系の住民がいるところから見て、オーストラリアは海運国家の道を確実に歩むだろう。わたしは以前、オーストラリアが北アメリカと同じように壮大で力にあふれた国に育つだろうと想像していた。だが今は、そうしたバラ色の未来に多少問題があるように思える。

さて、囚人の現状についてだが、ほかの問題にくらべて判断の機会にあまり恵まれなかった。

第一の疑問は、かれらの現状がはたして刑罰と呼べる状態であるのかどうか、という点にある。現状が厳罰であるとは、だれも思わないだろう。けれども、本国の罪人にとってオーストラリア送りが恐怖の的になっているとするなら、そこのところは大した問題にはならないようだ。囚人たちの物質的な欲求は、かなりの部分よく満たされている。おまけに、将来解放されて安らぎが得られる見こみだってかなりあるし、品行を正しくしていれば、確実に自由になれもする。ある囚人が犯罪をおかさず、またその疑いも持たれないようにしているかぎり、一定地域内で自由に行動できる「釈放切符」なるものが、懲役年数に応じて定められた年数を経たあと、その品行方正ぶりに応じて本人に与えられることになっている。しかし、こういう利点と、またこの地へ来るまでの収監生活や悲惨な護送の体験に目をつぶったとしても、なお、定められた苦役の歳月は、不満と不幸の中で過ぎるに違いあるまい。ある知性ゆたかな人物がわたしに語ったように、囚人たちは官能以外の歓びというものを、一切知らない。また、官能に満足しているわけでもない。政府が自由放免の代償として受けとる途方もない賄賂の額は、地の果てにある受刑所に送られるという恐怖とあいまって、囚人同士の信頼のきずなを破壊する。逆に、そうした苦痛が放免後の犯罪の歯止めになるのだ。恥の意識については、どうもそういうものがありそうに思えない。これについては、わたしもとりわけユニークな証拠をいくつか目撃した。囚人たちの性格がとても臆病だという話は、奇妙な事実であるが、いたるところで聞かされた。絶望し、人生にまったく無関心になる人間が少なくないし、冷静かつ忍耐力のある勇気を要する企てについては、やってみようという気をほとんど見せない。なかで、もっともよくない特質というのがある。それは、法律的な改心と呼ぶべき傾向が見えて、法に触れる行為をおかすことは比較的減るくせに、本来しなければいけない倫理的な改心はぜんぜん度外視されがちだということだ。事情通のある人が断言したのだが、改心する気のある囚人を、ほかの召使いといっしょに生活させてはいけないのだそうだ。そうでないと、その囚人の生活は、耐えがたく悲惨になり、拷問に近いものになるという。また、ここでもイングランドと同じことだが、囚人護送船や牢獄の不潔さも忘れてはいけない。結論からいうと、受刑地としてここはほとんど目的を達していない。真の改心のための機構として、ここは失敗だったし、たぶんほかのあらゆる計画も成功しないだろう。ただし、人間を外面的に正直にする手段――ある半球でいちばん役に立たない放浪者たちを、別の半球に送りこんで活動的な市民に改心させ、新しい壮大な国――文明の偉大な中心――を誕生させる手段としては、歴史上比類のない成功を収めたといえよう。

ファン・ディーメンズ・ランド――ホバートタウン

一月三〇日――ビーグル号はファン・ディーメンズ・ランド[20]のホバートタウンに向けて出航した。六日におよぶ航海のうち、前半は天気に恵まれ、後半はとても冷たく、ぐずついた天候にたたられたが、二月五日に「嵐の湾《ストームベイ》」の入口へはいりこんだ。このおそろしい名は、たしかに天候とぴったり合っていた。湾は、奥まったところにダーウェント川[21]の水を受けているので、正確にいうと河口と呼ばれるべき場所だろう。湾口のそばに、玄武岩でできた岩棚がひろくつきでている。しかし、陸地にあがっていくにつれ、岩棚は山に変わり、まばらな木々に覆われていく。湾

ホバートタウンとウェリントン山

をふちどる丘のふもとは木々が切りはらわれ、あざやかな黄色をした小麦畑、暗い緑をしたポテト畑が、なんともゆたかに見えた。夕方遅く、船は小さな入江に錨をおろした。その海岸にタスマニアの主都があった。主都を見た最初の印象は、シドニーにくらべてずいぶんひどいな、というものだった。シドニーは都会と呼んでもいいが、ここはただの町だ。ホバートタウンはウェリントン[*22]という山のふもとにある。山の高さは三一〇〇フィート、しかし見てくれは決してよろしくない。ただし、山があるおかげで水だけは豊富にある。入江のまわりに、立派な倉庫が立ちならび、片がわに砦が一つある。わたしは、要塞に特別に力を注ぐ習慣のあるスペインの開拓地からここへきたので、ここの植民地の防禦の備えかたはまったく不十分にしか見えなかった。ここことシドニーとをくらべると、完成しているかしていないかを度外視しても、大型の屋敷の数が一般に少ないのが目についた。一八三五年の調査によると、ホバートタウンは一万三八二六人の人口をも

タスマニアの開拓地風景

ち、タスマニアぜんたいでは三万六五〇五人だという。

全滅したアボリジニ

ファン・ディーメンズ・ランド本土は、もともとここにいたアボリジニたちが全部バス海峡の中にある一つの島に移された[*23]ので、先住民がまったくいないという大きな有利さがある。たしかにアボリジニを一つの島に押しこめるのはずいぶん残酷な方法だが、黒人たち〔アボリジニを指すが、かれらはいわゆるニグロとは異なる〕がおかした略奪や放火、殺人といった暴行がずっとつづくのを防ぐためには、これしか手がなかったと考えられている。こうした暴行がつづくと、どのみちアボリジニは絶滅してしまうだろう。ただ、わたしの考えをいうと、こうして先住民の暴行がつづき、大きな被害が出ていることは、きっとイギリス人のだれかがおかした破廉恥な行為の仕返しに違いないのではないか、と思われるふしがある。もとから住んでいた部族を最後の一人まで、生まれ故郷から追いだすのに、たった三〇年しかかけなかったとは、いかにも性急にすぎる——この島はアイルランドとほぼ同じ広さがあるのだ。先住民追放をめぐって、イギリス政府とファン・ディーメンズ・ランド当局とのあいだでとりかわされた文書に、とても関心がある。先住民たちは数年おきにイギリス人と小競り合いをおこし、たくさんの仲間を捕虜にされたり殺されたりしたのだが、敵のイギリス人のものすごい勢力がどれくらいのものなのか、かれらは少しもわかろうとしなかったようなのだ。そこへ、一八三〇年になって戒厳令がだされた。ファン・ディーメンズ・ランドにすむ全イギリス人は、先住民を一人残らず収容する大きなこころみに協力せよ、というのだ。この計画に使われた収容方法は、インドで使用された大規模な捕獲法によく似たものだった。先住民をタスマン半島の行きづまりへ追いこむ目的で、島を横ぎる線が一本引かれたのだ。ところが、計画は大失敗に終わった。夜のうちに先住民は犬にひもをつけ、ひそかにこの線を越えて逃げてしまったからだ。といっても、驚くにはあたらない。かれらの感覚はすさまじいほどきたえられていたし、野獣を追いかけるときにいつもよつんばいで追跡する方法を使うのだから。そのようすは、見てもらわないと信じられないだろう。かれらの皮膚の黒い色は、この地方ならどこにでもある黒くこげた切り株と区別がつかない。かれらは、がらんとした裸の土地でも、まちがいなく上手に身を隠せると聞いた。たくさんのイギリス人と一人の先住民とのあいだでおこなわれた、一つの実験の話がある。その先住民は、なにもない丘の上に、全身がよく見える恰好で立たされた。かれは、イギリス人たちが一分よりも短い時間だけ目を閉じるあいだに、うずくまるという話になった。するとイギリス人たちは、先住民がそこにうずくまったあと、まわりにあった切り株からかれを区別することができなかったそうなのだ。

ところで、話を先住民の捕獲のことに戻すと、かれら先住民はこの行政上の行動を戦争と受けとり、とてもおそれた。なぜなら、かれらは白人の数と力とをただちに認めたからだった。それからほどなくして、二部族からなる一三人の集団が自分たちの無防備な情況を悟り、あきらめて投降してきた。次に、活発で情《じょう》もあるロビンソン氏という人が、もっとも激しく敵対していた部族のもとへ、勇敢にも歩いて近づくという雄々しい行動を示したおかげで、先住民の全員がそろって投降した。そうして、先住民たちは一つの島に移され、衣類と食糧を与えられることとなったのだった。ストゥジェレツキ伯爵[★6][*24]の言《げん》にしたがえば、「一八三五年に島へ輸送したとき、先住民は二二〇人いた。それから七年後の一八四二年、集めることができたのは五四人だけであった。ニュー・サウス・ウェールズの奥地にすむ家族は、白人と接触して汚染された人などいないので、どこの家にも子どもがたくさんいるのに、フリンダーズ島の家庭の場合は、八年間にわずか一四人しか数が増えなかった！」というのである。

ウェリントン山

ビーグル号はここに一〇日間碇泊したが、今回わたしはとても楽しい遠出を何度か実行した。その目的は、主に、すぐ近くにある地質構造を調べることにあった。とくに興味があった対象物は、第一に、デボン紀か石炭紀に属する化石[*25]がたくさん含まれた地層。第二に、最近陸地が少し隆起したことを示す物証だった。そして最後に、黄色っぽい石灰岩、つまり石灰華[*26]が混じり気なしに表層で固まっている部分。ここには木の葉の捺し跡がたくさんあり、またいまは生息していない貝類の殻もまじっていた。この小さな石切り場だけが、ファン・ディーメンズ・ランドで大昔のある一時期に見られた植物の痕跡を保存している、といってさしつかえないだろう。

ここの気候はニュー・サウス・ウェールズよりも湿っている。そのため、地味がゆたかだ。農業も盛んだ。畑はまことにすばらしく、庭園も野菜が育ち、果実をたわわに実らせている。ちょっと人気のないところにある農場は、なかなかに絵になる眺めだ。植物は全般的にオーストラリアのそれに似ているけれど、たぶんもう少し緑の色が濃くて、元気もよい。木々の狭間に育つ牧草にしても、ゆたかにのびている。ある日、町の向こう岸にある湾の片がわを、長い時間散歩してみた。そこまでは汽船で渡った。二隻が湾と町とのあいだを繰り返し往復しているのだ。一隻の船は、機関部に、この植民地でつくられた機械を設置してある。基礎がつくられたときからった三三年しか経っていない植民地で、もうこんな機械ができるようになったのだ！　別の日、こんどはウェリントン山に登った。前に一度、自分一人で登ったのだけれど、森が深すぎてあきらめた。こんどは案内人を一人つれていくことにした。でも、案内人はとてもおろかな男で、われわれを、山の南がわの湿気がひどいほうへ連れていった。そちらがわの植物はおそろしいほどびっしり茂っていて、朽ち木の幹が邪魔するので、これを登るのはフエゴ島かチロエ諸島の山登りと同じように骨の折れる仕事となった。結局、山頂にたどりつくまで、五時間半の悪戦苦闘を強いられた。いたるところにユーカリが巨大に育ち、みごとな森林をつくっていた。いちばん湿気のひどい峡谷には、ヘゴの類が異常に茂っていて、なかには、葉の生えるところまで少なくとも二〇フィートの高さはありそうな、胴まわり六フィートちょうどの大木もあった。ヘゴの葉は、なんとも優雅な傘のようで、夜のとばりが近づくときにできるような、暗いかげをつくっていた。山頂は広いうえに平たくて、むきだしの緑岩でできていた。角が鋭くて大きな岩の塊といった感じだ。山の高さは海抜三一〇〇フィートだ。たまたま空気が澄みわたった晴天に恵まれたので、景色をはるか遠くまで見晴らすことができ、大喜びした。北へ目を向けると、そこはまるで、木をびっしりと茂らせた山々の塊みたいに見えた。北の山々は、われわれが立っているこの山とほぼ同じだ。山の輪郭も、この山と同じようになだらかである。そして南へ目を転じると、そこはごつごつした陸地と海とが、とても複雑な形の湾をつくりあげている。そして、以上のような風景が、目の前に地図のようにくっきりと見えていた。頂上で数時間休んだあと、下りは登りよりもずっとましな道をみつけた。でも、とてもきつい日帰り登山を終えてビーグル号に戻りついたのは、夜の八時だった。

キング・ジョージ湾――この国の陰鬱な側面

二月七日――ビーグル号はタスマニアを離れ、翌月の六日にはオーストラリアの南西のはじに近いキング・ジョージ湾[*27]に着いた。ここで八日間碇泊した。この航海をつうじて、これほどつまらなくて、やる気のおきない時間は、体験したことがなかった。この土地は、高いところから眺めると、森の多い平原に見える。丸くてところどころ岩がむきだしになった花崗岩の丘が、あちこちにつきでていた。ある日、わたしは隊を組んで、かなりのマイルにわたって付近一帯を歩いてみた。ひょっとするとカンガルー狩りが見られるかもしれないと、期待もした。どこを歩いても土砂混じりの地面がひろがり、地味も貧弱だった。生えているのは、ひょろひょろして背も低いブラシノキ[*28]の群生か針金みたいな草ぐらい。あるいは、しなびた木が立ちならんでいるだけのさびしさだった。この眺めは、ブルーマウンテンズの砂岩でできた高い台地を思いださせた。ただし、カスアリナ[*29]（スコットランドモミに多少似ている木）だけは、ここにたくさん生えていて、ユーカリがむしろ少ない。開けた土地には、たくさんのグラスツリー[*30]があった――この植物は外見がいくらかヤシに似ている。でも、幹の上に優雅な王冠のように葉がひろがるのではなく、とても粗い雑草みたいな葉が総《ふさ》になってついているだけだ。ブラシノキやそのほかの植物はふつう明るい緑色をしており、遠くから見ると、ゆたかな自然をイメージさせるかもしれなかった。ところが、ちょっと歩くだけで、そうした単なる幻想を頭から追いだすには十分だった。こんな無愛想な土地を二度と歩きたくないと思うわたしに同感してくれる人も、きっと多いだろう。

ボールドヘッド、石灰化した樹木の枝の圧痕

ある日わたしはフィッツロイ艦長のおともをして、ボールドヘッド[*31]へでかけた。そこは、とてもたくさんの旅人が報告している名所だ。そこでサンゴ礁を見たという人もいれば、化石になった木が以前育っていたときのままの形で立っているのを見た、という人もいた。われわれの意見を言わせてもらうと、この地層は、風がこまかい砂――貝殻やサンゴ礁の微小な粒子――を吹き寄せてつくりだしたもので、それができあがる途中に木々の枝や根が、たくさんの陸貝の殻とい

っしょに閉じこめられたのだ。そのあと、全体が石灰質の浸みこみによって固まり、中に閉じこめられた木が腐って消えたあとに残った円筒形の洞《うろ》も、ふたたびかたい擬似鍾乳石によって埋められたわけだ。次に、風雨が外がわのやわらかい部分を削り、結果として、木の根や枝の形になったカチンカチンの鋳物が、地表につきだした。だからこれらは枯れ木の切り株によく似ており、独特な方法で人の目をあざむくわけだ。

現地民の群れ

この島にもとからすんでいる、キバタン族とよばれる大きな部族の人びとが、われわれのいるあいだに、開拓地をたずねてきた。かれらはキング・ジョージ湾の部族と同じく、米とか砂糖の樽につられて、コルロベリー*32という大規模なダンスパーティをひらくことに同意した。夕暮れになると、すぐに小さな火をもやし、化粧をはじめた。自分で体に、白い色を使って点や線を描いていく。準備が完了するやいなや、大きなかがり火を焚いて、炎を絶やさないようにした。このかがり火のまわりに、見物をする女と子どもが集まった。キバタン族とキング・ジョージ湾の部族とが、二つの群れにきっちりと分かれ、両方でやりとりしあうような踊りをはじめた。その踊りかたは、隅のほうを走りまわったり、一列縦隊になって中央の広場へかけ寄ったり、まるで全体が行進するように強い力で地面を踏みつけたり、というぐあいだった。重々しい足ぶみに、吼えるような叫びがはいり、棍棒や槍を打ち交わす音が混じり、さらに両腕をひろげたり体をくねらせたりといったさまざまな身ぶりがくわわった。とてつもなく粗野で、しかも野蛮な場面だった。われわれが感じたかぎりでは、そこに意味のようなものは一切なかった。ただ、黒い女性と子どもがほんとうに喜んで踊りを見ていたことが、われわれにも確認できた。たぶんこれらの踊りは、もともと戦だとか勝利といった行為を表現していたのだろう。

　エミューダンスという踊りもあった。この場合、踊り手の男たちは各自、片方の腕を鳥の首のようにまげた。また別の踊りでは、一人が木々のあいだにえさをあさるカンガルーの動作をまねしてみせた。そこへ別の男が這いでてきて、最初の男に槍をつきたてるまねをした。二つの部族が混じりあって踊るときは、重い足ぶみのせいで大地が振動した。また、空気もかれらの野生じみた叫びのためにこだまを生んだ。だれもが夢中になっているようだった。丸裸に近い男の群れが、もえるかがり火に照らされ、不気味なくらいに一糸乱れずに踊りまくり、もっとも野蛮な部族に見られる祝宴のいちばん典型的な光景をつくりあげた。われわれはフエゴ島で、野生生活の奇妙な光景をいくつも目撃したものだった。しかし、野生の人びとがここまで夢中になり、しかもここまで完璧にのびのびとふるまう姿を見たことはなかった。踊りが終わったあと、人びとは全員で地面に座って円をつくり、煮こんだ米と砂糖とを分配した。みんな大喜びだった。

オーストラリアを去る

　曇天のせいで幾日か退屈な延期を経たのち、三月一四日に、われわれは喜びいさんでキング・ジョージ湾を出航、針路をキーリング島［インド洋のサンゴ礁島］にとった。さらば、オーストラリア！　おまえは、育っていく子どもだ。いつの日かきっと、南半球の偉大な領主になるだろう。だが、おまえを愛するには、おまえは大きすぎるし、野心もありすぎる。といって、敬意を表するほどにはおまえは偉大といえない。わたしは悲しみも後悔も味わうことなく、おまえの海岸に別れを告げよう。

【訳注】第19章

＊1——バサースト Bathurst　オーストラリア南東部、ニュー・サウス・ウェールズ州中部の都市。シドニーから西北西へ約二一〇キロメートル、ブルーマウンテンズを含む東部高地の西斜面にある。オーストラリアにおける内陸開拓の端緒となった都市であり、牧羊業が発達し、一八五〇年ころにゴールドラッシュもあった。

＊2——パラマッタ Parramatta　シドニー中心部から約二三キロメートル離れた西部近郊の街。

＊3——マカダム工法　こまかく砕いた石を路面に敷きローラーで固め、その隙間にさらに小さな砕石を入れて舗装する簡易な舗装道路のつくり方。スコットランドの技術者、ジョン・マカダム McAdam, John Loudon によって一八二〇年ごろに考案され、アスファルトが普及するまでの道路舗装法として世界中に広まっていた。

＊4——エミュー渡船場 Emu　シドニーから西へ約五〇キロメートル離れた、ネペアン川ぞいの地名。現在のペンリスに近いところにあった。

＊5——ブルーマウンテンズ Blue Mountains　オーストラリア東部、グレートディヴァイディング山脈を構成する山地。最高地点のウェロング山（標高一二一五メートル）をはじめとした高原状の地形に、ユーカリの高木など深い森林に覆われたいくつもの渓谷がある。ブルーマウンテンズ国立公園として指定され、周辺のいくつかの自然公園とともにユネスコの世界遺産にも登録されている。

＊6――ブルーガム　フトモモ科ユーカリ属の常緑高木で、オーストラリア南東部でもっとも普通に見られる樹種の一つ。高さは三〇～五五メートルで、ときに八〇メートルを超える大木もある。薬効成分が強く、芳香のあるユーカリ油は香料、医薬品などとして利用される。ユーカリ属は、オーストラリアやタスマニアを中心に約五〇〇種が知られる。

＊7――J・ウィリアムズ師 Williams, John（1796-1839）　イギリスの宣教師。一八一七年、前章で登場したエリスとともにソシエテ諸島へ渡った。ロンドン伝道協会に所属し、その後も南太平洋の各地で活躍した。

＊8――ブラックヒース亭 Blackheath　ブルーマウンテンズ国立公園の西にある地名。当時は一軒の宿屋があるだけだったが、現在は鉄道駅があり、人口約四〇〇〇人の街になっている。ゴヴェッツ・リープは、ブラックヒースの東にあり、大峡谷と滝を眺めることができる展望地。ゴヴェッツという名の脱獄囚が逃亡中にここから飛び降りたという話からつけられた名前といわれる。

＊9――T・ミッチェル卿 Mitchell, Thomas Livingstone（1792-1855）　スコットランドで生まれ、オーストラリアで活躍した測量官、探検家。ニュー・サウス・ウェールズ州の測量長官として優れた地図を作成した。

＊10――ウォルガン Wolgan　シドニーから西へ約一五〇キロメートル離れたグレートディヴァイディング山脈中の大きな谷間。ブルーマウンテンズやブラックヒースの北に位置する。

＊11――ヴィクトリア山　マウント・ヴィクトリア Mount Victoria という地名としても使われているが、本文では山を示しているらしい。ブラックヒースの北西、約八キロメートルのところにある地名で、現在はブルーマウンテンズの西端にある小さな町。

＊12――ワイルドドッグ　ディンゴともいう。オーストラリア大陸の野生犬であり、アジアから古代人といっしょに渡り野生化したものの子孫といわれる。体はオオカミよりやや小さく体長九〇センチメートルほど。

＊13――ワラビー　カンガルー科に属する有袋類のうちで比較的小型のものを指す。オーストラリア大陸からタスマニア、ニューギニアに分布する。

＊14――キバタン　全身白色をしたオウム科の鳥で、長い冠羽の先端は黄金色。全長約五〇センチメートル。オーストラリア大陸、ニューギニアとその周辺の島に分布する。

＊15――カササギフエガラス　オーストラリア大陸、ニューギニアに分布するフエガラス科カササギフエガラス属の鳥で、全長は四〇センチメートル前後。黒と白のはっきりとした斑模様をもち、都市にも適応し、オーストラリアではよく目につく鳥。

＊16――カモノハシ　単孔目カモノハシ科。オーストラリア南東部とタスマニアに生息し、卵を産む哺乳類として知られる。体長は四〇～六〇センチメートルほど。

＊17――シロッコ sirocco　地中海の中部から東部の海岸地方に吹く熱風のこと。サハラ砂漠からやってくる非常に高温な風であり、海を渡ると湿度も高くなる。南イタリアでは春、アドリア海の北では三～七月に吹く。

＊18――マッカリー川 Macquarie River　ニュー・サウス・ウェールズ州中央部を流れる川。ブルーマウンテンズの山地に発し、バサースト、ダボを経て北西に流れてマレー川の支流であるダーリング川に合流。マレー川はアデレードの南で南極海へ注ぐ大河だが、ダーリング川の大半は季節河川なので、マッカリー川も実質的には外洋への流出口をもたない内陸河川といえる。

＊19――ダンヒーヴド Dunheved　前出のエミュー渡船場に近いペンリスから東へ約一〇キロメートル離れたところにある。

＊20――ファン・ディーメンズ・ランド Van Diemen's Land　タスマニア島の旧称。一六四二年にオランダ人のタスマンが来航し、オランダ領東インド総督の名をとってファン・ディーメンズ・ラントと呼んだ。現在はキング島、フリンダーズ島などを含めてタスマニア州を構成する。中心都市ホバート（旧称ホバートタウン）は島の南東にある。

＊21――ダーウェント川 Derwent River　タスマニア中央にあるセント・クレア湖に発し、主都ホバートのあるストーム湾（嵐の湾）まで流れる。

＊22――ウェリントン山 Mount Wellington　ホバートのすぐ西にそびえる山で、標高一二七一メートル。

＊23――もともとここに……移された　イギリス植民者とタスマニア先住民とのあいだで戦われたブラックウォーと呼ばれる戦争がもっとも激しくなったのは一八二〇年代といわれる。一八三五年ころまでに、島の住民はすべてがフリンダーズ島へ強制的に移住させられた。フリンダーズ島は、オーストラリア大陸とタスマニアのあいだにあるバス海峡の東に位置する。この移住後にタスマニアの先住民は激減し、一八七六年には絶滅するという悲劇的な結末をたどった。

＊24――ストゥジェレツキ伯爵 Strzelecki, Paweł Edmund（1797-1873）　ポーランド出身の探検家、地質学者。植民地政府の招きで一八三九年からオーストラリア各地の調査をおこない、とくに一八四〇～四二年にはタスマニア島全土をくまなく踏破した。

＊25――デボン紀か石炭紀に属する化石　デボン紀はシルル紀に次ぐ古生代六期中四番目の地質時代名（約四億八〇〇〇万年前から約三億六〇〇〇万年前）、石炭紀はその後の五番目で二畳紀の前（二億九〇〇〇万年前まで）。

＊26――石灰華　トラバーチンともいう。縞状の構造を持つ多孔質の無機質石灰岩であり、温泉などで化学的沈殿として生成される。建築、装飾用に利用される。

＊27――キング・ジョージ湾 King George's Sound　オーストラリア大陸南西部、西オーストラリア州にある地名。インド洋に面する州都パースの南東約四〇〇キロメートルのところにあり、この地域で最初の入植地であるオールバニがある。

＊28――ブラシノキ　フトモモ科の常緑低木で、オーストラリア大陸が原産。現在は観賞用として日本でも栽培されている。非常に密な穂状の花序をつくり、その形が瓶の掃除に使うブラシに似ることからついた名。

＊29――カスアリナ　モクマオウともいう。モクマオウ科の常緑高木は、オーストラリアを中心に数十種が分布する。枝がトクサを大きくしたような特異な形をしており、マツと似ているが双子葉植物である。

＊30――グラスツリー　ススキノキ科に属する低木状の多年草。木本状の太くて短い株からススキに似た葉を出す。ススキノキ科はオーストラリア大陸に特産の単子葉植物。

＊31――ボールドヘッド Bald Head　キング・ジョージ湾の西がわから突きだしたフリンダーズ岬の最東端にあたる。詳細は不明。

＊32――コルロベリー　オーストラリア先住民の伝統的な儀式であり、もともと神聖かつ秘密のものであったらしい。音楽のほか、踊りや演劇的な要素も伴うことが多いが、ほとんどが世俗化していき、元の姿はあいまいになってきている。

第20章　キーリング島——サンゴ礁の形成

キーリング島……いっぷう変わった眺め……貧弱な植物相……種の移送……鳥類と昆虫……干満をおこす井戸……死んだサンゴの原……木の根とともに運ばれる石……大型のカニ……刺胞をもつサンゴ……サンゴを食べる魚……サンゴ礁群……礁湖島あるいはアトール……礁を形成するサンゴが生息できる深さ……低いサンゴ島が点在する広大な区域……その基底の沈下……バリアリーフ……フリンジングリーフ……フリンジングリーフからバリアリーフへ、さらにアトールへの移行……レベルが変化した証拠……バリアリーフの裂け目……モルディヴ・アトール、その特異な構造……死んで沈んだサンゴ礁……沈下と隆起の区域……火山の分布……徐々にだが膨大な規模に達した沈降

キーリング島

四月一日――われわれはインド洋にあるキーリング島、あるいは別名ココス島の見える海域に、到達した。スマトラ島の沿岸から約六〇〇マイル離れている。ここはサンゴ礁でつくられた礁湖《ラグーン》島（あるいは環礁《アトール》ともいう）の一つだ。われわれもすぐ近くを通ったことがあるロウ諸島によく似ている。船が入口の水道にはいったとき、ここに住むイギリス人のリースク氏がボートで近づいてきた。この島に住む人たちの歴史だが、できるだけ簡潔に書くと、次のようになる。およそ九年前のことだ。ヘーア氏[*1]と名のるろくでもない人物が、東インド諸島からたくさんのマレー人奴隷を連れてやってきた。今では子どもも含めて一〇〇人以上にもなる。そのすぐあと、以前この島々に商船で来航したことのあるキャプテン・ロスという船乗りが、自分の家族と入植に必要な物資を乗せて、イギリスからはるばるやってきた。ロスの船に航海士として乗っていたリースク氏も、いっしょだった。まもなくして、マレー人奴隷たちはヘーア氏が入植した小島から逃亡して、キャプテン・ロスの入植団に合流した。おかげでヘーア氏は、とうとうここから引きあげなければならなくなった。

マレーの住民は、いま、名目の上では自由になっている。たしかに個人の待遇については、そのとおりだが、それ以外の点では奴隷と大して変わりがない。かれらは不満を抱いており、また島から島へと何度も移動したうえに、たぶんかれらを管理する手際が多少悪かったことも重なって、ものごとは繁栄の方向に向かっているといえない。この島々にいる家畜は、ブタだけだ。主だった植物産品はココヤシ。ここでの収益はすべてこの木にかかっている。この果実からとれる

キーリング島のアトール内

油が、唯一の輸出物なのだ。油をとったあとのヤシの果実は、シンガポールとモーリシャスに送られ、そこで磨りつぶされて、主にカレー粉をつくるのに使われる。それから脂肪がしっかりついたブタも、このココヤシだけで暮らしている。アヒルもニワトリもそうだ。巨大な陸ガニの一種［ヤシガニであろう］*2でさえ、このきわめて有用な果実を割って食べる手段を、生まれつきそなえている。

いっぷう変わった眺め

さて、礁湖島の丸い岩礁には、大半の場所で小さな陸地が島状に点々と並んでいる。風下にあたる北がわに水道がひらいており、そこを船が通り抜けて、礁湖の中の碇泊地にはいることができる。内がわにはいると、風景がとてもめずらしく、なかなかに美しい。美しさのみなもとは、四方で光りかがやいている色彩にある。澄みきった、波一つない浅瀬を覆っている礁湖の海水は、下がほとんど白砂になっているので、太陽の光が真上から射しこむと、ほんとうにあざやかな緑色となる。この輝かしい緑のひろがりは、幅が数マイルあり、どの方向にも区切りがある。大洋からうねり寄せる群青色の大波とは、雪のように白い飛沫がつくる線によって区切られ、また大空の青い天蓋とは、てっぺんが平らにそろったココナツ林を王冠のようにかぶった細長い陸地で切り分けられている。それから青空には白い雲があちこちに浮かんでいて、礁湖のエメラルドグリーンの海水中では生きたサンゴ礁の帯がつくりだす黒い斑とで心地よいコントラストを生みだしていた。

翌朝、錨を降ろしたあとにディレクション島[*3]へ上陸した。乾燥した狭い陸地は、幅がわずか数百ヤード。礁湖がわには白いサンゴ砂の浜があった。この炎熱の気候のもとでは、太陽の輻射《ラジエーション》が耐えられないほど強烈だった。外がわの隆起リーフには、硬くて幅の広いサンゴの岩礁が平らにひろがっており、外洋の荒波をくだく壁の役を果たしていた。礁湖の近くには多少の砂地もあるが、あとの陸地はすべてサンゴの粒から成り立っている。目の粗いサンゴ砂でできた、石ころだらけの乾燥した土壌であるにもかかわらず、熱帯の風土でないと育てられない勢いのよい植物が茂っていた。ある小島では、若い木と成熟した木とがお互いに均斉を破らず、一つの森の中に混在しており、この光景が何にもまして優雅だった。まばゆいほど白い砂浜が、この世ならぬ場所の境界をつくっていた。

貧弱な植物相

ではこれから、ここの島々の自然誌について概説することにしよう。種類がとても少ないことが、とくに注目される。最初に見たときは、ココヤシだけが森をつくっているのかと思ったが、ほかにも五、六種の木があった。その一種は見あげるほど大きくなるが、材質はとてもやわらかいので、役に立たない。別の種で、船をつくる優秀な材木になるものもある。樹木を除くと、ほかの植物はあまり見あたらず、わずかに地味な草類がある。わたしが採集した標本で、この地の植物は尽きていると思う。蘚苔、地衣、菌類を除外すると、合計二〇種あった。ここには、あと二種の木を追加しなければならない。一種は、花をつけたところを見ておらず、もう一種は噂をきいたばかりだ。後者は、近縁に別の木を見かけない孤立した種類で、海浜のそばに育っているそうだ。だとすれば、まちがいなく、どこかから種子が流れてきてここに根づいたものだ。それからまだ、グイランディナ[*4]の一種が、一つの小島だけにあるという。わたしは前述した植物目録の中に、サトウキビ、バナナ、そのほかの野菜、果樹、ならびに持ちこまれた草類を含めなかった。この諸島が、すべてサンゴ礁でできているところをみると、昔はただ、波に洗われる海上の岩礁にすぎなかったのだろう。ここに生じた陸の植物は、すべて波に運ばれてきたに違いない。したがって、この小さな植物相は、まさに落伍した種の逃亡先といえるような性質をもっている。この二〇種のうち一九種は異なった属のものであり、その属も、一六の科を下まわらないほどバラけた大グループに属していた、とヘンズロー教授はわたしに教えてくれた![★1]

種の移送

ホルマン[*5]の旅行記[★2]に、ここで一二か月暮らしたキーティング氏による、浜に打ちあげられたと思われる種子やそのほかの漂流物に関する話が載っている。「スマトラとジャワの植物や種子が、この島々の風上がわに波の力で打ちあげられる。そのなかにはスマトラとマラッカ半島に産するキミリ[*6]、形と大きさがとてもユニークなバルチ産[*7]のココヤシ、マレー人がペッパーヴァイン[*8]とともに植えるダダス——ペッパーヴァインの蔓はダダスの幹に絡みつき、幹にある棘に支えられる——、シャボンノキ[*9]、トウゴマ、サゴヤシ[*10]の幹などが含まれる。またマレー人には知られていない種子も、いろいろとこの諸島に運ばれてくる。これはすべて、北西の季節風《モンスーン》によってオーストラリアの沿岸へ押し流され、そのあとは南東の貿易風に乗ってここまで流れてきたと推測できる。ジャワ産のチークとイエローウッド[*11]がかなりの量、オーストラリアのレッドシダー[*12]やホワイトシダー[*13]やブルーガムの群れにまじって、まったく無傷のまま流れつくこともある。蔓植物に見られる丈夫な種子は、どれもまだ十分に発芽できる状態にあるが、マンゴスティン[*14]のようなやわらかい種子は、漂流の途中で腐ってしまう。また、どう見てもジャワのものらしい丸木の漁船も、たまに岸に打ちあげられた」と。さまざまな土地で実った数多くの種子が、こういった方法で広い大海原にただようのだが、その規模がわかると非常におもしろくなる。ヘンズロー教授がくれた報告によると、わたしがこの諸島で採集し持ち帰った植物は、ほとんどすべてが東インド諸島のどこにも見かけられるふつうの海岸植物にまちがいないそうだ。ただ、風と海流の方向を考えると、どの植物もみな一直線にここへ流れてきたとは、どうしても思えない。キーティング氏がかなりの確信のもとに推測したとおり、植物はまずオーストラリアの沿岸に運ばれ、次にそこの植物といっしょになって、ここまで送り返されたもののようだ。そうだとすると、種子たちはここで発芽するまでに、一八〇〇から二〇〇〇マイル漂流したことになる。

かのシャミッソー[★3]〔コッェブーの航海に同行し、『世界周航』を著した文人兼博物学者〕は、太平洋の西にあるラタック列島[*15]について、次のように記した。「これら島々におおむね原産していない多くの植物の果実や種子は、海がここへ運んでくる。また、種子のほとんどは発芽能力を失ってはいないようだ」。それに、熱帯域のどこから出たのかはわからないが、ヤシやバンブーの類や、北に産するモミの木の幹が、浜に打ちあげられることもあるそうだ。モミなどは、よほど遠方から波に運ばれてきたはずだ。まことにおもしろい事実といえる。仮に、こうして波に運ばれ打ちあげられた種子をついばむ陸鳥がいて、また目の粗いサンゴ砂よりもずっと植物の生育に適した土があれば、他所とは遠くへだたった礁湖島にも、いずれは今よりもずっと豊かな植物の景観が眺められる日がくるだろう。

鳥類と昆虫

陸にすむ動物相は、植物よりもさらに貧弱だ。ネズミの仲間がいる小島もあるが、このあたりで難破したモーリシャス発の船から逃げてきたものだ。このネズミはウォーターハウス氏の同定によるとイギリス産のネズミと同一種だそうだが、大きさはこちらにいるネズミのほうがずっと小さく、体色もかなりあざやかになっている。真の陸鳥というものは、ここには分布しない。シギと、クイナの一種ナンヨウクイナ[*16]とが、乾燥した草地だけにすんでいるけれど、これは真正の陸鳥でなく、水辺を渡り歩く渉鳥類に含まれる鳥たちだ。このグループは、太平洋にあるいくつかの低くて小さな島にいるといわれる。アセンション島〔大西洋のただ中にある島〕には陸鳥はいないが、クイナの一種コクイナ[*17]が山頂付近で射殺されたことがある。これはたしかに孤立した落伍者の典型だろう。またカーマイケルによると、トリスタン・ダ・クーニャ島でも、陸鳥はたかだか二種がいるだけだが、ウミガラスの類はちゃんといる。この事実を見ると、絶海の小島には最初に水かきのある鳥たちがいろいろとやってきて、その次に渉鳥類が移住してくるようだ。沖あいはるか遠くにある島々で、大洋を渡る習性などまるでもたない鳥にぶつかると、それはたいていこの目《もく》(渉鳥類を指す)に属する種であることも、ここに書きそえておきたい。したがって当然ながら、はるか洋上の島を訪れる最初の入植者も、この鳥ということになるはずだ。

爬虫類についていえば、ごく小型のトカゲを一種、見かけただけだった。昆虫は、全種を集めるのにひどく苦労した。どこにでもいるクモを除くと、ぜんぶで一三種[★4]いた。なかで甲虫は一種だけだ。小型のアリが、粗く積み重なったサンゴの乾いたかけらの下に、数千匹も集まっており、たくさんいる昆虫としては唯一のものだ。陸上の生物相はこのようにお寒いかぎりなのだが、周囲の海中にいったん目を向けると、生物の数はほんとうに無限にまでふくれあがる。シャミッソーはラタック列島に属する、とある礁湖島の自然史を記述している。[★5]その内容が、数も種類も、キーリング島のそれにきわめてよく似ていることは、驚くほどだ。ラタックの島には、一種のトカゲ、二種の渉鳥すなわちシギとダイシャクシギ[*18]の仲間がいる。植物は、シダを含めて一九種。そのなかには、距離がひどく離れているうえに、別の大洋に属しているにもかかわらず、どちらの島々にも生育している種がいる。

線状に並ぶ小島をつくる、細長い陸地は、飛沫がサンゴのかけらを打ちあげ、風がサンゴ砂を積みあげられるだけの高さしか、大きくなれない。リーフ外縁の硬くて平たいサンゴの岩は、その幅がずいぶんあるので、荒波をくだく最初の壁になる。この壁がないと、大波が一日のうちに小島とそこにすむ生物を根こそぎ洗い去ってしまうだろう。ここでは大洋と陸地とが覇権を奪いあっているように見える。硬い陸地はどうにか足場を築きあげているわけだが、水界の住人たちも同じような戦果を誇っていいと思う。どこもかしこも、一種だけではないヤドカリ[★6]が、近くの岸で盗みとった貝殻を背にして、右往左往している。頭上では無数のカツオドリ、グンカンドリ、アジサシが、木にとまっている。森は、たくさんの巣があって空気が匂うので、海の棟割り長屋と呼べるかもしれない。カツオドリは粗雑な巣にいて、おろかしいけれど怒りをこめた目で睨みつける。ばかどり《ノディー》ことアジサシの仲間は、その名のとおり、おろかな小型の鳥だ。しかしチャーミングな鳥も一種いる。それは、かわいい雪のような白色のアジサシだ。われわれの頭の上、数フィートのところをなめらかに飛ぶ。その大きな目で、静かな好奇心を燃やしながら、人間の表情をうかがう。こんなに軽くてデリケートな体には、さすらいの妖精の霊魂が宿っているのではないかと空想するのに、大した感性はいらない。

干満をおこす井戸

四月三日、日曜日——礼拝を終えてから、フィッツロイ艦長にしたがって、数マイル離れたところにある入植地にでかけた。背の高いココヤシの木にあつく覆われた小島の先端にある。キャプテン・ロスとリースク氏は、両がわのあいた大きな納屋のような家に住んでいる。編んだ木の皮でこしらえたマットでふちどられた家だ。マレー人の家は、礁湖の沿岸にそって並んでいる。この場所ぜんたいの印象は、どことなくうらぶれている。というのも、手入れや耕作をした気配のある庭が、一つもないからだ。ここの住民たちは東インド諸島のさまざまな島から集められているが、みんな同一の言葉を話す。ボルネオ、セレベス、ジャワ、そしてスマトラの人びとを見かけた。体の色はタヒチ島民によく似ており、また目鼻立ちも大きくは変わっていない。けれども女性のなかには、中国の血を濃く受けついでいる人もいる。かれらは貧乏で、その家には家具らしいものも見あたらない。わたしは人びとのふだんの表情と声の響きが気にいった。ただ、小さな子どもが丸まると肥っているのを見ると、ココヤシと海ガメが決して悪くはない栄養を人びとに供給していること、明白であった。

この島には井戸があり、船が水を汲みにやってくる。井戸の淡水も潮の干満により規則的に上下するということが、はじめて見る目にはけっこうな驚きであった。ここの砂に、海水を濾《こ》して塩分を除く濾過能力があるのではないか、と思ってしまうほどだ。こうした干満のある井戸は、西インド諸島の低い島々にもふつうに見かけられる。凝集した砂か、あるいは多孔質のサンゴ岩が圧縮され、スポンジのようなかたちで海水を通すのだ。しかし地表面に降る雨は、周囲を覆う海水面のレベルまで沈下していかざるをえない。それで、雨水がその上に溜まり、同量の海水を下に押しやるに違いないのだ。大きなスポンジのごときサンゴ塊の下のほうにたまった水が、潮とともに上下すれば、当然、地表近くにある水も上下するはずだ。また、サンゴ塊は、海水と淡水が機械的に混合するのを防ぐことができるほど目が詰まっていると、淡水を淡水のままに保存することになる。しかし、陸地が目の粗いサンゴ塊でできていて、しかも開いた割れ目があったりする場合、ここに井戸を掘れば、出てくる水も汽水になるはずだ。

夕食を終えても、マレーの女性がみせる半分迷信じみたふしぎな光景を見るために、われわれは席を立たなかった。大きな木製の匙《さじ》に衣裳をつけたような物体が出るが、これを死人の墓へ持っていくと、満月のときに精霊が乗りうつり、踊ったり跳びはねたりするのだという。しかるべき用意のあと、二人の女性が大きな匙をかつぎだした。この匙がブルブル動きだし、そばをとり囲んだ女や子どもの歌にあわせて、かなり長いこと踊りつづけた。なんともバカバカしい光景ではあるけれど、リースク氏が主張するには、多くのマレー人はこれを精霊のダンスと信じこんでいるのだそうな。踊りは月が昇るまで始まらなかった。でも、待つ価値のある眺めだった。明るい月の円盤が、夕暮れの微風に揺れさわぐココヤシの長い葉のあいだから、とても静かに輝いた。熱帯のこうした光景は、これだけで十分にぜいたくであり、われわれの心をえもいわれぬ感動に誘わずにおかない故国の慣れ親しんだ眺めにさえ、ほとんどひけをとらなかった。

死んだサンゴの原

翌日、わたしは、興味津々だが単純ではあるこの島の構造の起源を調べることに忙殺された。海は異様なほどに静かで、わたしはサンゴの死骸でできた外縁の平たい陸地を歩き越し、外洋の大波がくだけちる生きたサンゴ礁の上まで出た。水路や窪みの中に、美しい緑色をした魚や、そのほか色とりどりの魚がいた。植虫類《ゾーファイト》の多くが見せる形と彩りは、感心すべきものだった。生命に満ちあふれた熱帯の海に群れる無数の生物に熱中してしまうのも、無理からぬことだった。それでも、何千種という美しい生物で飾られた海中の洞窟を、すっかりおなじみの文章で描写した博物学者たちは、いささか誇張した言葉におぼれすぎたと思える点もあることを、告白しなければならない。

四月六日――わたしは礁湖の頭になっている小島へ、フィッツロイ艦長とともに出かけた。水路が途方もなく入りくんでいて、繊細な枝サンゴの原野をうねうねと抜けている。海ガメには何頭も出会った。こいつを捕まえるために、ボートを二隻雇った。海水はあくまでも澄み、また浅かったから、最初は海ガメが潜って姿を消しても、帆を張ったカヌーかボートに乗った追跡者は、大して長くあとを追わずとも、カメに追いつくことができた。へさきに立ち、身がまえた男が一人、この瞬間に海へ跳びこんで、海ガメの甲羅を捕まえる。それから両手で甲羅か頸にしがみつき、カメが疲れきって御用になるまで、自分の体をひっぱらせるのだ。二隻のボートが並列して追い、先頭に立った男が獲物を捕まえようと海におどりこむところを見られて、とてもおもしろい追跡になった。キャプテン・モレズビー[*19]がわたしに告げたところでは、このインド洋にあるチャゴス諸島[*20]の住民は、おぞましい手順で、生きている海ガメの背から甲羅を剝ぎとるという。「まず、灼けた木炭をカメにかぶせると、甲羅が上へそっくり返る。そこへ強引にナイフを差しこんで甲羅を切りとる。甲羅は冷めてしまう前に、板のあいだに挟んで、平らにする。この野蛮な処遇をうけたあと、カメはもとの甲羅に戻るまで耐えしのぶわけだが、しばらくすると新しいものが生えてくる。けれども、それは薄くて役に立たない。カメはいつも苦しそうで、元気がないようにも見える」と。

われわれは礁湖の奥にたどり着き、ごく幅の狭い小島を横ぎっていき、風上のほうの海岸に大きな飛沫がくだけちっているのを見た。わたしには理由がよくわからないのだが、こうした礁湖の外縁で見られる光景はわたしの心にはかりしれない荘厳さを感じさせた。堡塁のようなビーチには、ある種の単純さがある。緑の灌木と背の高いココヤシの茂る縁《ふち》、あちこちに大きな塊が転がる、死んだサンゴ岩でつくられた硬くて平たい磯面、そして、どちらのがわでも寄せては返している荒々しい白波。幅ひろいサンゴのリーフに波をかぶせてくる大洋は、敗北を知らない万能の大敵のようだった。それでも、サンゴの壁はそれに耐えぬき、はじめはなんとも弱々しくて不十分に見えた手段によって、とうとう勝ちを拾ってしまう。大洋はサンゴの大岩に手心を加えているわけではない。大きなサンゴ片が大量にリーフの上にばらまかれ、ビーチにうず高く積もり、そこへココヤシの高い幹が生えでてくるのは、間断なく打ち寄せる大波の威力を示す証《あかし》だ。いかなる休戦も認めてはもらえないのだ。広い区域にわたっていつも一方向に吹きつける、おだやかだが着実な貿易風の威力により生みだされる、じつに長ながとしたうねりは、波浪をひきおこす。温帯域で大嵐のときに発生する波浪と同じような力があり、しかもこれが静まることはないのだ。この荒波を眺めたら、だれだって確信をもってこう思うに違いない――ある島が、たとえ斑岩や花崗岩や石英岩のようにいちばん硬い岩質でできていたとしても、抵抗を許さない波の力に負けて、最後には崩れ、破壊されるはずだ、と。だのに、ここで眺められる低くて目立たないサンゴ島は、がんばりつづけ、しかも勝利をあげている。というのも、別の力が強敵として、海と陸のせめぎあいに参入しているからだ。有機物の力が、泡だつ波浪から、炭酸石灰の分子を一つずつ分離し、それを結合して幾何学的な構造にしていくからだ。たとえ台風が数千ものサンゴ塊を切り裂いたとしても、それがどうだというのだ。夜も昼も、くる月もくる月も働きつづける微小な建築家の仕事の積み重ねに、どんな影響を及ぼせるというのか。こうして、やわらかいゼラチン質のポリプたちは生命の法則の力を借りて、人間の製作物や無機自然界の構造物が十分に抵抗できない、あの巨大で機械的な大洋の波に、みごと打ち勝とうとしている。

われわれは夕方遅くなるまで船に戻らなかった。礁湖に長くとどまり、サンゴの林や、チャマ[*21]という大きな貝殻を調査したからだった。このチャマは、人が貝の中に手を突っこむと、貝が生きているかぎり、引きだすことができなくなる。礁湖の奥のほうに、ほぼ一マイル四方にもおよぶ広い面積にわたって、こまかく分岐した枝サンゴの林がひろがっていた。このサンゴはちゃんと立ってはいるが、全部死んで腐っているのには驚かされた。最初、なぜこんなことがおこったのか、原因をみつけるのに途方にくれた。あとになって、ふとひらめいたのは、次に示すような、むしろめずらしい事態の組みあわせによっておきる現象ではないか、という思いつきである。しかし、事前にことわっておきたいのは、サンゴが大気中にさらされると、わずかなあいだでも太陽光線の直射に耐えられない事実と、それにともない、サンゴがどこまで海面上に成長できるかの限界は、いちばん潮が引く春の大潮の干潮時に残される海水の水位が決めてしまう、という点である。古い海図から推測すると、風上にあるこの細長い島は、その昔、広い水路によっていくつかの小島に分離されていたようだ。この事実は、水路だったとおぼしい地域に生える木が若いことからも、立証できる。リーフがそういうかたちになっていた昔は、強い風がより大量の海水をリーフに打ち寄せて、礁湖内の水位を上げる傾向にあったのだろう。ところが今は、波はまるで逆の傾向を見せている。なぜなら、礁湖内の海水は外洋からくる海流によっても増水しないばかりでなく、風の力で外へ向かって吹きとばされることさえあるからだ。したがって、礁湖の奥の際《きわ》にある海面は、強風のときでも凪《なぎ》のときとくらべて高さがあまり上がらない、という事実が観察される。この潮の上がりかたの差が、もちろんとてもわずかではあるけれども、サンゴの森を死に至らしめた原因ではないかと、わたしは思う。サンゴの森はそのとき、外がわのリーフが今よりもっと水路を広く開放する状態にあったときには、サンゴの成長も可能な極限まで高さを増していたのだ。

木の根とともに運ばれる石

キーリング島から数マイル北に、別の小さな環礁《アトール》がある。ここの礁湖は、サンゴ砂でほとんど埋まっている。キャプテン・ロスは外がわのリーフに接する岸辺の礫層で、人の頭よりも大きい緑石の丸い塊が埋まっているのを、みつけている。ロスとその乗員たちは、これをみつけて大いに驚き、それを持ち帰って珍品として保存した。ほかの礫がことごとくサンゴ系の石灰質であるなか、別の材質でできたこの丸石だけが発見された事態は、ほとんど理解に苦しむものだ。この島は人が訪れることも滅多になく、船がここらで難破した可能性もない。ほかに納得できる説明も思いつかないので、わたしは次のような結論を下すことにした。あの丸石は、なにか大きな木の根に絡まって、ここへ流れついたに違いない、と。しかし、いちばん近い陸地からの距離がずいぶんあることを考えると、さまざまな幸運の組みあわせを想定しないと成立しないだろう。つまり、ああいう石が木の根に抱かれ、その木が海に流され、ここまで漂流してきて無事に上陸し、最後に石が礫に埋まり、しかも埋まりかたがあとで発見できるほど浅かった、というわけだが、どう見てもありそうにない運搬のスタイルを勝手に妄想するかのような、後ろめたさを感じてしまう。だからこそ、コツェブーの航海に同行したあの有名なシャミッソーの記述のなかに、中央太平洋に礁湖島が集まったラタック列島の住民が、器具を磨くための石をみつけるのに、浜に打ちあげられた木の根を探してそれを手にいれる、という話を発見して、大いに関心をそそられたのである。こういう貴重な石は族長の持ち物になり、盗んだりしようものなら厳しい刑に処せられる決まりになっているので、木の根がどこかから石を運んでくることが何度もあったに違いない。こういうサンゴの小島が大洋のただなかに位置し、――サンゴがつくったのではない陸地から遠くへだたっていることは、あれだけ勇敢な航海者である住民たちが、どんな石にも大きな価値を認めていることで証明される[★7]――それから外洋の潮の流れが遅いこと、これをすべて考えあわせると、ここに小石があるのは驚きというしかない。このようにして石が運ばれたことは、一度に限られまい。もしも、石が打ちあげられた島がサンゴ以外の岩石でできていたら、こんなものはだれにも注目されないだろう。少なくとも、この石がどこからきたか、興味を寄せられることもあるまい。しかも、これを運んできたのが、まさか木であるとは、長らく気づかれるはずもなかっただろう。なにしろ、石を抱いた木の根は、水面下に沈んでいるのだから、なおさらのことだ。フエゴ島の水路では、たくさんの流木が岸に打ちあがるが、水面に浮かんで漂っている木にぶつかるのは稀な話である。以上のごとき事実は、丸かろうが四角かろうが、石がたった一つ、ごく微細な沈殿層の中にときおり埋まっている現象に、光を投げかけるかもしれない。

他日、わたしはウエスト小島[*22]を訪れた。ここの植物はほかの島よりもたぶん豊かだったようだ。ふつうココヤシはまばらに生えているのだが、ここでは若い木も、背の高い親の木の下で育っている。長くて曲がった葉が休憩所をつくっており、よく日の光をさえぎってくれる。こんな木かげに座り、ココヤシから出る甘くて冷たいミルクを飲む。このすばらしい体験は、味わわないと理解できないだろう。この島には、とても目がこまかいサンゴ砂に覆われた大きな湾を思わせる空間《スペース》があった。ここは完全に平坦で、満潮のときだけ海の下になる。この大きな湾から、まわりの森に向かって、小さな川がはいりこんでいる。水のかわりに輝かしい白砂のある平地と、その縁《ふち》にひろがるココヤシが高くて捩《よじ》れた幹をのばしている眺め。それは風変わりで、とても美しい景色であった。

大型のカニ

わたしは前に、ココヤシを食べて生きるカニのことを書いておいた。乾いたところにはどこにでもいるやつで、巨大なサイズに成長する。ビルゴス・ラトロ種〔ヤシガニのこと〕にごく近縁か、あるいは同一種だ。前肢一対《いっつい》は強い力をもち、その先が重い鋏になっている。最後の一対の肢は、ほかの肢にくらべて弱よわしく、しかも細い。はじめは、殻に覆われたあの頑丈なココヤシの実をこじ開けるのは、いかにこのカニでも不可能だと思っていた。ところがリースク氏は、カニがほんとうに殻を開けるところを何度も見た、と教えてくれた。カニは、まず、繊維を一筋ずつ切って殻をあけはじめる。かならず三つの窪んだ穴、つまり発芽孔があるほうから、あけはじめるのだ。これが完了すると、カニは重い鋏で、発芽孔の一つに裂けめができるまで、実を叩きつづける。つづいて体を回転させながら、後ろにある一対の細い鋏をあやつって、白いタンパク質の果肉を引きだす。わたしが耳にした話のうちで、いちばん興味深い本能の一例ではないだろうか。また同じく、カニとココヤシのような、自然の造形から見てどう考えても関係が遠くかけ離れているもの同士のあいだに認められる、構造上の適応例ともいえる。ビルゴスは昼行性である。しかし毎夜、あきらかに鰓《えら》をうるおす目的で、このカニは海に下る。子どもも海の中で孵《かえ》り、しばらくは沿岸でくらす。このカニは深い穴を掘ってくらす。木の根の下を掘りあけてしまうのだ。カニたちは穴の中に、ココヤシの実から切りとった繊維を驚くほど大量にたくわえ、それを寝床にするのだ。マレー人はときにこれを活用し、繊維を集めてパッキングに利用することがある。このカニはとてもおいしい。それだけでなく、大きいやつは尾の下に大量の脂肪があって、これを溶かすと、場合によっては一クォート〔二パイント、四分の一ガロン(約一・一四リットル)に相当〕の瓶をなみなみと満たせるほどの油がとれる。ある著者によると、ビルゴスは果実を盗みとるためにココヤシに登ったりもするそうだ。ただ、わたしには不可能に思える。それでもタコノキ[★8][*23]にならば、ごく簡単に登れるだろう。この諸島では、ビルゴスは地表に落ちたヤシの実だけでくらしている、とリースク氏から聞いた。

キャプテン・モレズビーは、このカニがチャゴスとセーシェルの二群島にはいるけれど、その近くのモルディヴ諸島にはいない、と話してくれた。それ以前はモーリシャスにもずいぶんたくさんいたが、今はごく小型のものが何種かいるだけなのだそうだ。太平洋には、この種、あるいはこれにごく近い習性をもつものが、ソシエテ諸島の北にある一つの島にいるのだそうな[★9]。このカニがもつ前部の一対の鋏が、とてつもない力をそなえている点に関し、おもしろい話がある。キャプテン・モレズビーは、ビスケットをいれておいた丈夫なブリキ缶に一匹閉じこめ、針金で蓋をしめつけておいたのだが、それにもかかわらずヤシガニに端をめくり返され、逃げられてしまった。端をめくりあげるのに、カニはたしかに、ブリキにたくさんの小穴を開けていた！

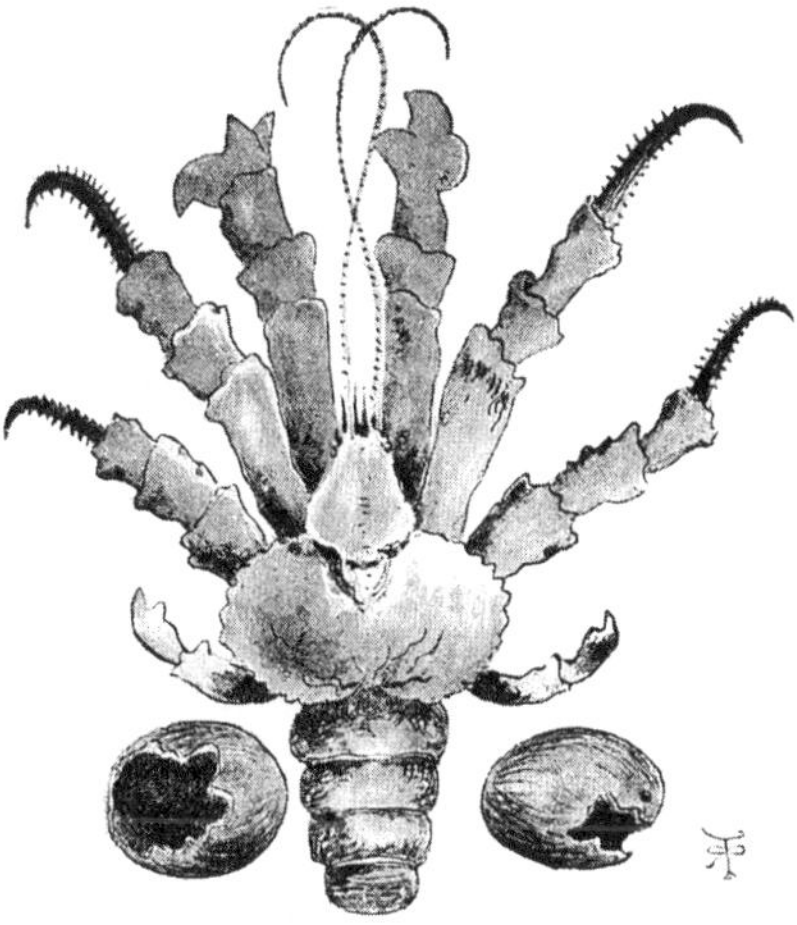
ヤシガニ

刺胞をもつサンゴ

わたしはサンゴモドキ属[*24]の二種（アナサンゴモドキとその一種コンプラナタ種）が刺す能力をそなえている事実にぶつかって、ひどく仰天した。この石質の枝や平たい板は、水中からとりだした直後はザラザラして、粘液を分泌していない。ただ、激しく臭う。刺す能力も種類によって、あったりなかったりするようだ。顔とか腕とか、やわらかい皮膚に、サンゴのかけらを押しつけたり擦ったりすると、ちくりと刺された実感がふつう一秒ほどあとにあり、ほんの数分間つづくにすぎない。ところがある日、一つのサンゴ枝が顔にふれたとたん、ひどい苦痛を味わわされた。数秒後に、例のとおり痛みが強まり、それが数分間ひどい状態で継続した。あとも一時間半ほどは不快感が消えなかった。この感じはイラクサに刺されたときと同じような痛さだが、むしろフィサリア、つまりカツオノエボシにやられたときに近かった。やわらかな腕の皮膚に点々と小さな紅い斑点ができ、膿《うみ》になるかと心配したが、そうならなかった。コワ氏[*25]がサンゴモドキによる刺傷について論じており、わたし自身も西インド諸島に、刺すサンゴがいることは聞いていた。海産の動物には、こうした刺す力をそなえたものがかなりいるようだ。カツオノエボシ、さまざまなクラゲ、ベルデ岬諸島のアプリジアと呼ばれるアメフラシ、ほかにアストロラブ号[*26]の航海報告には、アクティニアすなわちイソギンチャク類の一種が、セルテュラリア属に近縁のソフトコーラル類[*27]と同じく、この攻撃だか防禦だかの能力をそなえている、と記述されている。東インドの海には、刺す海藻もいるといわれている。

サンゴを食べる魚

ここでふつうに見かける魚のうちブダイ属[*28]に含まれる二種は、もっぱらサンゴを食べて生きている。どちらもあざやかな青緑色の魚だが、一種は礁湖内だけに、もう一種はリーフ外縁の泡だつ波の下にいる。リースク氏は、この魚の大群が強い骨質の歯でサンゴ枝の先端をガリガリかじっている光景を何度も見た、と請けあってくれた。わたしは数尾の腹を開いてみたが、黄色っぽい灰石砂のような堆留物が詰まっていた。ねばねばした気味の悪いナマコ類（イギリスのヒトデに近縁のもの）は、中国人の美食家がよだれを垂らす動物だが、アラン氏の主張するには、これもサンゴをむさぼり食うのだそうだ。

ナマコ類の体内にある骨質の臓器は、これを消化するのによく合っているらしい。このナマコ類、それに魚類、孔《あな》をうがつ多くの貝、ゴカイに似た蠕虫類は、死んだサンゴと見ればどれにでも孔を開ける。これが礁湖の浜や底部を埋めるこまかい白砂をつくりだす最大の原動力であるに違いない。このサンゴ砂のある部分は、濡れたチョークの粉に似ているが、エーレンベルク教授によって、珪酸質の殻をもつ単細胞生物《インフソリア》の死骸であることが発見された。

サンゴ礁群

四月一二日――朝、モーリシャス[*29]へ出発するために、礁湖の外へ出た。このサンゴ礁の島々を訪れることができて、とてもうれしかった。このような形成物は、世界の驚異のうちでも上位にランクされるべきものだ。フィッツロイ艦長は、海岸からほんの二二〇〇ヤードしか沖へ出ていない海域に測索を投じたが、七二〇〇フィートの長さをもつ索が海底へ達しなかった。つまり、この島は海底からそびえたっている途方もない高山で、おまけにその山腹は、いちばんとがりかたの急な円錐形火山よりもさらに険しい角度になっている、ということだ。皿のような形をした頂上が、要するにこの島というわけだが、直径がほぼ一〇マイルある。おおかたの礁湖に比較すると、小ぶりであるが、この壮大な堆積の山ぜんたいにある大ぶりの岩の塊から、ごくこまかい砂粒にいたるまで、あらゆる構成原子[★10]が生物の営みによってつくられた証拠を、とどめている。われわれはよく、旅行者がピラミッドをはじめとする巨大な遺跡の途方もない容量を語る言葉を聞くとき、目を丸くして驚いたりする。しかし、さまざまな小型腔腸動物の働きによって積みあげられたこの石の山を前にしたら、どんなに巨大な古代遺跡だって、恥ずかしさにちぢみあがるに決まっている。われわれの裸眼で見るかぎり、このサンゴ島は、ぱっとしたところがないが、十分に考えをめぐらせたあとで理性の眼をここに向けると、絶大な驚きの対象となるのだ。

礁湖島あるいはアトール

この際、わたしはサンゴ礁を大別して、三つの種類、すなわち環礁《アトール》、堡礁《バリアリーフ》、および裾礁《フリンジングリーフ》があることを手短に述べ、それがどのように生まれるかについて、自分の見解[★11]を披露してみようと思う。太平洋を航海した旅人は、ほぼ例外なく、礁湖をもつ島（わたしはこれ以後、インド人たちがつけた現地名「アトール」を用いてこれを呼ぶことにする）を見て大きな驚きをあらわし、なんとかこの成因を説明しようと努力してきた。一六〇五年という古い時代にさえ、ピラール・ド・

ホイットサンデー島

ラヴァル[*30]はたいへんすばらしい論述を残している。「別に人間がつくったのでもないのに、まわりじゅうに岩石でできた大きな丸い浜をもつこのアトールの眺めは、驚異である」と。上に掲げた図は、太平洋のホイットサンデー島[*31]のスケッチで、キャプテン・ビーチィの名著『航海記』から転写したものだが、これでも、アトールのもつ特異な性質を、ごくおぼろげに伝えるものでしかない。これはいちばん小さい造形事例の一つで、幅の狭い陸地が点々とつながって環になっている。茫漠とした大洋、荒れくるう波浪、そしてそれらと対照をなすごく低い陸地に、礁湖内の明るく静かな緑色の海が組みあわされた光景は、実際にこれを見ないかぎり、とても想像がつかないだろう。

礁を形成するサンゴが生息できる深さ

昔の航海者は、サンゴ礁をつくる動物が、礁の内がわで自分の身を守っていけるように、本能的に大きな環状構造を築きあげたと想像した。しかしそれは事実に大きく反する。なぜなら、この頑丈な構造は、外洋にさらされた側に生存する大型のサンゴの成長にとって、リーフの存立の土台そのものであり、礁湖の内部では生きていかれないからだ。その証拠に、礁湖内には、別の、繊細な枝をつけるサンゴが成育するのである。おまけに、サンゴが自身を守るためにアトールをつくるという見方をとれば、科や属を異にするたくさんの種が一つの目的のために共同すると考えるべきなのだが、そういう共同の実例は自然界のどこにも見あたらない。これまでに通説として承認されてきた学説は、アトールの丸い形が水面下の火口にもとづいている、というものであった。けれども、いくつかのアトールの形と大きさ、またほかのアトールの数、近接の程度、互いの位置関係などを考慮すると、このアイデアも説得力を失う。たとえばスアディヴァ・アトール[*32]は直径が長径にして四四地理学マイル、短径のほうは三〇マイルになっている。リムスキー・アトール[*33]は五四×二〇マイルで、なんとも妙な、歪《ゆが》んだ周縁をもっている。ボウ・アトール[*34]は三〇マイルの長さがあるが、幅は平均して六マイルしかない。メンチコフ・アトール[*35]は互いにつながった三つのアトールからできている、といった具合に。おまけにこの通説は、インド洋にある北部モルディヴ・アトールに対してはまったく適用できない（ちなみに同海域ではアトールの一つは長径が八八マイルあるのに対し、幅は一〇から二〇マイルのあいだになる）。なぜならば、これらのアトールは、ふつうの例のような幅の狭いリーフに取り囲まれておらず、数えきれないほどたくさんの離れアトールに取りまかれているからだ。また、とても大きな礁湖の場合には内部にある真ん中の池に、さらに小さなアトールがいくつかできたりもする。そこで、シャミッソーが第三の、かなりましな仮説を立てた。かれは、わたしが観察したとおり、外洋が打ちよせる方向でサンゴが旺盛に成育することを知り、最初のいしずえから大きく育っていくのは、ほかのどの部分よりも礁の外縁部にいちじるしく、これこそがリングあるいはカップ状の環《わ》になる理由である、と考えた。しかしこの説にしても、さきほどの火口説と同様に、いちばん肝心な問題が考慮されていないことが、われわれには即座にわかる。つまり、リーフをつくるサンゴが――深海では決して生きられないサンゴが、何を土台にしてその頑丈な構造を築きあげるか、ということをである。

低いサンゴ島が点在する広大な区域

フィッツロイ艦長はキーリング・アトールの切り立った外縁部で、注意深く、しかもおびただしい回数にわたって、深度を計測した。その結果、深さ一〇尋《ひろ》以内では、測鉛の底につけた獣脂に、決まって、生きたサンゴの痕《あと》が捺されて上がってきた。まるで、敷物のように張りまわされた芝生に落ちたように、沈殿物がまるでついていなかった。だが深度が増すにしたがって、そのようなサンゴの捺し痕がなくなっていき、代わりに砂つぶが多くつきはじめ、海底ではなめらかな砂の粒だけになることがはっきりした。芝生のたとえ話をさらにつづけるなら、芝草がどんどん減ってきて、とうとう地面だけになり、ついには土以外のなにもつかなくなった、という感じだった。ほかの例もいろいろと勘案したところ、この観察から得られた結論は、サンゴがリーフをつくることのできる最大深度は、二〇尋から三〇尋のあいだにあると推定してさしつかえない、ということだった。太平洋およびインド洋には、サンゴのつくりあげた岩盤から成る島ばかりで占められた海域が、広大にある。それも、波がリーフの破片を打ちあげ、風が砂を積みあげるだけの高さがかろうじてあるだけの、ごく低い島々ばかりなのだ。たとえばラタックのアトール群は、ジグザグした四辺形で、長さ五二〇マイル、幅二四〇マイルである。ロウ諸島は楕円形をしており、長径が八四〇マイル、短径が四二〇マイルだ。この二諸島のあいだに、数知れないほど多くの小群島や、単独の平たい島々があり、その海域を長さで見るとじつに四〇〇〇マイルを超える。だのに、ここにある島々は、まったく一つの例外もなく、海上へ高く立ちあがったりしていない。さらに、インド洋の長さ一五〇〇マイルに及ぶ海域には、すべて低くて平たいサンゴ礁でつくられた島々から成る群島が、三つも含まれている。リーフをつくる造礁サンゴが深海の底では生きていけない事情を考えると、いまアトールになっているところは、もともと海面下二〇から三〇尋の深さよりも浅いところに基礎があったのでなければならない。太平洋やインド洋の中央部、そこのいちばん深度がある海域、どの大陸からも遠く離れている海域で、おまけに海水が完全に澄んでいるとすると、ここに堆積物が険しい傾斜面をもつ山を作るほど高々と積もり、しかも群れをなして並ばせるような膨大な沈殿物があったとは、とても考えられない。また、これだけ広い海域内で、なにか大きな隆起力が働いたとしても、無数の大きな岩石の山が水面まで二〇から三〇尋、すなわち一二〇から一八〇フィートのところまで隆起したあと、一地点といえどもそれ以上浅いところまで隆起しなくなったと考えるのは、同様に不合理きわまりない。地球の表面のどこで、長さが二〇〇から三〇〇マイルつづく山脈の場合でさえも、たくさんの峰が決まった高さから数フィートと違わずに頭をそろえ、一つたりとも頭を出さないなどという離れわざが、達成されるだろうか。そういうわけだから、いま、アトールを形成するサンゴを根づかせた基礎が、海面からものが沈殿してつくられたのではなく、また海底が適当なところまで隆起したのでもないとすると、残る可能性はただ一つ。サンゴを根づかせている基礎層が現在の深度まで沈下していった、と考えなくてはいけない。この発想が、とたんに難問を解決してくれるのだ。山々、島々が、一つずつ、しかもゆっくりと海面下に沈むにつれて、サンゴたちはリーフをつくり成長するための新しい根を、次つぎに提供してもらえることになるだろうから。ここでは、さらにくわしい話にはいることができないけれど、わたしは、これ以外のいかなる方法で現象を説明しようとする人にも反論を呈する。[★12] これだけ広大な海域に無数の島々がばらまかれ――しかもすべての島が平たくて低く――全部が全部、海面から一定の深度までを成長の足場としなければ生きていけないサンゴ礁でつくられている。こんな現象の原因を、いったいほかにどう説明できるのかと、あえて挑んでみたい。

その基底の沈下

アトールをつくるサンゴ礁が、どのようにしてその特異な構造をつくるかを説明する前に、われわれは第二の分類、つまり堡礁《バリアリーフ》に心を向け直さなければならない。このバリアリーフは、大陸や大きな島の場合では、沿岸の前のほうに直線状にひろがり、そうでない小島の場合は、沿岸をぐるりと取り囲む。どちらにせよ、アトール内の礁湖によく似た少し深めの広い水道によって、陸地とへだてられる。この形態が、島を丸く取り囲んだサンゴ礁にくらべて、これまでほとんど注意を払われずにきたことに、まったく驚かされる。なぜといって、こんなにふしぎな構造はほかにないからだ。次に示すスケッチは、太平洋のボラボラ島[*36]で、島の中央部にある高い尖峰から、

ボラボラ島のアトール

島を取り囲むサンゴ礁の一部を見晴るかした光景である。この場合、リーフの列はすべて陸地になっている。だがふつうバリアリーフは、大きく打ち寄せる磯波が白い線をつくるところにそって、ところどころココヤシを生《お》わせた低い小島を点在させ、青黒いうねりを寄せる大洋と、礁湖によく似た黄緑色の浅い水道とのあいだを区切っている。またこの水道に溜まった静かな海水は、ふつう、中央にそびえる荒々しく険しい尖峰の裾にひろがる低い沖積土の縁《へり》を洗い、熱帯のすばらしい産物を豊かに実らせている。

島を囲んだバリアリーフには、ありとあらゆる大きさが認められ、直径が三マイルから四四マイルになるものも少なくない。ニューカレドニア[*37]の一角に面し、島の両端までを覆っているバリアリーフは、長さが四〇〇マイルもある。どのリーフにも、一つか二つ、あるいは最大一二に達する岩石性の小島があり、高さはまちまちだ。リーフは多かれ少なかれ、取り囲んだ島から少し間を置いたところにできる。ソシエテ諸島ではふつう、一マイルから三、四マイルのへだたりになる。しかしホゴレウ島[*38]では、リーフは南がわを取り囲んだところが島から二〇マイル、逆の北がわでは一四マイルほど離れている。礁湖状の水道は、深度がさまざまだが、平均すると一〇から三〇尋になる。しかしヴァニコロ島[*39]では、水道の深さが五六尋、つまり三三六フィートもある。リーフは、島に向いたほうはなだらかに礁湖状の水道へ傾斜しているか、あるいは高さ二〇〇から三〇〇フィートの直壁になっている。そして外洋がわは、アトールと同じように、リーフが大洋の深みから急激に立ちあがっている。このリーフの構造よりも奇怪なものは、この世に存在しない。なにしろこの島は、海面の下に高々とそびえたつ山の頂きにできた城のようなものなのだ。内がわすなわち島の方向に向かってはときどき急傾斜になることもあるが、外がわに向かってはかならず急傾斜になるサンゴ礁が、広くて平たい頂部をもつ城壁をつくり、防禦の役を務めている。サンゴ礁はあちこちにごく狭い開口部があり、ここを通じて最大級の船も、広くて深い環状の内濠にはいりこむことができる。

実際のサンゴ礁についていえば、バリアリーフとアトールとのあいだには、ふつうの大きさ、輪郭、集合のしかたから、リーフ構造に見られるこまかな特徴にいたるまで、まったく違いは見られない。地理学者バルビ[*40]が正しくも言ったように、このバリアリーフにぐるりを取り囲まれた島は、真ん中から島がニョキリと出たアトールと同じものなのだ。また、バリアリーフの内がわにある島を取り除けば、あとに残ったのがアトールだということにもなる。

バリアリーフ

しかし、バリアリーフに囲まれた島の沿岸から、これだけ遠く離れたところに、どういうわけでサンゴ礁は大きなリーフをつくるのだろうか。サンゴがもっと島に近いところで発達できない理由なんか、なにもないのではないか。礁湖の水道にひろがる海岸に沖積土が押しだしていないところでは、ちゃんとサンゴ礁が浅瀬に成育し、海岸をじかにふちどることもあるのだ。また、大陸や島の海岸には、陸地から離れるのではなくぴたりと密着して発達するサンゴ礁——わたしが名づけて裾礁《フリンジングリーフ》という——が、あきらかに一群をつくって存在する事実も、このすぐあとに紹介する。もう一度話を戻すが、深海の底では成育できない造礁サンゴが、なぜに環状の構造に足場をおくのだろうか。これはたしかに相当な難問で、これまで見すごされてきたアトールの場合と同じように謎だ。ただ、次ページの断面図を検討すれば、事態をもっとあきらかにできるかもしれない。これらはすべて実在のリーフであり、バリアリーフをそなえたヴァニコロ、ガンビア[*41]、およびマウルア[*42]の各島を南北軸にそって切断し、上下左右とも四分の一インチを一マイルとする縮尺で描きだしたものだ。

こうした島々をはじめ、ほかにも多くある環状のリーフに囲まれた島々は、どんな方向から断面をとっても、その地層はおおむね同質になることを、まず知っておいてほしい。次に、リーフをつくるサンゴが、二〇から三〇尋よりも深いところでは生きられないことと、図の縮尺が少し小さくなりすぎたきらいもあるが、右がわの垂直線が二〇〇尋の深度をあらわすこととの二点を覚えておいていただきたい。それを前提とした上で、ではいったい、このバリアリーフは何の上に根を張っているのだろうか。それぞれの島が、海面下にある襟《カラー》のような岩棚に取りまかれている、と想像すべきか。あるいはサンゴ礁が終わるところでとつじょ途切れているような沈殿物

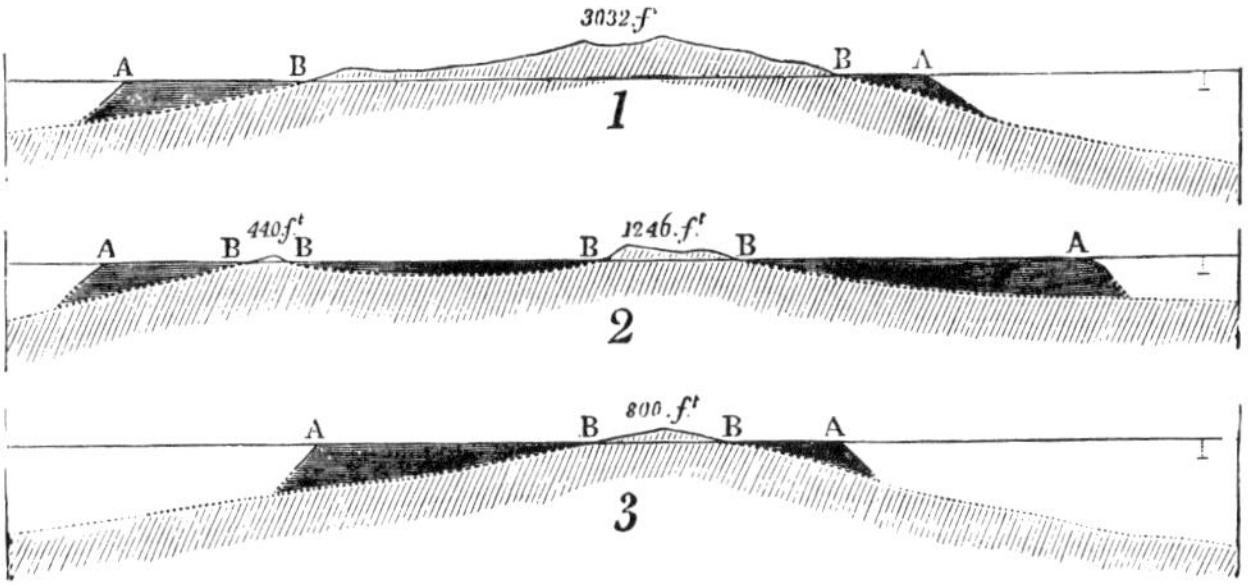

サンゴ礁の断面図。ヴァニコロ（**1**）、ガンビア（**2**）、マウルア（**3**）の島々。水面（AA）の下に表示した黒面部はバリアリーフと礁湖水道。AA線より上の斜線部は島の実際の形、AA線より下の斜線部は海面下における島の推定延長部分を表す。

の膨大な堆積に、取り囲まれていると想像すべきなのか。あるいは、島がまだサンゴ礁に取り囲まれる前に、はやくも島に深く浸食した海が、島のまわりの水中に浅い岩棚を残したのか。いや、もしそうなら、いまや島の海岸は絶壁となって切り立っていなければならない。だが、そういう例はひどくめずらしい。それのみか、この仮説によるならば、サンゴが岩棚の外がわの端から壁となってそそりたつ理由も、また島とリーフのあいだにサンゴが成育できない深さのある広い水域が残されている理由も、説明できない。だいたいこれらの島々が海面にあらわれている位置は、大洋のど真ん中のいちばん深い海域であるわけだから、島のまわりじゅうに幅ひろい沈殿物の山が堆積することと、逆に、リーフの中に出た島が小さいほど、根になっている堆積物の面積が広くなるということは、理屈にあわない。ニューカレドニアのバリアリーフは、島の北端を離れること一五〇マイルまでのびでていて、西海岸に面したリーフと一本につながっている。このような、高くそびえる島に面して、島の限界をはるかに越えた外洋にまっすぐに、沈殿物の大きな堤が堆積すると信じることは、まずできないのである。最後に、高さが同じで地質学的成分が同じなのにサンゴのリーフに囲まれてはいない、ほかの洋上の島々へ目を向ければ、わずか三〇尋の深さしかない海域を探そうとしても、島の海岸のごく近くを別として、そんなおかしな浅場はまずみつかるわけがない。なぜなら、サンゴに丸く取り囲まれていようといまいと、ほとんどの洋上の島がそうであるように、ふつう、海中から急にそびえ立つ陸地は、これまた急に海中に落ちこんでいるからなのだ。そこで、ふたたび設問を繰り返す。こうしたバリアリーフは何の上に載っているのか。広くて深い、内濠によく似た水道をあいだにして、リーフはなぜ、取り囲んだ島からあんなに離れているのか、と。この謎は、やがてすぐに、あっけなく解決するだろう。

フリンジングリーフ

次に、われわれは第三の分類である裾礁《フリンジングリーフ》に目を向けてみよう。これにはごく手短な説明が要る。陸地が急傾斜で海中に落ちこむところは、幅が数ヤードの小さいリーフしかできない。海岸のまわりに、ただの帯あるいはふちどりをつくるだけである。また、陸地がゆるやかに、少しずつ、海へ落ちているところは、もっと幅の広いリーフができる。ときには陸地から一マイルも沖まで、リーフになる。しかし、こういう場合、リーフの外がわで測鉛をこころみると、海底にはたいてい、徐々に下っていく陸地の延長がつづいている。実際、リーフは、陸地の延長が深度二〇から三〇尋のあいだにあるところでしか発達していない。実在のリーフに関するかぎり、このフリンジングリーフも、それからバリアリーフやアトールをつくるリーフも、本質的な相違は認められないのである。ただ、フリンジングリーフは一般に幅が狭いので、その上にできる小島は数が少ない。サンゴ礁は外縁部が旺盛に発達することと、また内がわでは悪い影響をおよぼす沈殿物が洗い流されてくるせいとで、サンゴ礁の外縁がどうしてもいちばん高く育ってしまう。また、リーフと陸地とのあいだには、ふつう、数フィートの深さがある浅い砂地の水道ができる。沈殿物の堤が海面近くで堆積している西インド諸島のあちこちでは、ときにサンゴ礁のふちどりができている。それで、ある程度までは礁湖島つまりアトールに似るのだ。同様にして、周辺がゆっくりと傾斜している島々にできるフリンジングリーフは、ある程度までバリアリーフに似てくる。

フリンジングリーフからバリアリーフへ、さらにアトールへの移行

以上、三つの大区分を含んでいないサンゴ礁形成の理論は、満足な説とはいえない。すでに見てきたとおり、われわれは次の事実を信じるしかない。すなわち、風と波とが漂流物をなぎさに堆積していく高さを限界とする低い島々を点在させた広大な海域は、少しずつ沈下しつづけており、そのいっぽうで、成長するのに土台を必要とする動物が休むことなく島々を築きあげているのだ、と。同時に、その土台はそれほど深いところにはない、という事実もある。そこでまず、フリンジングリーフに取り囲まれた島を取りあげてみよう。このフリンジングリーフは構造がわかりやすくできていると思われる。次の図では、フリンジングリーフのある島を実線であらわし

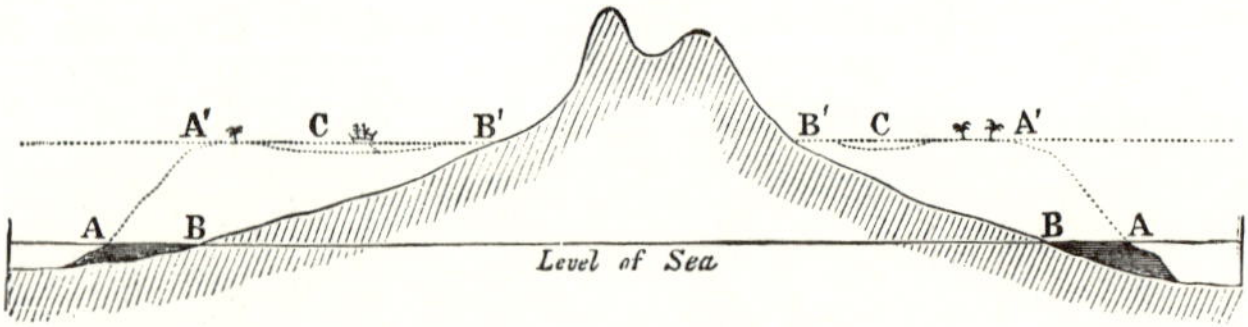

AA：海水面まで育ったフリンジングリーフの外縁

BB：サンゴ礁に囲まれた島の海浜

A′A′：沈下する間に上昇し、すっかりバリアリーフに変わったサンゴ礁の外縁。中に小島がたくさんできている

B′B′：いまは島を環状に取り囲んでいる海岸

CC：礁湖の水道

注）この図および次の図では、島の沈降を海水面の上昇というかたちでしか描きあらわせない。

てみたが、この島をゆっくりと沈めてみる。一時に数フィートか、あるいはもっと実感のない小刻みのペースで島が沈んでいけば、すでに知られているサンゴ礁成育に都合のよい条件として、次のことが確実に推定できるだろう。これら生きている岩は、リーフのへりが沈んで波をかぶると、すぐに成長してふたたび海面すれすれまで高くなる。しかし海水が徐々になぎさを浸食するにつれ、島が低く、小さくなっていけば、その海岸と、リーフの内がわのへりとのあいだにできるへだたりは、相対的にひろがっていくだろう。この状態で、数百フィート沈下したあとのリーフと島の断面図は、点線であらわされる。サンゴの小島はリーフの上にできあがっており、船が礁湖内の水路に錨を降ろしている、と仮定してみよう。この水路は、沈下の速度に応じてどのみち深くなっていくだろう。そこに堆積する砂泥の量、またそこに生きていられるデリケートな枝サンゴの成長度合にも、深さの程度は影響をうける。この状態での断面図は、どこをとっても、サンゴ礁に丸く取り囲まれた島をたて切りにした

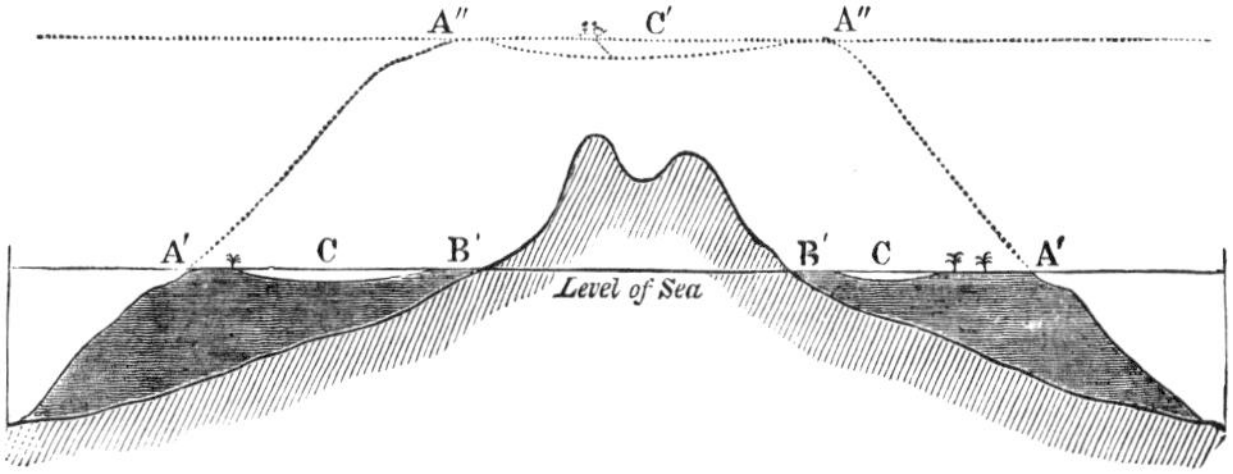

A″A″：海面下すれすれに発達したバリアリーフの外縁。内がわに小島がある
B′B′：内がわにある島の海岸線
CC：礁湖の水道
A′A′：新しくアトールになったリーフの外縁
C′：新しいアトールの礁湖
注）礁湖および礁湖の水道の深度は、実際よりもかなり誇張して描いてある。

図とそっくりになる。たしかに、これはまさしく南太平洋ボラボラ島をたて切りにした現実の断面図（一マイルを一インチに縮小してある）なのだ。この図からただちに、環状に島を取り囲んだバリアリーフがなぜ、対面する島の海浜から遠く離れたところにできるかが、理解できる。また、次のような事実だって理解できるだろう——新しいリーフの外がわのへりからはじめて、古いフリンジングリーフの下にある硬い土台の岩盤まで引いた垂直線は、リーフをつくれるサンゴが生きられるごく限られた深さの限界よりも、土台が沈んだぶんだけ長くなるということがだ。——このちっぽけな建築家たちは、島ぜんたいが沈んでいくにつれて、ほかのサンゴがすでにつくった基礎と、サンゴ礁のかけらをかためた土台の上に、巨大な壁のような塊をつくりあげていった。こう考えると、この章のはじめの部分で示した大きな難問は、自然に解消してしまう。

　島のかわりに、サンゴ礁にふちどられた大陸の海浜を想定してみよう。大陸が沈むにつれ、巨大な一直線のバリアリーフができあがる過程を想像できる。オーストラリアやニューカレドニアの場合のように、一直線のバリアリーフは、あきらかに、ひろくて深い水路によって大陸から切り離されたかたちにできあがる。

さあ、こんどは新しい環状のバリアリーフを想定する番だ。その断面は、いま前ページの図に実線であらわされている。すでに書いたとおり、これは現実に存在するボラボラ島の断面図だが、これを少しずつ沈めていこう。バリアリーフが沈むと、サンゴは活発に上のほうに成長していくだろう。けれども島の沈下が進み、海水が一インチずつ岸辺へ浸食すると――はじめは陸地の山々が、大きなリーフ内でそれぞれ島に変化していく――こうして最後には、島のなかでいちばん高い山頂が海面下に姿を消すことになる。これが完全に終了した瞬間、そこにみごとなアトールができあがる。前にもいったように、環状になったバリアリーフから島を取り除けば、あとにアトールが残って、陸地が消えるのだ。ここでわれわれは、次のことをはっきりと了解することになる。アトールがどのようにして、環状になったバリアリーフから生みだされるか。また、アトールのおおよその規模、形、群れになる状態、一重あるいは二重の配列が、どういうふうにしてバリアリーフと似てくるか、ということを。なぜなら、アトールというのは、沈んだ島の輪郭をあらっぽくあらわした図といえるからなのだ。じつは、アトールはその沈みゆく島の上につくられている。そしてさらにわれわれは、太平洋やインド洋のアトール群が、これら大洋にあって高山をもつ島々だとか、大洋の大規模な海岸線だとかにしたがうようにして、並行に列をなして発達している理由も、よく理解できるようになる。さて、その結果、昔から航海者の目を引いてきた礁湖の島、つまりアトールの驚くべき構造から始まって、小さな島をとりまいたり大陸の岸に並行して数百マイルものびているような、前者に劣らずめずらしいバリアリーフにまで共通するサンゴ礁の主だった特質は、すべて、陸地が沈んでいくあいだサンゴが上方へと育っていくという理論によって★13簡単に説明できると、わたしはあえて断言したい。

レベルが変化した証拠

バリアリーフやアトールが沈下している事実を、直接証明するような証拠が提出できるのか、という質問がくることとは、当然予想できる。しかし、そうした活動は、海がその部分を次つぎに水面下に隠していってしまう傾向から見て、きわめて確認しづらいものだという事情があることを、忘れないでほしい。にもかかわらず、キーリング・アトールでは、礁湖のどの方面でも古いココナツの木が根もとを掘りおこされて倒れかけている光景を観察することができた。また別の場所では、住民によると七年前にはまちがいなく高潮線の上に立っていたという、ある小屋の基礎杭が、現在は日々どの潮時にも海水につかっている。調査したところによると、ここ十数年のあいだに三回の地震があり、うち一回はとても激しいものだったそうだ。ヴァニコロ島では、礁湖の水路は驚くほど深く、アトールの内がわにある高い山々のふもとには、潮にはこばれてきた泥がたまることがほとんどない。そして驚くことに、壁のようになったバリアリーフの上には、サンゴのかけらや砂の堆積によって小島がつくられることもきわめて少ない。これらの事実や類似の現象を綜合すると、わたしは次のような結論にたどりつく。すなわち、ヴァニコロ島はつい

ソシエテ諸島のボラボラ島

最近沈下し、サンゴ礁がその上に成長していった例である、と。ここもまた地震がよくおこり、激しく揺れる。これに対してソシエテ諸島では、礁湖の水道は堆積物でほぼ埋めつくされ、丈の低い堆積土の土層をつくりあげており、場合によるとバリアリーフのサンゴ岩の上に細長い島をもりあげている――こうした事実は、ソシエテ諸島の島々がどれもが最近は沈んでいなかったことをあらわしている――しかもここには、ごくまれに弱い地震があるだけで、大きな揺れがない。このようなサンゴのつくる岩では、陸と海とがいつも争奪戦をくりひろげているので、変化がおきている部分を見ただけで、潮の干満作用でそうなったのか、それともわずかな沈下によるものなのか、判別することがたいへんにむずかしいに決まっている。しかし、サンゴ礁の下にある岩盤と、アトールの多くは、たしかになんらかの変化を受けつつあるのだ。アトールのなかには、ごく近年のあいだに小島がやたらに増えた例もある。ほかのアトールでは、小島の一部分やぜんたいが波の下に沈んでしまった例もある。モルディヴ諸島の一部に住む人のなかには、いくつかの小島がはじめてできた日付を記憶している人もいる。また、いまは波に洗われてサンゴが繁殖しつづける岩礁に古い墓穴のあとが残され、かつてそこが人の住む島だったことを物語っている場所もある。沖の潮の流れが海流を何度も変えたと考えるには、少し無理がある。それでも、アトールによっては、原住民の記憶している地震や大きなひび割れの存在が、地下で進行している大規模な変化と攪乱を立証するあきらかな証拠物になっている。

われわれの仮説に立つと、外縁をサンゴ礁だけでふちどられている海岸は、目に見えるほど沈んだことがない海岸である、とはっきりいいきれる。つまりその海岸は、サンゴ礁が発達しだして以後、安定した状態を保っているか、あるいは高く隆起しているかのどちらかだといいきれる。外縁がサンゴ礁にふちどられた陸、つまりフリンジングリーフをもつ陸上には、隆起していることを証拠づける海生生物の遺骸が、みごとに発掘されるからだ。この陸地の海生生物の遺骸はまったくすばらしい証拠物であり、われわれの仮説を間接的に証明してくれる切り札でもある。

わたしはコワとゲマール[*43]両氏の論文を読んで、ほんとうにびっくりした。なにしろ両氏の論文内容は、両氏がほのめかしているようなサンゴ礁ぜんたいの話にはあてはまらないが、かえってフリンジングリーフの場合にだけドンピシャリとあてはまるからだ。だが、その驚きは、あとになって消えた。有名な博物学者たちが訪れたこの島々は、まことに奇妙な偶然により、ぜんぶ最近の地質時代に海から隆起した場所ばかりだったことが、かれらの論述から立証できるとわかったからだ。

バリアリーフの裂け目

バリアリーフとアトールの構造に見られる大きな特徴、そして両方の形、大きさ、そのほかの性格がよく似ていること、これらの現象は、わが沈降の理論で説明できるばかりでなく――ちなみに、この仮説は、サンゴが生きるためには太陽のとどく浅い海で暮らさねばならないという点からも、個別にその正しさを認められる必要があろうけれども――、サンゴ礁構造のこまかいところや例外的なところも、完全に説明できる。ここにほんの一例を示そう。バリアリーフについて昔からふしぎだといわれてきたのは、サンゴ礁のあいだにできる水道状の切れめが、リーフ内にそびえる島の谷間と、正確に対面しあっていることだ。実際のリーフの切れめは、海中深くにあってかなりひろくあいている礁湖水道が割ってはいっているせいで、

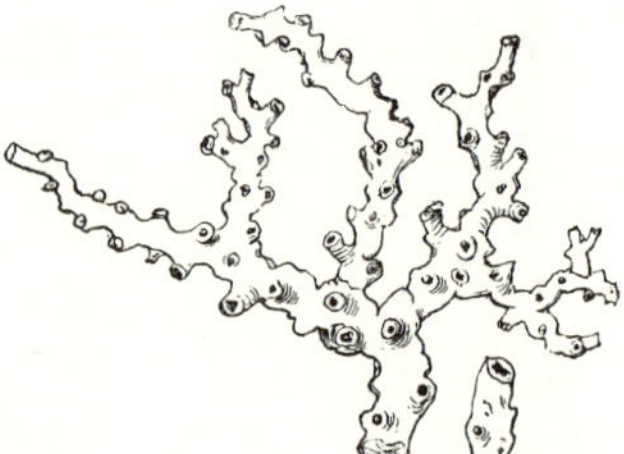

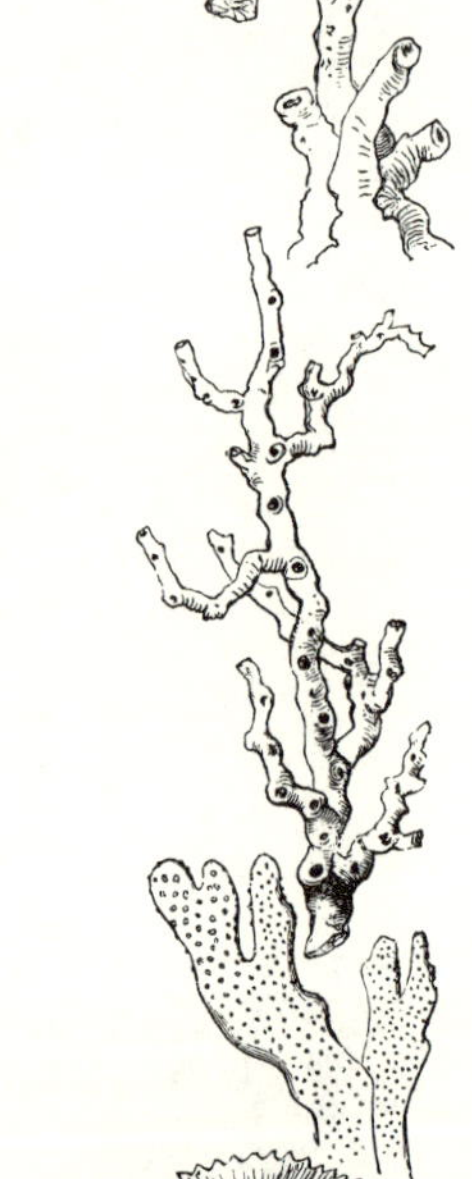

さまざまな造礁サンゴ

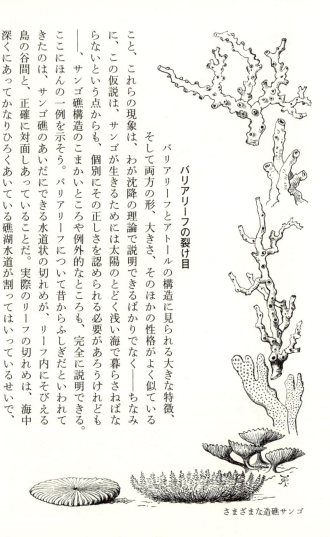

陸地からずいぶん遠くへだてられ、谷を伝って流れ落ちてくるわずかな淡水やら沈殿物やらがリーフのサンゴを壊して、その切れめをさらに開《あ》けてしまうとはまず考えられないとしても、やっぱり同じ現象が認められるのだ。ところが、フリンジングリーフをつくるような大きなリーフはことごとく、一年のうち大部分が干あがっているような小さな川の前面にも、その流れの力を活用してフリンジングリーフに狭い門口が開けられるのだ。これはようするに、陸上の泥や砂利が少しずつ海に流れ下って、サンゴの上に降り積もり、サンゴを殺してしまうためにおきる。したがって、こんなフリンジングリーフをもつ島が沈降すれば、たぶんサンゴが外がわと上方へ発達していくので、狭く開いた切れめの入口はおおかたふさがれるはずだろうけれども、中にふさがらないほど大きな切れめがあった場合（もちろん切れめといっても、陸からきた沈殿物を運ぶ海水が礁湖の水道から外洋へ流れ出るのだから、いつも開いている切れめが少しは存在しなければならないわけだが）、その切れめはもとになったフリンジングリーフの切れめを門口として、陸地の谷間の上流部分と正確に向きあうかたちで、沖へ沖へと延びていきつづけるだろう。

バリアリーフが片がわだけ、あるいは片がわと両がわの端（どちらか一方でも、または両方でもいい）を取り囲んだ島は、ずっと沈みつづけると、やがて一重の城壁に似たリーフが残ったり、または大きくてとがった爪そっくりの頂部をもつアトールとなったりする。さらにまた二つか三つのアトールが、まっすぐなリーフの線上につながってできあがることもある——どれも例外的なケースとはいえ現実に生まれてくる経緯は、ひと目見れば容易にわかるはずだ。このリーフをつくるサンゴは、養分がいるし、ほかの動物に食べられることもあり、また沈殿物をかぶって殺される場合もあり、砂だらけのゆるい海底にしっかり固着できないこともある。そしてすぐに深い海の底へ引きこまれて、二度と成育できなくなることだってある。だから、アトールでもバリアリーフでも、そこにできるサンゴ礁の一部が完全な形にならなくても、不都合なことはないのだ。そういうわけで、ニューカレドニアの大バリアリーフは、形が完全でないところがたくさんあり、あちこちが切れている。したがって、この大きなリーフは長年にわたる沈降の結果、長さ四〇〇マイルの大アトールを一個つくりあげるかわりに、アトールを数珠つなぎにしたような群島をつくった。これはモルディヴ諸島ぜんたいのひろがりにとても近い規模でおきている。そればかりではない。ちょうど向かいあう方向にある両側が壊されたアトールには、壊れた切れめから海流や干満の潮がはいりこんでくるから、とくに沈降がつづくあいだは、サンゴが壊れめの端と端をもう一度結びあわせることが、とてもむずかしくなるだろう。この切れめが閉じないと、サンゴ礁ぜんたいは沈んでいくにつれて、一個のアトールなら二個、あるいはそれ以上に分かれてしまうかもしれない。モルディヴ諸島には、互いに位置関係が深くかかわりあう個別のアトールがたくさんあって、測れないほどか、あるいは測れてもきわめて深い水道によって切り離されている（ロス・アトールとアリ・アトール[*44]とのあいだにある水道は水深が一五〇尋ある。また北と南のニランドー・アトール[*45]のあいだにある水道は、なんと深さが二〇〇尋もある）。だから、こうしたアトールが昔はもっと互いにかかわりをもっていたと思うことなしに、モルディヴ海域の海図を眺めることができない。ついでに書けば、この同じモルディヴ諸島にあるマロス＝マドゥー・アトール[*46]は、一〇〇から一三二尋までの深さがあるふたまたの水道によって切り離されている。その形状を、三つの別べつのアトールであると厳密に書きあらわすべきか、それともまだ分離が完全に終わっていない一つの大きなアトールと呼ぶべきかは、まったく決定することができない。

モルディヴ・アトール、その特異な構造

さらに多くのこまかい問題に立ちいるつもりはない。けれども、次のことだけは書いておかなければならない。北モルディヴのアトールが、なぜあんなにめずらしい形をしているかは、（壊れた口から海水が自由にアトールの中を流れ抜けると考えれば）サンゴが上のほうと外のほうへ発達していくという単純な理論で説明できるのだ。北モルディヴのアトールはもともと、ふつうのアトールでもよくおこるように、礁湖の中にある小さくて独立したリーフから大きく発達したり、あるいはまた、ふつうの形をしたアトールならかならず見られるように、一直線にのびた外縁のリーフの壊れた個所からつくられていったのだ。わたしはもう一度、北モルディヴのアトールのきわめて複雑な構造がどれほどめずらしいものか、書かずにいられない――下が砂地でできあがり、しかも中央部がくぼんだ、とても大きな円盤形の海底台地が、測ることもできないほど深い大洋から、突然盛り上がっているのである。楕円形をしたサンゴ礁の盆地が、その海底盆地のなかほどでは点々と、また外縁部ではきれいな曲線でつながって、たくさん存在しているのである。どのサンゴ礁の盆地も海面すれすれの高さであり、ときには海面から出た部分にヤシの木が育ち、内がわにはかならず、澄んだ海水の湖をもっているのである！

死んで沈んだサンゴ礁

あと一つ、細部のことで書き加えておきたい。隣りあう二つの群島で、一方にサンゴ礁が発達し、もう一方には発達しないことがある。また、すでに書いたたくさんの条件がサンゴ礁の生存を大きく左右するに違いないこともある。大地も大気も海もかならず変化せずにいられない長い時間のなかで、リーフをつくるサンゴ礁だけが同じ場所、同じ海域にあって永遠に生きつづけていられるとすれば、まるっきり説明のつかない現象ということになるだろう。また、われわれはアトールやバリアリーフができる海域が沈みつつあるという理論に立っているので、死んで深い海中に沈んでいるサンゴ礁が、たまにはみつかってもいいはずだ。ところで、どこのリーフでもそうだが、沈殿物は礁湖や礁湖の水道から風下に向けて洗い流されていくから、風下の方向はサンゴ礁がつづけて活発に成長していくうえで、いちばん条件の悪いところとなる。したがって、死んだサンゴ礁の塊にめぐりあう機会は、この風下がわに多いということになる。しかも、死んだサンゴ礁はまだ本来の壁のような形を保ちながら、海面下から測って数尋の海底に沈んでいる場合がある。チャゴス・アトール群は、ある原因から――たぶん、あまりにも急速に沈んだからだろうが――現在は昔ほどサンゴ礁の発達に都合のよい環境ではなくなっている。最初のアトールでは、外縁のリーフの一部が長さ九マイルにわたって死にたえ、海底に沈んでいる。また二ばんめのアトールでは、サンゴがリーフの表面にごくかすかな点のように生き残っているだけの状態になっている。三ばんめと四ばんめのアトールは、完全に死んで海中深く沈んでいる。五ばんめのアトールになると、これはもう構造もはっきりしない、ただの遺物でしかない。しかし、注目すべきことに、どの例をとっても、死んだり死にかけたりしているサンゴ礁がほぼ同じ深さに存在するのである。その深さは海面下六から八尋で、ちょうど同じ地質運動によって下へ引きずりこまれたらしい。キャプテン・モレズビー（この人からは、ほんとうにたくさんの貴重な情報をいただいた）が「おぼれかけたアトール」と名づけた、海底の死んだサンゴ礁の一つは、とてつもなく規模が大きい。一方向がさしわたし九〇海里、また別方向でも七〇海里ある。しかも、さまざまな点で謎めいた特色をもつのだ。われわれの仮説によると、新しいアトールは一般に、土台になる岩盤が新しく沈みこんだところにつくられる。だが、この仮説に対して、二つの手ごわい反論がでると思う。つまり、われわれの理論が正しいとすると、アトールはかぎりなく数を増やしていかなければならなくなる、という問題だ。そして第二に、大昔に土台が沈下しだしたところでは、それぞれ独立した個々のアトールは、ときおりそれが壊されるという証拠がみつけられないかぎり、無限に高く、厚く成長していかなければならなくなる、ということである。たしかにこの二つは難問だ。ともあれ、これでわたしは、サンゴ礁がつくりだす巨大な輪についての歴史を、ひとわたり追うことができた。そのはじまりから通常の変化過程を見てきたし、ときどきおこる事故によってアトールが死に、とうとう消えてなくなるまでの過程も、はっきりさせた。

沈下と隆起の区域

わたしは、自分が書いた『サンゴ礁の構造と分布』［一八四二年刊行］という本の中に、地図を一枚いれておいた［本書巻末を参照のこと］。その地図に、アトールはぜんぶ濃い青色で、またバリアリーフは薄い青色で、そしてフリンジングリーフは赤色で描きこんだ。この最後のフリンジングリーフは、陸地が動かないときか、さもなくば、陸上に海生生物の遺骸がよくみつかることから見て徐々に上昇しつつあるときかに、つくりあげられたものだ。これに対してアトールやバリアリーフは、まったく逆の沈降という運動のあいだにつくられた。もちろんこの運動もごくゆっくりとしたものに違いないが。アトールの場合はとくに、だだっぴろい海域に点々とあった山がすべて海面下に沈んでしまうほどの大運動だったことを示している。さて、この地図を眺めると、薄い青色と濃い青色とで色づけされた二種のサンゴ礁は、同じ運動によってつくられたことから、ごく近いところで隣りあっているという一般法則がはっきりする。それにまた、二種類の青色に塗られた部分はとても大きなひろがりを示しており、赤色に塗られた海岸線のひろがりからは遠く離れたところにあることもわかる。この関係性はともに、サンゴ礁の性質が地球の運動の性質によって決められるものだという仮説から、ごく自然に連想できたものであろう。さて、青色と赤色の輪で単体になっているものが互いにごく接近している場所が、数か所ほどあることも、注目される。そういう場所では、岩盤のレベルが上下にずれる運動がおきたことを証明できる。なぜなら、そういう特別な場所にある赤い丸、つまりフリンジングリーフは、アトールと同じような輪の形をしているからだ。このようなアトールはわれわれの仮説によると、もともと土台が沈んでいくあいだにできあがり、しかしそのあとに隆起した例なのである。またいっぽう、薄い青で示されるサンゴ礁に取り囲まれた島々、すなわちバリアリーフのいくつかは、沈降がはじまる前にいま見るような高さにまで育っていたに違いない大サンゴ礁からできあがっている。つづいて沈降がはじまると、その上に現在のバリアリーフが成長していった。

これまで航海記を発表した著者たちは、驚きながら次のような観察を報告してきた。アトールというものは、広大な海域のどこにも見られる、ごくありふれたサンゴ礁構造なのにもかかわらず、たとえば西インド諸島があるカリブ海にはまったく見られない。これはいったい、どうしたわけだろう、と。だが、われわれは即座にその原因をみつけられる。なぜなら、土台となる陸地が沈まないところには、アトールは生まれようがないからである。西インド諸島ぜんたいと東インド諸島の一部は、ごく近年のうちに海底が上昇しだしたことがわかっている。赤色と青色とを塗った海域のうち、ひろがりの大きなところは、全部一定方向にひきのばされた形をしている。しかも二色のあいだには、ある種のあらっぽい境目があって、一方が上昇するとバランスをとるためにもう一方が沈みこんだかのように見える。フリンジングリーフのある海岸と、そのほかリーフのない海域の一部（たとえば南アメリカ）とが、どれも近年隆起しつつあるという証拠があることを考えあわせると、われわれは次のような結論に行きつく。巨大な大陸はそのほとんどの部分が隆起しつつあり、またサンゴ礁の性質からみて巨大な大洋の中心部は沈下しつつある、ということにだ。東インド諸島は、地球上でいちばんたくさん島が集まった、こまぎれの陸地だが、そのほとんどは上昇する地域に含まれる。ただし、その周囲には、ごく狭い沈降地帯がおそらく一つよりも多くあって、その沈む領域が諸島をとりまくか、あるいは内部に侵入している。

火山の分布

わたしは朱色をつかって、この地図の範囲内にあるたくさんの活火山を、知られているかぎりもれなく記しておいた。これを見ると、薄い青色と濃い青色に塗られた、大地が沈みこんでいる大きな地域には、ぜったいに朱色マークがないことがわかり、目から鱗が落ちる。さらに、同じように驚かされるのは、主だった火山帯と、赤色に塗ったところとが、ぴたりと重なりあうことだ。この赤い個所は、大地が安定しているか、あるいはもっと一般的に近年上昇をはじめた証拠のある場所なのだから。たしかに、朱色に塗った火山のいくつかは、ポツンとある青い輪から遠く離れていない例もある。しかし、サンゴ礁が群島をつくっているようなところの数百マイル以内、いやそれどころか、小さなアトール群しかないところでは、活火山はただの一つも位置していない。そういうわけだから、アトール群が一度隆起したあとに壊されてできたフレンドリー諸島[*47]が、歴史的に噴火したことのあきらかな二つの（あるいはもっと多くの）活火山をもっていることは、注目すべき事実といえる。そのいっぽう、ふつうバリアリーフに囲まれている太平洋の島々は、だいたいがもとは火山であって、しばしば火口のあとをまだ残している例もあるというのに、いまなお活動している火山が一つもみつかっていない。したがって、こうした事例では、火山が同じ場所で噴火したり、あるいは活動をやめてしまったりするのは、そこに作用する地質運動が上に押しあげる方向にはたらくか、あるいは下にひっぱりこむ方向にはたらくかによって決められているように思える。火山活動のある場所だと、海にすむ生物の遺骸が陸上からみつかる例が無数にある。これはその場所が上昇している証拠といえる。こうなると、火山の分布と地球表面の上昇・下降運動とが重なっていると想像したくなる。けれど、この想像がどんなにほんとうらしく見えても、たしかに大地が沈んでいるところには活火山が一つもないか、あるいはすべて休止状態になっていることが証明されないかぎり、原理として断定してしまうことは危険である。それを承知の上でだが、とりあえずわれわれはこれを重要な推論として自由に受けいれていいと思う。

徐々にだが膨大な規模に達した沈降

最後に地図を見渡して、陸に押しあげられた海生生物の遺骸について書いたことを思いだすとき、地質学的にそう遠くない年月のあいだに、なんと広大な地域のレベルが上昇したり下降したりという変化をとげたことだろうか、と驚きの感に打たれざるをえない。しかも、上昇したり下降したりする運動は、ほぼ同じ法則にもとづいているらしいのだ。沈降のほうは、海面から高く立ちあがった山など一つも見あたらずアトールだけが点在するだだっぴろい海域すべてに作用しているけれど、これまでに沈んだぶんはとてつもない量にのぼるに違いない。おまけにこの沈降は気が遠くなるほどゆっくりしているから、ずっと沈みつづける場合でも、ときおり間をおいて繰り返す場合でも、サンゴ礁がふたたび海面まで、その生きた岩礁を築きあげられるだけの猶予を与えてくれた。この結論は、サンゴ礁の構造を研究して得られるはずの成果のうち、いちばん重要なものといえる。それからまた、現在はただアトールだけがポツポツとあるだけのだだっぴろい海面に、その昔はとてつもなく高い山々をつらねた大きな群島があったかもしれない、という可能性も見のがしてはいけない。いまは大洋のただなかに、お互いがすさまじいほど遠くへだたりあってとり残されている山高い島々もあるが、その島々になぜよく似た生きものが分布するのか、その点にも光をあててくれるだろうから。リーフをつくるサンゴは、地下面に上下の震動があったことを物語る驚くべき記念碑を、ずっと積みあげつづけ、しかもそれを守ってきた。われわれがいま見るバリアリーフはどれも、大地がそこで沈んでいることを示す証拠物であり、アトールはどれも、島がすでに海中に沈んだことを示す記念碑なのだ。こうしてわれわれは、一万年の長寿に恵まれて変化の記録をずっととりつづけてきた地質学者から教えを受けるかのように、一つの巨大なからくりに関する手がかりを、いくつか獲得することになった。それは、地球の表面を切れぎれにして、陸と海を引っくり返してしまうからくりなのである。

【訳注】第20章

＊1——ヘーア氏 Hare, Alexander（1775-1834） イギリスの商人。モルッカ諸島やボルネオで奴隷貿易に関わった後、一八二六年にキーリング諸島（ココス諸島）へ自ら「ハーレム」と呼んだ女性たちや奴隷を連れて入植。しかし、部下であったクルーニーズ・ロス Clunies-Ross, John（1786-1854）が敵対するようになり、一八三四年にここを追われた。その後、クルーニーズ・ロス家は五代にわたり「ココス王」を名のり、一九七八年までこの諸島を統治した。

＊2——ヤシガニ オカヤドカリ科に属する甲殻類。学名は後出のビルゴス・ラトロであり、ヤドカリの仲間ではあるが、成長したヤシガニはその大きさのため貝には入らない。八重山諸島ではマッカン、マッ

コンなどとも呼ぶ。西太平洋からインド洋の島々に広く分布する。
*3――ディレクション島 Direction Island　キーリング諸島の主島、ホーム島の北にある小島。北にあいたアトールの入口にあたる。
*4――グイランディナ　ブラジルボクなど、主に南アメリカ大陸原産の常緑高木を含む分類名だが、ここでどんな植物を具体的に指しているかは不明。ブラジルボクはペルナンブコ、パウ・ブラジルなどの名でも知られ、材が堅いためにバイオリンの弓などに用いられる。
*5――ホルマン Holman, James（1786-1857）イギリスの探検家、著述家。「盲目の冒険家」として知られ、単独で世界中を旅した記録は、その方法論とともに注目された。
*6――キミリ kimiri　キミリナッツ。ハワイではククイの名で知られる。東南アジア原産のトウダイグサ科の落葉高木で、その種子は油分に富み灯火用に使われたのでキャンドルナッツともいわれる。
*7――バルチ産　バリ島のことか。詳細不明。
*8――ペッパーヴァイン　コショウのことか。コショウはつる性の植物なので、支柱がわりになる植物といっしょに植えられた。ダダスはディゴのことか、これも詳細がわからない。
*9――シャボンノキ　第15章前出のキレー（シャボンノキ）とは別のものであろう。オーストラリア大陸原産のアルフィトニア・エクスケルサ（英語名レッド・アシュでも知られる）、クロウメモドキ科の木のことか。パイオニア植物として、土地の再生にも使われる生命力の強い木である。
*10――サゴヤシ　マレーシアの熱帯低地で栽培されるヤシ科の高木。髄からサゴデンプンとも呼ばれる良質のデンプンをとり、食用、ブドウ糖製造、あるいは綿糸の糊料などに用いられる。
*11――イエローウッド　この名前で呼ばれる植物はとても多い。ここではクロウメモドキ科クロウメモドキ属の一種を指すものか。詳細不明。
*12――レッドシダー　一般にレッドシダーはビャクシン属のエンピツビャクシンに近い種類を指すが、ここでは、センダン科の落葉高木、オーストラリアン・レッドシダーを意味する。日本名はオーストラリ

アチャンチン。

＊13――ホワイトシダー　これも、ヒノキ属などマツ科の植物ではなく、センダン属の落葉高木であろう。日本で一般にセンダンの名で呼ばれる。

＊14――マンゴスティン　マレー半島原産といわれるオトギリソウ科の常緑高木。高さは一〇メートルにもなり、暗紫色の果実の中に白色クリーム状の果肉があり、食用に栽培される。

＊15――ラタック列島 Ratak Islands　西太平洋、ミクロネシア東部のマーシャル諸島を構成する東がわの島々。「日の出」を意味し、西がわには「日没」を意味するラリック諸島がある。マーシャル諸島は日本やアメリカの統治を経て一九八六年に独立。

＊16――ナンヨウクイナ　クイナ科クイナ属に分類される鳥で、太平洋南西部およびインド洋東部の島々とオーストラリア大陸、ニュージーランドに生息する。体長三〇〜四〇センチメートルほどで、飛翔能力はあまり高くない。

＊17――コクイナ　ヨーロッパやアジア西部などで見られるクイナ科の渡り鳥で、体長は二〇センチメートルほど。アフリカ大陸など、南国で冬を越す。

＊18――ダイシャクシギ　全長約六〇センチメートルにもなる大型のシギで、下向きに大きく湾曲した長いくちばしをもつ。ヨーロッパからシベリア南部にかけてのユーラシア大陸北部で繁殖し、冬は南へ渡る。

＊19――モレズビー Moresby, Robert（1794-1854）　イギリスの海軍軍人、水路測量者。紅海からインド洋にかけての測量をおこない、イギリスの海外拡張政策にとって欠かせないものとなる優れた海図を残した。

＊20――チャゴス諸島 Chagos Archipelago　インド洋のほぼ中央、モルディヴ南方にあるサンゴ礁の諸島。もともとモーリシャスの属領であったが、現在はイギリス領。

＊21――チャマ　インコガイのこと。キクザルガイ科の二枚貝で、複雑な形をした棘のような構造に覆われており、英語でジュウェル・ボックス（宝石箱）とも呼ばれる。

＊22――ウエスト小島 West Islet　ほぼ円形をなすキーリング諸島の南西に位置し、面積は最大。

＊23――タコノキ　タコノキ科タコノキ属の常緑高木で、マレーシアからポリネシアにかけて多くの種類が分布する。英語ではスクリュー・パインと呼ばれる。ヤシ科の植物とは異なり茎が分枝することが多く、葉は線形である。

＊24――サンゴモドキ属　偽サンゴ、あるいは擬サンゴとも呼ばれる刺胞動物。アカサンゴやモモイロサンゴなどに外形が似るが装飾品に加工できないためこのような名で呼ばれた。いわゆる造礁サンゴに含まれるアナサンゴモドキの仲間とともに、ヒドロサンゴと総称されることもある。ここで挙げられている二種はどちらも現在、アナサンゴモドキに分類される。

＊25――コワ氏 Quoy, Jean René Constant（1790-1869）　フランスの医師、博物学者。コキーユ号やアストロラブ号での航海にも同乗した。

＊26――アストロラブ号　十九世紀に活躍したフランスの船で、デュモン・デュルヴィルの指揮下、南太平洋（一八二六～二九年）や南極（一八三七～四〇年）の調査探検をおこなった。

＊27――セルテュラリア属に近縁のソフトコーラル類　セルテュラリアはウミシバとも呼ばれる、いわゆる有鞘類のヒドロ虫類。ソフトコーラル類は軟質サンゴともいい、大きなやわらかいサンゴに似た群体をつくるもの。

＊28――ブダイ属　現在はブダイ科に分類される魚類で、生きたサンゴを食べるカンムリブダイなど一部を除き、死んだサンゴなどに付着した藻類を食べるものが多い。

＊29――モーリシャス Mauritius　インド洋南西部、マダガスカル島の東方約七五〇キロメートルにある島で、ダーウィンは「フランス島」とも呼んでいる。古い火山島であり、周囲はサンゴ礁に囲まれる。十六世紀はじめにポルトガル人が訪れ、その後、島を統治したオランダ人によりマウリティウス（モーリシャス）と名づけられた。一七一五年からフランス領、一八一四年にイギリス領となった。一九六八年にイギリス連邦の一員として独立、一九九二年に共和制へ移行。主島モーリシャスのほか、ロドリ

ゲス島など付属小島を有する。首都は北西岸のポートルイス。

＊30――ピラール・ド・ラヴァル Pyrard de Laval, François（1578?-1623?）　フランスの航海家。一六〇二年から一六〇七年にかけて、インド洋の航海の途中で船が難破してモルディヴに滞在したときの記録が有名。

＊31――ホイットサンデー島 Whitsunday Island　ピナキ島の旧称。フランス領ポリネシア、ロウ諸島（トゥアモトゥ諸島）に含まれる。長さ三キロメートル、幅二キロメートルほどのドーナツ形をした小さな島。

＊32――スアディヴァ・アトール Suadiva atoll　モルディヴ南部のフヴァドゥ・アトールのこと。古いサンスクリット名であるスヴァディヴァから、スアディヴァとも呼ばれた。モルディヴでも一、二を争う大きなアトールであり、古くから人の住む島が多い。

＊33――リムスキー・アトール Rimsky atoll　マーシャル諸島のロンゲラップ・アトールを意味する。

＊34――ボウ・アトール Bow atoll　ロウ諸島（トゥアモトゥ諸島）にあるハオ、もしくはハオランギと呼ばれるアトールのこと。

＊35――メンチコフ・アトール Menchicoff atoll　マーシャル諸島、現在のナム・アトールのことか。

＊36――ボラボラ島 Bora-Bora　南太平洋、フランス領ポリネシアのソシエテ諸島内の火山島で、タヒチ島の北西約二六〇キロメートルにある。良港をもち、美しい景観により観光地として人気がある。島の中央にあるオテマヌ山は標高七二七メートル。

＊37――ニューカレドニア New Caledonia Island　太平洋南西部、オーストラリアの東方に位置する北西から南東に細長いフランス領の島。

＊38――ホゴレウ島 Hogoleu Islands　西太平洋、ミクロネシア連邦のカロリン諸島にある島群で現在はチューク諸島と呼ぶ。旧称トラックでも知られる。大小一一の火山島がサンゴ礁で囲まれている。日本統治時代には海軍基地があり、第二次世界大戦の戦場にもなった。

＊39――ヴァニコロ島 Vanikoro Island　太平洋南西部、ソロモン群島東端の火山島群サンタクルーズ諸島にある島。
＊40――バルビ Balbi, Adriano（1782-1848）　イタリアの地理学者。ヨーロッパ各地で活躍し、『地理学要約』などの著作は各国語に翻訳された。
＊41――ガンビア Gambier　ガンビエともいう。南太平洋、フランス領ポリネシアのロウ諸島の南東端にある諸島。マンガレヴァなど大きな四火山島とアトールからなる。
＊42――マウルア Maurua　南太平洋、フランス領ポリネシアのソシエテ諸島内にあり、現在はマウピティ島と呼ばれる。ボラボラ島の西、四〇キロメートルにある。
＊43――ゲマール Gaimard, Joseph Paul（1796-1858）　フランスの博物学者、医師。アストロラブ号での航海にコワとともに参加。北極のオーロラなども観察した。著作に『アイスランド・グリーンランド旅行記』（一八三八～五二年）がある。
＊44――ロス・アトールとアリ・アトール Ross atolls and Ari atolls　アリ・アトールはアリフ・アトールともいい、モルディヴ中西部にある南北に長い大きな群島。ロス・アトールはその北東に約八キロメートル離れた小さなアトールであり、ロスドゥとも呼ばれる。
＊45――北と南のニランドー・アトール Nillandoo atolls　アリ・アトールの南にある二つのアトール。
＊46――マロス＝マドゥー・アトール Mahlos-Mahdoo atoll　アリ・アトールの北に位置するアトールで、南北二つに分かれている。
＊47――フレンドリー諸島 Friendly Archipelago　トンガ諸島を構成するハアパイ群島の旧称。一七七三年からトンガを三度にわたり訪れたJ・クックが、住民の親切なもてなしに感銘を受けて名づけた。

第21章　モーリシャス島からイングランドへ

モーリシャス島、その美観……ヒンドゥーの人びと……クレーター状の山々がつくる大きな環……セント・ヘレナ島……植物の変化史……陸生貝が絶滅する原因……アセンション島……持ちこまれたネズミ類の変異……火山弾……インフソリアの地層……バイア——ブラジル……熱帯景観の美……ペルナンブコ……独特な隆起岩礁……奴隷制度……イングランドに帰る……われわれの航海の回顧

モーリシャス島、その美観

四月二九日——朝、フランス島ことモーリシャスの北端を通りすぎた。この位置からだと、島の眺めは、その美しい風景を讃えたたくさんの名文によって高められた期待を、裏切らないだけのものがある。パンプルムース[*1]の平坦な斜面は、家々が点在し、あざやかな緑色のサトウキビ畑に広びろといろどられながら、眺めの前景をかたちづくっていた。緑のあざやかさがとくに目についた。ふつう、この色彩はごく近くまで接近してはじめて目につく色だからだ。島の中心部に向かっては、木に覆われた山々の連なりが、よく開墾されたこの平地からそそりたっていた。古い火山岩にはごくふつうにおこることだが、山々の頂上はでこぼこして、先端がとても鋭くとがっている。その先端に白い雲が寄り集まり、まるで来航者の目を楽しませるかのような効果を生んでいる。ゆっくりと傾斜している裾野、そして中央部の山々、島のすべてが完璧な優美さをまとっている。この風景は、わたしにいわせれば、調和美ともいうべきものだ。

次の日は、大部分を、町歩きと、さまざまな人に会うこととに、ついやした。町はかなりの大きさがあって、住民も二万人いるそうだ。街路はとても美しく、また規則正しい。ずいぶん長いこと英国政府の統治下にある島のわりに、ここのたたずまいは何もかもフランス風だ。英国人は召使いにフランス語で話しかけるし、店はことごとくフランス式になっている。ほんとうに、フランスのカレーやブローニュのほうがどれだけイギリス風か知れやしないほどだ。とてもきれいな小劇場があって、すばらしいオペラが上演されている。棚に本がぎっしり詰まった、ずいぶん大きな書店を見たときも、びっくりした——音楽と読書、これこそはわれわれが文明地の旧世界

モーリシャス島のパンプルムースの風景

へ接近した証拠だ。たしかに、オーストラリアもアメリカもともに、事実まちがいなく新しい世界なのだから。

ヒンドゥーの人びと

街を行き交うさまざまな民族のようすが、首都ポートルイスではいちばんおもしろい見ものだ。インド[*2]の囚人たちが終身の流刑としてここへ送られてきている。その数は現在八〇〇人にのぼる。かれらは多様な公益の仕事に雇われている。ここの人びとを見るまで、わたしはインド人がこれほど高貴な容貌をもつ民族だとは知らなかった。膚がとても黒い、年のいった人たちは、雪のように白い口ひげやあごひげを長ながとたくわえていることが多い。これが、かれらの表情にある火のような激しさとあいまって、堂々とした印象を与える。多くの人びとは、殺人やら極悪の罪をおかして流刑にされたのだが、

モーリシャス島ポートルイス

なかには迷信的理由からイギリスの法に服従しない罪といったような、どう見ても人倫にもとるとは思えない罪を着せられて流刑になった人たちもいた。こういう人たちは一般に、もの静かで、行動もおだやかだ。かれらのうわべの行状、そして自分たちの奇怪な宗教儀礼に忠実なことなどを考えると、この人たちをニュー・サウス・ウェールズのみじめなイギリス人流刑囚と同じ目で眺めることはできない。

クレーター状の山々がつくる大きな環

五月一日――日曜日。わたしは町の北にある海岸をのんびりと散策した。このあたりの平原は、まったく開墾されていない。粗野な草と灌木――この灌木は主としてミモザだったが――で覆われた、黒い溶岩の原野がつづいている。ここの眺めは、ちょうどタヒチとガラパゴスの中間だといっていいだろう。といっても、なるほどと納得してくれる読者はほとんどいないだろうが。目を楽しませてくれる風景ではあるけれど、タヒチほどの魅惑はなく、といってブラジルほどの荘厳もないのだ。翌日は、親指そっくりに突きでているので親指山《ラ・プース》*3と呼ばれている山へ登った。町のすぐ後ろにそびえていて、高さ二六〇〇フィートある。この島の中心は、そうとうに大きな台地《プラットホーム》になっており、海へと傾斜していく古くて崩れかけた玄武岩の山々に取りかこまれている。比較的新しい溶岩がつくった中心部の台地は楕円形をしており、短軸の方向では一三地理学マイルの長さがある。外がわを取りまく山々は、隆起クレーターと呼ばれる構造に分類できる。これはふつうのクレーターと違い、急激に大規模な隆起があったときに生じるものと考えられている。ところがこの景色を見るかぎりでは、その通説が正しいようにはどうも思われないのだ。他方、このクレーターを含めて、このような周縁部にあるクレーター状の山々が、頂上部を吹きとばされるかあるいは地下の奈落深く呑みこまれるかしてしまった巨大火山の基《もと》部の趾《あと》だという説も、わたしにはとうてい信じられなかった。

　ここの高い位置から、島を見はるかす最高の眺望が楽しめた。島のこちらがわは開墾が徹底的におこなわれており、四角い畑に切り分けられ、農場が建っていた。それでも、島にある土地ぜんたいからすれば、半分以上はまだ有効利用されていない状態にあると断言できる。もしも有効利用が進めば、現在すでにそうとうな砂糖の輸出量を誇る事実から見て、人口が十分に増加する将来にたいへんな価値を発揮することだろう。英国がこの島を領有してから、たった二五年しか経たないが、砂糖の輸出量は七五倍に増えたといわれる。この繁栄の主要因は、道のよさという点につきる。いまだフランスが支配している隣のブルボン島［現レユニオン島］は、道路がほんの数年前と同じみじめな状態のままに放置されている。フランス人住民は、この島の富が増大したことで大きな利益を得たに違いないのに、英国政府をあまりありがたいと思っていない。

五月三日――夕方、パナマの地峡を測量したことで有名な測量総長のロイド大佐[*4]が、ストークス氏とわたしを別荘に招待してくれた。山荘はウィルハイム平原[*5]のはじにあって、ポートルイスから約六マイル離れている。われわれはこの心地よい場所に二日間泊まった。海抜約八〇〇フィートの地点にあるので、空気が冷たく、しかも新鮮だった。どこを散歩しても気持がいい。すぐそばには、中心部の台地からわずかに傾斜をもって流れでた溶岩流のあいだに、深さ五〇〇フィートまで刻みこまれた大きな谷間があった。

五月五日――ロイド大佐がわれわれを、南に数マイル行ったところにあるリヴィエール・ノワール［モーリシャス島の西部地区名］へ連れていってくれた。わたしはそこで、隆起サンゴ礁でできた岩を調べたかったのだ。目にうれしい庭園や、巨大な溶岩のあいだに生育するみごとなサトウキビ畑のあいだを抜ける旅だった。道をふちどるのは、ミモザの生け垣、そして多くの家の近くにはマンゴー並木があった。あたまのとがった小山と開墾された農場の両方が一度に見られる、このあたりの風景は、ときに並はずれて絵になる眺めをつくっていた。われわれはたえず、「こんなに静かな環境で一生を送れたら、どんなに楽しいことだろう！」と叫びたくなった。ロイド大佐はゾウを一頭もっていて、ほんもののインド人のようにゾウ乗りが楽しめるようにと、途中までこのゾウにわれわれのお伴《とも》をさせてくれた。その状況でわたしをなによりも驚かせたのは、ゾウが足音をまったくたてずに歩くことであった。今のところはこの島にたった一頭のゾウだが、そのうちに

セント・ヘレナ島

もっとたくさん送られてくるそうだ。

セント・ヘレナ島

五月九日——われわれはポートルイスを出帆して喜望峰へ向かい、七月八日にセント・ヘレナ島の沖に到着した。セント・ヘレナ島といえば、これまでにずいぶんと、人を寄せつけぬその情況が喧伝されてきたが、たしかに、だしぬけに海中から黒い巨大な城が突きだしたような眺めだった。町の付近には、小さな砦と大砲とが、自然がつくった防護の壁にダメを押すかのように、でこぼこした岩の隙間という隙間を埋めていた。町そのものは、平たくて狭い谷にそってひろがっている。なかなか見ばえのいい家が多いが、そのあいだに生える緑の樹々は、数がとても少ない。碇泊場所に近づいたとき、目をみはる光景が一つ、あらわれた。高い丘の頂上に、いびつな形の城がちょこんと載っていたのだ。数本のモミがこの城をまばらに取りかこみ、黒い城は空を圧し

ナポレオンの墓所

て堂々とそびえていた。
翌日、わたしはナポレオンの墓[★1]からほんの目と鼻の先に宿をとった。この場所は首都のちょうど真ん中にあたり、どの方向へも調査旅行に出ることができた。ここには四日間いて、朝から夜まで島じゅうを訪ね歩いては、地質年代の調査をおこなった。宿は海抜およそ二〇〇〇フィートにあった。ここの天候は冷たく、風が吹きすさび、年じゅうにわか雨があった。だから、眺望が厚い雲に覆われてしまうことも、多かった。

植物の変化史

海岸の近くでは、ごつごつした溶岩がまるっきりむきだしになっている。中央の高い場所では、長石[*6]の大岩が分解して、粘土のような土になっており、植物らしきものが生えない地表にたくさんの色あざやかな縞模様を幅ひろくつくっていた。この季節だと、島は定期的なスコールがあるおかげで湿潤になっているため、独特な緑あざやかな牧草を育てている。この牧草は高度が下がるにしたがって少しずつ姿を消し、ついには消滅してしまう。南緯一六度、海抜わずか一五〇〇フィートそこそこの場所で、英国産の特徴をはっきり示す植物を見たりすると、ほんとうにびっくりさせられる。丘のほうは、スコットランド産のモミを植えた不規則な植林に覆われている。丘の斜面には、美しい黄色の花を咲かせるハリエニシダの厚い茂みが、あちこちにある。小川の土手でいちばん目につくのはシダレヤナギで、生け垣は実をよくつけるブラックベリー[*7]でできている。いま島に生育する植物数が七四六種で、そのうちの五二種だけが在来種、あとは主としてイギリスからの持ちこみだとすると、この植物相が英国風に見える理由もわかってくる。持ちこまれた英国産植物の多くは、本国よりもここのほうで繁茂しているようだ。また、対蹠地のオーストラリア産植物も、きわめてうまく根づいた例がいくつもある。植物がこれだけ持ちこまれたのだから、駆逐された在来種もあったに違いない。在来植物が優位に立っている地域というと、いちばん高い丘の上とか、いちばん険しい崖とか、そんなところだけになっている。

　イギリスというよりもウェールズのような眺めに見えるのは、山荘と小さな白い家が無数にあるせいだ。いちばん深い谷底に埋もれているのもあれば、高い峰のいただきに載っている家もある。眺めがすばらしくいいところもある。たとえばW・ドーヴトン卿の家のまわりは、南の海岸をかたちづくる水に削られた赤い山脈を背景にした黒いモミの森があって、そのかなたにロトと呼ばれる禿山が望めるのだ。高い山から島の風景を眺めると、最初に目につくのが、道と砦の数の多さだった。この島の公共事業に投じられた労働力は、ここが牢獄であるという事実を忘れるなら、範囲についても価値についても、度が外れている。平らなところも有用な土地もあまりないというのに、約五〇〇〇人もの多人数がここでどうやって暮らしていけるのか、大きな驚きだ。下層階級、つまり解放奴隷の生活はそうとうに貧しいようだ。仕事がないと訴えている。東インド会社*8がこの島を棄てたために、公務員の仕事が減ってしまい、また豊かな人びとにもほかの島へ移住する例があい次いだので、貧困状態が一段と深刻になったらしい。労働階級の主食という米で、塩漬の肉がちょっぴり添菜としてつけ加えられる。どちらの食品もこの島には産しないので、金銭をはたいて買い入れなければいけない。低賃金は貧民にきわめて厳しいわけだが、今は自由の身になっている。この権利が得られたことは、だれもが十分にありがたがっているはずだろう。今後は人の数が急激に増加していくと思われるが、そうなるとセント・ヘレナというちっぽけな州国の将来はどうなるのだろう。

わたしを案内したガイドは年寄りで、幼いころから山羊を養っていたから、岩場にある足がかりはすべて頭にはいっていた。異人種同士の結婚が何代もつづいた末に生まれた人物なので、肌の色が浅黒い。ふつうの混血黒人《ムラート》にあるような、抵抗のある容貌をもってはいない。とても丁重で、そのうえにもの静かな老人だが、それは下層階級にはごくふつうに見受けられる特徴だった。白人かと見まちがうほど肌の白い、身なりも上品な人びとが、自分の奴隷時代の話をあっけらかんと打ちあけるのを聞くと、わたしの耳には妙にくすぐったいように響いた。われわれの食事と、水を容れた角《つの》の容器とをたずさえた案内人を伴にして、わたしは毎日のように遠くまで足をのぼした。それに、低地にある水は全部が塩分を含んでいるから、水容器は欠かせない携行品だった。

陸生貝が絶滅する原因

中央に高く出ている緑の区域のすぐ下に、人跡未踏の谷間があったが、まったく荒涼としていて、だれかが住んだ形跡もない。ここは地質学者にとっておもしろすぎるところだ。順次おきた変化と複雑な混乱とが、ともに興味ぶかく観察できるのだ。私見をいわせてもらえるなら、ここセント・ヘレナは、きわめて古い時代から島として存在しつづけてきた場所といえる。土地が隆起した痕跡が、おぼろげではあるけれども残っている。たとえば中央にある高い峰は、巨大な火口のへりの一部分だったもので、そのへりの南がわ半分は、海の波に完全に洗い流されたのだろう。そればかりか、モーリシャス島海岸部の山々によく似た、黒い玄武岩でできた外壁があって、中央部の峰から出た溶岩流よりも年代が古い。島の高所には、ながいこと海産と思われてきた貝殻が、とんでもなく多量に土に埋もれている。この貝殻はしかし、コクロゲナ属[*9]に含まれるとても特殊な陸生貝であった[★2]。貝殻についていえば、わたしはこれ以外に六種を採集し、また別の地点で第八の種類をみつけた。どの種も現在は生息していないことに興味を感じる。たぶん、島の森がすべて消滅し、食物のすみかがなくなったせいで、貝たちは絶滅したのだろう。このできごとは、十八世紀の前半のあいだに発生したことだ。

ロングウッドならびにデッドウッド[*10]と呼ばれる隆起平原がこうむった変化の歴史については、ビートスン将軍が書いたこの島の訪問記にくわしいが[★3]、とても特別な変化といえる。両平原ともに、昔は青あおと木が繁っていて、大森《グレートウッド》の名で親しまれていたそうだ。この豊かな森は、一七一六年まで健在だったのに、一七二四年になると老木がほとんどすべて倒れ、山羊やらブタやらが放たれたのちは、若木もすべて枯れてしまった。また公けの記録にも、数年後に樹木がまったく何の前ぶれもなく、いま地表を覆い隠しているチカラグサ[*11]（ワイアグラス）に取って代わられてしまった、とある。いまやこの島は「すばらしい芝草に覆われ、本島で最良の牧草地になっている」と、ビートスン将軍[*12]がつけ足している。その昔に森林が覆っていた地表の広さは、二〇〇〇エーカーより少なかったと推定される。現在はそこから森林がほぼ完全に消えている。さらに書物がいうには、一七〇九年段階でサンディー・ベイ[*13]というところにおびただしい数の枯れ木があったそうだ。しかしこの湾周辺の土地もいまは砂漠化している。ここが昔は森林だったと聞いても、信じることができそうな物証は何も残っていない。若木が生えでたときに、山羊やブタがこれを根こそぎ食べてしまい、また老木は家畜の攻撃には耐えたものの、老齢のせいで枯れてしまったというわけだ。山羊がここに持ちこまれたのは、一五〇二年。その八六年後、キャヴェンディッシュ[*14]の時代には山羊が大繁殖したといわれる。かくて一世紀を経た一七三一年には森が完全に消え、二度と回復できなくなったため、野生化した家畜を全滅させる法令が出された。そういう工合なので、セント・ヘレナ島に獣類が運びこまれた一五〇一年以来、二二〇年間がすぎるまで島の全貌に変化が生じなかったというのは、きわめて気になる事実だ。というのも、山羊が一五〇二年にきて、一七二四年に「老木がほぼ倒れつくした」からだ。この植物相の大異変が、八種の陸生貝を絶滅に追いやったばかりでなく、無数の昆虫たちにも同じ運命を見舞ったに違いない。

セント・ヘレナは、あらゆる大陸から遠くへだてられた大洋のただなかに、ここだけの植物相を育てあげたので、われわれの好奇心を刺激せずにおかない。八種の陸生貝は絶滅してしまったが、生き残っているオカモノアラガイ属[*15]の一種は、ほかの土地には決して見られない固有種だ。しかしカミング氏から聞いたところでは、イギリス産のカタツムリもかなりいるそうだ。ここに持ちこまれたたくさんの植物に卵がついていたに違いない。カミング氏は沿岸で一六種の海生貝を採集したが、かれの知るかぎりではこのうちの七種がセント・ヘレナ特産種だった。鳥と昆虫[★4]は、すぐ予想がつくように、数がとても少ない。鳥たちはどれも、最近ここへ持ちこまれたに違いない。ヤマウズラとキジはかなりたくさんいる。島の生活はあまりにもイギリス流になってしまい、厳格な狩猟法が布《し》かれるありさまになっている。おかげで、イギリスで聞いた以上にたくさんの、不当な法令の犠牲が発生しているという。なぜなら、昔貧民たちは海岸の岩場に育つ植物を燃やし、その灰から得られるソーダを輸出していたからだ。ところがこの習慣を禁じる時限条令が出された。その理由は、植物を燃やすとヤマウズラの巣がつくれなくなる、というものだった！

散歩の途中で、深い谷間で区切られた草のたくさんある平原に一度ならずぶつかったが、そこがロングウッドであった。近距離から眺めると、その平原は貴紳の別荘のように見える。前面には、開墾された畑がたくさんあって、その向こうには、旗竿《フラッグスタッフ》と呼ばれる色のついた岩でできたなめらかな丘がひろがっている。また、納屋《バーン》という凹凸だらけの四角い黒い岩もあった。全般的にいうと、ここの風景はむしろ荒涼としており、あまりおもしろくも感じられなかった。歩いていて一つだけ困ったのは、絶えまなく吹きつける風だった。ある日わたしは奇妙な事態に気づいた。高さ一〇〇〇フィートほどの巨大な壁で終わる平原のはしっこに立って眺めると、数ヤード風上の方角に、きわめて強い風にもて遊ばれながらアジサシがもがいているのを見た。ところが、わたしの立っている場所は空気がきわめて静かだった。気流は縁《ふち》のすぐ近くまでくると、崖の正面で上向きに転じるらしく、腕をのばすとすぐに風の圧力が感じられた。二ヤードの幅をもつ目に見えない障壁が静かな空気と強風とを完全に分離していたのだった。

わたしはまた、セント・ヘレナの岩場や山の中を歩きまわることに大きな喜びを味わった。一四日の朝に街を出発することが、ほんとうに悲しかった。正午前に、わたしは乗船し、ビーグル号も出帆した。

アセンション島

七月一九日にアセンション島へ着いた。乾いた気候の下にある火山を見たことのある人たちなら、アセンションの外観をすぐに思い描くことができるだろう。あざやかな赤色をした、なめらかな円錐形の丘の群れが、まっ黒で凸凹の激しい溶岩の平原から、おおむね先端がちょん切られた峰を、一つずつバラバラに突きだした光景といったものを、想像してもらえるだろう。島の真ん中にある主峰は、たくさんある小さな丘をそのまま拡大したような形をしており、グリーンヒル[*16]とよばれている。今の季節でも碇泊地点から辛うじて見分けられるかすかな緑の色彩が、その

アセンション島

名の由来だ。この荒涼とした情景のとどめは、荒く波だった海が打ちよせる黒い岩だらけの磯である。

入植地は海岸のそばにある。いくつかの掘っ立て小屋がバラバラに建っているけれど、白い切石を建材にして、かなりしっかりつくられている。住民といっても、海兵たちと、奴隷船から解放され政府から資金と食糧をもらった黒人が若干名いるだけだ。個人でこの島にきている者などいない。海兵たちはおおむね現状に満足しているようだ。船に乗りこむことにくらべれば、陸で二一年勤務することのほうが、実情はどうあれ、ずっと望ましいと考えているようだ。わたしが海兵であったとしても、ほんとうに心からそれに同意すると思う。

次の朝、標高二八四〇フィートのグリーンヒルに登った。そしてそのあと島を横断して風上の尖端まで到達した。立派な車道が、海岸の入植地から、中央の山の頂上近くにある家や庭や畑へと通じている。道ばたにはマイル標石があり、水溜めもある。のど

アセンション島の海岸を群れ飛ぶアジサシ

の渇いた通行人が質のいい水を飲むこともできる。このような配慮が、開拓地のいたるところになされている。とりわけ水は一滴も無駄にしないよう、湧き水の管理に力が注がれている。まったく、島ぜんたいは、最高度の管理が行き届いた巨船、といった感じだ。これだけの手段でこれだけの効果を生みだした積極的な勤勉さには頭が下がるけれど、同時に、こんなに貧弱で、こんなにつまらない目的のために、あたら勤勉さが浪費されているといううらみも、いくらか感じないわけにいかなかった。フランスの博物学者レッソン氏が、アセンション島を生産の場にしようなどと考えつくのはイギリス国家だけだろうと述べたが、それはまったく正しい。ほかの国民なら、ここを大海の中の要塞島にすること以外には、何も用途を考えつかなかったろうから。

持ちこまれたネズミ類の変異

この海岸のまわりには何も生えない。内陸へ行くと、たまに緑色のトウゴマと、砂漠のほんとうの友だちといえるバッタとが見かけられるだけだ。中央部の盛りあがった山には、草がぼつぼつのびていた。全体にウェールズの山岳部のいちばんひどい地域にとてもよく似ている。しかし、牧草地はいかに貧弱に見えても、約六〇〇頭の羊、たくさんの山羊、牛、馬をみんな養っている。原産動物としては、陸ガニとネズミが無数にいる。ネズミがとても賢いというのは、かなり疑わしい。ウォーターハウス氏が記述したところによると、二亜種がいる。一つは黒色で、こまかく艶のある毛をもつ。草のある頂上部に生息している。またもう一亜種は褐色であって、艶は少なく、毛足が長い。海岸の入植地近くに生息する。この両亜種の大きさは、通常の黒ネズミ（クマネズミ）の三分の二ほどしかない。このネズミたちは色と毛皮の質が違うけれど、基本的な性質に差はない。だから、かれらが（やはり野生になった普通種のハツカネズミと同じく）ここへ持ちこまれたこと、またガラパゴスでの場合のように、突然投げこまれた新しい環境の下で変異をおこしたことに、まちがいはないと思っている。したがって、島の頂上部にいる変種のネズミは沿岸のネズミと違いがあるのだ。ここを原産地とする鳥は、一種もいない。しかしベルデ岬諸島から持ちこまれたホロホロチョウは、いくらでもいる。ふつうの鶏も野生化したのがたくさんいる。もともとネズミやハツカネズミを殺すために導入された猫も、害をなすほど殖えてしまった。島には木が一本もない。ほかのどの点をとっても、ここはセント・ヘレナ島に劣っている。

いろいろと遠出をしたうちで、島の西南端に出かけた旅があった。その日は天気がよく、暑かった。島の眺めは、お世辞にも美しくほほえんでいるとはいえず、不気味な目をギラギラとさせて睨みつけてくる感じではあった。溶岩流は小さな丘に覆われ、地質学的に説明をつけるのが困難なほど激しくでこぼこしていた。そのあいだにひろがるスペースは、浮石や灰や火山性の凝灰岩で埋めつくされている。船で岩の西南端を回ったときは、この平原に不規則な斑をつくっている白い塊の正体が、よくわからなかった。だが、やっと、これが海鳥の群れであることを知った。鳥たちは安心しきって眠っており、日中でも人が歩いて近づいていって捕えられるほどおとなしかった。この島は、わたしが一日動きまわって見ることができた唯一の生きものだった。浜の風はとても軽やかだったけれど、磯に打ちよせる波は大きく、ゴロゴロした溶岩を呑みこむように襲っていた。

火山弾

この島の地質は、さまざまな点から見て興味をそそる。わたしは数か所で、火山弾*17をみつけた。外溶岩がまだ固まらないうちに空中に噴出したために、球形やら、洋梨形やらになったものだ。外形もそうだが、岩の内部的な構造にもまた、これが空中を飛んでいくときに回転していた事実をものがたる、じつに奇妙な痕跡が残されていた。火山弾の一つを壊して内部を見ると、ここに示した図にとても正確に描かれたような状態になっていた。中心のほうは、とても粗い多孔質になっており、外縁部へ近づくにつれて孔が小さく密になっていく。そして外縁に近いあたりで、三分の一インチほどの厚みのある、ごくなめらかな貝殻のような石質の被いをつくり、そのさらに外がわにはこまかな多孔質の溶岩が外殻となって全体を包みこんでいる。この情況は、疑いもな

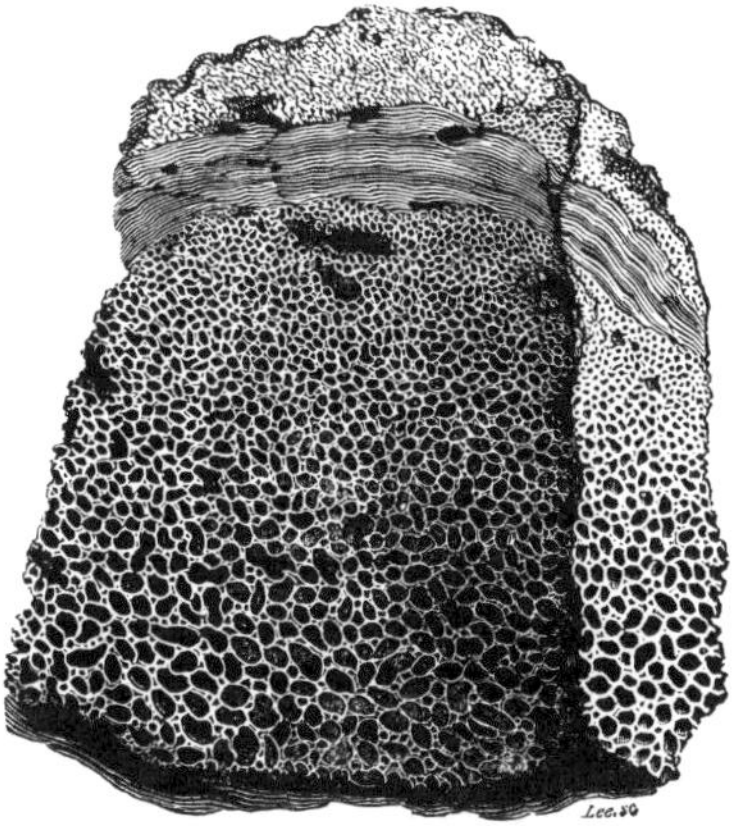

火山弾の断面

く、次のことを意味している。第一に、外殻は急激に冷却されて、このような形態になったこと。第二に、内部がまだ固まっていない溶岩は、火山弾が回転して飛ぶために生じた遠心力の作用を受けて、すでに述べたいちばん外がわの急冷却された殻に向かって引っぱられ、ごく緻密な貝殻のごとき層をつくりだしたこと。そして最後に、この遠心力が火山弾の中心部に対しては圧力を減じる作用をおよぼした結果、中心部に目の粗い多孔質の層を生みださせたこと、を。

インフソリアの地層

かなり古い火山岩の層でつくられた丘があって、これは不正確にも火山のクレーター（火口）跡だと考えられてきたのだったが、とても注目すべき構造をもっていた。というのは、中心部の少し窪んだ大きな丸い頂上部が、火山灰と火山から出た岩屑を交互に積み重ねた層で覆いつくされていたからだ。まるで大小の皿を順に重ねたようなこの層は、ふちのあたりが露出して、色違いの環の重なりを完璧につくりあげ、この頂上になんとも奇怪なたたずまいを生みださせていた。環の一つは白くて、しかも幅が広く、馬を調教する円形走路に似ていた。そのためかここは「悪

アセンション島の岩場の斜面「ブラック・ロック」

魔の乗馬学校」と呼ばれている。わたしはここで、薄いピンク色をした凝灰岩の層から標本を少しもらって、持ち帰った。エーレンベルク教授[★5]は、それがほぼ完全に有機性の生成物で占められている事実を発見したが、なんとも異常なことといえる。教授の検出結果によれば、珪酸質の殻をもつ淡水産の滴虫類《インフソリア》と、二五種を下まわらない数の、草類を主体にした植物から出た珪酸質の組織とが、確認されたという。エーレンベルク教授は、炭素性の物質が出てこないところから見て、この有機性の岩が火山の火を通過した結果、いまここに見るような状態で噴きだされたものと考えておられる。この岩層を外観から推察するかぎり、水中に沈殿して生じた物質ではないかと思いたくなる。だが、この土地柄はきわめて乾燥しているので、大噴火がおきているあいだにたぶん大雨が降り、そのため一時的に湖がつくられたのだろう、と想像したくなった。だが、あらためて考えると、湖が一時的なものではなかった可能性もあるように思えてもくる。ともあれ、ずっと大昔のアセンション島は、気候も産物も、いまあるそれとは大きく違っていたに違いない。だいたい、地表のどのような地点であっても、そこをくわしく調査してみると、この地球が過去に受け、今も受け、未来にも引きつづき受けるであろう果てのない変化の周期を証拠づける痕跡が、かならずみつかるものである。

バイア——ブラジル

アセンション島を出帆したあとは、時辰儀《クロノメーター》*18を使った世界の測量を完了する目的で、ブラジル沿岸ぞいにバイアへと向かった。同地へは八月一日に到着、四日間滞在したが、わたしはその間に何度か遠出をした。うれしいことに、もはやめずらしくもなくなった熱帯の景観が、以前と少しもかわらずにわたしを喜ばせてくれた。風景をつくっている要素はきわめて単純なので、自然がみせる絶妙の美しさがじつはいかに些細な環境事情から生まれているかを示す、とてもいい証拠になるほどだった。

この土地は、高度三〇〇フィートほどのところにある平坦な原野とみてよいだろう。ただ、どこを眺めても、浸食されてできあがった底の平らな谷がある。こういう構造は花崗岩質の土地では注目にあたいするが、ふつう平原をつくるもっとやわらかな岩層の地域では、かならず目につくものだ。地表は、さまざまな種に属する巨大な樹に覆われており、あいだに耕作地が点々と連なり、そこに家や修道院や礼拝堂が立っている。自然の豊かさは大都会の周辺でも決して失われていないことを、忘れてはいけない。なぜなら、生け垣や丘に見える野生の植物のほうが、人間が汗水たらしてつくりあげた建物よりもずっと絵になる美的効果を発揮していたからだ。したがって、あたりを覆いつくす緑の色あいに対して、赤い土が強い対照《コントラスト》をみせるところは、ほんの数か所しかない。平原のへりからは、大洋が見晴らせたり、低い森にふちどられたビーチを配した、白帆の小舟やカヌーが浮かぶ広い湾が、はるかに垣間見えたりした。こうした見晴らし台を除くと、風景はごく限られている。平坦な道をたどっていくと、両がわに見えるのは、森になった谷間だけになる。つけ加えれば、家々、それもとくに宗教関係の建物が、奇妙な、むしろ幻想的な形につくられていることだろう。どれも白い漆喰で塗られているため、白昼の輝かしい太陽を浴びてきらめいている。地平線の浅黄色の空を背景にすると、家々は、ほんものの建築物というよりも、むしろ影絵のように浮きあがって見える。

熱帯景観の美

景観の各要素は、以上のようなものだ。しかし、その全体の印象となると、うまく描写しようとしても、やはりできない。学識のある博物学者は、さまざまな事物の名をいちいち挙げ特色を説明しながら、熱帯の情景を描きだす。それと同じ程度の学識がある旅人に対してなら、こういう記述でもきっと具体的なイメージを伝えられるだろう。だが、そうでない人にとっては、植物の腊葉《さくよう》標本[*19]を見るだけで、それが原産地に生育している姿を想像しろといわれても、できない相談であろう。温室にある選りすぐりの植物を手がかりに、それを大きな森林となって茂る姿に拡大するとか、また密林状態になるほど密生した状態にイメージをふくらますなどという芸当を、だれがおこなえるだろうか。昆虫学者の標本棚に、はなやかな異国のチョウや珍奇なセミをみつけた者がいても、そうした死骸から、セミが絶えまなくかなでる耳ざわりな鳴き声だとか、チョウのゆったりとしたはばたきだとかを、連想できるだろうか――これらは、風のない灼けるような熱帯の午後に欠かせない景物なのだ。太陽がいちばん高いところに上ったとき、熱帯の景観はそのような眺めとなる。それからまた、マンゴーの密生したすばらしい茂みが、きわめて暗い影を地表に投じるのに、上のほうの枝々はあふれかえるほどの光を浴びて、これ以上ないような明るい緑色をあらわす。ところが温帯域では事情がまるっきり異なる――そこの植物はあれほど暗くもなく、また濃くもない。したがって、傾いた太陽の光線が赤、紫、あるいは明るい黄色を帯びたときが、温帯の美しさを増すのにいちばんの貢献となるのだ。

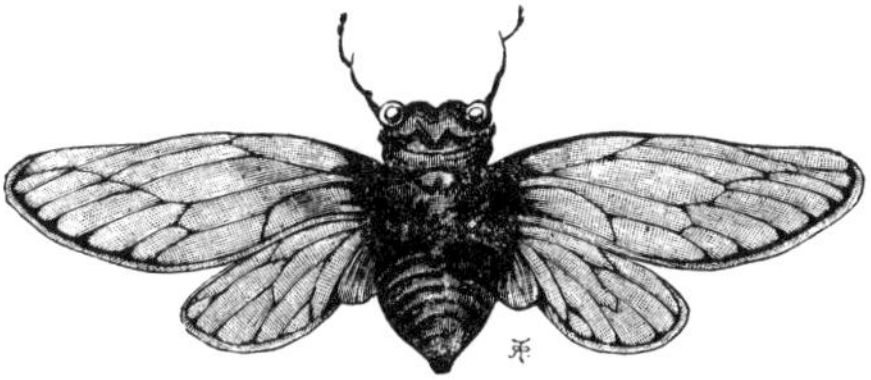

セミの一種

陰になった小径にそって静かな散策をつづけ、次つぎにあらわれる風景を称賛するとき、わたしの心に浮かんだ観念をいいあらわせる言葉が欲しくなった。しかしいくら修飾語を重ねても、この熱帯世界を知らない人びとに向けて、心が経験する喜びのたかまりを伝えるには、あまりにも弱すぎるとわかった。さっきも書いたことだが、温室の植物では自然に繁茂する光景を正しく伝えることができないという事実を、わたしはここでも繰り返さなければならない。大地とは、自然が自分自身のためにつくった、巨大な野生の、人の手の加わらぬ、ぜいたくな温室なのだ。そしてこの温室は、派手な屋敷や決まりきった庭を地上にもちこんだ人間に、占有されてしまった。自然を愛する人なら、もしも可能であれば別の惑星の風景をその目で眺めたいという気持を、どんなにか強く抱くことだろう！　しかしヨーロッパに住むどんな人たちに対しても、次のようなことを正しく言うことができる。すなわち、故国から緯度にしてわずか数度離れたところに、別世界の光彩が門戸を開けて待っているのだ、と。わたしは最後の散策のときに、何度も何度も足をとめて、そうした熱帯の美を眺め、その印象をなんとか文章に移そうと努力したが、おそかれ早かれ、いつも失敗が待っていた。オレンジ、ココヤシ、ヤシ、マンゴー、ヘゴ、バナナなどの木なら、たしかにはっきりと描き分けることができる。しかし何千という個々の美が全部結合して一幅の完璧な風景をつくりあげているありさまは、いつも筆の外へ逃げてしまう。それでも熱帯の景観は、子どものころに聞いたお話のように、不明瞭だが最高に美しい姿に満ちあふれた一幅の絵を、心に残してくれた。

ペルナンブコ

八月六日――午後、われわれは沖に出て、ベルデ岬諸島へ直行することにした。しかし不都合な風が到着を遅らせ、一二日に、われわれはブラジルの沿岸、南緯八度にある大都会、ペルナンブコ[*20]に逃げこんだ。リーフの外に錨を降ろしたが、すぐに水先案内人が船にあがってきて、内港へとわれわれを案内した。町が眼と鼻の先にまで近づいた。

ペルナンブコは、幅が狭くて低い砂洲に建っている。この砂洲は、浅い海水の水道によって互いに分離されている。町をつくる三つの砂洲をつなぐのは、木の杭を打ってつくられた長い橋が二本だ。町はどの部分を見ても辟易してしまう。街路は狭いし、舗装も悪い、しかも汚い。家は背が高くて、ぞっとしない。豪雨の季節は、終わりがこないように見えるし、だから周囲の土地は、海抜ゼロよりも高いところがほとんどないために、水びたしの状態だった。長い散策をなんどもやってみたが、どうしてもうまくいかなかった。

ペルナンブコがある平らな湿地帯は、数マイルへだてたところで、半円形に並んだ低い丘の群れ——というよりも海抜二〇〇フィートほどまで高くなる土地のへりに、とり巻かれていた。いちばん端の丘の上に、古都オリンダ[*21]がある。ある日わたしはカヌーに乗って水道の一つをさかのぼり、その古都を訪れた。古い町は、土地がやや高いために、ペルナンブコよりも魅力的で、清潔だった。わたしはここで、ほぼ五年にわたった放浪の旅ではじめて出会ったできごとを書いておかねばならない。それは、慇懃でない扱いを受けたことだ。わたしは二度にわたり、別々の家で冷たい拒絶に遭った。三軒めで、ようやく、庭を横ぎって未開墾の丘へあがり土地の景色を眺める許可をもらえた。それも三拝九拝してのことである。わたしはこれがブラジル人の土地でおきたことに、ホッとしたものを感じる。なぜなら、この人びとに好意をもてないからだ——ここはまた奴隷制の国、したがって人倫が地に堕したところなのだ。なにかをもとめられれば拒絶するし、あるいは見知らぬ人には冷たくする、スペイン人ならそう考えるだけでも恥と思うだろう。

オリンダへの往復に使った水路は、両岸がマングローブ帯[*22]にふちどられていた。油ぎった泥の川岸から、小さな森みたいに生えでているマングローブ帯だった。この植物の明るい緑色は、いつも、墓地にはびこる雑草を思いださせた。どちらも腐った空気を養分にしており、一方はすでに死んだ過去をかたり、もう一方はさらにしばしば、これからやってくる死を語っているのだ。

独特な隆起岩礁

ここらあたりで目にしたもののうちいちばん奇妙なのは、港をつくっているリーフだった。この世でこれくらい人工的な外観をもつ自然の構造物があるだろうか？[★6] それは、ほんとうに正確な直線をなして、岸と並行に、しかしそれほど離れることなく、数マイルにわたってつづいていた。リーフの幅は三〇から六〇フィートにおよび、表面が平らですべすべしている。おぼろげに層をなした硬い砂岩でできた岩礁なのだ。満潮のときには波がこのリーフを越え、干潮時にはリーフの上がカラカラに干あがる。この干潮時には、巨人の力夫《りきふ》がこしらえた防波堤かと錯覚するような眺めになる。このあたりの岸辺では、海流が陸の手前がわに、ごく弛《ゆる》い砂の帯とか紐とかと呼ぶべき陸地を長ながとつくりあげることが、よくある。こういう砂洲の一つにペルナンブコの町の一部があるわけだ。ずっと昔に、この自然に生じた長い砂洲は、石灰質性の物質を透過させて、カチカチに固まったらしい。そしてそのあとにゆっくりと、全体が隆起した。外がわの、砂が弛《ゆる》くたまった部分は、こうしたプロセスのあいだに海流の力で取り除かれ、とても硬い中心部がいま目にする人工の防波堤のように残った。夜も昼も、沈殿物で濁った大西洋沖の波が、この石の切り立った外壁に激しく打ちよせているのに、いちばん年長の水先案内人ですら、石堤の外見が少しでも変化したとは語り伝えていない。このおそるべき耐久性は、このリーフにまつわる事実のうちいちばん奇妙なものだ。なにごとも強靭な石灰層のなせるわざなのだ。数インチの厚みがあるこの層は、ことごとくが、セルプラ類[*23]のつくる小さな貝殻が他のエボシガイやヌリポラエ類といっしょになって成長と死を繰り返した結果、できあがっている。固くて、とてもシンプルな構造をもつ海藻であるヌリポラエ類が、激しい波の内外で破壊にさらされているサンゴ礁上部の表層を保護するのに重要な同様の働きを果たしている。真正なサンゴ礁だと、大きな群体となって上へ上へと成長していくあいだに太陽や大気に触れて死滅してしまうところだ。これら目立たない有機物――とりわけセルプラ類は、ペルナンブコの人びとにすばらしい奉仕をしてきた。なぜなら、もしもこの有機物の保護作用がなければ、砂岸の帯はかならずや、とうの昔に波に削りとられていただろうし、この石堤がなければ港もできなかったろうから。

奴隷制度

八月一九日、われわれは永久にブラジルの岸を去った。神よ、わたしは二度とこの奴隷の国を訪れはしない。わたしは今日まで、もしも遠くで悲鳴を聞いたとすると、ペルナンブコ近郊のとある家で通りすがりに聞いた、あわれこの上もないうめき声を、苦痛とともにまざまざと思いだしてしまっていた。そう、あのうめき声は、どう考えても、ある不幸な奴隷が拷問にかけられて発しているものに違いなかったのに、わたし自身はというと、抗議さえできぬ無力な子どものよ

南米スリナムでの奴隷虐待

うであったのだ。リオ・デ・ジャネイロでは、向かいに老婦人の住む家を借りたことがあった。彼女はいつも、女の奴隷の指をつぶすための締めネジ《スクリュー》を手ばなさなかった。わたしが一時期、寄宿した家では、若い混血《ムラータ》の小間使いが、毎日毎時間、ののしられ、叩かれ、最下等の動物の魂をさえねじ曲げてしまうほどの迫害を加えられていた。六つか七つの小さな男の子が、馬鞭で三度も（わたしが止めにはいるより先に）、何もかぶっていない頭を打たれるのを見た。しかも、打たれた理由というのが、わたしにあまり清潔でない水を一杯もってきたことだったのだ。見ると、その子の父親は、主人と目が合っただけで縮みあがっていた。こうした子どもへの残虐行為を見せられたのは、スペインの植民地であったのだが、そこはポルトガル領で、イギリスなどヨーロッパの他国の支配にくらべ、奴隷がいくらか好遇されていると定評のあるところだった。リオ・デ・ジャネイロでは、いかにも力のありそうな奴隷が、顔をなぐられると思いこんで、こわがって打撃を防ぐ身ぶりをするのを目撃した。ある気のいい奴隷が、長いこといっしょに住んできた大家族の男女や幼児たちから永遠に引きはがされる現場に居あわせたこともある。わたしがたしかなところから聞きおよんだ、胸がむかつくような残虐行為については、ここに書き記すことさえ気が向かない。――また、黒人たちの天性の陽気さに目を奪われて、奴隷制は必要悪だと主張する数人の人びとに会わなかったら、上に述べたような身も凍るような話の細部を、こまごまと書いたりはしなかったろう。そういう甘い主張をする人は、一般的に家庭の奴隷が好遇される上流階級の家にしか足を向けなかったか、あるいはわたしがそうしたような、下層階級の家に住むということをしなかったのだ。そうした問いかけをする人は、奴隷たちに、君らの暮らしぶりはどうかね、と質問するだろう。ところが、この奴隷たちは自分の答えた内容が主人の耳に届く可能性などをぜんぜん計算することもない、ほんとうに愚かな者たちだということを、問いかけるほうの人たちは忘れている。

よくいわれることだが、利己心というものは残虐行為が行きすぎるのを止めるという説がある。誇りをなくした奴隷が残虐な主人の怒りに油を注ぎがちなのにくらべれば、家畜のほうがずっと波風《なみかぜ》を立てないだろうけれど、その家畜も自分の得になるように行動するといわれる。こういう発想に対し、ずいぶん昔に高貴な感情とすばらしい例証をもって異議をとなえたのは、あの永遠に偉大なフンボルトだった。われわれイギリス人の貧困層が直面する奴隷的情況と比較しながら、奴隷制を弁護しようとする向きが、たまにあることはある。もしもイギリスの貧民の悲惨さが自然の法則ではなく、わが国の制度によって生じるのなら、われわれの罪はとても深いといわざるを得ない。しかし、このことが奴隷制にどんな関係があるのか、わたしには理解できない。ある土地でおそろしい病気が大流行したからといって、別の土地で指をつぶす締めネジの使用が許される、などという理屈が通用するだろうか。奴隷の主人たちを好意的に見たり、奴隷に冷たく接

奴隷制のない世界の寓意画。詩人ウィリアム・ブレイクによる

する人は、こうした奴隷の立場に身を置いたことがないのだろうと解釈できる、――これはなんと、変化の希望すらない絶望的な境遇であろう！ だいいち、妻とか幼児だとか――自然が奴隷にさえも自分の持ち物だと大声で主張させるほどの、そうした愛《いと》しい人たちが、わが身から引きはがされ、いちばん良い値をつけた客に野獣さながら売り渡されていく情景を、あなた自身も、切実な心配ごととして思い描いてみてほしい！ しかもこのような行為が、隣人をわが身のように愛すると自称し、神を信じ、神のご意思が地上にあまねく実現するよう祈っている人びとのあいだでおこなわれ、しかも弁護されているのだ！ わたしと同じイギリス人とわがアメリカの末裔たちとが、高らかに自由を叫びつつも、今も昔もここまで罪深かったかと思うと、わたしの血は煮えたぎり、心がふるえる。けれども、われわれが自分の罪をあがなうために、少なくも他の国よりも多少はましな犠牲を、これまでになんとか払ってきた事実を思いだせば、いくらかの慰めになる。

イングランドに帰る

八月の末日に、われわれはベルデ岬諸島のポルト・プライヤに二度めの錨を降ろした。そしてアゾレス諸島[*24]へと進み、そこで六日間逗留した。一〇月二日、われわれはイングランドの岸壁にたどりついた。そして、わたしはファルマス[*25]でビーグル号を降りた。思えば、ほぼ五年にも及ぶ、なつかしい小さな船での生活であった。

われわれの航海の回顧

われわれの航海は終わった。そこで、世界一周航海で体験したよい点と悪い点、それに苦しみと喜びとを、短く回顧することにしたい。もしもだれかから、長い旅に出発する前にアドバイスをもとめられたなら、わたしの答えは、その人が興味を抱いている知識分野によって違うものになるだろう。それも、長い旅に出ることでおおいに進展がのぞめそうな知識分野の好みをしっかりともっているかどうかに、かかってくる。もちろん、さまざまな国を眺め、たくさんの民族と出会えば、深い満足が得られることに疑いはない。しかしそのときに得られた喜びも引きあわなくなるような災いもある。けれども、成果がやがて実り、よい効果が期待できるときは、どんなに距離があっても、収穫を追いもとめる必要がある。

長い航海にでることで体験しなければならない損失の多くは、はっきりしている。たとえば、旧友とのつきあいがみんななくなり、いちばんなつかしい思い出に深くかかわる場所を眺められなくなること、などだ。でも、こういう損失だって、夢にまでみた帰国の日を指折り数えて待つことの、はかりしれない喜びが、一部分は癒してくれる。詩人たちがいうように、人生が夢であるのなら、世界一周航海には、なるほど長い夜をすごすのにいちばん役に立つ幻想がごろごろしている。そのほか、最初は感じないが時間が経つにつれてジワジワと効いてくる損失もある。たとえば部屋の狭さ、プライバシーがないこと、安らげないことだ。また、休みなく急きたてられている感じ、わずかなぜいたくも許されないこと、親しい社交がもてないこと、音楽そのほかの想像力に訴えかける快楽がないこと、などがそうだ。こうしたこまかな点をあげてしまうと、海上生活の具体的な不平は、突発事件を別にすれば、ほとんど出つくした感じがする。たった六〇年のあいだに、遠距離航海は驚くほど簡単になった。キャプテン・クックの時代でさえ、ぬくぬくとした炉辺を去ってこうした大航海に出た者は、ほんとうになにもない過酷な海上生活を味わされた。ところがいまは、一隻のヨットがあらゆる暮らしのぜいたくをのせて、地球を一周することができる。船と航海資材の徹底的な改良に加えて、アメリカの西海岸すべてに航路が開かれ、オーストラリアがこれから栄える大陸の首都となった。現在、太平洋で難破した者の立場は、キャプテン・クックの時代とくらべて、どんなに改善されたことか！　クックの時代のあと、地球の半球が一つ、文明化された世界の仲間いりをしたのであるから。

船酔いにとても弱い人は、これを十分に重視したほうがよい。わたしは自分の経験から、そう忠告する。船酔いは一週間かそこらで癒せるような、ささいな苦しみとは違うのだ。他方、もしも海軍戦術に関心があるならば、まちがいなくその趣味は十二分に満喫できると思う。ただし、長い航海のあいだは、港にとまっている日数に比して、海上にいる日数が途方もなく多いという

イングランドに帰還するビーグル号

点を、心にとどめておく必要がある。

そして、果てのない大洋が自慢にしている威容といえば、なんだろうか？　それは、うんざりするほどの水――アラビアの船乗りがいうところの、水の砂漠というやつだ。もちろん、うれしくなるような光景も、少しはある。たとえば月夜――晴れわたった空に、暗くかがやく海、静かに吹く貿易風のゆるやかな息吹をいっぱいにはらんだ、白い帆。もりあがっていく海面が鏡のようにピカピカになるほどの、ベタ凪《なぎ》。ときおり帆布がはためくほかは、動くものがなくなってしまう。スコールが黒雲をアーチのようにひろげ、怒りくるったように襲いかかる光景は、一見の価値がある。風がものすごく吹きまくり、波が山のように高くなる光景もすごい。けれども、正直に告白するのだが、最高潮に発達したほんものの大嵐のときに、わたしの想像力はもっと荘厳に、もっとおそろしく刺激されたのだった。たちさわぐ木々、鳥たちの狂ったような飛びかた、暗いかげとギラギラする光、大雨の襲来など、拘束を解き放たれた自然の威力がたたかいの声をいっせいにあげる光景を、陸上で眺めるときとは比較できるものがないほどすばらしいスペクタクルとなる。海上では、アホウドリと小さなウミツバメが、嵐の海こそ本来の生活の場といわんばかりに、とびまわる。波は、まるでいつもどおりの仕事でもこなすかのように、高くなったり低くなったりする。船とその乗組員だけに、自然の怒りがぶつけられるかのようだ。人がいない、雨風にやられっぱなしの海岸では、眺めもまるで異なったものになる。かくて、野生の喜びというよりは恐怖感のほうがずっと強くなる。

このへんで、過去の明るい面をみることにしよう。われわれが訪問したさまざまな国の景色と国柄とを眺めて感じとった喜びは、たしかにいちばん変わらない最高の喜びのみなもとである。なるほど、ヨーロッパの多くの土地に見られる、絵に描いたような美しい景色は、われわれの訪れた国ぐにはなかったかもしれない。しかし、さまざまな国の風景にあらわれた特色をくらべてみるところに、喜びがわいてくる。ただ景色の美しさを観賞するだけとは、あるていどまで区別される喜びなのだ。それぞれの眺めにある個々のこまかい特徴に気がつけばつくほど、この喜びは確実に大きくなる。わたしが強く信じてしまったことは、こうだ——音楽を例にとると、音譜が全部理解できて正当な感受性をもっている人は、音楽ぜんたいをもっと完全に楽しむことができるだろう、それと同じように、一つのすばらしい風景をあらゆる角度から調べる人も、風景が見せるぜんぶの組みあわせの効果を完全に理解できるのだ、と。したがって、旅をする人はまず植物にくわしくなければならない。なぜなら、どんな風景も主たる装飾は植物が担っているからである。大きな裸岩が集まった光景は、どんなに殺風景であっても、少しのあいだなら壮大な印象を与えてくれるが、すぐに単調な眺めとしか思えなくなってしまう。ただし、この岩だらけの眺めに、たとえば北チリのように、明るく多彩な色を塗りつければ、幻想的な風景となる。植物で覆えば、美しい絵とはいかないまでも、それなりの景色になるに違いないのだ。

わたしはいま、ヨーロッパのあちこちにある景色のほうが、航海中にめぐった国ぐにのそれよりもすぐれている、と書いたけれど、南北両半球の熱帯地方は別の独立した地域として除外してある。ヨーロッパと熱帯地域とは、いっしょに比較できないからだ。しかし、わたしはすでに何度も、熱帯地域のすばらしさを誇張して書いてきた。ある風景から受ける印象の強さは、先入観に大きく左右されるわけだが、わたしの場合は、フンボルトの『南米紀行』に綴られたあざやかな文章から先入観をつくりあげたことを、つけ加えておきたい。この本は、わたしが読んだうちでもっとも長所の多い一冊だった。ところがわたしは、あれほどの高度なイメージを先入観として仕こんでいってもなお、旅のはじめと終わりの両方でブラジルの海岸に上陸したとき、わたしの感情には失望の「し」の字も浮かばなかった。

わたしの心に深い印象を残した風景のなかで、崇高さをもっとも感じさせたのが、人間の手がはいっていない原生林だった。生命力にあふれかえったブラジルの森は、まさしくそれだったし、死と腐敗とが覆いつくしたフエゴ島の森も、そうだった。両方とも、自然という神が創りたもうた多様な生産物にあふれかえる神殿だった——だれも、その隔絶した人外秘境のイメージに、心を動かさないではいられないのだ。そんなとき、人間は単に息を吸う物体ではなく、感受性をもつ魂があるのだという事実も、実感せずにいられない。過去のイメージを思いおこすと、目の前に何度となく浮かんでくるのが、パタゴニア大平原である。ところがこの平原はつねに、荒れはてて役にもたたないところといわれてきた。悪いイメージでしか、語られてこなかった。人も住まず、水もなく、木もなく、山もなく、かろうじて低木が少し生えているだけの土地だ、と。だが、いったいどういうわけで、この荒れはてた原野がわたしの心にここまで深く印象を焼きつけることができたのだろうか。おまけに、この事態は、決してわたしだけにおこったのではなかった。パタゴニアよりもずっと平坦で、緑も多く、地味もゆたかで、人間の役にもたっているパンパスの草原が、同じだけ強い印象を与えられないのは、なぜなのか？　わたしはこうした実感をほとんど分析することができない。ただ、原因の一部に、想像力がどのくらい自由に働かせられるかという点があったに違いない。パタゴニア平原は、想像力をめぐらすのに果てがない。なぜなら、そこは踏破することがほとんど不可能だからだ。つまり、未知だからだ。そこは、いまも昔も、永遠につづいてきた印象を現に刻みつづけている。その効力は、未来にわたっても磨りへらないだろう。古代人が想像したように、平坦な地球が、とても越えられない広さをもつ水か、あるいは過度に熱せられた大砂漠かに取りかこまれているとしたら、人間の知識にとって最後の辺境となるその光景を目の前にして、深いけれども形容のしようがない感動に打たれない者が、いったい、いるだろうか？

最後に、大自然の景色を味わうなら、たしかに美しくないという一面はあるけれど、高くそびえる山々から見る眺めがとても印象的といえる。コルディエラの最高峰から見おろしたとき、心があらゆる些末な細部に影響されることなく、周囲を取りまく岩塊のとてつもない大構造ぶりを味わいつくしたものだった。

個々の事物では、疑いもなくわたしをいちばん驚かせたのが、野蛮人の暮らす現場をはじめて目にしたことだった——人類のなかでも最下等、最野蛮の人たちだ。わたしの心は一気に数世紀もかけ戻って、こう問わずにいられなかった。われわれの祖先もここにいるような野蛮人だったのか？　と——かれらの身ぶりや表情は、われわれにすると家畜のそれよりも理解がむずかしかった。かれらは、家畜動物のような本能ももたないし、人間が自慢のたねにしている理性、いや、理性の生みだした技芸というものすら、もちあわせているようには見えない。わたしには、野蛮人と文明人とがどう違うかを明確に表現することなど不可能に思える。そこには野生動物と家畜動物の違いがあるのだ。そして、野蛮人をみる興味の一部は、荒野でライオンをみたいとか、ジャングルでトラが獲物をひきさくところをみたいとか、またはサイがアフリカの原野を歩いていく光景をみたいといった欲求と同じものなのである。

ほかに、われわれが目撃したなかでいちばん印象に残ったこと。それは南十字星、マゼラン星雲、そのほか南半球の星座——水柱——青い氷の流れをみちびいて、ものすごい崖をつくりながら海へと落ちかかる氷河——礁をつくるサンゴがつくりあげた礁湖の島——活火山——そして激しい地震が生みだす圧倒的な破壊力。あとのほうに並べたいくつかの現象は、地球の地質学的な構造に深い関係があることから、わたしにはとりわけ興味があった。しかし、地震だけはだれにとってもいちばん印象に残るできごとに違いない。もの心がつかぬうちから安定していると信じてきた大地が、われわれの足もとで、薄い卵の殻みたいに揺れたのだ。そして人間が汗水を流して築きあげたものが、一瞬のうちになぎたおされる光景を見せつけられると、人間がほこってきた力なんて無意味なものだ、と感じてしまう。

世間では、人間の狩猟好きは生まれながらの性質――つまり本能的な喜びのなごりだとされている。もしそうなら、大空を屋根とし地面を食卓とする野外生活の楽しさは、同じ感情につながっているに違いない。それはまさに、野生の、本来の習慣に戻った野蛮人の姿だ。わたしは、人間が滅多に訪れない国ぐにを通った海上と陸上の旅を思いだすとき、いつも、文明国の風景からはぜったいに得られないとても大きな喜びを感じる。どんな旅人も、文明人が滅多に、あるいは決して行かない土地の異質な空気をはじめて吸ったときに味わう幸福感のたかまりを、忘れることができないだろう。

長い旅のなかには、もう少し理性的な性格をもつ喜びのみなもとが、ほかにいくつかある。世界地図に空白がなくなったことだ。まことに多様な自然物に満ちあふれた絵になった。どの地域もそれにふさわしい空間をもつ。大陸は、島を見るのと同じ目で見てはいけないし、島をただの点と見てもいけない。なかにはヨーロッパの王国より大きな島もあるのだから。アフリカとか南北アメリカは響きのよい名で、発音もやさしい。しかし、その沿岸のごく一部を航海するのに何週間もかけてはじめて、その名が指し示す途方もない世界の広大なひろがりを理解しつくせるのだ。

現況からみて、南半球のほぼ全部が未来に大きく飛躍することを、高い期待をもって見守らないではいられない。キリスト教が南海のすみずみに移入された当然の結果として、すばらしい速度でおこなわれた改善は、たぶん歴史の大記録となることだろう。わずか六〇年前、すぐれた判断力に定評のあるキャプテン・クックですら、変化の速さを予見できなかったことを思いだすとき、いよいよみごとな速度だと感じられる。それでも、この変化は、現に、大英帝国の博愛精神によって達成されたのである。

この南半球に、オーストラリアがその地域の帝王として台頭しつつある。いや、すでに台頭したという人さえある。イギリス人ならばこの遠い植民地の発展を、高い誇りと満足をもって眺めずにいられないだろう。イギリスの国旗をかかげることは、必然的に、富と繁栄と文明とをもたらすことを意味するのだから。

そろそろ結論にしたいが、若い博物学者にとって、遠い国ぐにを旅することほど有益なおこないはない、とわたしには思える。それは、旅心や旅へのあこがれを高めるだけでなく、ある部分ではそのたかまりをしずめてもくれる。J・ハーシェル卿[*26]が語ったように、旅心や旅へのあこがれは、たとえすべてのかたちで十分に満足されたにしても、まだ消えずに残るものなのだ。めずらしいものごとやまれな機会から得られる興奮は、人を刺激して、活動をおこさせる。おまけに、個々バラバラの事実にやがて興味が失《う》せていくのと同時に、ものごとを比較する習慣が、いつかものごとを一般化する方向へとみちびく。そのいっぽう、旅人はふつう同じ場所にごく短期間しか滞在しないから、その観察報告もこまかい記述にならず、ごく簡単なメモにとどまるに違いない。そこで、わたしが自分の経験をつうじて知ったことだが、ひろく隙間があいた知識のギャップを、不正確で表面的な仮説で埋めあわせようとする結果ともなるのである。

しかし、わたしはこの航海を心の底から楽しんだので、どんな博物学者にも、あらゆる機会をとらえて、もしもできるなら陸路の旅に、だめならば長い航海に出るよう、すすめずにいられない。ただし、わたしの場合のようなすばらしい旅の仲間に恵まれることは期待できないかもしれないが。じっさいに旅に出てしまえば、出かける前に想像したいちばんひどい困難や危険になど、滅多に出会うものではないので、安心してよかろうと思う。修身の見地からすると、旅は、希望を捨てない忍耐心、身勝手の克服、自分の力で行動する習慣、そしてなんにでも全力をつくすことを、教えてくれるはずだ。つまり、ほとんどの船乗りがもっている特色ある性格を、身につけるべきなのである。旅はまた、安易に他人を信用してはいけない、ということも教えてくれる。けれども同時に、旅は、われわれに次の事実をも発見させてくれる——一度も会ったことがなく、また今後ふたたび言葉を交わすこともなさそうな赤の他人に向けて、少しの見かえりも期待せずに喜んで援助を与えてくれる、ほんとうに親切な人たちが、この世界にはなんとたくさんいることか、という事実をである。

（終わり）

【訳注】第21章

＊1――パンプルムース Pamplemousses　モーリシャス島北西部、首都ポートルイスの北がわに広がる地域。フランス語でグレープフルーツを意味する。

＊2――インド　モーリシャスを支配していたイギリスは一八三三年に奴隷解放令を出した。以後、アフリカ人の奴隷に代わりインド人の労働者を大量に島へ導入し、サトウキビのプランテーションを拡大させた。ここで囚人とか奴隷と呼ばれているのは、そうした人びとの一部だろう。現在、モーリシャスではインド系の住民が三分の二を占めるといわれる。

＊3――親指山《ラ・プース》 La Pouce　正しくはル・プース。モーリシャス島で三番目に高い山で標高は八一二メートル。ポートルイスの南にそびえ、その名のごとく親指を立てたようなとがった山容が街からよく見える。

＊4――ロイド大佐 Lloyd, John Augustus（1800-54）　イギリスの測量技師。一八二七年ころにパナマ地峡で測量をおこない、一八三一～四九年までモーリシャス島で測量総長の任にあった。

＊5――ウィルハイム平原 Wilhelm Plains　ポートルイスの南がわ、内陸に広がる地域名。より涼しい気候を求め島の内陸に位置する高原にキュールピップの街が開発され、ポートルイスとのあいだをつなぐように都市圏が広がった。

＊6――長石　地殻を構成する鉱物のなかでも、もっとも存在量が多いといわれる、アルミノケイ酸塩からなる鉱物の一群。

＊7――ブラックベリー　バラ科キイチゴ属の低木であり、栽培種のみを指す場合と近縁種の総称として使われることがある。北アメリカ大陸原産のものがとくに多く栽培されているが、ヨーロッパを含むユーラシア大陸にも多くの種が自生している。

＊8――東インド会社　十七世紀はじめから十九世紀後半までイギリスとアジア間の貿易、植民地支配をおこなったイギリスの特権的な会社。セント・ヘレナの行政権を与えられた十七世紀後半から、東インド

会社はこの島の要塞化を進めてきた。一八一五年のナポレオン幽閉ころからイギリス政府の直接的な関与が大きくなり、一八三三年に直轄地となり東インド会社の統治は終わった。

＊9――コクロゲナ属　トウガタマイマイに近縁の陸生巻貝か。詳細不明。

＊10――ロングウッドならびにデッドウッド Longwood and Deadwood　どちらもセント・ヘレナ島のジェームズタウンの東にある地名であり、イギリス人が築いた古い居留地がある。

＊11――チカラグサ　非常に強力なイネ科の雑草として名高いオヒシバの別称。もとは北アフリカからインドの原産と考えられるが、世界中の温帯から熱帯に広がっている。

＊12――ビートスン将軍 Beatson, Alexander（1759-1833）　イギリス、東インド会社の幹部。一八〇三年から一八一三年までセント・ヘレナ島の総督を務め、農場経営の実験もおこなった。

＊13――サンディー・ベイ Sandy Bay　ジェームズタウンのほぼ反対がわ、セント・ヘレナ島の南がわにある地名。

＊14――キャヴェンディッシュ Cavendish, Thomas（1560-92）　イギリスの航海者。キャンディシュと呼ばれることもある。一五八六年にF・ドレークにならい、マゼラン海峡から喜望峰を回って世界周航に成功した。一五九一年に再度、東方をめざすが、翌年マゼラン海峡近くで僚船と離れて失敗、アセンション島で死亡した。

＊15――オカモノアラガイ属　水辺付近に生息する陸生の巻貝で、半透明で琥珀に似た貝殻をもつことから英語では別名アンバー・スネイルとも呼ばれる。

＊16――グリーンヒル Green Hill　アセンション島東部にある最高峰で、グリーン・マウンテンとも呼ばれる。標高は八五九メートル。

＊17――火山弾　岩片のような火山放出物であり、特有の外形または内部構造をもつ。火口から投げ出され流動性を保ったままの溶岩が飛行中または落下時に変形して、紡錘状、リボン状、牛糞状など一定の形になる。

＊18――時辰儀《クロノメーター》　経線儀ともいう。高精度の機械式ぜんまい時計であり、とりわけ経度を測定するため、正確な時刻が必要なことから発達した。正確な測量をおこなう必要性から、ビーグル号には多くの最新式の時辰儀が備えられていた。

＊19――腊葉標本　おし葉標本とも呼ばれる。「腊」は干すという意味であり、植物を脱水、乾燥させた標本をいう。一定の大きさの台紙にはり、ラベルをつけて保管される。

＊20――ペルナンブコ Pernambuco　ブラジル北東部の州名であるが、ここではその州都レシフェの旧称である。大西洋岸の港町であり、サルバドル（バイア）とともに北東部における重要都市。当初は北部の古都オリンダ郊外にある港という位置づけだったが、十七世紀半ばにサトウキビ産業の繁栄とともに立場が逆転した。レシフェはポルトガル語でリーフ（礁）を意味する。

＊21――オリンダ Olinda　レシフェの北がわにある風光明媚な街。一六三〇～五四年のオランダ侵攻とともに住民がレシフェに移動させられるまでは、この地域の中心であった。砂糖貴族と宗教的権威が残ったオリンダ旧市街は植民地時代のバロック建築、教会などが多く残る。一九八二年、世界遺産の文化遺産にも登録された。

＊22――マングローブ　熱帯・亜熱帯の海岸および海水の浸入する河口に見られる常緑低木・半高木からなる林。紅樹林とも呼ばれる。呼吸根や支柱根を出すもののほか、構成植物として多く見られるヒルギ科の植物のように果実が胎生で親木についたまま発芽・生長したものが落ちて定着するなど、特有の生態をもつものが多い。

＊23――セルプラ類　カンザシゴカイ科に属するケヤリに近い環形動物であり、貝類（軟体動物）ではない。カンザシゴカイは、頭部の鰓冠《さいかん》にある殻ぶたをかんざしに見立てた名前。

＊24――アゾレス諸島 Açores　イベリア半島の西方、約一三〇〇キロメートルの北大西洋上に浮かぶポルトガル領の島々。サン・ミゲル、テルセイラなど九島と多くの岩礁から構成される。

＊25――ファルマス Falmouth　イングランド南西部、コーンウォール地方の都市。イギリス海峡沿岸の港町

であり、ビーグル号が出発したデヴォンポート（プリマス）からは西南西へ約七〇キロメートル離れる。

＊26——J・ハーシェル卿 Herschel, John Frederick William（1792-1871） イギリスの天文学者。大天文学者として知られるF・W・ハーシェルの息子。二重星や星雲、星団など父親の仕事を引き継ぎ、その目録をつくった。一八三四～三八年、南アフリカのケープ天文台で南天の観測をおこなった。

原注

第12章

★1――『ロイヤル・ソサエティー理学紀要』一八三六年編にあるコールドクリュー氏の論文を参照のこと。【訳注】コールドクリュー Caldcleugh, Alexander（1795-1858）イギリスの実業家、旅行家。地質学、植物学など自然科学にも興味をもっていた。一八一九年から一八二一年にかけてブラジルやアルゼンチン、チリに滞在し、その記録を旅行記として出版。一八二九年からふたたびチリへ渡り、ダーウィンのアンデス調査などを助けた。

★2――『自然科学年報』一八三三年三月号。ゲイ氏は熱意ある有能な博物学者で、当時チリ王国中の博物学全分野にわたる調査に邁進しておられた。

★3――バーチェル『旅行記』第二巻四五ページ。

★4――モリナはチリの全鳥類と哺乳類を詳細に記述したが、これだけどこにでも見られ、習性も注目される属を一度として論じていない点は、じつに驚くべき事実である。かれはこの属の分類に窮して、当座は沈黙することが分相応だと結論を下しでもしたのだろうか？　このようにほとんど想像のつかない問題について、多くの著者がしばしばそれを省略してしまう傾向があるけれど、これもその一例だろう。

第13章

★1――『園芸紀要』第五巻二四九ページ。コールドクリュー氏が二株の塊茎を母国に送った。これをよく施肥すると、最初の収穫期ですら無数のポテトと数かぎりない葉をつける。この植物に関するフンボルトの興味つきない議論を参照のこと。なお、これらはどうもメキシコには産しないらしい――『新スペイン王国政治論』第四巻、第九章を見よ。

★2――持参の捕虫網を振りまわして、この情況からかなり多数の小昆虫を捕えた。ハネカクシ科と、それからアリヅカムシ属の近縁の虫たち、小型の膜翅類だ。しかし数においていちばん目についた科といえば、チロエ島とチョノス群島の多少とも開けた地域のどこでも種類と個体数の両方で、ホタル科だった。

【訳注】アリヅカムシはハネカクシ科アリヅカムシ亜科に属する昆虫の総称。世界中に数千種が知られ、種類によってはその名の通りアリの巣にすむものもあるが、多くは土中や朽ち木などにすむ。

★3――ある種の猛禽類は、獲物を生かしたまま巣に運ぶといわれる。それが真実ならば、数世紀が過ぎるうちにはときおり、雛鳥からうまく脱出する獲物が出てもおかしくない。互いに遠く離れた島々に小型齧歯類が広く分布することの説明として、そういう経緯は必要である。

★4――この海岸の森林部と裸出部とで、季節によりどれほど大きな差異が生じるものか、その証拠をお見せしよう。南緯三四度地点で九月二〇日に、この鳥の雛たちは巣にいる。ところがチョノス群島では夏が三か月めにはいっても、親が卵を抱いている状態である。二つの場所の緯度差は約七〇〇マイルである。

第14章

★1――アラゴの『ランスティテュート』一八三九年刊、三三七ページ所収の論文。またミエルスの『チリ誌』第一巻三九二ページ、ライエルの『地質学原理』第三巻第一五章をも参照のこと。

★2――二〇日の大地震にともなう火山現象の詳細説明、およびそこから導かれる結論にかんしては、『地質学会会報』第五巻を参照しなければならない。

第15章

★1――スコーズビーの『北極地方』第一巻一二二ページ参照。

★2――シュロプシャーでは以下のような話があったことを、わたしは聞いている。すなわち、セヴァーン川が長雨のせいで氾濫した際に、そこで生じた激流は、ウェールズ地域の山々から雪解けで流れてくる激流よりもはるかに大規模になるのだそうだ。ドルビニー（第一巻一八四ページ）は南アメリカの河川が示すさまざまな色彩の原因について説明したなかで、青くて澄みわたった水がコルディエラの雪解け水をみなもとにしている、と述べている。

★3――ギリーズ博士の『自然地理学雑誌』一八三〇年八月号を参照。この著者は各峠の高度を明記している。【訳注】ギリーズ博士 Gillies, John（1792-1834）はスコットランドの探検家、植物学者。アルゼンチンを拠点に南アメリカの各地で採集した多くの標本のなかには、アンデス山脈のめずらしい植物も多く含まれる。

★4――この凍った雪の構造物は、かなり以前に、スピッツベルゲン島に近い氷山でスコーズビーにより観察されている。さらに近年には、ジャクソン陸軍大佐（『地理学雑誌』第五巻一二ページ）により、ネヴァ川でずっと詳細に観察された。ライエル氏（『地質学原理』第四巻三六〇ページ）は、柱状の構造物を決定するらしい裂け目と、どの岩石にもほとんどあるけれども層状になっていない岩の塊の上でいちばんよく見える柱状節理とを、比較検討している。わたしの観察では、凍った雪の場合に柱状の構造物は「変形」作用によって形成されたに違いなく、堆積されるあいだにつくられたのではないと思われる。

★5――これは、ライエル氏が最初に提示した説、すなわち動物の地理的分布が地質変化に影響されるとする称賛すべき法則を立証するほんの一例にすぎない。もちろん、この理論ぜんたいは、種が不変であるという仮定の上に樹てられたものであるが、それとは別に、二つの地方にすむ種の相違は、長大な時間が過ぎる中でみちびかれたと考えることも可能である。

第16章

★1――フンボルトの『南米紀行』第四巻一一ページ、第二巻二一七ページ。グアヤキルについては『シリマン雑記』第二四巻三八四ページ。タクナについてはハミルトンの『イギリス協会報』一八四〇年所載の論文を参照のこと。コセギナについては、コールドクリューの『理学会会報』一八三五年を参照。本書の前の版に、わたしは、晴雨計の急降下と地震とのあいだの暗合、ならびに地震と隕石とのあいだの暗合にかかわる資料を、いくつか収集した。

★2――『リマ風土観察記』六七ページ。アザラ『旅行記』第一巻三八一ページ。ウリョア『航海記』第二巻二八ページ。バーチェル『旅行記』第二巻五二四ページ。ウェブスター『アゾレス誌』一二四ページ。『王国将校によるイル・ド・フランス航海記』第一巻二四八ページ。『セント・ヘレナ誌』一二三ページ。

★3――テンプルは、ポトシからオルルへの旅の途中、上ペルーすなわちボリビアを通過したが、こう述べている。「わたしはインディオ部落あるいは群落の廃墟が、山脈の最上部にまで散在しているのを、目撃した。いまは人の住まないところに、かつては人が住んでいた証拠といえよう」。かれは別の個所でも同様の論述をおこなっているが、わたしとしてはこの廃絶が、人口の不足によっておきたのか、土地の環境が変化したことの結果なのか、判断できないでいる。

★4――『エディンバラ理学雑誌』一八三〇年一月号七四ページ、一八三〇年四月号二五八ページを参照。また、火山についてのドーブニ氏の論文、四三八ページ、『ベンガル雑誌』第七巻三二四ページも参照のこと。

【訳注】ドーブニ氏 Daubeny, Charles Giles Bridle（1795-1867）イギリスの博物学者。オックスフォードで植物学を教え、化学や地質学についても著作を残した。

★5――『新スペイン王国政治論』第四巻一九九ページ。

★6――同じような興味深い事例が『マドラス医学季報』一八三九年、三四〇ページに、記録されている。ファーガソン博士はその名論文（『エディンバラ王立会誌』第九巻を参照）において、こう明言している。一般に毒気は、乾燥が進む過程で発生する。したがって、乾燥しているうえに暑い土地は、しばしばもっとも健康によくない土地である、と。

【訳注】ファーガソン博士 Fergusson, William（1773-1846） イギリスの軍医。軍事医学の専門家で、この分野で多くの著作を残している。

第17章

★1――『アフリカ四島への航海』より。ハワイ諸島については、タイアマンとベネットの『航海誌』第一巻四三四ページを参照のこと。モーリシャスについては、『一士官による航海記……』第一部一七〇ページを参照。カナリア諸島にカエルはすんでいない（ウェッブとベルトロ著『カナリー諸島自然誌』）。わたしはベルデ岬諸島のサンチャゴで一匹のカエルも見かけなかった。セント・ヘレナ島にも両生類はいない。

【訳注】タイアマンとベネット タイアマン Tyerman, Daniel（1773-1828）はイギリスの宣教師で、ロンドン伝道協会に所属した。同僚のベネット Bennet, George（1774-?）とともに中国や東南アジアなどを旅した。

【訳注】ウェッブとベルトロ ウェッブ Webb, Philip Barker（1793-1854）はイギリスの植物学者。カナリア諸島で出会ったフランスの博物学者ベルトロ Berthelot, Sabin（1794-1880）との共著『カナリー諸島自然誌』は完成までに十数年を要した労作。

★2――『自然史年報雑誌』第一六巻一九ページ参照。

★3――『アメリカ合衆国軍艦エセックス号航海記』第一巻二一五ページ参照。

★4――『リンネ学会誌』第一二巻四九六ページ。わたしが遭遇したこの主題に対するもっとも矛盾する事実は、北アメリカの北極部に生息する小鳥たちが人に馴れないことである（リチャードソンが『北極地方の動物誌』第二巻三三二ページに記したように)。その地域では、小鳥たちは人から迫害を受けたことがないというのである。この一件がさらに奇妙なのは、アメリカ合衆国で冬場をすごすその同種の一部が、人に馴れることである。リチャードソン博士が十分に注目するとおり、これらの小鳥が巣を隠すときに別の程度の臆病さと用心深さとを示すことは、まったく説明がつかない。イギリス産のモリバトは一般的にきわめて人に馴れない鳥であるのに、人家のすぐ近くの茂みの中でヒナを育てることも、たいへんに奇妙である!

第18章

原注なし。

第19章

★1——同一の病気が異なった気候ではいかに変化をみせるか、これはまことに注目にあたいする。セント・ヘレナという小島では、猩紅熱のもちこみをペストのようにおそれる。国によっては、外国人と土着民とでは一定の接触性伝染病について、そのおかされかたが異なること、まるで別種の動物であるかのようである。こうした事実はチリでも発生している。さらにフンボルトによれば、同様のことがメキシコでも認められている(『新スペイン王国政治論』第四巻)。

★2——『伝道事業顚末』二八二ページ。

★3——キャプテン・ビーチィの『航海記』(第一巻第四章)によると、ピトケアン島の住人は船がはいるごとに皮膚病やらそのほかの病気に悩まされることを確信しているという。キャプテン・ビーチィはこの原因を、外国船入港中に食物が変化することにもとめている。マクロック博士(『西海諸島航海記』第二巻三二ページ)は、「(セント・キルダに)外国人がくるたびごとに、住民すべてが、ふつうのいかたをすると風邪にかかる」と請けあっている。マクロック博士はずいぶん以前からしばしば問題になってきたにもかかわらず、根拠のない話と一蹴する。だがしかし、「この問いかけは、われわれが住民に浴びせたものであって、かれらはただ単純にそれを認めただけだ」とつけ加えてはいる。ヴァンクーヴァーの『航海記』にも、タヒチに関する多少似かよった記述がある。ディーフェンバッハ博士は、みずから手がけたこの航海記の翻訳に付した脚注に、チャタム島住人のすべてとニュージーランド人の一部も同じ事実を信じている、と書いている。そうした信仰が何の根拠もなしに、北半球とオーストラリアと太平洋とで、同時に存在する、などということはありえない。フンボルトは（『新スペイン王国政治論』第四巻）、パナマとカヤオでは大きな伝染病が流行するきざしは、チリから来る船がその「目印」になる、と述べている。なぜなら、温帯のチリからくる人びとが、熱帯域の死病に最初におかされるからだ。わたしはこれに加えて、シュロプシャーで聞いた以下の話を書いておきたい。船で輸入されてきた羊は、健康状態がいいにもかかわらず、すでに飼養されている羊といっしょにすると、しばしばその群れに病気が出る、といわれているそうである。

【訳注】ピトケアン島 Pitcairn Island　南太平洋、タヒチ島の南東約二一六〇キロメートルに位置するポリネシア東部の孤島。現在はイギリス領。十五世紀くらいまで人が住んでいたが、その後は長く無人島であった。一七九〇年に反乱を起こしたイギリス艦バウンティ号の乗組員がタヒチ島女性とともにここへ定住、現在もその子孫が生活している。

【訳注】マクロック博士 Macculloch, John（1773-1835）　イギリスの地質学者。スコットランドの地質調査を熱心におこない、膨大な資料を残した。

【訳注】セント・キルダ Saint Kilda　スコットランド西方の大西洋沖にある三つの小島で、アウターヘブリディーズ諸島中部のノースユーイスト島から西へ約七〇キロメートル離れる。先史時代より人が住んでいたが、一九三〇年以後は無人島。一九八六年に世界遺産の自然遺産に登録、二〇〇五年には複合遺産となった。

【訳注】ヴァンクーヴァー Vancouver, George（1757-98）　イギリスの航海者。クックの第二次・第

三次航海に参加後、北太平洋の航海に出た。アメリカ大陸西岸のカリフォルニアからアラスカまでを精査した。カナダ南西部のヴァンクーヴァー島がその名にちなむ。

★4――『オーストラリア旅行記』第一巻一五四ページ。わたしはT・ミッチェル卿に対し、ニュー・サウス・ウェールズの大峡谷についてさまざまの興味深い情報を私的に提供してくださったことに感謝する。

★5――わたしはこの地で、アリジゴクか、あるいはなにか別種の昆虫がつくった、円錐形にくぼんだ穴をみつけて、興味をそそられた。はじめに一匹のハエが、罠となる斜面に落ちこんだと思ったとたん、姿を消してしまった。次に、大きいけれど不注意なアリがやってきた。この虫は穴から這いだそうとして派手に暴れまわった。カービーとスペンス（『昆虫学誌』第一巻四二五ページ）が記述しているのだが、このとき昆虫が尾部を動かすせいでおきてくる奇妙な砂粒の跳ねあがりは、すぐさま狙われた犠牲者を打った。しかしアリは、ハエよりはいくらか好運だった。円錐形の穴の中心にひそんでいるアリジゴクの必殺の顎には、噛まれずにすんだのだから。このオーストラリア産アリジゴクの穴の大きさは、ヨーロッパのアリジゴクがつくるものの半分しかなかった。

★6――『ニュー・サウス・ウェールズとファン・ディーメンズ・ランドの自然的記述』三五四ページ。

第20章

★1――この植物は『博物学年報』一八三八年第一巻三三七ページに記述されている。

★2――ホルマン『旅行記』第四巻三七八ページ。

★3――コツェブー『第一航海記』第三巻二二二ページ。

★4――一三種とは以下の目《オーダー》に属する。鞘翅目では微小なコメツキムシ一種。直翅目ではコオロギとゴキブリ一種ずつ［ただし現在ではゴキブリは直翅目に含めず、ゴキブリ目としている］。半翅目では一種。同翅目では二種。脈翅目ではクサカゲロウ一種。膜翅目では二種のアリ。鱗翅目のガではディオパエア一種とトリバガ科（?）一種。双翅目では二種類であった。

★5――コツェブー『第一航海記』第三巻二二二ページ。

★6――ある種のヤドカリの大きな鋏は、引っこめたときに貝殻の蓋をかたちづくるのだが、これがまた、もともと貝類に具わっていたようにぴたりと合うようにできている。わたしの観察したかぎりでは、特定のヤドカリが特定の貝殻を用いることはまちがいない。

★7――コツェブーがカムチャツカに連れてきたサンゴ島の住人は、故郷へ持ち帰るのだといって、石ころを盛んに拾い集めた。

★8――『動物学協会紀要』一八三二年一七ページ参照。

★9――タイアマンとベネット『航海記』第二巻三三ページ。

★10――書くまでもないことだが、マラッカやジャワから船で運びこまれた大陸がわの土だとか、波によってここに流れついた軽石のかけらのごときものは、すべて除外しておく。それだけでなく、北方の島で発見された一個の緑石も、ここから除かなくてはいけない。

★11――これは一八三七年五月に地質学会で初めて講演し、その後『サンゴ礁の構造と分布』として単行本に発展した。

★12――ライエル氏はつとにその著作『地質学原理』初版において、こう指摘している――太平洋の陸地面積が、それをつくりだした原動力であるサンゴと火山活動の規模に比して、あまりにも少なすぎる。だとすれば、沈降する陸地の量が、生みだされ隆起する陸地の量よりも大きくなる、と推定するしかない、と。これは注目すべき指摘である。

★13――アメリカ合衆国がおこなった偉大な南極探検に参加した博物学者クーツォイ氏が著したある冊子に、以下の文章を見いだし、非常にうれしく思ったことがある。「個人的に多数のサンゴ島を調査し、海浜と一部にそれを取り巻くリーフがある火山島群で八か月のあいだ生活したところ、わたし自身もダーウィン氏の仮説が正しいとの確信にいたる観察をえたと明言してよい」と。しかし、この探検をおこなった博物学者は、サンゴ礁の形成にかんし、わたしと見解を異にする点がいくつかある。

【訳注】クーツォイ Couthouy, Joseph Pitty（1808-64）　アメリカの海軍軍人、博物学者。南アメリカ大陸や太平洋への航海に参加。語学の才能もあり、南太平洋で話されるいくつかの方言もマスターした。

第21章

★1――この話題に関して、たくさんの雄弁な論述が洪水さながらに噴出した今となっては、墓に言及することすら危険である。ある最近の旅人は、次に示すようないいかたで、わずか一二行のうちにこの荒れはてた小島をうたいあらわした――「そは墳墓（グレイヴ）なり、墓標（トゥーム）なり、ピラミッドなり、共同墓地なり、聖墓（セプルカー）なり、地下墓（カタコンベ）地なり、石棺なり、回教塔（ミナレット）なり、霊廟（マウソレウム）なり。」

★2――この貝の標本はすべて、一か所でわたし自身が採集したものだが、別のところで採集された他の標本にくらべて、きわだった変異を示す。これは注目にあたいする。

★3――ビートスン『セント・ヘレナ島記』序文、四ページ。

★4――この数種の昆虫のうち、みつけたわたしを驚かせたのが、小さなマグソコガネ属（新種）とサイカブト属の一種で、糞の下にいくらでもいた。島が発見された当初、哺乳類はたぶんネズミの一種を除いて、一つも見あたらなかったと思われる。したがって、糞を食う昆虫は偶然に移入されたものか、あるいは原産種だとすると、以前はいったいどんな餌を食べていたろうか。ラ・プラタ川の河川敷は、牛や馬が数かぎりなくいるので、すばらしい芝草の平原にはたっぷり肥料が行きわたっているのだが、そこでヨーロッパにたくさんいる糞食いの甲虫を多数みつけようとしても、無駄なのである。わたしが観察しえたのは、ただ一種、サイカブトの仲間（この属に含まれるヨーロッパ産の種は、腐った植物を食べる）だけだった。チロエ島にあるコルディエラの反対がわには、別種のニジダイコクコガネがこれまたうじゃうじゃといる。この属は家畜が移入される前に、人間の糞を処理していたと信じられるふしがある。ヨーロッパでは、ほかの大きな動物たちの生存にすでに役立ったあとの滓《かす》を食っている甲虫は、きわめて数が多く、一〇〇種をかなり超えているに違いない。この点を考え、またラ・プラタではこの種の食物がなくなってしまった点をも考慮にいれると、原産地でこれだけたくさんの生物を結びつけている食物連鎖を人間が乱してしまった実例を、わたしは見ているのではないか。ところがタスマニアでわたしは、エンマコガネ四種と、マグソコガネ二種と、第三の属に含まれる一種とを牛の糞の中に大量に発見した。しかし牛がここに持ちこまれたのは、たった三三年前なのだ。それ以前には、カンガルーとそのほかの小型動物だけが唯一の哺乳類だった。しかもかれらの糞は、人間が持ちこんだ家畜のものとずいぶん質が違っていた。イギリスでは、きわめて多くの糞食い甲虫が、かれらの嗜好をよく守っている。つまり、かれらは生命を維持するのに無差別にどんな哺乳類にもとりつくというものではない。したがって、タスマニアで発生したこの嗜好の変化は、大いに注目される。わたしは、前述した昆虫たちの学名を教えてくださったF・W・ホープ師に多くを負っており、どうか昆虫学におけるわが師と呼ぶことを許していただければと希望する。

【訳注】マグソコガネ属　コガネムシ科の甲虫。ほとんどがヒトや動物の糞に集まる糞虫で、世界中に多くの種が分布する。成虫は穴掘りに適した前脚をもつ。

【訳注】サイカブト属　サイのような角をもつコガネムシ科の甲虫。約四〇種が知られ、なかにはヤシやパイナップルなど熱帯産の商品作物を枯らす害虫も含まれる。

【訳注】ニジダイコクコガネ　コガネムシ科の甲虫で、玉虫色の体にカブトムシのような角をもつ。アメリカ大陸に多く見られる。

【訳注】エンマコガネ　コガネムシ科の糞虫で、世界中に多くの種が存在する。

【訳注】F・W・ホープ師 Hope, Frederick William（1797-1862）　イギリスの昆虫学者。優れた甲虫の分類学者として知られる。

★5――『ベルリン王立科学院月報』一八四五年四月号。

★6――このリーフの詳細については、『ロンドンおよびエディンバラ哲学雑誌』第十九巻（一八四一年）、二五七ページに述べておいた。

◆注記　上巻一九一ページに記した、尾部を振動させる奇習をもつヘビは、クサリヘビの仲間トリゴノケファルスの新種（現在では、ガラガラヘビ属 *Crotalus*）となっており、ビブロン氏がトリゴノケファルス・クレピタンス *Trigonocephalus crepitans* という学名を提唱している。

ダーウィン関連略年譜

年	年齢	チャールズ・ダーウィン関連
1809		2月12日、開業医ロバート・ウォーリング・ダーウィンとスザンナ・ウェッジウッドの二男（6人兄弟の5番目）として、イギリス中部のシュルーズベリに生まれる。
1817	8	7月、母スザンナ死去。
1818	9	シュルーズベリ校に寄宿生として入学。
1825	16	医学を学ぶためエディンバラ大学に入学。
1828	19	4月、エディンバラ大学を退学。10月、聖職につくためケンブリッジ大学クライスツカレッジに入学。植物学教授ジョン・ヘンズローに師事。

年	日本と世界の出来事（*印は日本関連）
1808	*間宮林蔵らが樺太（サハリン）を探検し、間宮海峡を発見。
1810	メキシコ、エクアドルなどスペイン領植民地で独立運動が盛んになる。
1812	ナポレオンのロシア遠征。
1814	ナポレオン退位。ウィーン会議はじまる。 モーリシャス、イギリス領となる。
1815	*杉田玄白の『蘭学事始』完成。 ナポレオン、セント・ヘレナ島に流刑。
1816	アルゼンチン独立宣言。
1819	イギリス、シンガポールを占領。
1821	*伊能忠敬の『大日本沿海輿地全図』が完成。 メキシコ、ペルー独立宣言。
1822	ブラジル帝国、ポルトガルより独立。
1823	*シーボルト、長崎に来る。
1825	*異国船打払令。 ボリビア独立宣言。ロシアでデカブリストの乱起こる。
1828	*シーボルト事件。

1831	22	4月、ケンブリッジ大学で神学を学び、卒業する。8月29日、南アメリカの測量調査に向かう軍艦ビーグル号に無給の博物学者として乗りこまないかという手紙を受けとる。9月、ロバート・フィッツロイと会う。12月27日、ビーグル号、プリマスのデヴォンポートから南アメリカに向けて出航。	1830	ウルグアイ独立。オーストラリア全土がイギリスの植民地になる。パリ七月革命。大コロンビアがコロンビア、エクアドル、ベネズエラに分裂する。アメリカ初の鉄道開通。
1832	23	ビーグル号、南アメリカ大陸の東岸にそって南北に航海を繰り返す。リオ・デ・ジャネイロ、モンテビデオ、フエゴ島などに寄港。	1832	エクアドルがガラパゴス諸島の領有を宣言。
1833	24	アルゼンチンのプンタ・アルタでメガテリウムなどの化石哺乳類の骨を発見する。	1833	*天保の大飢饉（東北地方中心）。
1834	25	6月、ビーグル号、チリに寄港、アンデス山脈へ。	1834	*歌川広重の浮世絵風景版画「東海道五十三次」が完成。
1835	26	ビーグル号、南アメリカ大陸西岸にそって北上。2月20日、チリで大地震にあう。9月半ばにガラパゴス諸島に到着。11月、タヒチ島に着く。	1835	モールスが電信機を発明。
1836	27	オーストラリア、タスマニア、キーリング諸島、モーリシャス、喜望峰、そしてふたたび南アメリカ大陸を経て10月2日、イギリスのファルマス港に帰る。	1837	*大塩平八郎の乱。ヴィクトリア女王即位。

1838	29	『ビーグル号航海動物学編』の出版を開始（1843年に完結）。マルサスの『人口論』を読みはじめる。
1839	30	1月29日、いとこのエマ・ウェッジウッドと結婚。『ビーグル号航海記』を出版。
1842	33	5月、種に関する自分の理論のあらましを書きはじめる。9月、ダーウィン一家、ケント州のダウンハウスに引っこす。
1845	36	『ビーグル号航海記』を再版する。
1858	49	いちはやく進化論を論文化したアルフレッド・ラッセル・ウォレスから手紙と論文を受けとる。論文がダーウィンとウォレスの連名で、リンネ学会で発表される。『種の起原』を書きはじめる。
1859	50	11月24日、『種の起原』が出版され、その日のうちに売り切れる。
1860	51	ヘンズローとハクスリーがイギリス科学振興協会の総会に、病身のダーウィンにかわって

1838	イギリスでチャーチスト運動。
1839	＊蛮社の獄で渡辺崋山らが捕縛。
1840	イギリスと清、アヘン戦争。ニュージーランド、マオリとワイタンギ条約を締結しイギリスの植民地となる。
1841	＊老中水野忠邦による天保の改革。
1842	南京条約により清がイギリスに香港を割譲。タヒチ王国、フランスの保護領となる。
1846	米墨戦争はじまる。
1848	マルクス、エンゲルスによる共産党宣言。フランス二月革命、第二共和政宣言。
1849	リヴィングストン、アフリカを探検。
1850	アメリカ逃亡奴隷取締法制定。
1853	クリミア戦争（イギリス・フランス・トルコがロシアと戦う）。＊ペリーのアメリカ艦隊、浦賀に来航。ロシア使節プチャーチン、長崎に来航。
1854	＊アメリカ、イギリス、ロシアと和親条約を結び、日本開国。ペルー、ベネズエラで奴隷制が廃止。
1858	＊安政の大獄。
1859	イタリア統一戦争。
1860	＊桜田門外の変。リンカーン、アメリカ大統領選挙に当選。

		出席。オックスフォード主教ウィルバーフォースと論争して勝つ。	1861	アメリカ南北戦争はじまる。ロシアのアレクサンドル2世が農奴解放令発布。
			1863	リンカーンの奴隷解放宣言。
			1864	第一インターナショナル結成。
1865	56	4月30日、ビーグル号の艦長だったロバート・フィッツロイ海軍中将自殺。	1865	メンデル、遺伝の法則を発見。
			1867	*15代将軍徳川慶喜が大政奉還、江戸幕府倒れる。
1868	59	『家畜と栽培植物の変異』を出版。	1868	*戊辰戦争。五箇条の御誓文発布、明治維新。
			1869	スエズ運河開通。
			1870	普仏戦争。
1871	62	『人間の由来』を出版。	1871	*岩倉使節団、欧米へ。
1872	63	『人間と動物の感情表現』を出版。	1876	タスマニア先住民絶滅。
1881	72	最後の著書『ミミズと土』を出版。12月、ロンドンの友人を訪問中、心臓発作をおこす。	1877	*西南戦争。イギリスによるインド帝国成立。
1882	73	4月19日、ダウンハウスで死去。	1885	*内閣制度ができ、初代の内閣総理大臣に伊藤博文が就任。
			1888	ブラジルで奴隷制が廃止。

10）Jules Dumont d'urville: Voyage de la Corvette l'Astrolabe exécuté Pendant les Années 1826-1827-1828-1829. Paris, J. Tastu, 1833. デュモン＝デュルヴィル『アストロラブ号航海記　図篇』→ 316, 358, 433, 438, 445

11）Friedrich Schiller: Acht Umrisse zu Schiller's Fridolin oder der Gang nach dem Eisenhammer von Moritz Retzsch. Mit einigen Andeutungen von Carl August Böttiger. Stuttgart und Augsburg, J. G. Cotta, 1837. シラー『フリドリンの譚歌』→ 319

12）W. Allen: Picturesque Views in the Land of Ascension. London, James Moyes, Hague and Day, 1835. アレン、W.『アセンション島景観集』→ 450

13）J. G. Stedman: The Narrative of a Five Years Expedition against the Revolted Negroes of Surinam. London, J. Johnson and J. Edwards, 1796. ステッドマン、J. G.『五年にわたるスリナム黒人奴隷反乱実見記』→ 458, 460

図版出典

（→のあとの数字は図版掲載のページ数）

1）Journal of researches into the natural history and geology of the countries visited during the voyage round the world of H.M.S. 'Beagle'. 1913. → 10, 14, 22, 30, 31, 34上, 38, 61, 64, 67, 88, 89, 114, 129, 131, 134, 156, 177, 216, 218, 229, 242上, 247, 251, 287, 291, 297, 301, 312, 339, 342, 361, 377, 393, 397, 402, 405, 408, 409, 412, 414, 434, 437, 446, 449, 453, 463

2）The narrative of the voyages of H.M.S. Adventure and Beagle. (Proceedings of the first expedition, 1826-30, Proceedings of the second expedition, 1831-36.)『軍艦アドヴェンチャー号とビーグル号の航海記』→ 11-13, 54, 55, 91, 93, 95, 99, 107, 231-234, 285, 286, 292, 304, 314

3）The zoology of the voyage of H.M.S. Beagle. 1838-1843.『ビーグル号航海動物学編』→ 65, 77, 79, 238-240, 242下, 245, 259, 265, 271

4）Histoire naturelle des oiseaux-mouches, ouvrage orné de planches dessinées et gravées par les meilleurs artistes .... 1829-30. レッソン、R.-P.『ハチドリの自然誌』→ 48, 49

5）Centurie zoologique, etc. 1830-32. レッソン、R.-P.『動物百図』→ 47上

6）Illustrations de zoologie, ou Choix de figures peintes d'après nature des espèces nouvelles et rares d'animaux, récemment découvertes et accompagnées d'un texte descriptif, général et particulier. 1832-34. レッソン、R.-P.『動物学図譜』→ 47下

7）Alexander von Humboldt: Vues des Cordillères, et monumens des peuples indigènes de l'Amérique. Paris, F. Schoell, 1810-13. フンボルト『コルディエラ風景と民俗遺物集』→ 17, 20, 34下, 162

8）Alcide d'Orbigny: Voyage dans de l'Amérique Méridionale, Atlas de la Partie Historique. Paris, Bertrand, 1846. アルシード・ドルビニー『中央アメリカの旅　旅行記篇』→ 18, 184

9）le Cen. Labillardière: Atlas pour servir à la relation du voyage a la recherche de la Pérouse, fait par ordre de l'Assemblée constituante, pendant les années 1791, 1792, et pendant la 1ère. et la 2eme. année de la République Française. Paris、chez H. J. Jansen, 1800. ラビヤルディエル『ラ・ペルーズ世界周航記』→ 110

あとがき――ダーウィン初期の出版事情について

チャールズ・R・ダーウィンの著作『ビーグル号航海記』は、いまさら書くまでもなく、世界中に知られた名著である。「世界を変えた古典」の一冊という評価があるほどの傑作であり、おそらく、ダーウィンの著作としては、もっとも愛読されたポピュラーな本といえるだろう。というのは、本書が進化論研究の発端をものがたる世界一周航海記であると同時に、わずか二十二歳のダーウィンが若々しい好奇心と冒険心とを発露した五年間におよぶ興味ぶかい探検記でもあるからだ。

本書の訳者もまた高校生でこの著作に触れ、博物探検しながら世界を回りたいと夢想した一読者であった。それ以後もことあるごとにダーウィンとの出会いがあったのだが、いちばんに思いだす出来事は、二〇〇九年である。その年は著者ダーウィン生誕二〇〇周年にあたっていて、主著の『種の起原』の発表後一五〇年を祝う特別な一年であった。各国で改めてダーウィンへの関心が高まった。故国イギリスではロンドン自然史博物館をはじめ大小三〇〇以上のイベントがおこなわれたと聞くし、日本国内を見ても、国立国会図書館関西館では古い資料の展示会、科学技術館ではダーウィン生誕二〇〇年記念イベント「ダーウィンを超えて――生物進化の最前線」、上野動物園では「第二〇回国際生物学オリンピック　プレイベント　未来のダーウィンをめざせ！

ダーウィン生誕二〇〇周年記念講演会」などが開催され、わたしの興味も大きくひろがった。

しかし、これらのイベントを通じて感じたことが、一つあった。進化論を直接あつかった『種の起原』は、日本でも原著刊行後三七年めで翻訳刊本が出ているのに、『ビーグル号航海記』のほうは簡約本でなんとか日本語訳が読めるようになったのが、発表後七五年め、完訳に至ってはほぼ一〇〇年後にようやく出版されたというのは、いかにも遅いという実感だった。だが、日本にかぎらず、フランスやドイツ、およびその他の国でも、本書は意外にも翻訳が遅れたのである。もちろん、ビーグル号航海に関する話や一部の引用、また粗筋や翻案などは戦前にも処々で公けになったことだろうが、これだけ重要な人物のもっともポピュラーな著作が一世紀ものあいだ完訳されなかったというのは、ちょっと信じがたいことだった。

よくよく考えてみると、この『ビーグル号航海記』初版（一八三九）が世に出たのは、日本の年号でいうと天保九～一〇年にかけてであった。つまり、江戸後期に書かれた科学探訪記なのである。そのあとに歴史を変える名著『種の起原』（一八五九）が刊行される次第となるが、この作品でさえ、初版刊行は安政六年であり、まさしくダーウィンの著作は江戸時代に出たといえるのだから、日本語訳の作業がなぜこんなに遅れてしまったのか理由がわからない。それならば、日本で最初にダーウィンを読んだのは誰だったろうと想像したくなるが、そのリサーチには収穫があった。わたしが知る中でいちばん古い『ビーグル号航海記』の翻訳者は、小岩井兼輝という人である。一九一二年（明治四五）三月に同文館という版元から『ダーキン氏世界一週學術探検實記』（三七九ページ、小岩井兼輝訳述）と題して出版された。「訳述」と断っているとおり大幅に要約された短縮版であり、航海のスケジュールや地質学に関しては最低限粗述してあるものの、フエゴ島の住人やイギリスに連れて行かれたジェミー・ボタンたちのこと、そしてダーウィンのさまざまな感情描写はカットされており、味気ない読み物になっていた。たぶん、最初は地質学的な関心から翻訳が試みられたのであろう。しかし、これを訳した小岩井氏に関心が湧き、調べてみると、水戸出身の地質学者だったことがわかった。明治二五年に東京帝国大学理科大学を卒業、教職についたのち大正元年秋に再度東北帝国大学に入学している。ここで「大正元年秋」とされたのは、実際には「明治四五年秋」のことと考えられるので、『ビーグル号航海記』を訳したあと、大学に入りなおしたことがわかる。ダーウィンの著作が地質学に大きくページを割いているため、地質学者が翻訳にあたったのは理に適っている。「地質学雑誌」一九三九年五月号の追悼記事によると、「大正元年秋」に東北帝大に入学した小岩井氏はすでに禿頭の四三歳、主任教授より一〇歳上だったそうだ。興味ある地質学者である。

これに対し、全訳本が一九三八年（昭和一三）に白揚社版「ダーウィン全集第一巻」として刊行される。訳者は内山賢次、動物学など科学系読み物の翻訳者として知られる人の作品なので、いまでも十分に楽しめる文章である。書誌に関しても詳しく、『ビーグル号航海記』の出版事情にもこと細かに触れている。内山さんは解題の中で、「私は西洋諸国の古典を日本に移殖する仕事に一つの意義を認めている。そういう看点から、十九世紀科学のメーン・カレントに棹したダーウィンの全業績が、当然紹介さるべくして紹介されないでいるのは怪訝に堪えない事柄だった」と書いている。おどろくべきことに、わたしと同じ感想を述べているのである。そこで内山さんは、わけても夙に紹介されていてよかった『ビーグル号航海記』をご自身の手で訳出したのだったが、刊行の目算が立たなかった。しかし数年後に、たまたま専門諸学者が企画した「ダーウィン全集」にその訳稿が収められる幸運に恵まれ、底稿に厳密な推敲を加えて刊行された。これが原著の初版刊行後ほぼ一〇〇周年にあたっていたところが運命的である。江戸時代末期の一大名著が一〇〇年たってもまだ日本語で読めないという状況は、科学系翻訳者の内山さんにして「いかにも遅い」と苛《いら》だたれた情況が、ついに解消されたわけである。まさにやむにやまれず、自身の手で翻訳に着手したものと推察される。ちなみに、この内山訳は戦中の一九四一年にも改造社から上下二巻の文庫本で、さらに戦後一九五四年には河出書房の「世界探検紀行全集」第六巻として簡約版が、それぞれ刊行された。この内山訳を通じて明らかになるのは、ビーグル号翻訳が膨大な分量のせいで出版の引き受け手を見いだせなかった、という事情である。むろん、生物名や地名をチェックするだけでも大仕事だったという別の事情もからんだにちがいないが、多くの出版社は『ビーグル号航海記』のボリュームに恐れをなしたらしいのである。小岩井さんが明治末年に翻訳刊行した本も短縮版という形式によったことは、上の事情をあきらかに反映している。

そうであるならば、このような大分量の翻訳出版がどういう場合に実現できるのか？　考えられるのは、二〇〇九年のダーウィン生誕二〇〇周年のような「お祭り」である。じつはわたしが翻訳したこの本の初版も、遅くはなったがダーウィン生誕二〇〇周年という契機があり、さらには版元の平凡社創業一〇〇周年記念出版という区切りがなければ、たぶんいつ翻訳の踏ん切りがついたかわからなかった。偶然だとは思うが、最初の小岩井訳も一九一二年という出版時期は、ダーウィン生誕一〇〇周年と関係があったかもしれない。また白揚社の「ダーウィン全集」も、第一巻は一九三八年、すなわち『ビーグル号航海記』初版刊行一〇〇周年に実現していたのである。

ちなみに、内山さんの完訳本解題には非常に興味ぶかい話が載っている。幕末当時、ビーグル号が鹿児島藩に購入され、「乾行《けんこう》」という艦名を与えられて明治新政府に献上されたのち、一八八一年(明治一四)に廃船になったというのである。じつはわたしも一四年ほど前、ビーグル号の翻訳に目途がたった時期にこの話を知り、愛知県岡崎市にあった岡崎市郷土館に「ビーグル号の船材」なるものを見物に行ったことがある。台形の分厚い実物には「マゼラン海峡を航行するビーグル号」の彩色模写図が描かれ、その右肩に海軍大臣斎藤実、左肩に東郷平八郎元帥の署名があった。なんでも日英同盟締結と日露戦争終結を記念する「日英博覧会」が一九一〇年にロンドンで開催された際、ちょうど時期が重なったダーウィン生誕一〇〇周年の記念祭のほうから、「日本に売却されたビーグル号の行方」について問い合わせがきたそうなのだ。そのときビーグル号の行方を誰よりも熱心に捜索したのが、『日本風景論』の著者として知られた志賀重昂だった。この人、明治一九年にダーウィンの『ビーグル号航海記』を読んで世界周航にあこがれ、軍艦に乗って太平洋航海に出たのを皮切りに世界を巡った冒険家である。アメリカはテキサス州のアラモ砦を訪れ、会津白虎隊によく似た郷土愛の物語に感激して「アラモの碑」まで建てた熱血漢でもあった。その船材が、ダーウィン生誕一〇〇周年に近い一九〇九年の明治四二年頃、回りまわって品川台場造船所に残されていたのを、志賀は突き止め、その船材を日英博覧会に出品した。イギリス側はその後の調査で、日本に売却した「ビーグル号」が、世界周航をおこなった本物ではなく、その後に建造された「別のビーグル号」であったことを確認していたが、「名前を継いだ船でも名誉に値する」として出品を認めることとなった。

したがって、一九一〇年前後の日本とイギリスでは、ダーウィンとビーグル号が大きな話題になっていたのである。こういうことがあると、大きな翻訳出版企画も動きだす。一九三八年に企画が実現した白揚社の「ダーウィン全集」も、何かそれなりの動機付けというか、勢いがでるような背景があったのではないのか。知りたいものである。

とはいえ、ダーウィン自身も『ビーグル号航海記』を含めて、初期の著作出版には多くの苦難があった。その理由はいろいろ考えられるのだが、その一端はダーウィンの事実上のデビュー作だった『ビーグル号航海動物学編』の出版事情からうかがうことができる。つまり、このデビュー作刊行当時、ダーウィンはまったく無名の著者だったのだ。いわば自費出版に近い刊行だったのである。しかし、この時代の探検航海記録の例にならうかのように、『ビーグル号航海動物学編』はデビュー作ながらたいへんに高価な書物となった。たくさんの有名な博物学者にテキストを依頼したこともあるが、問題は石版による博物図を多数収める必要があった点にある。しかもカラフルな手彩色鳥類図は、当時もっとも精力的な鳥類研究家兼石版画制作家のジョン・グールドが担当した。グールドはガラパゴス諸島に生息するフィンチ類が島により独自の形質をもつことにいち早く注目し、ダーウィンにその重要性を示唆した。その意味ではたいへんに貴重な見解を提供してくれた人物であったが、なにしろ石版画の制作費が高くつく。一八三八年二月にダーウィンはグールドに書簡を送り、なんとか五〇枚の図譜の彩色経費を一枚当たり五ペンス以下に抑えてくれないかと泣きついている。

泣きつくのも無理はない。ダーウィンはこのデビュー作を出版するにあたり、自費出版も覚悟しながら経費支援者を探し回った。リンネ協会の会員や博物好きの貴族から支援を得、また財務省から一〇〇〇ポンドの出版資金援助も得たのだが、けっきょくそれでも足りず、商業出版社に刊行を委ねることになった。最初は一九分冊に分けた冊子形式で、一八三八年二月から四三年一〇月まで刊行された。この分冊販売は、博物学書や図譜のような製作年数も費用も膨大に要する企画を実現するシステムとして、イギリスで広く活用されていた方法だった。おまけにダーウィンは、さまざまなパートで執筆したにもかかわらず、著者ではなく編纂者として明示されたにすぎなかった。哺乳類や鳥類といった分野別に、リチャード・オーウェンやジョン・グールド、ウォーターハウス・ホーキンズなどの「大物」博物学者が起用されたため、かれらのネームヴァリューの前では編纂者ダーウィンがまったく目立たなかったのである。

それでも、この博物学報告書はよしとしよう。そのあとに出た企画が、今度は動物学論文ではなく、本格的な航海記を出版するという企画であった。タイトルは『軍艦アドヴェンチャー号とビーグル号の航海記 *The narrative of the voyages of H. M. Ships Adventure and Beagle*』である。三冊本（第二巻付録を含む）の仕立てであり、編纂者はロバート・フィッツロイ艦長と明記された。第一巻はキャプテン・キング指揮下に敢行された第一回探検航海（一八二六―三〇）の報告、第二巻はフィッツロイ指揮による第二回航海（一八三一―三六）の報告、そして第三巻は著者名が明示されない一八三二―三六年におこなわれた探検の『日誌と注記 *Journal and remarks*』である。

じつはこの第三巻こそがダーウィン著『ビーグル号航海記』の原形なのである。

こんどの航海記は、いわばダーウィン自筆による「著書」となった。これを引き受けた版元はヘンリー・コルバーンといい、当時のイギリスにあっては少々荒っぽい売り方で有名な敏腕出版家だった。とりわけコルバーンが刊行していた雑誌「ニュー・マンスリー・マガジン」は、一時政治家で小説家のブルワー＝リットンを編集者に起用するなど冒険的な経営で知られており、ときにはスキャンダルも発生した。詩人バイロンの侍医であったポリドリという青年が書いた『吸血鬼』という作品を、コルバーンが強引にバイロンの著作として売り出したため、ポリドリを結果的に自殺に追いこむなどの悲劇も起きているのである。

ダーウィンの場合も、ポリドリに似たところがあり、コルバーンは無名のダーウィンの著作出版を引き受けるにあたり、ビーグル号艦長フィッツロイの編纂書の一部に組みこんだ。ビーグル号の同僚船として航海に参加したアドヴェンチャー号艦長キングの著作を抱きあわせ、付録巻を付けて三巻本として単行本に仕立て上げた。しかも、ビーグル号航海記の第一バージョンとなる初版では、すでに書いたように、ダーウィンの名を著者名として明示してくれなかった。

しかし、話はこれで終わらず、コルバーンは三巻本を刊行した同じ年の一八三九年に、第三巻だけを分離し単独の本として出版したのである。中身はかわらず、表紙のみ差し替えた。三巻めが他の二巻より売れ行きがよかったための措置といわれるが、ダーウィン自身にはほとんどメリットがなかったと思われる。なぜなら十分な見直しや修正が加えられなかったからである。ただ一つ重要な点は、この単独版によって初めて『ビーグル号航海記』の題名が用いられたことだった。原題は『ビーグル号によるさまざまな国の地質学、博物学の調査記』というものであったが、地質学と博物学の順序が後の版では入れ替わっている。つまり、この初版でダーウィンの関心は博物学よりも地質学のほうにあったといえる。コルバーン単独版はほぼ同じテキストを使用した第二刷が刊行されたが、やはり改訂の機会は与えられなかった。しかし一八四五年に、こんどはジョン・マレーという出版社が名乗りを上げ、タイトルのうち地質学と博物学の順序を逆にしたうえで、「植民地と本国叢書」の第二二―二四号に収録した。博物学のほうが順序が先になったのは、この間六年に進化論へとつながる自然誌的な見通しを、ダーウィンがはっきりと意識するようになったからだと考えられる。単行本は同じ年の八月ないし一二月に刊行されたらしい。

ダーウィンは版権を一五〇ポンドで売り渡し、初めて全面的な改訂をおこなうことができた。といっても、博物学的知見を充実させた代わりに、むしろ徹底的に本文を圧縮させられたのである。一般向けの書物という趣旨のもと、ごく安価な普及本となり、初版時に二二万語以上あった文字数も二一万語余に縮まった。単価を抑えるため初版に存在した付録地図はこの第二版では残念ながら割愛された（一八九〇年版以後は復活）。この第二版 second edition（刷数でいえば第三刷）が、後年各地で再刊される定番テキストとなり、また翻訳のテキストにも使われた。本書もこの改訂第二版テキストを使用している。そして『種の起原』が一八五九年にジョン・マレー社から初版刊行された翌一八六〇年には、「決定版」として新たなあとがきを加え、『種の起原』と同じ判型装丁になって刊行されている。なお、挿絵を豊富に加えた「イラストレーテッド・エディション」は一八九〇年にマレー社から刊行されており、本書にもその挿絵を大部分転載してある。

いずれにせよ、ジョン・マレー社から出た『ビーグル号航海記』は、著者ダーウィンの名声が上がるにつれて版を重ね、日本にも明治維新早々から名著という声は届いていたと思われる。そこから日本人も本書を翻訳する試みを開始するのであるが、じつは太平洋戦争中にこの名著を翻訳出版しようという動きがいくつも重なったことは、案外知られていない。一九五九～六一年に岩波書店から刊行された文庫版も、すでに島地威雄氏が太平洋戦争の初期に翻訳に着手されていたのである。当時旧制浦和高等学校（現埼玉大学理学部）に奉職されていた島地氏は、「空襲や工場勤労の隙に、僅かずつ筆をとり、終戦後約半年にようやく初稿を完成」された。しかし出版を実現するには長い時間を要し、一時期初稿を出版する意志をもった力書房の努力があったが実現を見ず、国際基督教大学教授であった篠遠喜人氏の仲介を得て、マレー版のテキストを借覧のうえ新稿を作成されたとのことである。

しかしこのむずかしい時期に、もうお一人、『ビーグル号航海記』の完訳を実現された方がいる。惜しくも戦争で命を落とされた中内光俊氏である。そのご子息である高知大学元学長、中内光昭氏による著作『ガラパゴス諸島と「ビーグル号航海記」～ある未刊の原稿に寄せて～』（日本ガラパゴス研究会刊『ガラパゴス諸島』第六号、二〇〇八）によって知らされた秘話である。中内光俊氏は高知出身であり、関東大震災前後には東京市で電気技師として勤務され、滞米一年の経験を買われて翻訳を担当されておられた。この時期に作業されたと考えられる完訳原稿一二〇〇枚（四〇〇字詰原稿用紙換算）がある。戦時中、静岡の掛川中学校で数学教師を務めておられた時期に岩波書店にこの原稿を送ったことが、岩波茂雄氏からの書簡（現存）によって確認されている。岩波氏からの書簡には「翻訳を他の者に依頼し、すでに完訳し、念のため、更に見直しており、今秋出版の予定、大著を独力にて訳了せられしご努力には敬意を表しつつもご希望に添えない」との記述がある。したがって、中内氏の完訳原稿は無情にも世に出ることがなかった。これが真実であるとすると、昭和初期には島地訳とは別の『ビーグル号航海記』完訳原稿が岩波書店に存在し、その刊行が検討されていたことになる。時代がちょうど、大震災、大恐慌、そして戦争と、『ビーグル号航海記』にとっては不運なめぐりあわせになったのである。だが、この不幸な時期にもかかわらず、日本には少なくとも三種のビーグル号完訳原稿が存在したことは誇るべきことではないか。

そのような先人の苦労を想うとき、わたしのようにただの博物好きがこの大著を訳出する機会に恵まれたことは、天の配剤ミスとしか考えようがない。せめて、諸先達のご偉業をここに記して感謝の言葉としたい。

なお、チャールズ・R・ダーウィンの伝記については、すでに多くの良書が書かれている。訳者も自分なりにダーウィン伝を書いているが、完成すれば膨大な分量が予想されるため本書ではやむなく割愛することにした。原稿がまとまった段階で、新たな出版機会を探すことにしたい。

終わりにあたり、長年を要した翻訳の完了を気長に待っていただいた平凡社の編集部、とりわけ平凡社における博物誌の刊行に力を尽くされた故三原道弘氏、および今も健在の大石範子氏に感謝申しあげる。

荒俣宏

平凡社ライブラリー版　あとがき――「死の進化論」だったかもしれない……ビーグル号航海

およそ十年前に刊行した拙訳『ビーグル号航海記』は、自身にとっては思い出ぶかい出版物であったが、このたび版元から、以前よりもずっとハンディな体裁で新版を出せることになった。翻訳した側にとってもありがたいことであり、なによりも、訂正や補足などの手直しをおこなう機会を得たことに感謝している。

とはいえ、自分の年齢がすでに七七歳の喜寿を迎えているので、徹夜などの根詰め作業はもはや不可能だ。自分では突貫工事をしているつもりでも、はたから見ると、ただ茫然と机に向かっているにすぎないらしい。それでも、人生最後の仕事かもしれないという気分で、前回よくわからなかった部分をできるだけ改善すべく、死力は尽くした。

実例をあげるならば、まず第一に、ダーウィンが南米で観察した「コケムシ」の仲間についてである。これはダーウィンの時代には、ほぼ未知の生物といえる。だから、よくぞこのようなふしぎな生物を見つけたものだと思うほどだった。その証拠に、岩波文庫版でもわざわざ図を入れて補足を試みているのだが、なんといってもダーウィンが観察した「ハゲワシみたいな頭とくちばしをもった器官」なるものが、その絵のどこを見ても確認できなかった。

それで、ハゲワシの頭をもつコケムシという微小な生きものが、わたしの頭にもずっとこびりついてしまったのである。

しかし、天は我を見放さず、六〇歳を過ぎても飽きることなく続けていたダイビングのおかげで、ついにこの問題に決着がつけられた。最近のダイビングはかつてのように颯爽とした趣味スポーツではなくなった代わり、身も凍るような冷たさになる冬場の夜中にも、プランクトン観察というじつにマニアックな生きもの見物だとか、岩棚の裏側に住んでいる分類関係も定かでない数ミリメートル程度の付着生物を虫眼鏡で眺めるといった趣向があらわれた。この「変態系」ダイバーの仲間入りをしたわたしも、ようやくコケムシの奇妙奇天烈な生態と親しくなれたのだった。

それで、懸案だった「ハゲワシ頭」だが、日本にもこれを研究している人がいたのである。灯台下暗しとはよくいったもので、わたしが数十年来愛読していたエルンスト・ヘッケルの『自然における美的形態』という図版集にも、そのハゲワシ頭が載っていたからおどろいた。この体験で、わたしはあらためて、ダーウィンやヘッケルが、海産の無脊椎動物という未知のグループに深い興味を抱いていることを認識させられた。そこから新たな道が開けた。ビーグル号の航海で採集された無脊椎動物を、この名著の主役として扱うことである。

また、今回は、ダーウィンとその祖父エラズマスが共に関心を持っていた「絶滅」の問題でも、一つの見通しが得られたことが大きかった。じつはこの翻訳に着手したときから困難を感じていたのが、十九世紀博物航海時代の辺境で観察された自然のショッキングな記述をどう実感できるかという問題だった。とくに南米はそれが著しかった。山に登れば大岩だらけ、しかも荒涼とした荒れ地がどこまでも広がっている。南米の最南端で暮らすフエゴ人の過酷な暮らしぶりは想像を絶していた。どこでも虐待と全滅の話だらけで、自然の影響力が極端でない日本とはまるでちがうから、そうした風俗や地質学的な風景を伝えるダーウィンの言葉を、実感をもって日本語にすることがほとんどできなかった。わずかなさいわいは、自分が子供のころからの海洋生物好きであり、サラリーマンになったころから、まだパスポートがないと行けなかった沖縄をはじめ、ミクロネシアからカリブ海あたりまでを巡って、水生生物の採集と観察に精を出したことだけ。まだ南米の奥地やオーストラリアといった真の異界へは歩が届かなかった。これじゃあ字義通りの翻訳すらままならないと痛感し、遅ればせながらビーグル号の航路を辿る旅を計画したのだが、やっとモーリシャス島あたりまでしか行きつけなかった。イギリス軍が管理するセント・ヘレナ島へもぜひ行きたかったので、島の役所に生物採集許可とダイビング・ショップの紹介状を出し、当局から採集OKまでもらったけれども、島へ飛んでいく航空便の調整がつかず、あきらめた。

忘れられないのは、ビーグル号航海のハイライトでもあるガラパゴス諸島の旅だ。この海域は魚類も固有種が多いので、機会を見つけては浅瀬で潜った。ウミイグアナと一緒に海藻を齧ってみたり、海岸にびっしりと並んだアシカの隙間をぬけて海に入ったりした。ダーウィンが報告したごとく、島の鳥たちはまったく人をおそれない。朝食のテーブルにいると、フィンチ類が集団で飛来し、頭の上にも乗ってくる。ホテルのプールでは、アオサギが我々と一緒に水にはいる。現地でそのありさまを実体験したから、写真も掲載しておこう。また、ウミイグアナは脅かしても海に飛びこまないというダーウィンの観察も検証したかったが、それは遠慮した。その代わりに、リクイグアナを呼び集めるための便利な方法を習得した。餌になるサボテンのそばで、鞄をドスンと落とすだけでいい。すると、どこからかリクイグアナが駆け寄ってくるのだ。かれらは木に登れないので、サボテンの大きな葉が地面に落ちる音を聞きつけて寄ってくる。その点では、木にも登れるウミイグアナとのハイブリッド種は有利だ。かれらは木に登れるから、高いところの葉にしがみついて、悠々とサボテンを食べていた。

これに関連したことで注目したいのは、ビーグル号航海をはじめとするダーウィンの実績が、

ガラパゴス諸島の固有種ウミイグアナ

リクイグアナとウミイグアナのハイブリッド

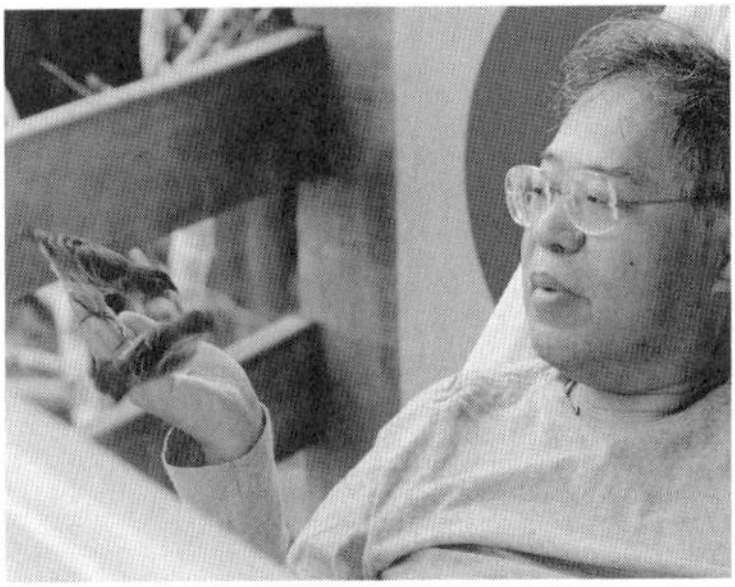

人間をおそれないガラパゴス諸島固有種のフィンチ
写真：いずれも荒俣宏

アメリカ人エドワード・モースの講義や講話を介して日本に紹介されたことの意義だろう。モースが帝大に動物学教授として迎えられたとき、ほんとうは学内に強烈な反対が沸き上がったのである。理由は、哺乳類はおろか脊椎動物の専門家でもなく、どうでもいいような海の「蟲」を相手にしている男を教授に雇えるものか、というものだった。しかし、その反論を抑えてモースを教授に迎えた帝大は偉かった。でも、今なお一般の人々は、ダーウィン進化論が哺乳類を中心とする脊椎動物の知見から考えだされたと思っているきらいがある。

なるほど、たしかにガラパゴスで観察されたゾウガメやフィンチ、そしてイグアナは、みな脊椎動物だ。ところがビーグル号航海の記録を読むと、ダーウィンが調査したのは脊椎動物だけではないことが歴然とする。小さいのはプランクトン類に始まり、前述したコケムシを含めた無脊椎動物にも、尋常でない関心を向けている。じつのところダーウィンの博物学的功績は、むしろ、サンゴ礁の形成理論においてピークをなす、フジツボ類の分類研究、ミミズと地層形成の研究といった、地球創成史にずっとかかわってきた無脊椎動物の研究だった。話は生物の生き残り戦略としての進化史を越えて、無数の絶滅種がその屍をもって地球資源の多様化に貢献してきた「死に方の自然史」こそ、重要だったのだ。なぜというに、せいぜい数百万年から一千万年程度の貢献を地球に与えただけの哺乳類なぞは、単細胞生物に始まり数億年の貢献を積みながら地球そのものの不断の変化を可能ならしめた無脊椎動物に比べたら、足元にも及ばない「末っ子」でしかないからだ。われわれ哺乳動物は、まだ地球づくりに何の手助けもしていないのだから、地球と生命の成り立ちを語る資格もないだろう。そういう事実を、ダーウィンは、いまなお荒々しく陸地を隆起させ破壊している南米の「自然」で目撃したのだ。つまり、この航海は、生命とは地球そのものであり、動植物はその添加物にすぎないという事実を、最初にドカンと知らせてしまったのである。

『ビーグル号航海記』は、その意味でいうなら、フンボルトが開いた地質学年代を尺度とした地球史の眺めの決定版だろう。さすがにライエルやフンボルトの著作をビーグル号に積みこんだダーウィンである。いま、この『ビーグル号航海記』を、「ダーウィンが来る前」の世界ののぞき窓として楽しんでもらうのがいちばんおもしろい。しかも、そのような「核心」に迫れる立場にあったモースが、まさに「生きている化石」ともいえる腕足類を採集しに来日し、ダーウィン説を講義したことは、神がかり的な出来事だった。いや、近年の研究では、モースよりもまだ昔、明治六年に医学校へ赴任してきた進化論者ヒルゲンドルフにも感謝しなければならないだろう。彼もまたダーウィンのように絶滅した無脊椎動物を介して博物学を研究した。文字通り、「生きている化石」というビーグル号的な用語を創始した彼は、あの森鷗外にも博物学を講義したのである。となると、日本の近代博物学は確実に、ダーウィンを一つの軸として生まれたと言える。

そうそう、忘れないうちに、もう一言しておきたいことがあった。日本には明治の初めからダーウィンに関する興味が存在したことである。わたしは本書の初版に寄せたあとがきで、ビーグル号航海の翻訳紹介史に触れて「ビーグルの翻訳が出るのがいくらなんでも遅すぎた」と書いておいたが、その後調べてみて、単行本ではなかったものの、明治のごく初期から外国人教授ヒルゲンドルフやモースがダーウィン理論について講演などおこなっていることに加えて、その弟子筋であった石川千代松らもビーグル号航海に関する紹介文をいろいろと書きつづっていた。しかも、ビーグル号の物語をいちばん通俗的に、しかもくわしく紹介した書籍には、明治二九年に三宅驥一が民友社「世界叢書」の一巻として刊行した『チヤールス、ダーウ井ン』もあった。この本には多数の挿絵も収められ、冒険記の部分も含めて物語り的に書かれている。このあたりからビーグル号の話は日本人にも関心を持たれたはずだ。さらにはダーウィン生誕百周年に当たる明治四二年前後に、日本でも世界の盛り上がりに負けないようなダーウィンを顕彰するイベントが開かれていた。その代表は、この年に国内の学者の間でも声があがったダーウィン記念行事、「ダーウィン紀念会」だった。同年一一月に総員八三名を集めて、東京帝国大学山上集会所で開催されたのだが、この席上、第三席に立った渡瀬庄三郎はビーグル号に関するスピーチをおこなっている。当時世間の話題となっていたビーグル号の一件に、結論を出すものだった。そのスピーチの一部を「動物学雑誌」から引用しよう。

……近来志賀重昂氏等ダーウィン氏の搭乗したるビーグル号の遺材日本にありとし、尚其遺材を英国に送らんとするの説ある為め、余は其説の果して真なるや否やを研めんとし、漸く其結果を得たるを以て報告せんとす、抑もダーウィン氏搭乗のビーグル号の遺材の日本にあることは、曾てヂャパンメールに載せられ、次で之を英国の理科雑誌子ーチユアに転載し、爾来年々斯の如き事を載する新聞及び雑報あり、曾て故箕作博士も之に就て研究し、ビーグル号の日本になきことを語られ居られたり、余は船のことに就ては不案内なれば、工科大学の寺野及びパルビス氏に謀り、船の事に就て種々の事を聞き、大に便利を得たり、種々の書物を播くもビーグル号が何噸ありしか不明なるが故、パルビス氏を通じて目下英国の海軍省に聞合せ中なるも、未だ其報告達するに至らず、然れども之に先つてビーグル号が日本に存在せざることを知るを得るに至れり、ダーウィン氏搭乗の船は帆船にして Ten-gun brig なりき、斯の如き船は必ずしも、十門の大砲を具ふるに限らず、之によりて、船の長及び噸数を知るを得、即ち長さ九十呎積荷噸数二百三十五噸なりしなり、我国にてビーグル号の後身と称せらるゝは乾行艦にして、長さ百六十呎、積荷噸数五百二十三噸なり、且つ英国にてはダーウィン氏世界周航帰着後十八年（西暦千八百五十四年）に更にビーグル号なるものを作り、之れはクリミヤ戦争に参加したり、乾行艦を我邦が英国より買ふたる際弾痕ありて英国の士官はクリミヤ戦争に参加せる船なりしことを言ひたりとぞ、此等の理由にて我邦にてビーグル号の後身と称せられたる乾行艦はダーウィン氏搭乗のビーグル号にあらざることを知るを得るなり……

（明治四二年・第二五四号）

無駄話はこの辺で切り上げよう。いずれにしても、本書はそうしたダーウィン受容史を糧にして完成させたものである。むろん、何の資格ももたない者の作業であるが、ここに述べたような恥かきの集積を、今回すこしでも役に立てられたことを、以て瞑すべしとしたい。編集を担当してくれた平凡社の福田祐介さんには無理をいって、十九世紀当時の博物航海記録から見つけた興味深い絵図も合計二〇枚ほど追加で載せてもらった。また翻訳の方だが、たまたま気づいた不備や誤りは訂正したものの、名著である原典の用語や文体にどうしてもとらわれて、逐語訳めいた硬い日本語になり勝ちだったので、この機会に思い切って読みやすい文章になるよう手を入れた。それでもやっぱり、本著のすごさと奥深さにはひれ伏すしかなかった。

令和六年四月

荒俣 宏

ル

ルイジアナ　上477
ルーイン岬　上39, 50
ルハン〈ブエノスアイレス近郊〉　上203, 245, 285, 333
ルハン〈メンドーサ近郊〉　下151-153, 160, 167, 168
ルハン・デ・クーヨ　下167
ル・プース（ラ・プース、親指山）　下435, 471
ルメール海峡　上388, 432

レ

レギオン・ドス・ラゴス　上87
レコンキスタ　上277
レシフェ　下473
レプブリカ・オリエンタル・デ・ウルグアイ　上130
レムイ島　下59, 62, 82
レユニオン島　上383, 下279, 435

ロ

ロウ港　下77, 88, 97
ロウ諸島　下241, 259, 278, 284, 307, 376, 428, 429
ロサリオ　上249, 250, 269, 274, 275
ロサリオ川　上282, 333
ロス・アトール（ロスドゥ）　下416, 429
ロス・アレナレス　下148, 167
ロス・アンデス　下168
ロス・オルノス　下172, 222
ロス山　上497
ロスドゥ　→ロス・アトール
ロス・ピロス　下222
ロッキー湖　上435
ロッキー山脈　上474
ロッキャー線　下355
ロッホネス　上411, 435
ロドリゲス島　下279, 427
ロビンソン・クルーソー島 →ファン・フェルナンデス島
ロングウッド　下441, 472
ロンゲラップ・アトール　下428

ワ

ワイオミオ　下329, 330, 335
ワイホウ川　下334
ワイマテ　下317, 323, 331, 334
ワイマテ・ノース　下334

266, 280, 420, 480
マルビナス（―諸島）
上382, 383
マレー川　下372
マレーシア　下425
マロス＝マドゥー・アトール
下416, 429
マンガレバ　下429
マンデティバ　上56, 58

ミ

ミクロネシア　下428
ミスティ火山　下223
ミトレ半島　上432
ミナス　→ラス・ミナス
南シェトランド諸島　上464, 466, 474

ム・メ

ムジムヴブ川　上333
ムルロア・アトール　下278
メキシコ　上257, 276, 488
メキシコ高地（―台地）
上258, 488
メルセデス　上287, 301, 332
メンチコフ・アトール
下398, 428
メンドーサ　上87, 92, 244, 246, 274, 494, 下128, 130, 138, 144, 151-155, 166-168

モ

モードリン海峡（マグダレン海峡）　上453, 472
モーリシャス（マウリティウス）島　上383, 下195, 245, 246, 250, 279, 381, 393, 395, 426, 427, 432, 434, 436, 441, 471, 479
モルディヴ　下393, 413, 416, 417, 428, 429
モルディヴ・アトール
下398
モーレア島　下332
モンテビデオ　上95, 97, 105, 111, 124, 194, 234, 267, 280, 281, 283, 289, 299, 300, 332, 394, 487
モン・ブラン　上468
モンヘ川　上252

ヤ・ヨ

ヤキール（―金山）　下38, 43
ヨーク・ミンスター山
上409

ラ

ラクイ半島　下124
ラグナ・デ・サンラファエル（―国立公園）　上462, 473
ラグナ・デル・ポトレロ
上125, 134
ラス・アニマス　下161
ラス・コンチャス　上271, 277, 280
ラス・バカス　上287, 298, 333
ラス・ピエトラス　上300
ラス・ミナス　上98, 99, 106, 129
ラ・セレナ　下165
ラタック（―列島）　下381, 382, 390, 399, 426
ラバリャハ県　上129
ラ・プース　→ル・プース
ラ・プラタ　上94, 109, 115, 124, 133, 168, 186, 188, 209, 235, 254, 255, 306, 310, 311, 363, 479, 下44, 45, 76, 77, 152, 182, 194
ラ・プラタ川　上80, 94-96, 105, 108, 111, 119, 125, 128-131, 136, 239, 241, 261, 263, 269-271, 274, 275, 280-284, 286, 296, 300, 304, 308, 324, 328, 329, 332, 333, 435, 487, 下484
ラ・プラタ連合領　上283
ラペル川　下51, 52
ラミレス・ロック　上122
ラリック諸島　下426
ランカグア　下35, 43, 51

リ

リヴィエール・ノワール
下436
リヴィングストン島　上474
リオ・ガレゴス　上336
リオ・クラロ　下38
リオ・デ・ジャネイロ（リオとも）　上54, 58, 62, 64, 68, 78, 79, 83, 87-89, 94, 131, 195, 394, 下68, 458
リオ・デ・ラ・プラタ連合州
上333
リオ・ネグロ（―州）　上163, 394, 458, 480, 481, 485
リスボン　上467
リベイラ・グランデ　上21, 22, 45
リマ　下118, 124, 201, 202, 211, 214, 215, 217, 218, 223, 307
リマチェ　下170, 222
リマック川　下124
リミントン　上141, 163
リムスキー・アトール
下398, 428
リャノス　下101、102
リンコン　上284
リンコン・デル・トロ　上361

ベルケロ　上289
ベルケロ川　上491
ベル山（カンパーニャ山）　下19, 20, 22, 30, 50, 170, 222
ベルデ岬　上47, 140
ベルデ岬諸島（カボベルデ）　上19, 20, 45, 306, 318, 475, 下263, 394, 454, 461, 479
ペルナンブコ　上48, 下425, 454-457, 473
ベンゲラ　上490
ペンリス　下370, 372

ホ

ホイットサンデー島　下397, 428
ボウ・アトール　下398, 428
ボウ島　下241
ホゴレウ島　下402, 428
ホスト島　上470
ボタフォゴ　→ボトフォゴ湾
ボタン・アイランド　上416
北極海　上43, 467, 474, 484
ポート・サン・アントニオ　下80, 85
ポート・サンジュリアン　上146, 164, 321, 323, 325, 326, 340, 495, 下80
ポトシ　下142, 478
ポート・ジャクソン　下338
ポート・セント・ジョン　上333
ポート・デザイア　上146, 164, 185, 215, 304, 312, 313, 321, 343, 349, 356, 472, 下328
ポート・バルデス　上316
ポート・フェミン　上314, 335, 397, 399, 438, 441-443, 445, 453, 456, 470
ボトフォゴ（ボタフォゴ）湾　上68, 71, 88
ポート・プレザント　上364, 382
ポートルイス　下428, 433, 436, 437, 471
ホバート（ホバートタウン）　下360, 361, 372, 373
ホーム島　上50
ボラボラ島　下401, 402, 409, 410, 412, 428, 429
ポランコ川　上97
ボリビア　上133, 208, 209, 211, 下141
ホルケラ峡谷　下191
ポルティーヨ（—尾根、—山脈、—線、—峠）　下128, 132, 138, 139, 141, 145, 146, 158, 160, 165
ポルト・アンブレ　上335
ポルトガル　上45, 46, 457
ポルト・バルデス　上181
ポルト・プライヤ　上20, 22, 45, 46, 下461
ポルトー・フランセ　上497
ボールドヘッド　下367, 374
ホルロ（—山）　上59, 87
ポンソンビー（小）湾　上411, 412, 416, 417, 424, 427, 429, 434, 442
ホーン岬　上123, 134, 209, 309, 310, 315, 400, 406, 409, 432, 434, 457, 466, 468, 496, 下74, 328

マ

マイプ川（マイポ川）　下33, 129, 133, 165
マイポ火山　下165, 166
マイポ川　→マイプ川
マウピティ島　下429
マウリティウス　→モーリシャス島
マウルア島　下404, 429
マウント・ヴィクトリア　→ヴィクトリア山
マエー（マヘー）島　上48
マカエ（—川）　上62
マグダレン海峡　→モードリン海峡
マーシャル諸島　下426, 428
マスカリン（—諸島、—島）　下279
マゼラン海峡　上44, 136, 153, 185, 186, 335, 347, 349, 357, 365, 381, 389, 397, 399, 433, 434, 437-439, 441, 447, 449, 453, 459, 465, 470, 472, 493, 495, 下74, 472
マタヴェイ（—湾）　下285, 303, 307, 332, 333
マダガスカル（—島）　上50, 208, 493, 下246, 279, 332, 427
マッカリー川　下355, 372
マッカリー諸島　上459, 473
マッケンジー川　上474
マデイラ　下118, 125
マードレ・ド・デオース　上67
マヘー　→マエー島
マポチョ川　下165
マラッカ　下483
マランビジー川　上181, 208
マリカー湖　上54, 87
マリー地方　上50
マルチェナ島　下280
マル・デル・プラタ　上239, 240
マルドナド　上95, 97, 99, 105, 106, 109, 111, 114, 118, 125, 129, 131, 134, 136, 193,

ビリンコ　下94
ピレネー山脈　上468
ピンタ島　下280
ビンドローズ島　下254, 280

フ

ファタファ　下297
ファピ＝レノウ　下57
ファルソ・カボ・デ・オルノス　上434
ファルマス　下461, 473
ファン・ディーメンズ・ランド　下360, 362, 363, 365, 372, 482
ファン・フェルナンデス（―諸島、―島、ロビンソン・クルーソー島）　下52, 118, 120, 125, 262
フィリピン　下259
フヴァドゥ・アトール　下428
フエゴ島　上20, 41, 44, 108, 109, 119, 131, 132, 134, 148, 149, 164, 187, 205, 324, 336, 348, 367, 375, 376, 387–389, 392, 395, 396, 399, 401–403, 409, 411, 412, 415, 426, 430–435, 438, 441, 445–447, 449, 450, 453–457, 460, 463, 464, 470, 472, 494–497, 下54, 74, 75, 77, 79, 81, 97, 98, 137, 182, 187, 199, 260, 273, 343, 369, 391, 465
ブエノス・アイレス　上106, 128, 131, 140, 142, 147, 154, 163, 168, 197, 203, 211, 214, 220, 221, 232–234, 236, 237, 239, 240, 244, 246, 248, 252, 255, 260, 262, 268, 271–274, 276, 277, 280, 284, 286–288, 303, 333, 334, 358, 441, 482, 491, 下155
プエルト・デセアド　上164
プエルト・バケリソ・モレノ　下275
プエルト・モント　上471, 下82
プエルト・リコ　上133, 489
フェルナンディナ島　下276
フェルナンド・デ・ノローニャ（―諸島、―島）　上29, 32, 33, 48, 311, 下231
フエンテス　上23
プエンテ・デル・インカス　下162, 168
フォークランド　上109, 221, 366, 375, 384, 435, 449, 下272–274
フォークランド諸島　上108, 122, 123, 240, 333, 339, 357, 370, 376, 382–384, 388, 457, 473, 474, 493, 495, 497, 下76
フォンセカ湾　下123
ブーガンヴィル海峡　上493
ブーガンヴィル島　上493
フッド島　下254, 264, 280
フェリー岩　上455
プライヤ　上21, 24, 45, 46
プライヤ・グランデ　上54
ブラックヒース　下347, 351, 371
ブランカ湾　上165, 168
ブランコ岬　上108, 316, 下214
フランス島　下427, 432
フランス領ポリネシア　下278, 332, 333, 428, 429
ブラン岬　上334
フリオ岬　上54, 57, 87
プリマス　下328, 474
フリンダーズ島　下364, 372, 373
フリンダーズ岬　下374
ブルボン島　下246, 273, 279, 435
ブルーマウンテンズ　下340, 346, 367, 370–372
フレイリナ　下187, 223
フレンドリー諸島　下422, 429
フロレアナ島　下275
プンタ・アルタ　上159, 161, 162, 165, 168, 171, 172
プンタ・アレナス　上335, 470
プンタ・ウアンタモ　下96, 97
プンタ・ゴルダ　上255, 265, 275, 下198, 200, 224
プンタ・ゴルダ川　上287
プンタ・デル・エステ岬　上129

ヘ

ペウケネス　下138–141, 143, 144, 146
ヘクラ山　下89
ペドラ・ダ・ガヴィア　上89
ペトルカ　下23, 50
ペトレロ・セコ　下190, 191
ペナス湾　上462, 473, 下83
ペナン島　上210
ヘノベサ島　下280
ペヤビスタ　下219, 225
ベラクルス　上488, 下212
ベーリング海峡　上259, 328, 329, 489
ベーリング地峡　上275
ペルー　上20, 108, 124, 131, 209, 252, 296, 317, 328, 408, 470, 下144, 182, 187, 189, 197, 199, 200, 206, 208, 211, 213, 221, 224

211, 239, 246, 281, 287, 289, 290, 299, 314, 332, 334, 346, 349, 441, 481, 下37
ネグロ岬　上438
ネペアン川　下345, 348, 370
ノースユーイスト島　下481
ノースランド地方　下334
ノーフォーク島　上44
ノルウェー　上456, 459, 462, 464

ハ

ハアパイ群島　下429
バイア　上33, 34, 38, 48, 75, 76, 82, 下311, 328, 451, 473
バイア・ブランカ　上109, 131, 142, 144, 146, 152, 155, 156, 158, 161, 165, 168, 174, 180, 182, 189, 190, 193-195, 197, 202, 210, 214-217, 256, 258, 303, 317, 329, 378, 379, 457, 下152, 221
パイア村　下311, 334
ハイチ　上489
パイヒア村　下334, 335
パイポテ　下203
ハイランド地方　上435
ハウラキ湾　下334
ハオ（ハオランギ）　下428
バカス川　下160, 162, 168
バークレー湾　上357, 358, 362, 366, 371, 382, 383
バサースト　下339, 343, 354, 355, 370, 372
パース　下373
バス海峡　下373
パタゴニア　上20, 44, 108, 109, 118-120, 124, 131, 141, 153, 158, 164, 180, 181, 184-186, 211, 215, 239, 246, 304, 305, 312, 314-316, 322, 324, 325, 328, 329, 342, 344, 347, 349, 350, 357, 382, 388, 433, 438, 449, 450, 473, 480, 481, 492, 下25, 43, 102, 149, 150, 179, 181, 182, 188, 203, 221, 244, 262, 328, 338, 466
パタゴネス　上138, 140, 142, 147, 163
ハッサンズウォールズ　下351
パナマ　上108, 181, 下436, 481
パナマ地峡　上257
バヌアツ　上493
バハダ　上254, 256, 263, 269
バーハ・ダ・チジュカ　上89
パパワ湾　下303, 333
ハフエル　下28, 32, 50
パペーテ　下332
パペーテ湾　下306
パポソ　下191, 223
ハーミット島　上434
バミューダ諸島　上32, 48
パラグアイ　上86, 164, 208, 209, 211, 240, 241, 270, 273, 495
パラナ　上91, 254, 274
パラナ川　上91, 112, 235, 241, 244, 246, 249-252, 254, 255, 261-263, 267-269, 271, 273-276, 287
パラマッタ　下340, 370
バリントン（―島）　下254, 280
バルチ　下380
バルディビア　上457, 473, 下98, 100, 102-104, 106, 120, 121, 341
バルディビア川　上473
バルデス半島　上336
バルネヴェルツ（―諸島）　上400, 434
バルパライソ　上40, 351, 381, 475, 下16, 17, 19, 20, 23, 33, 44, 49, 50, 52, 54, 74, 114, 116, 119, 120, 128, 165, 170-172, 178, 191, 192, 209, 220, 222
バレ・デル・エソ　下137, 166
バレナー　下188
バレナル　下187, 188, 223
ハワイ（―諸島）　上473, 下245, 332, 479
バンクス入江　下234, 276
バンダ・オリエンタル　上99, 106, 129, 146, 153, 205, 233, 234, 246, 248, 255, 280, 282, 289, 299, 下221
パン・デ・アスカル　上72, 88, 105, 106, 131
パンプルムース　下432, 471

ヒ

ビエデマ　上163
ビーグル海峡　上411, 415-417, 421, 422, 424, 426, 427, 434, 435, 442, 447
ビーグル水道　上434, 470
ピサグア　下207, 224, 225
ピトケアン　下480, 481
ピナキ島　下428
ビーニョ（ビーニャ）・デル・マール　下170, 222
ビヤ・デ・サンタ・ローザ　下164, 168
ビヤリカ　下121
ビラ・デ・コンセプシオン・デ・ラス・ミナス　上129
ビリピイ村　下93

114, 118, 124, 178, 216
タルタル　下223
タワーズ（タワー）島
下254, 280
タンキ　下64, 83
ターン山　上444, 470
タンデール（タンディル）
上232, 240, 下45
ダンヒーヴド　下356, 372
タンビヨス　下198-200, 224
ターン岬　上454

チ

チャカオ　下56, 57, 82
チャカオ海峡　上472
チャクアイオ　下151
チャゴス・アトール　下418
チャゴス諸島　下386, 393,
426
チャタム島　下230, 231,
233, 238, 247, 254, 265-267,
269, 275, 277, 481
チャニャラル　下187
チャヌンチーヨ鉱山
下136, 191
チャールズ島　下232, 233,
235, 254, 261, 264-267, 269,
272, 275
チューク諸島　下428
チュパット川　→チュブット川
チュブット川（チュパット川）
上215, 239
チョエレチョエル　上211
チョノス群島　上248, 274,
下54, 67, 73-77, 83, 121,
187, 476
チョレチェル島　上199,
204, 205, 211
チョンチ　下94
チリカウケン　下19
チロエ（一島）　上122, 274,
452, 457-459, 463, 471,
下48, 54, 56, 57, 59-61, 66,
73-77, 81-83, 88, 90, 95, 97,
98, 100, 101, 103, 104, 120,
121, 123, 311, 341, 476, 484
チンボラソ山　下16, 49

テ

ティア＝アウル　下293
ディエゴ・ラミレス諸島
上134
テイデ山　上45
ディレクション島　下378,
425
ティンデリディカ川　下43,
51
デヴォンポート　上20, 44,
下474
デシート岬　上400, 434
デスポブラード　下196-198,
205
デッドウッド　下441, 472
テネリフェ島　上20, 45,
下144
テームズ（一川、一湾）
下315, 334
テルセイラ島　下473
テルセロ川　上251, 275, 299
デンマーク　上468

ト

トゥアモトゥ諸島　下278,
428
トゥプンガト（一火山）
下146, 165, 166
トラック　下428
トラファルガー　上269
トランキ島　下83
トリスタン・ダ・クーニャ島
下274, 282, 382
ドリッグ　上125, 127, 134
トルド　上231
ドレーク海峡　上134
トレス・モンテス（一半島、一
岬）　下54, 68, 70, 83, 328

ナ

ナイル　上207
ナヴァラン島　上448, 470
ナバリノ島　上433, 434, 470
ナベダド（ナビダッド、ナビダ
ド）　下43, 51, 52, 181
ナーボロー島　下234, 276
ナム・アトール　下428

ニ

ニエブラ　下104, 124
西インド諸島　上84, 259,
352, 489, 下350
ニジェール川　上207, 239
西オーストラリア州　下373
にせホーン岬　上410, 411,
434
ニューアンダルシア　下223
ニューカレドニア　下402,
405, 410, 416, 428
ニューギニア　上209, 435
ニュー・サウス・ウェールズ
上208, 下340, 350, 351,
356, 364, 365, 370-372, 434,
482
ニューブリテン島　下282
ニューヘブリデス諸島
上493
ニランドー・アトール
下416, 429

ヌ・ネ・ノ

ヌエバアンダルシア　下223
ネグロ川　上119, 135, 136,
138, 142, 143, 154, 156, 163,
175, 184-186, 199, 202, 203,

ジェームズタウン　上45, 下472
ジェームズ島　下235, 238, 264-267, 269, 276
シエラ・タパルゲン（タパルケ、タパルゲン、タパルケン）　上146, 226, 228, 229, 231, 239
シエラ・デ・ラス・アニマス　上105, 106, 131
シエラ・デ・ラス・クエンタス　上290
シエラ・デ・ラ・ベンターナ　上144, 215
シエラ・デル・ペドロ・フラコ　上289
シエラ・ベンターナ　上199, 215, 219, 239
シエラ・レオネ　下213
シダディ　上45
シダーデ・ヴェーリャ　上45
シドニー（一湾）　下315, 331, 338-340, 351, 356, 361, 370
シナイ山　下206
シベリア　上46, 49, 179, 180, 259, 465, 466, 481, 482, 484
シャモニ谷　上492
ジャワ　下380, 384, 483
ジュネーヴ湖　上462, 469
シュルーズベリ　上91, 下49, 487
シュロプシャー　上85, 91, 下477, 481
ジョージタウン　上48
ジョルジア島（サウス・ジョージア島）　上209, 464, 474
ショワズール湾　上364, 367, 382

ス

スアディヴァ・アトール　下398, 428
スヴァールバル　下166
スウォンジー　下28, 51, 187
スカイリング山　上455
スコットランド　上50, 468
スターテンランド　上388, 432
スタフォードシャー　下232, 275
スタンリー　上382
スチュアート島　上424, 435
ストーム湾（嵐の湾）　下360, 373
スピッツベルゲン　下137, 166, 477
スペイン　上129, 138
スマトラ（一島）　上210, 下376, 380, 384

セ

セヴァーン川　下477
セーシェル諸島　上29, 48, 下246, 279, 393
セルロ・デル・タルグエン　下32
セルロ・ラ・カンパナ　下50
セント・キルダ　下480, 481
セント・クレア湖　下373
セント・ジョゼフ湾　上314, 336
セント・ジョン川　上291, 333
セント・ヘレナ（一島）　上21, 33, 45, 48, 下195, 262, 301, 302, 437, 440-444, 447, 471, 472, 479, 480, 484
セントポールズ・ロック　上28, 29, 31, 47
セントマーティンズ・コーブ　下328

ソ

ソシエテ諸島　下332, 402, 412, 428, 429
ソセーゴ　上60, 62, 65, 67
ソレント海峡　上163
ソロモン群島　上493, 下429
ソンブレロ島　上197

タ

大アンチル列島　上488, 489
タイタオ半島　下83
ダーウェント川　下360, 373
タウポ湖　下334
タガタガ湖　下51
タクナ　下192, 225, 478
タスマニア　上69, 446, 458, 473, 下25, 195, 258, 362, 366, 372, 373, 485
タスマン半島　下363
タパルケ（タパルゲン、タパルケン）→シエラ・タパルゲン
タパルゲン（タパルケ）川　上230, 240
タヒチ（一島）　上435, 493, 下258, 278, 284, 285, 288-291, 293-298, 300-304, 306-309, 311, 315, 321, 331, 332, 384, 428, 435, 481
タヒチ・イチ　下332
タヒチ・ヌイ　下332
ダブリン　上456
ダボ　下372
タヤイホ山　下89
タラバオ地峡　下332
ダーラム　上398, 433
ダーリング川　上208, 下372
タルカワノ　下108-110, 113,

115, 117-121, 124, 125, 128, 310
コンチャレー　下171, 172

サ

サウス・サンドウィッチ諸島（サンドウィッチランド）上464, 473
サウス・シェトランド諸島　上209
サウス・ジョージア島 →ジョルジア島
サウス・デソレーション　上455
サウセ　上219, 222, 下186-187
サウセ川（サウセス川）上214, 215, 234, 239
サクアレマ湖　上56, 87
サハラ砂漠　上47
サマーズ諸島　上48
サラディーヨ川　上249, 251, 275
サラド川　上204, 211, 232-234, 241
サランディス川　上299
サリー動物公園　上483
サルタ　上203, 211
ザルテンフィヨルド　上456
サルバドル　上49, 下473
サルミエント山　上441, 454, 470
サン・アントニオ　下165
サン・カルロス　下54, 55, 57, 60, 82, 88, 91, 92, 94, 97, 98, 124
サンクトペテルブルク　上482
サン・クリストバル島　下275
サン・サルバドル〈ブラジル〉上33, 34, 49
サン・サルバドル島〈ガラパゴス〉　下276
サン・サルバドル湾　上366, 383
サンタ・カタリナ島　上478
サンタ川　下224
サンタ・クルス　上185, 318, 325, 336, 340, 349, 449, 下179, 188
サンタ・クルス川　上181, 315, 317, 323, 325, 336, 339, 345, 347, 350, 下150
サンタ・クルス高原　上463
サンタ・クルス州　上164, 336, 337
サンタクルーズ諸島　下429
サンタ・クルス・デ・テネリフェ　上45
サンタ・クルス島 →インディファティガブル（一島）
サンタ・バルバラ島　上48
サンタ・フェ　上91, 244, 252, 253, 260, 263, 273-275, 282, 307
サンタ・フェ・バハダ　上86, 91, 273
サンタマリア島　下116, 120, 122, 125, 275
サンタ・ルシア　下33
サンタ・ルシア川　上281
サンタ・ローザ　下208
サンチアゴ　上381, 下21, 32-34, 38, 43, 50, 51, 85, 128, 129, 134, 155, 165, 166, 222
サンチャゴ島〈アフリカ〉上20, 下212
サンチャゴ島〈ガラパゴス諸島〉　上26, 45, 318, 348, 下228, 229, 276
サンディエゴ岬　上388, 432
サンディー・ベイ　下442, 472
サンドウィッチランド →サウス・サンドウィッチ諸島
サン・ドミンゴ　上22, 23
サン・ニコラス　上249, 250, 269, 274
サン・フェリペ（一盆地）下21, 28, 32, 50
サン・フェルナンド　下21, 38, 42, 51
サン・ブラース湾　上181, 304, 334
サンフランシスコ川　上496
サン・フリアン　上164
サン・ペドロ　上260, 261, 276
サンペドロ・イ・サンパウロ群島　上47
サンペドロ山　下65-67, 83
サン・ペドロ・デ・ノラスコ山　下135
サンペドロ島　下65, 83
サン・ホセ川　上281
サン・ホセ湾　上336
サン・マティアス湾　上336
サン・マルティン　上21, 22
サン・ミゲル・デ・トゥクマン　上208
サン・ミゲル・デル・モンテ　上241
サン・ミゲル島　下473
サンラファエル氷河　上473
サン・ルイス　下152, 167
サンロケ岬　上48
サン・ロレンソ島　下214, 217, 218, 220, 225

シ

シェトランド諸島　上382

キ

ギトロン　下32
ギニア湾　上47
キューバ　上489
キュールピップ　下471
キヨタ　下19, 20, 25, 28, 43, 50, 170, 185, 196, 222
キリキナ島　下107, 109, 110, 124
キリマリ　下171
キーリング（一諸島、一島、ココス）　上8, 50, 下369, 376, 377, 382, 389, 424, 427
キーリング・アトール（環礁）　上39, 50, 下399, 411
キルメス　上271, 277
キロタ　上498
キング・ジョージ島　上474
キング・ジョージ湾　下366, 368, 369, 373, 374
キング島　下372
キンチャオ（一島）　下59, 60, 82
キンテロ　下19

ク

グアイテカス諸島 →グアヤテカス
グアナラバラ湾　上88
グアヤキル（一湾）　上108, 131, 下192, 214, 478
グアヤテカス（一諸島、グアイテカス諸島）　下67, 83
グアリチョ塩湖　上163
グアルディア・デル・モンテ　上233, 234, 236, 241
クアルト川　上275
クイーンズランド　下124
クカオ　下90, 93-95, 97
クージョ地方　上274
グッドサクセス湾　上388, 432
クディコ　下102
クフレ　上282, 333
グラスコ・アルト　下187
グラン・カナリア島　上20, 45
グラン・テール島　上497
グリーン山　上280
グリーンヒル（グリーン・マウンテン）　下444, 445, 472
グレゴリー岬　上438, 470, 495
グレゴリー湾　上438, 440, 441
グレートディヴァイディング山脈　下370, 371
グレンモア　上435
グロース川　下348

ケ

ケイレン　下62-64, 73, 82
ケーターズ・ピーク　上401
ケニントン　上483
ケープタウン　上175
ケープ地方　上177
ケープ・ブランコ　上306, 334
ケベック　上50
ケリョン　下82
ケルゲレン諸島　上497
ケルゲレン島　上451, 497
ゲレーロード　上397, 402, 411, 433
ケンブリッジシャー　上226

コ

ゴヴェツ・リープ　下348, 371
紅海　上39, 46
コキンボ　上59, 下136, 165, 170, 176, 178-181, 183, 185, 187, 188, 192, 209, 222
ココス（一諸島、一島）〈オセアニア〉→キーリング
ココ島（ココス島）〈南米〉　下233, 276
コシグイナ →コセギナ
コセギナ（コセグイナ、コシグイナ）　下89, 123, 193, 478
コセグイナ →コセギナ
コツェブー湾　上489
コックス川　下349
コックバーン海峡　上455
コパーマイン川　上484
コピアポ　下136, 166, 170, 171, 178, 183, 188, 189, 191, 192, 195, 198, 199, 205, 209, 222, 224
コヤ　上282
コリエンテス岬　上229, 240, 305
コルコバード山　上71-73, 77, 89, 下58, 73, 82, 88, 97
コルコバード湾　上472, 下82
コルドバ州　上239, 275
コロニア　上233, 268, 283, 333
コロニア・デル・サクラミエント（コロニア・デル・サクラメント）　上280, 282, 332
コロラディカ　下325
コロラド　上154, 197, 200
コロラド川　上119, 124, 142, 144, 146-148, 153, 154, 210, 215, 239, 303, 323, 334
コロラド峡谷　上153
コロン諸島　下275
コーンウォール　下172
コンセプシオン　上40, 373, 383, 459, 460, 下107, 109,

ナス岬）　下286, 293, 332, 333
ウィルハイム平原　下436, 471
ヴェスヴィオ火山　上472, 下89
ウエスト小島　下391, 427
ウエチュククイ岬　下98, 124
ウェリントン（―山）　下25, 361, 364, 365, 373
ウェールズ　上383, 499, 下477
ウェロング山　下370
ウォラストン海峡　上403
ウォラストン島　上402, 434
ウォルガン　下349
ウォルフ火山　下276
ウスパヤータ（―峠）　下128, 145, 155-157, 160, 165, 198, 224
ウーリア　上418, 424, 425, 427, 429
ウルグアイ　上97, 99, 129, 130, 254, 274, 275, 332, 333, 470
ウルグアイ川　上130, 241, 246, 255, 264, 269, 274, 281, 287
ウルタドー　上216

エ

エイメオ島　下291, 332
エクアドル　上108, 131, 下49, 233, 275
エクゼター・チェンジ　上483
エジプト　上46
エスタカド　下151
エスパニョラ島　下280
エトナ　下89
エミュー渡船場　下340, 370, 372
エル・カルメン　上138, 163
エル・ブラマドール　下205
エロール　上490
エンゲニョード　上59
エントレ・リオス　上91, 234, 241, 246, 254, 303

オ

オークニー諸島　上382
オークランド諸島　上458, 473
オステ島　上434, 471
オソルノ火山　下55, 58, 82, 88, 89
オタヘイト　上431, 435
オテマヌ山　下428
オニスキア　下260
オホス・デル・アグア　下163
親指山　→ル・プース
オリノコ川　上36, 49
オリンダ　下456, 473
オルノス島　上434
オルノス岬　上434
オールバニ　下373
オロヘナ山　下332

カ

カウカウエ島　下59, 82
カウケネス　下35-38, 51, 171
カストロ　上472, 下61, 82, 90-93, 97, 123
カスマ　下202, 224
カチャプアル川　下35, 37, 51
カナリア諸島　上21, 45, 下479
カネロネス川　上281, 333
ガベサ・デル・ブエイ　上155
カペラ・デ・クカオ　下90, 94, 123
カボベルデ　→ベルデ岬諸島
カムチャツカ　上496, 下483
カヤオ　下115, 118, 124, 211, 214-217, 220, 225, 481
カラヴェラス沖　上48
ガラパゴス諸島　上8, 41, 42, 141, 下212, 229, 231, 232, 245, 250, 259, 260, 262-264, 266, 267, 269, 270, 272-277, 279-282, 284, 327, 434
カラブリア　下116, 125
カリサル　下186
カリフォルニア　上496
カリブ海　上207, 489
カリブ諸島　上489
カルカラニャ川　上275
カルー層地帯　上180
カルタヘナ　下212
カルメロ　上333
カルメン・デ・パタゴネス　上163
ガレゴス川　上318, 336, 492
カレドニア運河　上435
カロリン諸島　下428
カワ＝カワ　下329, 335
カワカワ川　下335
ガンジス川　上490
ガンタハヤ　下208
カンパーニャ山　→ベル山　下170, 222
カンバーランド　上125, 134, 460, 473
ガンビア　下404, 429
ガンビエ　下429
カンブリア州　上473
カンポス・ノヴォス　上57

地名索引

ア

アイランズ湾　下310, 311, 317, 328, 331, 334, 335
アイリッシュ湾　上134
アイル入江　上461
アイルランド　上493
アウターヘブリディーズ諸島　下481
アカプルコ　上488
アグア・アマルガ　下198, 205
アコンカグア（火山）　上92, 498, 下16, 32, 50, 89, 164, 165, 168
アコンカグア峠　下128
アサバスカ湖　上474
アズボーン山　上364, 382
アスンシオン　上273
アセンション島　上30, 48, 476, 下381, 444, 446, 451, 472
アゾレス　下195, 461, 473
アタカマ　下166, 191
アデレード　下372
アビンドン　下254, 280
アブロリョス諸島　上30, 38, 48
アマゾン　上49, 207, 241
アラウコ　下102, 125
アラゴン　上47
アラスカ　上489
アラルアマ湖　上87
アリ・アトール（アリフ・アトール）　下416, 429
アリカ　下212, 225
アリフ・アトール　→アリ・アトール
アルガロボ塩湖　上163
アルケロス　下183
アルダブラ・アトール　下279
アルプス山脈　上468
アルベマール島　下234, 235, 251, 254, 264, 265, 267, 269, 276, 280
アレキパ　下195, 223
アレコ　上203, 245
アレシフェ（一川）　上203, 249, 274
アロヨ・タペス　上106
アロヨ・デ・ラス・ビボラス　上287
アンカシュ県　下224
アンクド　上472, 下82, 124
アンゴラ　上490
アンツコ　下115, 121, 124
アンティル諸島　上489
アンデス（山脈）　上92, 131, 133, 136, 164, 202, 203, 207–209, 239, 274, 347, 349, 373, 381, 382, 498, 下16, 18, 24–26, 32, 38, 51, 58, 128, 136, 144, 149, 157, 159, 171, 185, 199, 477

イ

イカ川　下223
イキケ　下154, 167, 206–208, 214, 224, 225
イサベラ島　下276, 280
イースト・フォークランド島　上357, 358, 382, 383
イスパニオラ島　上489
イスラ・デ・ロス・エスタドス　上432
イタカイア　上54
イベリア半島　上46
イヤペル（一川）　下172, 222
インカ橋　下162, 163, 168, 199
インディファティガブル（一島、サンタ・クルス島）　下254, 280
インド洋　上29, 39, 48, 50, 206, 383, 497
インヘニオ　上498
インペリアル　下102

ウ

ウアスコ（一川）　下170, 171, 179, 186–188, 191, 195, 222, 223
ヴァニコロ（一島）　下403, 404, 411, 429
ウアラス　下202, 224
ヴァンクーヴァー（一島）　下482
ヴィクトリア山（マウント・ヴィクトリア）　下351, 356, 371
ウィグワム（一江）　上400, 401, 409, 434
ヴィーナス・ポイント（ヴィー

レックス、ジョージ　下28, 51
レッソン，René-Primevère　上267, 471, 476, 477, 493, 下272, 446
レッチュ、モーリッツ　下319, 334
レノウス　下42
レンガー，Johann Rudolph　上495
ロイド，John Augustus　下436, 471
ロウ、ウィリアム　上404, 420, 440, 441, 下74, 84
ローザ、サルバトール　上222, 239
ロサス，Juan Manuel de　上148, 150, 151, 155, 163, 202, 231, 236, 272, 277, 303, 下38
ロジャーズ　下250
ロス　下376, 383, 389
ローソン　下246, 263
ロト　下439
ロビンソン　下364
ロペス　上253
ロロル　上271

ベルランガ、トマス・デ　下275
ペロン，François Auguste　上476, 477
ヘンズロー，John Stevens　上8, 491, 下74, 84, 379, 380
ペントランド，Joseph Barclay　上459, 下163, 168
ボイル，R.　下166
ポーター，David　下264, 281
ボダン　上477, 下278
ボタン、ジェミー　上392-395, 405, 406, 411, 413, 415, 417-420, 424-426, 429, 430, 431, 448, 449, 494
ホーナー　上476
ホープ，Frederick William　下485
ボーフォート，Francis　上6
ポマレ（一女王、一4世、アイマタ）　下307, 308, 333
ボリ・ド・サン＝ヴァンサン，Jean Baptiste　下245, 278
ボリバル，S.　下225
ホール，Basil　下179, 222
ホール、ジェームズ　下222
ホルマン，James　下379, 425, 482
ホワイト，Adam　上7, 479
ボンプラン、エメ　上49, 270, 276

マ行

マカダム，John Loudon　下370
マクラレン，Charles　上480
マクロック，John　下480, 481
マシューズ，Richard　上392, 419, 421, 424-426, 433, 下327
マスカレナス、ペドロ　下279
マースデン　下315
マゼッパ、イワン　上211
マゼラン　上44, 164, 211, 365, 433, 下278
マッケンジー，Alexander　上464, 474
マリア　上440
マルカムソン，John Grant　上229, 240, 490
マルテンス　上185
マルト＝ブリュン，Conrad　上484
マレー　上308, 335
ミエルス，John　上498, 下476
ミッチェル，John　下116, 125
ミッチェル，Thomas Livingstone　下348, 349, 371, 482
ミランダ　上197, 199
ミンスター、ヨーク　上392-396, 402, 406, 407, 409, 418-420, 424, 426, 430, 下58
ムニス，Francisco Javier　上285, 286, 333
モーガン，H.　下222
モリナ，Juan Ignacio　上227, 240, 下475
モレズビー，Robert　下386, 393, 419, 426
モンタニュ，Jean François Camille　上476

ラ行

ライエル，Charles　上24, 46, 173, 235, 256, 328, 489, 491, 492, 下179, 476, 477, 483
ラヴォアジエ　上486
ラウス　下111, 113
ラトレイユ，Pierre André　上306, 334
ラビヤルディエル，Jacques-Julien Houtou de　上476, 477
ラマルク，Jean Baptiste Pierre Antoine de　上49, 114, 132
ラム　上289, 491
ランカスター，James　上197, 210
ラングスドルフ，Georg Heinrich von　上478
リークス、トレナム　上140, 163, 299, 下218
リースク　下376, 383, 385, 392, 393, 395
リーチ，W. E.　上132
リチャードソン，Johnson　上231, 483, 488, 499, 下238, 479
リッベントロプ　上127
リード，J.　上113, 131
リヒテンシュタイン，Martin　上484, 485, 488
リンネ　上91, 486
ルチアーノ　上221
ルードン　上492
ルント，Peter Wilhelm　上257, 327, 337

パリッシュ、ウッドバイン　上260
バルカルセ，Juan Ramón González de　上272, 277
バルクレー　上498
パルシャップ，Narciso　上159, 164
バルビ，Adriano　下403, 429
ハーン，Samuel　上479
バンクス、ジョゼフ　上50, 398, 433, 487, 下168, 306
ビーチィ，Frederick William　上489, 下303, 397, 480
ビートスン，Alexander　下441, 442, 472, 484
ビブロン，Gabriel　下245, 250, 264, 278, 486
ビューダン，François Sulpice　上126, 134
ビュフォン，Georges-Louis Leclerc　上328, 337
ピラール・ド・ラヴァル，François　下396, 428
ビリングス，Joseph　上499
ビングレー　下190
ピンチェイラ　上137, 下37, 51
ファーガソン，William　下478, 479
ファブリキウス，Johann Christian　上84, 91
フィジレダ、マニュエル　上60, 61, 65
フィッツジェラルド，E.　上498, 下166
フィッツロイ，Robert　上6, 44, 94, 168, 215, 321, 340, 356, 392, 398, 下66, 90, 114, 115, 128, 170, 177, 306-308, 315, 367, 383, 386, 395, 399
フィニス　下28, 51
フォークナー，Thomas　上203, 211, 215, 230, 239, 263, 286, 320, 487
フォーブズ，Edward　上325, 337, 下181
フォルスター，Johann Georg　上49, 50, 458, 473
フォルスター，Johann Reinhold　上50, 473
ブーガンヴィル，Louis-Antoine de　上383, 429, 493
フッカー，William Jackson　上8, 446, 487, 496, 下261, 262, 266, 268, 279
フッカー、ジョゼフ・ドールトン　上487, 下262
ブッシュビー　下317, 318, 320, 328-330
フッド　上128
ブーフ，Christian Leopold von　上456, 462, 472
ブラウン　下351, 353
ブラウン、ロバート　下158, 168, 498
ブラックウォール，John　上491
フランクリン　上484, 489
プリーストリー，Joseph　上481
プリチャード　下306
フリードリヒ　上383
プリニウス　上129
フリンダース，Matthew　上476, 477, 下168
プルカス，Samuel　上486
ブルース，James　上174, 207
ブルースター、デーヴィド　上476
プレヴォー，Florent　上116, 132
ブロムフィールド　上7
フンボルト，Friedrich Heinrich Alexander von　上36, 46, 49, 59, 77, 87, 196, 276, 459, 472, 476, 484, 下49, 97, 192, 193, 212, 215, 257, 275, 459, 465, 475, 478, 481
ヘーア，Alexander　下376, 424
ヘイズ　上499
ベーカー　下315
ヘッド，Francis Bond　上120, 133, 245, 249, 274, 487, 下45, 135, 155, 161, 174
ペドロ、ドン　下93
ベネット，George　下479, 483
ベル，Thomas　上7, 下251, 279
ベルツェリウス，Jöns Jacob　上36, 49
ベルトロ，Sabin　下479
ベルナンティオ　上198, 220
ペルヌティ，Dom A. J.　上370, 383, 493, 下272, 273
ベルムデス、ファン・デ　上48

スタート，Charles　上181, 208, 484
スティーヴンスン，Robert　上497
ストゥジェレツキ，Paweł Edmund　下364, 373
ストークス，John Lort　上315, 336, 496, 下328, 436
ストークス，Pringle　上44, 340, 342, 381
ストラック　上307, 335
スペンス，W.　上478
スミス、アンドルー　上175-177, 207, 291
スローン、ハンス　上84, 91
ゼーツェン，Ulrich Jasper　下206, 224
セルカーク、アレクサンダー　下125
ソランダー，Daniel Charles　上398, 433

タ行

タイアマン，Daniel　下479, 483
ダヴィド，J.　上381
ダーウィン、チャールズ・R.　上49, 92, 133, 163, 206, 211, 276, 382, 384, 385, 下49, 52, 84, 124, 167, 278, 279, 334, 483
ダグラス　下60, 63
タスマン　下372
ダニエル，John Frederic　上72, 89
ダブルディー，Edward　上478
ダントルカストー　上477
ダンピア，William　下271, 282
チェスターフィールド，Philip Dormer Stanhope　上203, 211
チューディ，Johann Jakob von　下217, 225
ツルブリッゲン　上498
デイヴィーズ　下323, 325, 326
ディーズ　上499
ディーフェンバッハ，Ernst　上458, 475, 下481
デーヴィス，ジョン　上382
デ・ミュール　上132
デュプレ　上477
デュボア　下246, 273, 279
デュモン・デュルヴィル　下427
テンプル　下478
ドーヴトン，W.　下439
ドーブニ，Charles Giles Bridle　下478
ドブリツホッファー，Martin　上186, 208, 229
トラヴィエ，E.　上49
ドルビニー，Alcide Charles Victor Marie Dessalines　上59, 88, 133, 186, 255, 317, 下477, 482, 485, 487, 491
ドレーク，Francis　上210, 408, 434, 下472

ナ行

ナイティンゲール、フローレンス　上207
ナーバラ，John　上455, 472
ナポレオン　上476, 下438
ニクソン　下38, 39
ニューマン，Edward　上7

ハ行

バイノー，Benjamin　上318, 336, 406, 下77, 235, 252
バイロン，John　上204, 316, 336, 407
バイロン、ジョージ・ゴードン　上336
ハインズ　下260
バインズ　上498
パーキンソン、シドニー　上50
パーク、マンゴー　上221, 239
バークリー，Miles Joseph　上8, 39, 50, 496
ハーシェル，John Frederick William 下469, 474
バスケット、フエギア　上393, 394, 409, 418, 419, 426, 430, 495
バーチェル，William John　上178, 182, 207, 484, 下42, 195, 321, 475, 478
バック，George　上484
バックマン，John　上352, 353, 381
バックランド，William　上489
ハットン　上479
バートン，John　上484, 497
パパン，Denis　下166
ハミルトン　下478
ハモンド　上421
パラス，Peter Simon　上466, 467, 482
ハリス　上142

下442, 472
キュヴィエ，Georges Léopold Chrétien Frédéric Dagobert　上37, 46, 49, 69, 191, 206, 333, 337, 365, 486, 488, 489, 499
キュヴィエ、フレデリク　上293, 333
ギリーズ，John　上459, 下477
ギル　下201, 202
キーン　上491
キング，Philip Gidley　上181, 下90, 92, 97
キング，Philip Parker　上20, 44, 305, 397, 445, 459, 477, 493, 497
クーツォイ　下483
クック，James　上39, 49, 50, 305, 433, 下286, 306, 312, 313, 344, 429, 462, 469, 481
クラウゼン，Peter　上257, 327, 337
クラーク　下323
クルス、ドン・ベニト　下191, 193, 195
クルーゼンシュテルン　上478
グールド、ジョン　上7, 118, 133, 185, 248, 下241
クルーニーズ・ロス，John　下424
ゲイ，Claude　上58, 87, 下39
ケーター，Henry　上134
ゲマール，Joseph Paul　下413, 429
ケンダル　上464, 465
コヴィントン，Syms　下276
コツェブー，Otto von　上489, 下304, 305, 390, 482, 483
コツェブー、アウグスト・フォン　上489
コックレーン，Thomas, 10th Earl of Dundonald　下19, 50, 214
コニカ，E.　上84
コーフィールド，Richard Henry　下17, 44, 49, 165
ゴメス　下59
コールドクリュー，Alexander　下128, 145, 165, 475, 478
コルネット，James　上42, 51, 下251, 262
コワ，Jean René Constant　下394, 413, 427
ゴンザレス、マリアーノ　下130, 206

サ行

サイム（サイムズ）、パトリック　上475
サイモンズ，W.　上31
サビン　下74, 84
サリヴァン，Bartholomew James　上285, 333, 361, 363, 364, 492, 495, 497, 下56, 67, 329
サルミエント，de Gamboa, Pedro　上335, 441, 470
サワビー（1世、2世、3世），George Brettingham　上7, 457, 472
サン・マルティン、ホセ・デ　下223, 225
ジェニンズ，Leonard　上7
シェファーズ，Edward　上318, 319, 336
ジェファーソン、トマス　上206
ジェームズ1世　下103, 276
ジェームズ6世　下276
シェリー，Percy Bysshe　上492
シェリー、メアリー　上492
ジェルヴェー，Paul　上489
ジャクソン　下477
シャーデル　上203, 486
シャミッソー，Adelbert von　上489, 下381, 382, 390, 398
ショー，George　上230, 240
ジョージ3世　下51, 345
ジョフロワ・サン＝ティエール、イジドール　上490
ジョフロワ・サン＝ティエール、エティエンヌ　上491
ションギ　下314, 315, 329
ジョーンズ、サミュエル　上129
シラー　下319, 334
シンプソン　上499
スウェインソン，William　上115, 132, 488
スクロープ，George Julius Poulett　下193, 223
スコーズビー，William　上43, 51, 下137, 477

人名索引

ア行

アイマタ →ポマレ
アグエロ, Pedro González de 上497, 498
アザラ、ドン・フェリクス・デ 上86, 115, 124, 183, 233, 261, 479, 下195, 478
アシェット 上126, 134
アーチャー 下352
アトウォーター, Caleb 上487
アボット, John 上479
アラゴ 下476
アラン 上38, 50, 下395
アンソン, George 上336, 下24, 50
イグナシオ、ファン →モリナ
イグナツィオ、ジョヴァンニ →モリナ
ヴァルケネール, Charles Athanase 上86, 91
ヴァンクーヴァー, George 下481
ウィカム, John Clements 下104, 124
ウィリアムズ, John 下344, 371
ウィリアムズ, William 下313, 317, 323, 325, 326, 328, 334
ウィルソン 下286, 293
ウィルソン, James 上497
ウィンパー, E. 下49
ウェッブ, Philip Barker 下479
ウェーバー, C. 上432
ウェブスター, John White 下195, 223, 478
ウェルギリウス 上211
ウェルナー 上472
ウォーカー, Francis 上7
ウォーターハウス, George Robert 上7, 470, 478, 480, 490, 下238, 244, 261, 266, 381, 447
ヴォルネー, Constantin-François de Chasseboeuf 上492
ウタメ 下316
ウダール 上49
ウッド 上146, 下250
ウナヌエ, y Pavón, José Hipólito 下195, 223
ウリョア, Antonio de 上476, 477, 下195, 199, 200, 478
ウルキサ, J. 上164
エカチェリーナ2世 上482, 499
エドワーズ、ドン・ホセ 下177, 183, 185
エリクソン 上488
エリス, William 下294, 302, 303, 332, 371
エーレンベルク, Christian Gottfried 上24, 25, 46, 49, 172, 255, 309, 322, 494, 下206, 395, 450
オーウェン(キャプテン) 上490
オーウェン, Richard 上7, 169, 170, 173, 256, 352, 480, 482
オーデュボン, John James Laforest 上352, 381
オヒギンス, Bernardo 下188, 223

カ行

カー, Robert 上485
カウリー, William Ambrosia 下271, 282
カービー, William 上478, 下482
カーマイケル, Dugald 下274, 282, 382
カミン 上498
カミング, Hugh 下259, 260, 280, 443
ガライ、ファン・デ 上273
キーティング 下379, 380
キトリッツ, Friedrich Heinrich Freiherr von 下46, 52
キャヴェンディッシュ, Thomas 上164, 336,

ヤジリハブ　上210
ヤドカリ　下383, 424, 483
ヤドクガエル　上210
ヤナギ　上106, 147, 236, 262, 下152, 215
ヤナギウミエラ　上210
ヤマイグアナ属　上193
ヤマウズラ（—類）　上23, 46, 224, 228, 260, 486, 下149, 443
ヤマネコ　上89
ヤマバク　上276
ヤマライオン　上165
ヤムイモ　下287, 299

ユ

ユウナ　下333
ユーカリ　下341, 346, 365, 367, 370
ユキウサギ　上105
ユッカ（—属）　下171, 222
ユーフォルビア　下281
ユリ　下214, 296

ヨ

ヨタカ　下24
ヨロイナマズ　上276
ヨロイネズミ　上164
ヨーロッパケナガイタチ　上165
ヨーロッパスグリ　下335
ヨーロッパナラ　下332
ヨーロッパヤマウズラ　上486

ラ

ライオン　上177, 230
ライチョウ　上187
ラクダ　上178, 206, 326
ラゴストムス・トリコダクティルス　上488
ラバ　下101, 130, 131, 141-144, 157, 160-162, 164, 170, 196, 205, 207
ラビット　上382, 488
ラフレシア　下168
ラン　上56
ラン藻　上50
ランピリ科　上89
ランピリス・オクシデンタリス　上74, 89

リ

リクイグアナ　下254, 256-258
陸ガニ　下447
陸ガメ（リクガメ）　下245-248, 250, 264, 272, 279
陸生貝　下258, 441-443
リャマ　上145, 164, 207, 257, 315, 326
リュウゼツラン（—科）　上84, 91, 96, 236, 239, 280, 下84, 222
リュウテンサザエ属　下259
リンゴ　上457, 下99, 100, 113, 323
リンコフォラ　上478

ル

ルバーブ　下335
ルリハムシ属　上496
ルリホシカムシ　下260

レ

レア　上101, 130, 180, 184-186, 208, 223
レイトロドン・キンキロイデス　上447, 470
レイヨウ　上207
レッド・アシュ　下425
レッド・クロウベリー　下84
レッドシダー　下380, 425
レドゥウィウス属　下153, 167
レプス・マゲラニクス　上365
レンリソウ　上194

ロ

ロックギーズ　上375
ロバ　下136, 206, 210
ロバペンギン　上374

ワ

ワイアグラス　下442
ワイルドドッグ　下352, 371
ワイルドビースト　上207
ワカバキャベツヤシ　上88
ワサビダイコン　上434
ワライカモメ　下278
ワラジムシ　上32, 190
ワラビー　下352, 372
ワレモコウ　上464

マスクメロン　上458
マストドン　上251, 275, 489
マゼランウサギ　上365
マゼランガン　上375, 384
マゼランキツツキ　上471
マゼランギツネ　上493
マゼランブナ　上433
マゼランペンギン　上374, 384
マタコミツオビアルマジロ（アパル、マタコ）　上190, 209
マダラゲリ　上227, 239
マダラシギダチョウ　上105, 130, 131
マダラチドリ　上239
マダラニワシドリ　上248, 274
マッカン（マッコン）　下424
マッコウクジラ　上495
マッコン　→マッカン
マッシュルーム　上446
マツヨイグサ　上194
マテ　上223, 下24
マテ属　上58
マートル　下84
マナティー（一科）　上170, 207
マニオク　上88
マネシツグミ（一属）　上118, 133, 下241, 244, 265, 268, 270, 277
マミジロマネシツグミ　上133
マムシ　上210
マメ科　下266
マメジカ　上275
マーラ　上164, 382
マリアアザミ　上241
マルメロ　上233, 241
マレーバク　上276
マングローブ　下456, 473
マングローブフィンチ　下281
マンゴー　上76, 下436, 453, 454
マンゴスティン　下380, 426
マンディオカ　上61, 88
マンモス　上482

ミ

ミズグモ（一属）　上308, 335
ミズナギドリ　下80, 81, 85
ミズナラ　上496, 下332
ミズラクダ　上206
ミソサザイ　上448, 471, 下79, 85, 239, 244, 270
ミツオビアルマジロ　上209
ミドリヤマセミ　上268, 276
南アメリカダチョウ　上180, 208
ミナミウミカワウソ　下77
ミナミムラサキツバメ　下240, 241, 277
ミミズ　上197
ミミズク　下239
ミモザ　上177, 下434, 436
ミヤマガラス　上123
ミヤマシトド属　上132
ミルテ　下84
ミルトゥス・ヌンムラリア　下75
ミロドン（一科）　上173, 206, 258, 299
ミロドン・ダルウィニ　上169, 206

ム

ムクドリモドキ（一科）　上449, 471, 下277
ムシクイ　上448
ムシクイフィンチ（一属）　下241-243
ムス・ブラキオティス　下77
ムナフオタテドリ　下78, 83
ムラサキウマゴヤシ　下222
ムラサキツバメ　下277
ムリタアルマジロ（ムリタ）　上190, 209

メ

メガテリウム　上168, 169, 173, 205, 258, 329, 332
メガロサウルス　上489
メガロニクス　上169, 173, 206, 258, 332
メキシコヤマゴボウ　上241
メクラネズミ　上132
メスキート　→アルガロバ
メラノティス亜種　下265
メンフクロウ　下239, 277

モ

モア　上376, 384, 480
モエビ　上41, 43
モクマオウ　下374
モグラ　上114
モグリウミツバメ　下81, 85
モチノキ科　上164
モノアラガイ　上58, 450
モノケロス属　下260
モミ　上179, 下439
モモ　上106, 233, 236, 283, 457, 下28, 154, 164, 323
モモイロサンゴ　下427
モリバト　下480
モルモット　上382
モンキチョウ　上304, 334

ヤ

ヤガランディー　上71, 89
山羊（ヤギ）　上258, 275, 下233, 440, 442
ヤシ　上65, 88, 106, 463, 下23, 288, 367, 381, 454
ヤシガニ　下392, 393, 424

ャッチャー　上276
フォークランドオオカミ　上365, 382
フォークランドポニー　上363
フキヤガマ属　上210
フクシア　下69, 84
フクシア・マゲラニカ　下84
フクス・エスクレントゥス　上497
フクス・ディギタトゥ　上497
フクロウ　上146, 246, 248, 373, 下239, 244, 272
フクログモ（一属）　上83, 90
フクロネズミ　上275
フサスグリ　下335
プサモフィス・テミンキィ　下245, 278
ブタ　上61, 493, 下94, 233, 324, 326, 376, 377
ブダイ属　下395
ブタバナスカンク属　上165
ブッシュマスター　上210
フッドマネシツグミ　下277
ブドウ　上458, 下129, 154, 164, 185, 324
ブナ　上398, 496, 下66, 74
フナガモ　上375, 384
浮遊クモ　上306
ブライドルド・パールフィッシュ　上37, 49
ブライン・シュリンプ　上163
ブラケリトラ　上81, 478
ブラシノキ　下367, 373
ブラジルバク　上276
ブラジルボク　下425
ブラックベリー　下439, 471
プラナリア（一属、一類）　上69, 88, 452
フラミンゴ　上482, 下273
プランクトン　上43, 172, 下143
プリオノトゥス属　→ニシホウボウ属
フリニスクス・ニグリカンス　上192
プリムス属　下186, 223
ブルーガム　下341, 371, 380
ブルガリア属　上496
フルストラ属　上377, 384
プルプラ・パトゥラ　下260, 280
プロクトトレトゥス・ムルティマクラトゥス　上193
プロソピス属　下224
ブロメリア　下96, 124

ヘ

ベアードバク　上276
ヘゴ　上458, 下366, 454
ヘソイノシシ　上208
ヘソカドガイ属　下258, 280
ペッカリー　上178, 207, 235, 257, 327, 483
ベッコウバチ科　上90
ペッパーヴァイン　下380, 425
ベニイタダキハチドリ　下48, 52
ベニタイランチョウ（一属）　下239, 244, 277
ヘビ　上248, 下245
ペプシス属　上83, 90
ヘラサギ　上266
ベリー　下247
ペルーゲマルジカ　上131
ペルードー　上190
ペルービジョザクラ　上96, 129
ベンガルトラ　上264
ペンギン　上94, 374, 384
ベンチュカ　下52, 153, 154, 167

ホ

ボア　上196
ホウネンエビモドキ科　上163
ホウボウ　下259
ホエザル（一属）　上71, 88
ホオジロ　下272, 274
ホタル（一科）　上55, 74, 89, 265, 下476
ホップ　下324
ポテト　下73, 74, 94, 102, 145, 312, 320, 326, 475
ポニー　上275
ポプラ　上106, 下152
ボボリンク　下239, 277
ホヤ　上452
ホライモリ　上114, 132
ポリプ　上196, 210, 377-380, 下388
ポリボルス属　上119
ボレリア属　下267, 282
ホロホロチョウ　上23, 46, 下447
ホワイトシダー　下380, 426

マ

マイフェニオプシス　上491
マイマイ属　下258
マグソコガネ（一属）　下484, 485
マクラウケニア　上169, 206, 326, 下221
マクラウケニア・パタゴニカ　上326
マクラガイ（一類）　上30, 48, 457
マクロキスティス　上471
マクロキスティス・ピリフェラ　上451
マスカリンガエル　下246, 278

ハダカカメガイ　上335
パタゴニアカワカマドドリ　下79, 85
パタゴニアチンチラマウス　上470
パタゴニアヒノキ　下83
パタゴニアマネシツグミ　上118, 133
ハチ　上81, 83, 85, 90, 450
ハチドリ　上78, 89, 456, 477, 下48, 52, 79
ハツカネズミ　下447
バッタ　上84, 90, 306, 314, 下152, 153, 447
ハト　下239, 244, 271
パートリッジ　上486
ハナゴケ属 →クラドニア属
バナナ　上77, 下215, 233, 286, 292, 295, 296, 298-300, 302, 303, 379, 454
ハニーベア　上276
バニーラット　上470
ハネカクシ（一科）　上479, 496, 下476
バーベナ　上129
ハムシ　上496
バラ　下311
ハラジロカマイルカ　上94
ハララカ　上210
ハリエニシダ　上367, 383, 下439
ハリオカマドドリ　上449, 471
ハリセンボン　上37, 38, 49
ハリネズミ　上190
ハリフタバ属　下282
パルウルス亜種　下265
ハルティカ属　上496
ハルパルス属　上322, 337
パレオテリウム　上326, 337
パンケ　下64, 83
バンジロウ　下332
パンノキ　上76, 77, 89, 下286, 287, 332
パンパスアザミ　上289
パンパスギツネ　上224, 383
パンパスジカ　上228, 240
バンブー　上458, 下23, 24, 66, 101, 262, 296, 381
ハンミョウ属　上322, 336

ヒ

ヒキガエル　上191-193, 195, 210, 下245
ビクーニャ　上164, 178, 207, 483, 下203
ヒゴタイサイコ　上486
ヒザラガイ類　上457, 472
ヒース　上367, 383, 下75
ビスカーチャ　上146, 164, 233, 245, 488, 下24, 149
ヒタキ　上133
ヒタチオビガイ　上457, 472, 下77
ピチアルマジロ（ピチー）　上190, 209
ヒツジ　上258, 275, 下355, 358, 481
ヒッピディオン　上275
ヒトデ　上335, 452, 下395
ヒドラ　上452
ヒドロサンゴ　下427
ヒドロ虫類　下427
ヒバマタ科　上497
ヒバリチドリ　上186, 187, 209
ヒマ　上45
ヒメアカタテハ →ヴァネッサ・カルドイ
ヒメウズラシギダチョウ　上130
ヒメグモ（一属）　上91, 92
ヒメコンドル　上119, 123, 124, 352, 381, 下72, 209, 215
ヒメノカリス属　下225
ヒメノファルス属　上78, 89
ヒメハキリアリ属　上90
ビャクシン属　下425
ピューマ　上162, 165, 220, 224, 230, 257, 264, 315, 344, 463, 下44, 45
ヒョウ　上177, 276
ヒョウタン　下324
ヒラタアブ　下48
ヒルギ科　下473
ビルゴス　下392
ビルゴス・ラトロ（一種）　下392, 424
ピロフォロス・ルミノスス　上75
ヒワ（一類）　上336, 下79, 241, 277
ビンナガ　上309

フ

ファグス・ベトゥロイデス　上398, 433
ファスキクラリア属　下124
ファルス属　上89
フィサリア　下394
フィンチ（一類）　上314, 336, 448, 下239, 241, 256, 262, 265, 268, 270, 272, 277, 281
フウキンチョウ科　下277
フウチョウ　上477
フェイジャオン豆　上61, 88
フェブルア・ホフマンセギ　上478
プエルトリコモズモドキ　上133
フェルナンデスベニイタダキハチドリ　下52
フェレット　上165
フェンネル　上241
フォーク・テールド・フライキ

トウガラシ　下63
トウゴマ　上21, 45, 下380, 447
トウシンソウ　上428, 下75, 84, 219
トウダイグサ（一科、一属）下230, 267, 281
トウモロコシ　上56, 150, 153, 下94, 101, 102, 170, 177, 186, 219
トゥルコ　下46, 47, 77
トカゲ　上191, 194, 195, 314, 449, 下203, 209, 235, 245, 246, 251, 252, 254-256, 258, 382
トキ　上314
トキソドン　上170, 206, 251, 299, 327
ドクグモオオカリバチ　上90
ドクグモ科　上335
トクサ　下374
ドードー　上383
ドナティア　下84
ドナティア・マゲラニカ　下75
トビウオ　上31, 309
トビフナガモ　上384
ドブネズミ　上493
トモシリソウ　上401, 434
トラフコメツキムシ（一属）上305, 334
トリコデスミウム・エリトラエウム　上39, 50
トリゴノケファルス（一属）上191, 210, 下486
トリゴノケファルス・クレピタンス　下486
ドーリス　上494
トリボネマ　上50
ドワーフアルマジロ　上209

ナ

ナガシンクイムシ（一類）下261, 281
ナキコウウチョウ　上114, 115, 132
ナギモドキ属　→アガチス属
ナシ　上241, 下323
ナツメヤシ　上498, 下28
ナマケモノ　上173, 257, 327
ナマコ（一類）上452, 下395
ナマズ　上265, 276
ナミウズムシ　上88
ナミチスイコウモリ（デスモドゥス・ドルビニー）上59, 88
ナミヘビ科　下278
ナンキョクブナ　上421, 435
ナンキンムシ　下154
ナンベイセイタカシギ　上227, 240
ナンベイタゲリ　上239
ナンヨウクイナ　下381, 426
ナンヨウスギ　下158

ニ

ニオイアラセイトウ　下311
ニシキウズガイ属　下259
ニジダイコクコガネ　下484, 485
ニシホウボウ属（プリオノトゥス属）下258, 280
ニッケイ　上76
ニラ　下327
ニワシドリ（一科）上248, 274
鶏　下324, 377, 447

ヌ

ヌー　上176, 207
ヌートリア　下76, 84
ヌマダヌキ　下84
ヌリボラエ（一科、一類）上30, 48, 下457

ネ

ネコ　上230, 276, 下447
ネズミ　上248, 344, 374, 下77, 203, 238, 381, 447
ネムノキ　上250, 252, 下203
ネリー　下80

ノ

ノウサギ（一類）上145, 382
ノーザン・デューン・タイガービートル　上337
ノスリ（一属）下239, 277
ノタフス属　上305, 334
ノトポド類　上308
ノネズミ　上492, 493
ノミ　下101, 183
ノルウェーネズミ　下327

ハ

ハイイロヤママウス　上343
ハイエナ　上177
パイナップル　下287, 292, 293
ハイマツ　下84
ハウ　下333
パウ・ブラジル　下425
ハエ　上31, 450, 491, 下482
ハエトリグモ　上84, 91
ハキリアリ（一属）上90
バク　上178, 276, 326, 327, 337, 483
ハゲワシ　上162, 235, 377, 381, 下271
ハサミアジサシ（一科）上267, 276
鋏尾鳥　→ズグロエンビタイランチョウ

下394, 427
セルプラ類　下457, 473
セロリー　上401
センダン（一科、一属）
下426
センネンボク属　下333
繊毛虫類(滴虫)　上47, 450

ソ

ゾウ　上174-176, 178, 180, 206, 257, 275, 466, 483, 下436
ゾウガメ　下263
ゾウノキ　上241
ゾウムシ　上478, 496
藻類　上39, 43
ゾノトリキア・マトゥティナ　上115, 132
ソフトコーラル　下394, 427
ソリハシシギ　下244, 278
ゾリヨ　上162

タ

ダイオウ　下64, 323, 335
ダイシャクシギ　下382, 426
ダイミョウグモ（一属）　上84-86
タイランチョウ（一科）　上116, 133, 276, 下85, 239, 244, 270, 277
ダーウィンタケ　上470
ダーウィンフィンチ（一類）　下243, 266, 268, 277, 281
ダーウィン・レア　上208
タカ　上228, 314, 365, 373, 下243, 272, 277
タカセガイ類　上452, 471
タケノコガイ　上457
タゲリ　上227, 240
タコ　上27, 28
タコノキ　下393, 427
ダダス　下380, 425
ダチョウ　上101, 103, 105, 116, 156, 161, 180-182, 184, 208, 222-226, 228, 235, 296, 356, 384, 420, 484
タテハチョウ　上90, 305, 334
ダニ　上32
タニシ科　上58
タネシギ　上209
タバコ　下63, 65, 326, 335
タパコロ（タパクロ）　下46, 47, 52, 77
タピオカ　上88
タヒバリ　上468, 474
タピール　上257, 276
タマオシコガネ属　上305, 334
タマネギ　下142
タランチュラホーク　上90
タンビオタテドリ　上471, 下80, 85

チ

チェウカウ　下62, 78, 79, 83
チェポネス　下96, 124
チカラグサ　下442, 472
チーク　下380
チコハイイロギツネ　下65, 83
チドリ（一科）　上227, 240
チマンゴカラカラ　上119, 120, 122, 123
チャマ　下388, 426
チャールズマネシツグミ　下240, 277
チュカオ・タパクロ　下83
チョウセンアザミ　上241, 288
チリカワウソ　上434
チリゲマルジカ　上131
チリヒノキ　下66, 83
チンチラ　上447

ツ

ツグミ　上448, 下272, 274
ツコツコ　上112-114, 131, 157, 447
ツタノハガイ類　上457, 472
ツチブタ　上206
ツチボタル　上74, 75
ツノジカ　上296
ツバメ　上266, 下241, 243, 244
ツボカビ　上210
ツル　上55
ツルバラ　下311

テ

ティ　下299, 333
ディアネア属　上311
ティアレ　下299, 333
ディオパエア　下482
デイゴ　下425
ディデルフィス・クランクリヴォラ　上489
ディンゴ　下371
滴虫（一類）→繊毛虫類
テストゥド・インディカ　下246
テストゥド・ニグラ　下246, 279
デスモドゥス・ドルビニー →ナミチスイコウモリ
テツボラ　下260
テルテロ（テロ、テロテロ）　上222, 227, 239
テンジクネズミ　上164, 365, 382
テンナンショウ　下333

ト

トウ　下66, 92
トウガタマイマイ　下186, 223, 472

下240, 266, 281
サメ　上32, 38, 254
サヤハシチドリ　上187, 209
サラサバテイラ　上471
サラレイシ　下280
サル（一類）　上178, 257, 327, 332, 483
サンクリストバルコメネズミ　下238, 277
サンクリストバルマネシツグミ　下277
サンゴ　上210, 377, 384, 385, 下284, 286, 292, 303, 332, 367, 376, 378, 381, 382, 384-391, 395-397, 399-401, 403-409, 411, 413, 414, 417-421, 423, 427, 428, 436, 457, 467, 483
サンゴモドキ（一属）　下394, 427
サンショウウオ　上132

シ

シウァテリウム　上286, 333
シェトランド種　上363, 382
シェトランド・ポニー　上382
シオフキ　上267
シカ　上145, 156, 178, 222, 223, 226, 229, 235, 260, 275, 447, 483
ジガバチ　上83-85
ジカマドドリ　上188, 209
シギ（一属）　上55, 187, 208, 359, 下272, 381, 382
シギダチョウ（一類）　上130, 228, 486
ジゴロフォドン　上275
シダ（一類）　上65, 444, 下74, 233, 290, 291, 296, 310, 311, 320, 322, 324, 382
シダレヤナギ　下439
シチメンチョウ　上61, 383
シネテレス・プレヘンシリス　上488
シマウマ　上176, 207
ジャイアントケルプ　上450, 471
ジャイアントモア　下335
ジャガー　上230, 262, 276, 287, 463
ジャガイモ　下145, 323
ジャガランディ　上89
シャコ　上335
ジャスミン　下311
ジャッカル　上264
ジャックフルーツ　上76
シャボンノキ〈オセアニア〉　下380, 425
シャボンノキ〈南米〉→キレー
ジャララカ →ハララカ
ジャンピング・スパイダー　上91
ジュゴン　上170, 206
渉鳥目（渉禽類）　上187
ショウリョウバッタ　上306
植虫類　上210, 下385
ショクヨウダイオウ　下335
シラカバ　上179
シラギクタイランチョウ　上448, 471
シラヒゲオタテドリ　下46, 52
ジラフ　上176, 178, 483
シラミ　上492
シルルス科　上276
シロコバシガン　上375, 384
シロチョウ　上334
シロナガスクジラ　上483
シロハラオオヒバリチドリ　上187, 209

ス

スイカ　上458, 下154
スイカズラ　下311
スイバ　下335
スカシガイ（一属、一類）　上457, 472, 下260, 267, 281
スカンク　上162, 165
スカンポ　下328, 335
スグリ属　下335
スクリュー・パイン　下427
ズグロエンビタイランチョウ（鋏尾鳥）　上268, 276
スケリドテリウム　上169, 173, 206
スコットランドモミ　下367
スジヒメガムシ（一属）　上305, 334
ススキ　下374
スズメ　上115
スズメガ　上78, 89, 下48
スッポンタケ　上78, 89, 90
スティラトゥラ・ダルウィニ　上210
スティリフェル　下260
スティンク・ホーン　上90
ストルティオ・ダルウィニ　上186
ストルティオ・レア　上186
ストロンギルス属　上78, 90
スピリファー　上383

セ

セイタカシギ　上240
セジマタヒバリ　上464, 474
セッカカマドドリ　下85
ゼニゴケ類　上30
セネガルショウビン　上21, 45
セミ　上73, 314, 下453
ゼラニウム　上194
セルテュラリア（一属）

クリシア属　上74, 377-379, 384
クルペオ（—ギツネ）　上366, 383, 493, 下83
グレープフルーツ　下471
クロアカオタテドリ　下78, 85
クロウメモドキ属　下425
クロエリハクチョウ　上227, 240, 下72, 273
クロコダイル　上490
クロコンドル　上119, 121, 123, 124, 350, 381
クローバー　上233, 245, 下152, 205, 323
クロハサミアジサシ　上266, 276
クローブ　上76
クロロモナス　下166
クワズイモ　下333
グンカンドリ　下383
グンタイアリ　上90
グンネラ・スカブラ　下64

ケ

ゲオケロネ・ニグラ　下279
ケシキスイ科　上90
ゲッケイジュ　上76, 下66
齧歯目　上170
ケディウス類　上32
ケナガアルマジロ属　上209
ケナガイタチ　上162, 165
ケープアリクイ　上169, 206
ケブリオニ科　上496
ゲマルジカ　上109, 131
ケヤリ　下473
ケラリア属　上377, 384
原生動物　上25

コ

コイ　上490
コウウチョウ　上114, 115, 132
甲殻類　上41
コウチク　下333
甲虫　上32
厚皮類　上169, 170
コウモリ　上59, 88, 447
コウモリガサソウ　下64
コオロギ　上73, 90, 450, 下482
ゴカイ（—類）　上74, 452
コガネムシ（—科）　上75, 496, 下485
ゴキブリ　上82, 下482
コクイナ　下382, 426
コクロゲナ属　下441, 472
コケ　上384
コケイロカスリタテハ　上79, 90
コケムシ（—類）　上210, 384, 385, 453
ココナツ　下233, 262, 286, 289, 292, 294, 411
ココヤシ　上50, 下291, 376, 379, 380, 383-385, 387, 391, 392, 402, 454
コショウ　上76, 下425
コダーウィンフィンチ　下241, 242
コダマヘビ属　下278
ゴッサマー・スパイダー　上306
コナラ（—属）　下332
コヌルス・ムリヌス　上268, 276
コネホス　上365
コーヒー　上60
コヒバリチドリ　上186, 208
コフィアス属　上191, 210
ゴミムシ（—科）　上80, 322, 337, 下260, 281
ゴミムシダマシ（—科）　下261, 281
コムギ　上457, 下21, 30, 211, 323, 324, 326, 352, 361
ゴムタケ　上496
コメクイドリ　下277
コメツキムシ（—科）　上74, 75, 334, 496, 下482
コメネズミ（—属）　上343, 下277
コモリグモ科　上90, 335
コリンベテス属　上321
コルディリネ　下333
コロモガイ属　下260
コンドル　上119, 124, 223, 309, 344, 349, 381, 492, 下45
コンフェルウァエ　上38, 39, 50
コンプラナタ　下394

サ

サイ　上176, 178, 180, 326, 466, 483
鰓角類　上194
サイカブト属　下484
サギ　上55
サゴヤシ　下380, 425
サソリ　上314, 491
サッサフラス　下66, 83
サツマイモ　上458, 下233, 287, 330
サトイモ　下298, 333
サトウキビ　上460, 498, 下262, 287, 298, 379, 432, 436, 471
サバクトビバッタ（サバクバッタ）　下153, 167
サバンナシマウマ　上207
サボテン　上96, 188, 250, 252, 280, 491, 下30, 157, 164, 187, 189, 209, 230, 232, 241, 256, 281
サボテンフィンチ（—属）

下241, 242, 265, 268, 277, 281
ガラパゴスベニタイランチョウ　下240
ガラパゴスマネシツグミ　下265, 277
ガラパゴスリクイグアナ　下278
カラマツ　上179
カラント　下324, 335
カランドリア　上118, 133
カリクティス　上276
ガリナソ　上124, 350
カルドン　上234, 235, 241, 487
カルランチャ（カルランチョ）　上119-123, 133
カワウソ　上374, 402, 434, 下72, 77
カワザンショウガイ科　下280
カワセミ科　上276
カワネズミ　下353
ガン　上359
カンガルー　下352, 367, 369, 372, 485
カンケル・サリヌス　上141, 163
ガンコウラン　下75, 84
カンザシゴカイ　下473
カンムリカラカラ　上133
カンムリシギダチョウ　上486
カンムリブダイ　下427

キ

キイチゴ属　下471
キーウィ　上376, 384
キキンデラ・ヒュブリダ　上322, 336
キク科　下262
キゴシハエトリ　下79, 85
キジ　上224, 下443
キタリア属　上470
キタリア・ダルウィニ　上446, 496
キタリア・ベルテロイ　上496
キツツキ　上448, 471
キツツキフィンチ　下281
キツネ　上220, 224, 264, 344, 365, 375, 383, 493, 下65, 203, 272
キティグラデ類　上307, 335
ギドーギド　下78, 79
キナラ・イネルミス　上487
キナラ・カルドゥンクルス　上234
キヌクス属　上305, 334
キヌゲネズミ科　下277
キノコ　上78, 89
キノボリヤマアラシ　上488
キバシリ（―属、―類）　上188, 209, 448, 471, 下79, 80, 85
キバタン　下353, 372
キバラオオタイランチョウ　上116, 133
キマダラフキヤガマ　上192, 210
キミリ（―ナッツ）　下380, 425
キミンディス属　上322, 337
キャッサバ　上57, 61, 88
キャベツヤシ　上65, 88
キュウヨ　上164
キュウリ　下323
キョウチョウ　上384
キリギリス　上90
キリン　上275
キレー（シャボンノキ〈南米〉）　下164, 168, 425
キンイロジャッカル　上264
キンカジュー　上257, 276, 488
キンカチュウ科　上450, 471
ギンバイカ　下75, 84

ク

クアッガ　上176, 207
グアナコ　上145, 178, 207, 219, 235, 314, 315, 326, 344, 390, 399, 483, 492, 下22, 44, 146, 186, 203
グァバ　下287, 332
グアヤビタ　下247, 257, 279
クイナ　下236, 243, 276, 381
グイランディナ　下379, 425
クーガー　上165
ククイ　下425
クサカゲロウ　下482
クサシギ属　下278
クサリヘビ（―科、―属、―類）　上191, 210, 下486
クシクラゲ類　上335
クジラ　上42, 309, 404, 下114
クスノキ　上76
グーズベリー　下324, 335
クテノミス（―属）　上131, 172, 327, 447
具吻類　上496
クマネズミ　下447
クモ　上32, 81-87, 194, 306, 491, 下382
クラウデッド・イエロー　上334
クラゲ　上74, 311, 335, 490, 下394
グラスツリー　下367, 374
グラスプス類　上31
クラドニア属（ハナゴケ属）　下209, 224
クラミドモナス　下166
クランベリー　下75
クリオネ　上335

オオハマボウ　下297, 333
オオヒバリチドリ　上187, 209
オオフルマカモメ　下80, 85
オオムギ　上457, 下196
オオモア属　下327, 335
オカイグアナ　下278
オカモノアラガイ属　下443, 472
オキアミ　上335
オキナインコ　上276
オーク　下324, 332
オサムシ（一科、一類）　上80, 304, 334, 337, 449, 478, 496
オジギソウ　上65, 67
オーストラリアチャンチン　下425
オーストラリアン・レッドシダー　下425
オタテドリ　下46, 52, 83, 85
オナガカマドドリ　上189
オヒシバ　下472
オプンティア　下30, 51
オプンティア・ダルウィニ　上314, 491
オペティオリンクス属　上448, 471
オポッサム（一類）　上257, 275, 327, 489
オマキザル科　上88
オマキヤマアラシ　上488
オリイレムシロガイ属　下259
オリーブ　上76, 106, 236, 458, 下324
オルフェルシア類　上31
オルム　上132
オレンジ　上77, 236, 283, 458, 下215, 286, 454
オロロンチョウ　下86
オンブ（オンブー）　上236, 241, 252, 268

カ

カ　上265, 322
ガ　上32, 304, 下482
貝　上172, 174, 下180, 182, 186, 200, 219, 220, 258, 280, 367, 441, 484
カイウサギ　上382
カイギュウ目　上206
カイメン　上210, 384
カイリネズミ　下84
カヴァ（一カヴァ）　下301, 333
カウィア・パタゴニカ　上145, 164
カウリ松　下322, 326, 327, 335
カエル　上449, 下245, 246, 248, 479
カオグロトキ　上314, 336
カカオ　上20, 77
カサガイ（一類）　上408, 434, 452, 472
カサゴ　下259
カササギ　下353
カササギフエガラス　下353, 372
カサラ　上188
カサリタ　上188
カシワ　下332
カスアリナ　下367, 374
カスリタテハ　上90
ガゼル　上492
カタツムリ　上195, 下223, 443
カタバミ　上194
カタビロオサムシ　上304, 334
カツオ　上309
カツオドリ　上31, 下383
カツオノエボシ　上27, 47, 下394
カツオブシムシ（一属）　下260, 280
カッコウ　上115, 116
カニ　上31, 249, 308, 335, 下77, 252
カニス・アザラエ　上447
カニス・マゲラニクス　上447, 493
カネロ　上433
カバ　上176, 178, 179, 483
カピバラ　上111, 131, 178, 262, 327, 480, 483
カマドドリ　上188, 209, 下85, 272, 273
カマハシヌマカマドドリ　上189
ガムシ（一科、一属）　上58, 305, 334, 下260
カメ　下234-236, 249, 268
カメガイ　上335
カメムシ　上90
カメレオン　上27
カモ（一類）　上228, 375, 384, 下63, 272, 273
カモシカ　上258, 275
カモノハシ　下353, 372
カモメ　上162, 下72, 243, 244
カラカラ（一属）　上119, 133, 373, 下239, 243, 272
ガラガラヘビ（一属）　上191, 下486
ガラパゴスクイナ　下276
ガラパゴスゾウガメ　下247, 279
ガラパゴスノスリ　下239, 277
ガラパゴスバト　下271, 277
ガラパゴスヒタキモドキ　下277
ガラパゴスフィンチ（一属）

イ

イエローウッド　下380, 425
イカ　下77, 195, 223
イガイ属　上58
イグアナ　下257, 268, 272
イグサ　下84
イシダタミガイ属　下259
イソギンチャク　上210, 384, 下394
イソシギ　下79
イタドリ　下335
イタリアイトスギ　下334
イタリアンサイプレス　下334
イチイ　下158
イチゴ　上457
イチゴノキ　上470
イチジク　上301, 458, 下164, 185, 323
イトスギ　下311, 334
イユンクス・グランデフロルス　下75
イランド　上207
イルカ　上94, 453
イワカモメ　下278
イワシャコ　上226, 228, 486
インゲンマメ　上88
インコ　上71, 268, 459, 468, 下62, 353
インコガイ　下426
インディアン・フィグ　下51
インドゾウ　上275
インフソリア（一類）　上24, 38, 47, 141, 309, 322, 494, 下395, 449, 450

ウ

ウ　上373, 下72
ウアチョ　上182-184
ウァネッサ・カルドイ（ヒメアカタテハ）　上305, 334
ウイキョウ　上234, 235, 241, 280
ウィルグラリア・パタゴニカ　上196, 210
ウィンターズバーク　上398, 433, 456, 下66
ウェトウェト　下85
ウォーターホッグ　上111
ウサギ　上382, 493
ウサギネズミ　上470
牛（ウシ）　上258, 275, 下21
ウシカモシカ　上207
ウスネア・プリカタ　下247, 279
ウズムシ　上88
ウズラ　上187
ウチワサボテン　上491, 下30, 51
ウニ　上335, 404
ウヒ　上196
ウマ　上256, 275, 329, 337, 下294
ウマバエ　上322, 337
ウミイグアナ　下245, 251, 254, 264, 278, 279
ウミウ　上41
ウミウシ　上376, 384, 494
ウミウソ　上434
ウミエラ　上196, 378, 385
海ガメ　下245, 258, 384, 386
ウミガラス　下81, 86, 382
ウミカワウソ　上434
ウミシバ　下427
ウミツバメ　上309
ウミヤナギ　上210, 385
ウリクラゲ　上309, 335
ウルウァ属　下252, 279

エ

エイランタイ（一属）　下209, 224
エウテルペ属　上88
エウドロミアス・エレガンス　上486
エキトン　上90
エクウス　上275
エクウス・クルウィデンス　上256, 275
エスカラ属　上377, 384
エノキグサ属　下281
エビ　上335
エペイラ・クラウィペス　上84
エペイラ・トゥベルクラタ　上84
エボシガイ（一類）　上457, 472, 下457
エミュー　上181, 182, 186, 208, 下352
エムペトルム・ルブルム　下75
エラン　上176, 178, 207, 483
エランド　上207
エリンギ　上486
エリンギウム　上486
エンドウマメ　下323
エンピツビャクシン　下66, 83, 425
エンマコガネ　下485

オ

オウム　上456, 459
オオアザミ　上234, 241, 487
オオウキモ　上471
オオカミ　上365, 383, 493
オオカモシカ　上207
オオガラパゴスフィンチ　下241, 242
オオサシガメ　下167
オオシギダチョウ　上130
オオナマケモノ　上205
オオハシ（一科）　上71, 88
オオハチドリ　下48, 52

生物名索引

索引には、序文、本文、訳注、原注にある語句を採用した。
ページの前に表示した「上」は上巻を、「下」は下巻を示す。

ア

アイアカシオ　上50
アイスランドゴケ　下224
アヴァ　下298, 301, 333
アウラコセイラ　上50
アオサ属　下279
アカエリシトド　上132
アカサンゴ　下427
アカシア　上23, 下32, 230, 257
アガチス属　下335
アカバネオタテドリ　下46, 52
アカリファ属　下267, 281
アキナス　下74
アクキガイ科　下280
アグーティ（アグーチ）　上145, 156, 164, 231, 246, 488, 492, 下149
アクティニア　下394
アサイー　上88
アザミ　上216, 223, 227, 228, 233, 245, 288, 487, 下152
アザラシ　上41, 94, 124, 309, 402, 404, 下72, 73, 95, 236
アジサシ　上31, 41, 266, 下72, 383, 444, 446
アステリア　下75, 76, 84
アステリア・ピミラ　下75
アスパラガス　下323
アスパラクス　上114, 132
アズマヤドリ　上274
アーティチョーク　上241, 487, 下96
アディモニア属　上305, 334
アテネ・クニクラリア　上146
アトリ　上336
アナウサギ　上364, 382, 492
アナサンゴモドキ　下394, 427
アナバチ　上479
アナホリフクロウ　上146, 248
アパル　→マタコミツオビアルマジロ
アヒル　上266, 376, 下377
アビ類　下80
アフリカアカガエル属　下278
アフリカスイギュウ　上176, 178, 483
アプリジア　下394
アベストルス・ペティセ　上184, 185, 208
アホウドリ　上309, 410, 下80
アホロートル　上132
アマガエル　上73
アマンカエス　下214, 225
アメフラシ　上26, 47, 下394
アメリカタイガー　上262
アメリカダチョウ　上130, 186, 376, 下149
アメリカネズミ　下149, 167
アメリカバク　上276
アメリカマストドン　上275
アメリカヤマアラシ　上488
アメリカライオン　上165
アライグマ科　上276
アラゲアルマジロ　上190, 209
アラース　下83, 101
アリ　上82, 90, 下382, 482
アリクイ　上206, 257, 327
アリジゴク　下482
アリヅカムシ　下476
アリノトウグサ科　下83
アルガロバ（メスキート）　下203, 224
アルダブラゾウガメ　下279
アルテミア　上163
アルパカ　上164
アルファルファ　下172, 222
アルフィトニア・エクスケルサ　下425
アルブトゥス　上446, 470
アルマジロ　上156, 157, 164, 169, 190, 209, 223, 226, 256, 299, 327, 492, 下149
アルマド　上265, 276
アルム（一属）　下298, 299, 333
アレチヘビ属　下278
アロエ　上223, 239
アンズ　下324
アンテロープ　上176, 177, 207
アンバー・スネイル　下472
アンブリリンクス属　下245, 251, 256, 257, 268, 278

[著者]

チャールズ・R. ダーウィン（Charles Robert Darwin 1809-82）

イギリスの博物学者。自然淘汰による進化論を提唱。著名な思想家エラズマス・ダーウィンを祖父とし、母方は陶器製造で有名なウェッジウッド家。幼少年期より博物学に興味をもつ。エディンバラ大学医学部を中途退学し、ケンブリッジ大学神学部に学ぶ。卒業後、22歳で海軍の測量観測船ビーグル号に無給の博物学者として乗船（1831-36）、南半球各地の地質、動植物を観察して自然淘汰が進化の要因であることを確信する。主な著書に『ビーグル号航海記』（1839）、『サンゴ礁の構造と分布』（1842）、『種の起原』（1859）、『家畜と栽培植物の変異』（1868）、『人類の起源』（1871）など。

[訳者]

荒俣宏（あらまた・ひろし）

1947年東京生まれ。博物学研究家、作家、翻訳家。慶應義塾大学法学部卒業後、日魯漁業（現マルハニチロ）コンピュータ室勤務を経て、翻訳家・作家として活動。幻想文学、図像学、博物学、産業考古学、妖怪学など幅ひろい分野で著作活動をつづける。主な著書に『帝都物語』（KADOKAWA）、『理科系の文学誌』『大博物学時代』（以上、工作舎）、『世界大博物図鑑』（全7巻）、『楽園考古学』（共著）、『20世紀 雑誌の黄金時代』（以上、平凡社）など。

平凡社ライブラリー 973

完訳《かんやく》 ビーグル号《ごう》航《こう》海《かい》記《き》 下

発行日…………2024年9月5日　初版第1刷

著者……………チャールズ・R.ダーウィン

訳者……………荒俣宏

発行者…………下中順平

発行所…………株式会社平凡社

〒101-0051　東京都千代田区神田神保町3-29

電話　(03)3230-6573［営業］

ホームページ　https://www.heibonsha.co.jp/

印刷・製本……株式会社東京印書館

ＤＴＰ…………平凡社制作

装幀……………中垣信夫

ISBN978-4-582-76973-9

マゼラン海峡を行くビーグル号。後方はサルミエント山